Mathematik für Informatiker

Herausgegeben von F. L. Bauer

Friedrich L. Bauer Martin Wirsing

Elementare Aussagenlogik

Mit 87 Abbildungen und 6 Tabellen

Springer-Verlag
Berlin Heidelberg New York
London Paris Tokyo
Hong Kong Barcelona

Friedrich L. Bauer
Institut für Informatik, Technische Universität München
Postfach 202420, D-8000 München 2

Martin Wirsing
Fakultät für Mathematik und Informatik
Postfach 2540, D-8390 Passau

CR Subject Classification (1987): A.1, F.4, F.4.1, G.0

ISBN-13:978-3-540-52974-3 e-ISBN-13:978-3-642-84263-4
DOI: 10.1007/978-3-642-84263-4

CIP-Titelaufnahme der Deutschen Bibliothek
Bauer, Friedrich L.: Elementare Aussagenlogik/Friedrich L. Bauer, Martin Wirsing. - Berlin; Heidelberg; New York; London; Paris; Tokyo; Hong Kong; Barcelona: Springer, 1991
(Mathematik für Informatiker)
ISBN-13:978-3-540-52974-3(Berlin...)
NE: Wirsing, Martin:

Von den Autoren auf einem Macintosh in TEX gesetzt.
45/3140 - 5 4 3 2 1 0 - Gedruckt auf säurefreiem Papier

Vorwort

Dieses Buch über Elementare Aussagenlogik (wie auch seine geplante Fortsetzung über Elementare Prädikatenlogik und Universelle Algebra) ist aus Vorlesungen entstanden, die an der Technischen Universität München im letzten Jahrzehnt gehalten wurden. Wir waren zu der Überzeugung gekommen, daß für Studierende der Informatik nicht nur ein anderer Aufbau des mathematischen Grundstudiums geboten ist als etwa für Ingenieure oder Physiker, sondern auch ein anderes Menü, als es sich an unseren Universitäten nach den GAMM-NTG-Empfehlungen der siebziger Jahre einbürgerte. Für Informatiker sind vor dem Vordiplom handwerkliche Grundkenntnisse in Logik und Universeller Algebra erforderlich – ohne sie steht im zweiten Studienabschnitt die Praktische Informatik auf tönernen Füßen, und Theoretische Informatik muß als Lückenbüßer für fehlende elementare Grundlagen dienen, wozu sie nicht da ist und was ihr auch nicht gut tut.

Obschon es an guten Büchern über Logik nicht fehlt, konnten uns die vorhandenen deutschsprachigen für den angestrebten Zweck nicht zufriedenstellen. Sie sind fast durchwegs nicht für den Anfänger geschrieben und gehen somit didaktisch nicht auf sein Niveau ein. Sie sind auch in aller Regel nicht für Studierende eines anderen Faches geschrieben, sondern für Studierende der Logik selbst. Da der mathematischen Logik ein Berufsfeld (bisher) fehlte, können diese Bücher ganz dem elitären Anspruch von Monographien huldigen. Manche von ihnen dienen über weite Strecken als Präsentationen des Gedankengebäudes eines Autors, auch als Rechtfertigung für seine Philosophie. Dies ist für die Forschung von überragender Bedeutung, für Anfängervorlesungen jedoch gänzlich unangebracht.

Die Mathematische Logik beginnt nun seit einigen Jahren, ein Berufsfeld zu haben. Möglicherweise ist in zwanzig Jahren der Theoretische Informatiker von heute nicht mehr von einem Angewandten Logiker zu unterscheiden, und der Praktische Informatiker von heute nicht von einem Angewandten Logiker mit der Orientierung zu praktischen Geräten. Es gilt also, sich rechtzeitig auf eine solche Entwicklung einzustellen.

Die Zielsetzung bestimmte die Auswahl des Stoffes. Den Logiker mag es überraschen, daß die Ableitungssysteme der Aussagenlogik erst gegen Ende gebracht werden, und dann nur in gedrängter Form. Die Rechtfertigung sehen wir darin, daß eine elementare Durchführung etwa des Vollständigkeitsbeweises für auch nur eines dieser Systeme so aufwendig ist, daß man damit weder eine Vorlesungsklasse die ganze Zeit aufmerksam halten noch einen Leser fesseln kann. Wir finden es besser, typische Stücke des Beweises herauszugreifen und in Form von Übungen zu behandeln, womit wenigstens eine handwerkliche Unterweisung verbunden ist.

Das Buch enthält auch viel elementaren Stoff, der sich in den anspruchsvolleren Büchern nicht findet, weil er „zu trivial ist". Davor haben wir nun keine Angst, wenn es nur dem Informatiker hilft, das Handwerkszeug besser zu verstehen. Manches findet sich auch in den angesprochenen Büchern nicht, weil es, wie etwa die 'conditional disjunction' von CHURCH, erst durch die Informatik eine Wendung bekam, die es erwähnenswert macht, oder weil es sich, wie etwa die Händler-Diagramme, zuerst anderswo entwickelte, beispielsweise in der Codierungstheorie.

Überhaupt sind Gegenstände, die sich, wie die Schaltlogik, zunächst terminologisch und methodisch außerhalb der Aussagenlogik bewegten, systematisch einbezogen worden, wo immer es möglich war.

Etwas außerhalb der traditionellen Aussagenlogik liegt auch das für die Programmiersprachen so wichtige Gebiet der dyadischen Fallunterscheidungen – das sind heterogene ternäre Operationen der Universellen Algebra, den Diskriminatoren verwandt.

Der Aufbau des Buches bereitet insbesondere den Anschluß zur Prädikatenlogik didaktisch vor. Die Resolventenmethode wird in der Beschränkung auf die Aussagenlogik für den Anfänger leichter faßlich; daß dann in der Prädikatenlogik manches wiederholt wird, ist kein pädagogischer Mangel und kann nur den stören, der es auf minimalen Papierverbrauch anlegt. Durch die Verwendung von Pfeildiagrammen wird ein rascher Überblick über den Aufbau von Beweisen ermöglicht.

Den Schluß bilden modale Aussagenlogiken. In diesem für die Informatik wichtigen Gebiet sind auch unter Beschränkung auf die Aussagenlogik noch manche Dinge im Fluß; gebracht wird nur ein Ausschnitt, der dem handwerklichen Umgang dienen soll.

In reichlicher Zahl sind Übungsaufgaben eingestreut. Sie sind mehr als das: Sie greifen häufig Gedanken auf, die im Text nur nebenbei erwähnt sind, und stellen Querbezüge her. Die Lösungshinweise am Ende des Buches bieten gelegentlich Überraschungen. Einige wenige schwierige oder langwierige Aufgaben sind durch einen Stern gekennzeichnet.

Für wertvolle Hinweise, Ratschläge und Korrekturen danken wir einer ganzen Reihe von Freunden, Kollegen und Mitarbeitern, insbesondere aber den Professoren Helmut Schwichtenberg und Walter Dosch. Herr Dipl.-Math. Wolfgang Heinle unterstützte uns mit neuen Ideen, scharfem Blick und unermüdlicher Geduld. Bei der TEXt-Aufbereitung war Herr Dr. Thomas Ströhlein eine unschätzbare Hilfe.

München und Passau, Sommer 1990 F. L. Bauer · M. Wirsing

INHALTSVERZEICHNIS

KAPITEL III. FUNKTIONALE UND ALGEBRAISCHE ASPEKTE

KAPITEL IV. FORMALE REDUKTIONEN

KAPITEL V. FORMALE ABLEITUNGEN

KAPITEL VI. MODALE AUSSAGENLOGIKEN

Einleitung

Die **Aussagenlogik** (*propositional logic, sentential logic*), auch **klassische Junktorenlogik** genannt, ist die alltägliche, unabdingbare Grundlage jeder „logischen" Beschäftigung mit sprachlichen Konstrukten, insbesondere mit solchen, die der Informatiker im Zuge der Programmierung von Algorithmen braucht. Wir führen sie zunächst auf „natürliche" Weise ein. Die dabei entwickelte Formalisierung ('Aussageformen') weist in den nächsten Kapiteln die Aussagenlogik als *ein* Modell der abstrakten Theorie der **Booleschen Verbände** aus; ein weiteres, dazu isomorphes Modell betrachtet man in der **Schaltalgebra**, worauf wir am Rande eingehen. Dieser „Algebra der Logik" stellen wir in weiteren Kapiteln den Aussagenkalkül ('Logikkalkül') entgegen, der mit Aussageformen als Elementen operiert.

'No ducks waltz; no officers ever decline to waltz; all my poultry are ducks'. Dieses von Lewis Carroll[1] stammende Beispiel zeigt in karikierender Verfremdung, welche Tragweite die Aussagenlogik hat – es läßt sich daraus ableiten *'My poultry are not officers'.* Fünfzig Jahre später hätte Lewis Carroll auch eine Aufgabe aus der Schaltalgebra, und hundert Jahre später einen Beweis für die Richtigkeit eines Programms in solcher Weise verkleiden können.

Daß die Aussagenlogik eine formale Disziplin, eine Spielart der Informatik ist, zeigt sich darin, daß sie zwar selbst eine Sprache bildet, aber über jeder beliebigen, bekannten oder unbekannten, inhaltsvollen oder unsinnigen Sprache (Abb. 0) formuliert werden kann.

Borogoves are mimsy whenever it is brillig.
It is now brillig, and this thing is a borogove.
Hence this thing is mimsy.

Abb. 0 Syllogismus in der Nonsense-Sprache von Lewis Carrolls 'Jabberwocky' (H. E. ENDERTON)

[1] eigtl. CHARLES LUTWIDGE DODGSON, 1832-1898, englischer Mathematiker, Amateur-Kryptologe und Schachexperte, berühmt als (Kinderbuch-)Schriftsteller.

KAPITEL I
NATÜRLICHES BEGRIFFSFELD

1. Aussagen und Aussagenverbindungen

„Eine Aussage ist, was wahr oder falsch ist"
CHRYSIPPOS, 281–208 v.Chr.

1.1 Zweiwertiger Aussagenraum

1.1.1 Aussagen begegnen uns im Alltag: „es regnet", sagt Herr X. am Morgen zu seiner Frau; „es wird Glatteis geben", meldet der Rundfunk; die Zeitung bringt die Schlagzeile „Die 'Solidarität' ist tot". Jedermann weiß, daß das stimmen kann, aber nicht stimmen muß; daß Aussagen wahr oder falsch sein können, insbesondere vor Gericht, aber auch sonstwo.

Aussagen sind (schrift-)sprachliche Gebilde, für die es sinnvoll ist, zu fragen, ob sie entweder *wahr* oder *falsch* ('absurd') sind. In der Präzisierung, die die übliche formale Logik vornimmt, sind Aussagen nicht „halbwahr" oder „wahrscheinlich". Die klassische formale Logik ist **zweiwertig**: Jede Aussage ist nichts als wahr oder falsch[2] (**Prinzip vom ausgeschlossenen Dritten**), und es gibt keine Aussage, die sowohl wahr als auch falsch ist (**Prinzip vom ausgeschlossenen Widerspruch**). Sprachliche Gebilde, die diesen Forderungen nicht genügen, sollen nicht (klassische) Aussagen genannt werden.

Auf einer Menge $\mathcal{Q}$ von (schrift-)sprachlichen Gebilden, die Aussagen sind (auf einem **Aussagenraum**) ist somit eine **Wahrheitsfunktion** v definiert mit Werten aus der Menge $\{T, F\}$ der Wahrheitswerte[3] (*truth symbols*). Wahrheitswerte wurden erstmals 1885 von PEIRCE[4] explizit gebraucht.

Beispiele von Aussagen und ihrer Abbildung in die Wahrheitswerte sind

(1) DER SCHNEE IST WEISS $\mapsto T$

(2) JEDER BERG IST GRÜN $\mapsto F$

(3) NICHT JEDER SCHNEE IST GRÜN $\mapsto T$.

---

[2] Bei CICERO: *'Quidquid enuncietur, aut verum esse aut falsum'*.

[3] Oft auch **true** und **false** oder, vor allem in Maschinenschrift, `tt` und `ff` .

[4] CHARLES SANDERS PEIRCE (1839-1914), amerikanischer Mathematiker und Logiker.

1.1.2 Schriftsprachliche Gebilde, die einem bestimmten Aussagenraum angehören, heißen (syntaktisch) **wohlgeformt** – gleichgültig ob sie wahr oder falsch sind. Für andere, **fehlgeformte** Gebilde ist es sinnlos, nach der Wahrheit zu fragen – obschon solche Gebilde manchmal wohlgeformten Gebilden in der äußeren Form nahestehen:

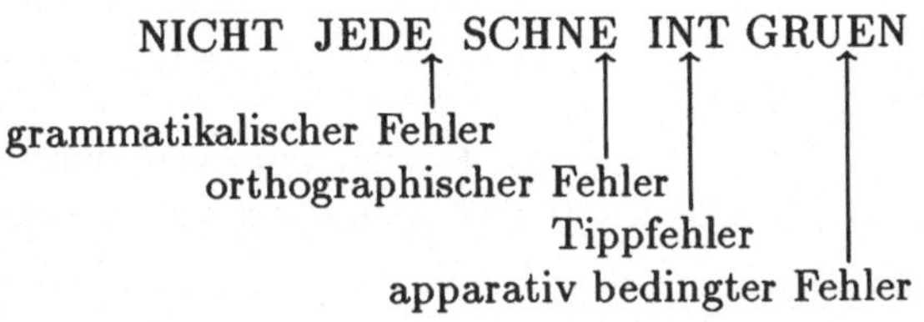

1.1.3 Von einer Aussage wird nur verlangt, daß sie wahr oder falsch *ist* – es bleibt offen, ob und gegebenenfalls wie man herausfinden kann, welcher Wahrheitswert ihr zukommt. Die berühmte GOLDBACHsche Vermutung[5]

JEDE GERADE ZAHL, DIE GRÖSSER ALS DREI IST, IST SUMME ZWEIER PRIMZAHLEN

ist eine Aussage – obschon niemand (derzeit) weiß, ob sie wahr oder falsch ist, ja nicht einmal, ob Wahrheit oder Falschheit von Aussagen dieser Art überhaupt entscheidbar ist.

1.2 Aussagenverbindungen

Eine weitere Grunderfahrung aus dem Alltag ist, daß man mit Hilfe gewisser Bindewörter, die es in allen hochstehenden natürlichen Sprachen gibt, aus gegebenen Aussagen neue Gebilde (**Aussagenverbindungen**) durch Zusammensetzung gewinnen kann, und daß alle korrekt gebildeten Zusammensetzungen wieder Aussagen sind. Im Deutschen ist ein Aussageraum abgeschlossen unter der Zusammensetzung zweier Aussagen mit den Partikeln UND[6] („Konjunktion") und ODER[7] („Adjunktion") sowie unter dem Vorsetzen[8] der Partikel NICHT („Negation"), aber auch unter der Zusammensetzung mit den Partikeln ZIEHT NACH SICH[9] („Subjunktion") und GENAU DANN, WENN

---

[5] Von CHRISTIAN GOLDBACH (1690-1764) 1742 geäußerte Vermutung.

[6] Auch SOWOHL ..... ALS AUCH ..... , lat. *et* ..... *et* ..... . Die Partikel UND ist umgangssprachlich oft mit einem temporalen Aspekt versehen: „er verarmte und verließ Wien" wird von „er verließ Wien und verarmte" unterschieden. In der klassischen Aussagenlogik wird das nicht berücksichtigt.

[7] Die Partikel ODER wird oft auch in der Bedeutung von lat. *aut* gebraucht: „Geld her oder Leben" („ausschließendes Oder", vgl. Bisubtraktion, 7.2.3). Um Verwechslungen zu vermeiden, wird für die Bedeutung lat. *vel* in der Patentliteratur *und/oder* benutzt. In der Jurisprudenz wird oft ein ausschließendes ODER unterstellt: „..... und mit Geldbuße oder Gefängnis bis zu 2 Jahren bestraft (§110 StGB)". Wenn man sich klar ausdrücken will, kann man für das ausschließende Oder mit wenig Mehraufwand ENTWEDER ..... ODER ..... gebrauchen.

[8] Für NICHT DER SCHNEE IST WEISS sagt man im Deutschen „der Schnee ist nicht weiß". Ein Blick in den Duden bestätigt, daß die gebräuchliche Sprache wenig Rücksicht auf die formale Logik (und umgekehrt!) nimmt.

[9] Auch WENN ..... , DANN ..... oder AUS ..... FOLGT ..... .

(„Bisubjunktion"). Überdies weiß die Logik des Alltags, daß man von einer Aussagenverbindung bestimmen kann, ob sie wahr oder falsch ist, wenn man von den darin vorkommenden Aussagen weiß, ob sie wahr oder falsch sind. So gilt, wenn man (1) und (2) aus 1.1.1 vertraut,

DER SCHNEE IST WEISS UND JEDER BERG IST GRÜN $\mapsto F$

Weiß man etwa, daß

ES REGNET $\mapsto T$ und
DIE STRASSE IST NASS $\mapsto F$, so ist man versichert daß

ES REGNET ZIEHT NACH SICH DIE STRASSE IST NASS $\mapsto F$

Etwas schwieriger aufgebaut ist

NICHT ES REGNET UND NICHT DIE STRASSE IST NASS $\mapsto T$
Man beachte den Unterschied zu

NICHT ES REGNET UND NICHT DIE STRASSE IST NASS $\mapsto F$

der durch Abstände (in gesprochener Mitteilung durch Phrasierung) ausgedrückt ist – in mehr formalisierter Schreibweise benutzt man zu diesem Zweck Strukturklammern.

1.3 Extensionalität der Aussagenlogik

Gelegentlich muß man nicht von allen in einer Aussagenverbindung vorkommende Aussagen wissen, ob sie wahr oder falsch sind. So ist

SECHS IST PRIM UND DIE GOLDBACHSCHE VERMUTUNG GILT

falsch, gleichgültig ob das Goldbachsche Problem gelöst ist oder nicht, sofern man nur weiß, daß

SECHS IST PRIM

falsch ist. Und

DIE GOLDBACHSCHE VERMUTUNG GILT ODER NICHT DIE GOLDBACHSCHE VERMUTUNG GILT

ist sicherlich wahr. Gewisse Aussagenverbindungen sind also auf Grund ihrer äußeren Form wahr, sind 'Tautologien' (siehe 4.2.2).

Die „Bedeutung" (nach FREGE[10]) einer Aussage ist lediglich der ihr unter der Wahrheitsfunktion v zugeordnete Wahrheitswert. Der über den Wahrheitswert hinausgehende „Sinn" oder „Inhalt" einer (syntaktisch wohlgeformten) Aussage, die **Intension**, ist in der bloßen Aussagenlogik belanglos; man spricht daher auch von einem **rein extensionalen** Gebrauch der Aussagenverbindungen: der Wahrheitswert einer Aussagenverbindung hängt nur von den Wahrheitswerten ihrer Bestandteile ab. Die **einfachen** Aussagen werden dabei als unzerlegbar angesehen, ihre innere Struktur ist nicht von Interesse. Dieser Verzicht charakterisiert die Aussagenlogik und unterscheidet sie von der Prädikatenlogik.

[10] GOTTLOB FREGE, 1848-1925, Mathematiker und Philosoph.

2. Aussageformen

„Aussageform: Schema zur Analyse von Aussagen hinsichtlich der gegenseitigen Stellung der durch Terme dargestellten Operanden und der Operatoren"
MARCEL GUILLAUME, 1978

2.1 Zeichen

2.1.1 Um von den Belanglosigkeiten („it is raining", „es regnet jetzt", „iatz rengts") einer bestimmten natürlichen Sprache bei der Formalisierung von Aussagen frei zu sein, verwenden wir Zeichen sowohl für Aussagen selbst wie auch für die Partikel, die zur Bildung von Aussagenverbindungen dienen.

Eine **Aussageform** (*propositional formula*), **Sentenz** (*sentence*) oder auch **Boolesche Form, aussagenlogische Formel** ist demgemäß ein Ausdruck, in dem für Aussagen Bezeichner[11] wie a , b , c , ... (**Unbestimmte**) vorkommen. Darüber hinaus enthält dieser Ausdruck Zeichen (**Junktoren, Konnektoren**, *connectives*) wie $\wedge$, $\vee$, $\rightarrow$, $\leftrightarrow$, $\neg$ für zwei- und einstellige Operationen (in Infix-Schreibweise **Verknüpfungen**), sowie als (technische) Hilfszeichen die **Strukturklammern** (und) .

Beispiele:

$a \wedge b$	$u \rightarrow v$	$\neg(u \wedge (\neg v))$
$(\neg u) \wedge (\neg v)$	$f \wedge (f \vee g)$	$u \rightarrow u$

In Funktionsschreibweise, insbesondere (siehe 3.2.2) in klammerfreier Präfixschreibweise (ŁUKASIEWICZ), verwendet man statt $\wedge$, $\vee$, $\rightarrow$, $\leftrightarrow$, $\neg$ die Symbole[12] **K**, **A**, **C**, **E**, **N** :

$\mathbf{K}(a,b)$	$\mathbf{C}(u,v)$	$\mathbf{N}(\mathbf{K}(u,\mathbf{N}(v)))$
$\mathbf{K}(\mathbf{N}(u),\mathbf{N}(v))$	$\mathbf{K}(f,\mathbf{A}(f,g))$	$\mathbf{C}(u,u)$

2.1.2 Aus Aussageformen entstehen Aussagenverbindungen, wenn die Zeichen für Aussagen durch konkrete (umgangssprachliche) Aussagen, sowie

$\wedge$ durch UND ,
$\vee$ durch ODER ,
$\rightarrow$ durch ZIEHT NACH SICH ,
$\leftrightarrow$ durch GENAU DANN, WENN und
$\neg$ durch NICHT

ersetzt werden (und die Strukturklammern eventuell durch Satzzeichen, Zwischenräume etc., in gesprochener Sprache auch durch Phrasierung und Betonung simuliert werden). Man nennt dies eine **Besetzung** der Aussageform. Besetzungen werden erst in der Prädikatenlogik voll zum Tragen kommen.

---

[11] Buchstabensymbole als Bezeichner von Variablen für Begriffe wurden, worauf ŁUKASIEWICZ hingewiesen hat, von ARISTOTELES eingeführt. Von den Stoikern (3. Jh. v. Chr.), den Begründern der Aussagenlogik, wurden Ordinalzahlen: „der Erste", „der Zweite", ... verwandt (siehe auch 3.1.1.2).

[12] **K**, **A**, **N**, **E** für <u>K</u>onjunktion, <u>A</u>djunktion, <u>N</u>egation, <u>E</u>quivalenz. **C** steht vermutlich für lat. *consequentia*.

Beispiel: Wird die Aussageform $\mathbf{C}(u,v)$ bzw. $u \to v$ mit

$u \triangleq$ „es regnet“ , $v \triangleq$ „die Straße ist naß“

besetzt, erhält man die Aussagenverbindung

„es regnet“ ZIEHT NACH SICH „die Straße ist naß“ .

Etwas anderes besagt die sog. Umkehrung

„die Straße ist naß“ ZIEHT NACH SICH „es regnet“ .

> „Dieses Beispiel pflegt man zu benutzen, um Kindern den Unterschied von Satz und Umkehrung zu verdeutlichen. So einleuchtend er in dieser Formel erscheint, so wenig wird er im gewöhnlichen Leben klar gehandhabt. Menschen, denen die Sache natürlich sonnenklar ist, sowie man sie ihnen ins Bewußtsein bringt, scharfsinnige Juristen sogar sah ich sie in der unbewußten Praxis des gewöhnlichen Verkehrs verwechseln; bei politischen Rednern fand ich solche Verwechslung wieder als geschicktes Mittel, um den vom Gegner aufgestellten Satz in dessen Umkehrung zu jonglieren und dann lächerlich zu machen, und eine vielköpfige Menge bemerkte es nicht.“
> RADEMACHER, TOEPLITZ 1930

2.1.3 Wird die Aussageform $\mathbf{K}(\mathbf{K}(\mathbf{N}(\mathbf{K}(a,d)),\mathbf{N}(\mathbf{K}(c,\mathbf{N}(d)))),\mathbf{C}(b,a))$ bzw. $(((\neg(a \wedge d)) \wedge (\neg(c \wedge (\neg d)))) \wedge (b \to a))$ mit

$a \triangleq$ 'ducks'
$b \triangleq$ 'my poultry'
$c \triangleq$ 'officers'
$d \triangleq$ 'willing to waltz'

besetzt, so erhält man (mit etwas dichterischer Freiheit) das eingangs erwähnte Beispiel von Lewis Carroll.

Aufgabe 1: (D. GRIES) Übersetze folgende Sätze in Aussagenverbindungen[13]. Gib dazu Aussageformen an, die sich geeignet besetzen lassen:

[a] $x \leq y$ or $x \geq y$
[b] Either $x \leq y$ or $x > y$
[c] If $x < y$ and $y < z$, then $x < z$
[d] The following are all true: $x < y$, $y < z$ and not $x < z$
[e] None of the following are true: $x < y$, $y < z$ and not $x < z$
[f] At most one of the following is true: $x < y$, $y < z$ and not $x < z$
[g] The following are not all true at the same time: $x < y$, $y < z$ and not $x < z$
[h] When $x < y$, then $y < z$; when $x > y$, then $x < z$
[i] When $x < y$, then $y < z$ means that $x < z$, but if $x > y$ then $y < z$ doesn't hold; however, if $x < z$, then $x < y$.

2.2 Aussagenlogische Grundfunktionen

Die Bestimmung des Wahrheitswerts einer besetzten Aussageform erfordert zu wissen, wie sich die Wahrheitsfunktion unter UND, ODER, ZIEHT NACH

[13] Die Verwendung einer Fremdsprache ist Absicht.

SICH, GENAU DANN WENN und NICHT verhält. Dies kann geschehen durch Angabe jeweils einer dem Junktor **K**, **A**, **C**, **E**, **N** zugeordneten **aussagenlogischen Funktion (Booleschen Funktion)** $[\mathbf{K}]^2, [\mathbf{A}]^2, [\mathbf{C}]^2, [\mathbf{E}]^2, [\mathbf{N}]^1$ mit

$$[\mathbf{K}]^2, [\mathbf{A}]^2, [\mathbf{C}]^2, [\mathbf{E}]^2 : \{T, F\} \times \{T, F\} \to \{T, F\} \quad \text{(zweistellig) bzw.}$$

$$[\mathbf{N}]^1 : \{T, F\} \to \{T, F\} \quad \text{(einstellig).}$$

Diese sich aus dem Alltagsgebrauch ergebenden Funktionen, die man der Reihe nach mit **Konjunktion**, **Adjunktion**[14], **Subjunktion**[15], **Bisubjunktion**[16], **Negation** bezeichnet, können in Form einer **Wertetafel** („logische Matrix")

$[\mathbf{K}]^2$	T	F	$[\mathbf{A}]^2$	T	F	$[\mathbf{C}]^2$	T	F	$[\mathbf{E}]^2$	T	F	$[\mathbf{N}]^1$	T	F
T	T	F	T	T	T	T	T	F	T	T	F		F	T
F	F	F	F	T	F	F	T	T	F	F	T			

dargestellt werden. Man kann ebenso gut eine **Wertetabelle** (auch **Wahrheitstabelle**, *truth table*)

a	b	$a \wedge b$	$a \vee b$	$a \to b$	$a \leftrightarrow b$	$\neg a$
T	T	T	T	T	T	F
T	F	F	T	F	F	F
F	T	F	T	T	F	T
F	F	F	F	T	T	T

verwenden.

Zu einer besetzten Aussageform erhält man auf diese Weise einen funktionalen Ausdruck, in dem sämtliche Zeichen für Aussagen durch Wahrheitswerte und die Junktoren durch die zugeordneten Funktionssymbole ersetzt sind; einen Ausdruck ohne Unbestimmte, der, seinem Aufbau folgend, ausgewertet werden kann (siehe 4.1.1).

Aufgabe 2: Zeige anhand der Wertetafeln, daß jede der Funktionen $[\mathbf{K}]^2, [\mathbf{A}]^2, [\mathbf{E}]^2$ wertemäßig kommutativ ist.

2.3 Aussagekonstanten

Im weiteren verwenden wir, auch um uns gelegentlich vom Modell der Logik freimachen zu können, an Stelle der Wahrheitswerte F und T häufig nullstellige Funktionen $[\mathbf{O}]^0, [\mathbf{L}]^0$, die konstant F bzw. T liefern (**Aussagekonstanten**). Zu ihnen gehören syntaktisch in Aussageformen die nullstelligen Junktorsymbole **O** (**Falsum-Symbol**) bzw. **L** (**Verum-Symbol**)[17]. Die

---

[14] Nach DIN 5474 **Adjunktion**, früher auch „Alternation", häufig noch „Disjunktion".

[15] Früher auch „(materiale) Implikation", „extensionale Implikation".

[16] Synonym **Äquijunktion** (DIN 66000), kurz auch **Bijunktion** (RAUTENBERG), früher auch „(materiale) Äquivalenz", „extensionale Äquivalenz".

[17] Auch $\{\mathbf{0}, \mathbf{1}\}, \{\bot, \top\}$ sind gebräuchlich.

Menge $\{\mathbf{O}, \mathbf{L}\}$ bezeichnen wir mit $\mathbb{B}_2$[18], die fundamentale Wahrheitsfunktion

$$v: \quad \mathbb{B}_2 \longrightarrow \{T, F\} \quad \text{mit } \mathbf{O} \mapsto F \;,\; \mathbf{L} \mapsto T$$

als (klassische) Bewertung der Aussagekonstanten.

Ein n-**Tupel** von Aussagekonstanten ist ein Element von $\mathbb{B}_2^n$.

3. Syntax der Aussageformen

„Logik kann nur in einer formal präzisierten Sprache, in einer *Begriffsschrift* nach FREGE, unzweideutig wirksam werden"
WOLFGANG RAUTENBERG, 1979

3.1 Kontextfreie Grammatik

3.1.1.1 Der Aufbau der (wohlgeformten) Aussageformen wird induktiv definiert: Die Sprache der **Aussageformen** $\langle propos\ form \rangle$ soll folgende kontextfreie Grammatik haben (vgl. Bauer-Goos II, 3. Aufl., 7.2.5):

$\langle atom \rangle ::= a \mid b \mid c \mid d \mid \ldots$
$\langle nullary\ op \rangle ::= \mathbf{O} \mid \mathbf{L}$
$\langle unary\ op \rangle ::= \neg$
$\langle binary\ op \rangle ::= \wedge \mid \vee \mid \rightarrow \mid \leftrightarrow$
$\langle prime\ form \rangle ::= \langle atom \rangle \mid \langle nullary\ op \rangle$
$\langle propos\ form \rangle ::= \langle prime\ form \rangle \mid (\langle unary\ op \rangle \langle propos\ form \rangle)$
$\qquad \mid (\langle propos\ form \rangle \langle binary\ op \rangle \langle propos\ form \rangle)$

Abb. 1 zeigt ein Syntaxdiagramm für diese Grammatik.[19] Terminalzeichen sind a , b , c , d , ... , $\wedge$, $\vee$, $\rightarrow$, $\leftrightarrow$, $\neg$, $\mathbf{O}$, $\mathbf{L}$, (,).

Die Junktoren $\wedge$, $\vee$, $\rightarrow$, $\leftrightarrow$, $\neg$, $\mathbf{O}$ und $\mathbf{L}$ heißen auch **logische Symbole**[20] oder irreführenderweise „logische Konstanten".

Ein Bezeichner aus $\langle atom \rangle$ heißt **Unbestimmte**, „Satzbuchstabe" (*sentence symbol*) oder auch „Aussagevariable" (*propositional variable*).

Sowohl Unbestimmte wie die Aussagekonstanten **O** und **L** heißen **Primformen** ($\langle primeform \rangle$), alle übrigen Aussageformen heißen **Moleküle**. Unbestimmte und negierte Unbestimmte der Form $(\neg\langle atom \rangle)$ werden zusammen als **Literale** bezeichnet und zwar Unbestimmte als **positive** Literale, negierte Unbestimmte als **negative** Literale[21].

---

[18] Auch das Ordinalzahlzeichen **2** ist gebräuchlich.

[19] Der moderne Gebrauch des Ausdrucks „Syntax" in der Logik beginnt mit RUDOLF CARNAP 1934.

[20] Die logischen Symbole **O** und **L** sind im Grunde nur aus Bequemlichkeit eingeführt, man könnte sie entbehren (siehe 4.2 und 7.2), müßte aber technische Erschwerungen in Kauf nehmen.

[21] Die Benennung rührt davon her, daß man zu den Zeiten von DE MORGAN, JEVONS, PEIRCE und DODGSON das Negat einer mit einem Großbuchstaben bezeichneten Unbestimmten durch den entsprechenden Kleinbuchstaben bezeichnete.

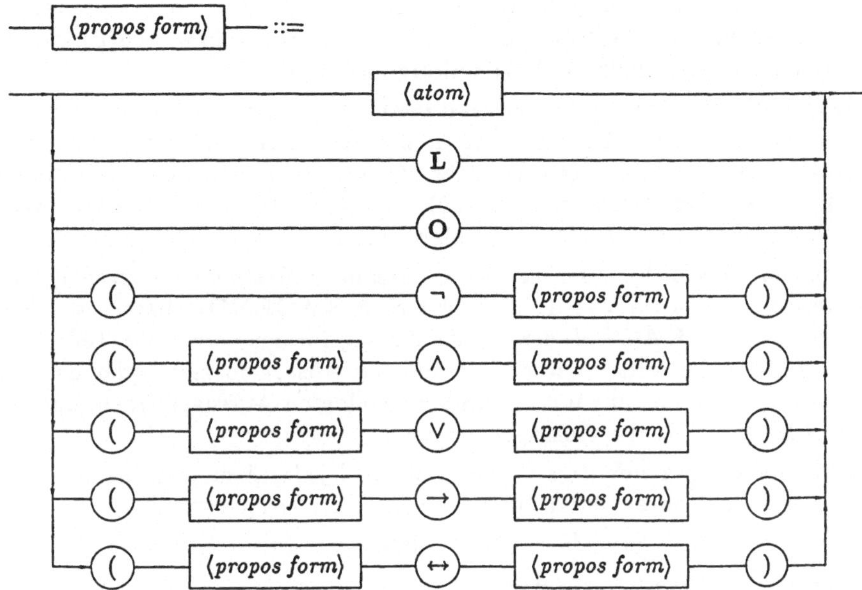

Abb. 1 Syntaxdiagramm für die Sprache der Aussageformen

3.1.1.2 Die Menge der Bezeichner für Aussagen soll endlich

$\langle atom \rangle ::= a \mid b \mid c \mid \ldots \mid z$

oder abzählbar sein. Im letzteren Fall ist es besser, sie mit $p_1, p_2, p_3, \ldots, p_i, \ldots$ zu bezeichnen, oder mit $p, p', p'', p''', p'''', \ldots$ nach der Feingrammatik

$\langle atom \rangle ::= p \mid \langle atom \rangle'$

mit den Terminalzeichen p , $'$, $\wedge$, $\vee$, $\rightarrow$, $\leftrightarrow$, $\neg$, **O** , **L** , (,) .

3.1.2.1 Aussageformen werden wir mit kleinen griechischen Buchstaben bezeichnen. Mit $\alpha \doteq \beta$ drücken wir die zeichenweise Übereinstimmung zweier Aussageformen α, β aus. Der Kürze halber schreibt man gelegentlich $\overline{\alpha}$ für $(\neg\alpha)$. Wir werden jedoch davon aus typographischen Gründen nur für negierte Unbestimmte Gebrauch machen. Es ist weithin üblich, die äußersten Strukturklammern einzusparen; wir werden davon häufig Nutzen ziehen. Weitere Klammerneinsparungen kann man erzielen, wenn man gemäß DIN 5474 festsetzt, daß $\neg$ stärker bindet als alle zweistelligen Junktoren (siehe 3.3, Ende). Der älteren Übung, daß $\wedge$ stärker bindet als $\vee$, oder gar der Präzedenz **NKACE** , werden wir nicht folgen. Hingegen werden wir, wo das Assoziativgesetz (siehe 4.1.5, Aufgabe 10) es nahelegt, bei mehrfacher Konjunktion, mehrfacher Adjunktion und mehrfacher Bisubjunktion auf Klammerung gelegentlich verzichten (siehe 3.4 und 7.2.4.1).

3.1.2.2 Bei einer Aussageform der Bauart $\alpha \wedge \beta$ bzw. $\alpha \vee \beta$ heißen die **Konstituenten** oder **Teilformen** α und β **Konjunkte** bzw. **Adjunkte**, bei einer Bauart $\alpha \rightarrow \beta$ heißt α **Antezedens** und β **Konsequens**.

Spezialfälle von Aussageformen sind **reine Aussageformen**, die, wie $a \wedge b$ oder $a \vee (b \wedge a)$, keine Aussagekonstanten **O**, **L** enthalten, und **(Boolesche) Grundterme**, die, wie $(\mathbf{O} \wedge \mathbf{L})$ oder $(\mathbf{O} \vee (\mathbf{L} \wedge \mathbf{O}))$, keine Unbestimmten enthalten; Aussageformen wie $(\mathbf{O} \wedge b)$ oder $(a \vee (\mathbf{L} \wedge a))$ enthalten sowohl Aussagekonstanten **O** , **L** als auch Unbestimmte.

Nach der Gesamtheit der in dieser Sprache auftretenden logischen Symbole spricht man auch von der Sprache $\mathcal{S} \mathrel{\hat{=}}$ **KACENOL** bzw. von deren Teilsprache $\mathcal{S} \mathrel{\hat{=}}$ **KACEN** der reinen Aussageformen, oder der Teilsprache $\mathcal{S} \mathrel{\hat{=}}$ **KACEL** der ohne $\neg$ und **O** gebildeten Aussageformen, oder der Teilsprache $\mathcal{S} \mathrel{\hat{=}}$ **CN** der nur mit $\rightarrow$ und $\neg$ gebildeten Aussageformen, oder der Teilsprache $\mathcal{S} \mathrel{\hat{=}}$ **OL** der Aussagekonstanten.

Durch die obige *eindeutige* Grammatik wird jeder Aussageform der „Konstruktions-Baum" ihrer Teilausdrücke zugeordnet; beispielsweise

$$(((a \rightarrow b) \rightarrow c) \rightarrow (a \rightarrow (b \rightarrow c))) \quad \text{bzw.} \quad (a \rightarrow (b \rightarrow (c \rightarrow \mathbf{L})))$$

die Konstruktionsbäume von Abb. 2.

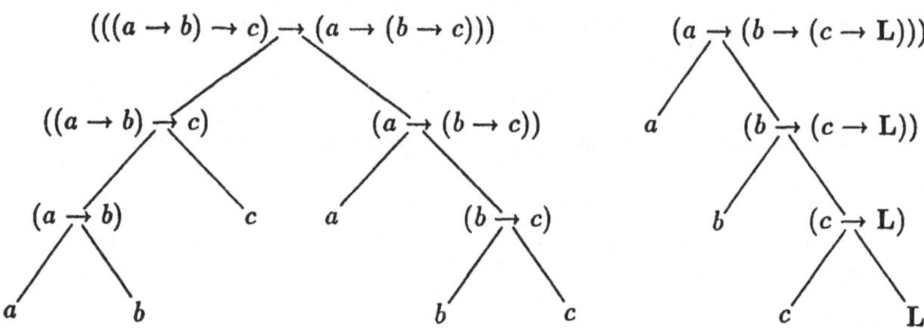

Abb. 2 Konstruktionsbäume

Kürzer, weil weniger redundant, ist der Kantorovič-Baum[22] der Aussageform, obigen Beispielen entsprechend (Abb. 3).

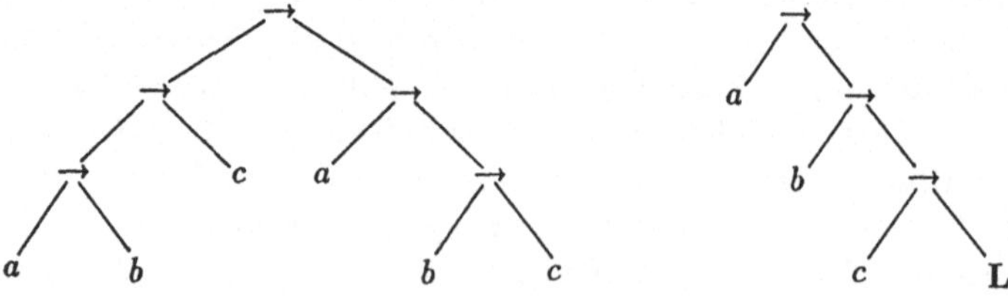

Abb. 3 Kantorovič-Bäume

[22] Von L.V. KANTOROVIČ 1955 am Beispiel arithmetischer Ausdrücke eingeführt.

3.1.3 Aus der Syntax der Aussageformen folgt insbesondere das **syntaktische Ersetzungsprinzip**:

Ersetzt man ein Vorkommnis einer Unbestimmten in einer Aussageform durch eine (korrekt geklammerte) Aussageform, so erhält man wieder eine Aussageform.

Dies ist insbesondere so für eine **Einsetzung** einer Aussageform: Sei α eine Aussageform, p_i eine Unbestimmte. Dann bezeichnen wir mit

$\alpha^{p_i:=\rho}$ oder auch α^{ζ}, wobei $\zeta : p_i := \rho$,

diejenige Aussageform, die entsteht, wenn man p_i *überall*, wo es (wenn überhaupt) in α vorkommt, durch eine Aussageform ρ verdrängt – wenn man ρ für p_i **substituiert**[23]. $p_i := \rho$ bezeichnet die **Substitution**.

Beachte: $\alpha^{p_i:=\rho}$ selbst ist *keine* Aussageform. Zum Beispiel steht $(p_1 \wedge p_2)^{p_2:=(p_2 \vee p_1)}$ nur als Bezeichnung für das Ergebnis $(p_1 \wedge (p_2 \vee p_1))$ der Substitution $p_2 := (p_2 \vee p_1)$ in $(p_1 \wedge p_2)$

Gleichermaßen bezeichnen wir die **kollektive („simultane") Einsetzung** $\alpha^{(p_{i_1}, p_{i_2}, \ldots, p_{i_n}):=(\rho_1, \rho_2, \ldots, \rho_n)}$ von n Aussageformen $\rho_1, \rho_2, \ldots, \rho_n$, sie bedeutet die simultan durchzuführenden Substitutionen $p_{i_\mu} := \rho_\mu (\mu = 1, 2, \ldots, n)$.

Wir können auch sagen: Die Menge ⟨*propos form*⟩ der Aussageformen ist abgeschlossen gegenüber Substitutionen.

3.1.4 Eine (kollektive) Einsetzung, bei der alle einzusetzenden Aussageformen Aussagekonstanten sind, heißt eine **(syntaktische) Belegung**.

$\xi_1 : \ (u, v) := (\mathbf{L}, \mathbf{O})$ bezeichnet eine vollständige syntaktische Belegung, die u das Symbol **L** und v das Symbol **O** „zuordnet"; sie führt für die Aussageform

$\neg(u \wedge (\neg v))$ zum Booleschen Grundterm $\neg(\mathbf{L} \wedge (\neg \mathbf{O}))$. Aber auch

$\xi_2 : \ (u, v, w) := (\mathbf{L}, \mathbf{O}, \mathbf{L})$ ist hierfür eine syntaktische Belegung (die bezüglich w „ins Leere geht").

$\xi_3 : \ u := \mathbf{L}$ ist eine (syntaktische) **Teilbelegung** dieser Aussageform, die zu der **teilbelegten** Aussageform $\neg(\mathbf{L} \wedge (\neg v))$ führt.

Stimmen zwei Substitutionen in allen in einer Aussageform vorkommenden Unbestimmten überein, so führen die zugehörigen syntaktischen Belegungen zum selben Ergebnis („syntaktisches Koinzidenztheorem").

Ist unter den in einer Aussageform vorkommenden Unbestimmten p_N diejenige, die den größten Index besitzt, so kann jede Belegung dieser Aussageform durch eine Belegung von $p_1, p_2, \ldots p_N$ mit einem Wort der Länge N über dem Alphabet $\mathbf{B}_2 = \{\mathbf{L}, \mathbf{O}\}$ dargestellt werden.

Insbesondere genügt also zur Darstellung der syntaktischen Belegung einer Aussageform mit beliebig, aber endlich vielen Unbestimmten $p_1, p_2, \ldots, p_N$ die Angabe eines Wortes der Länge N. Es gibt 2^N verschiedene solcher Belegungen. Die Menge $\{\mathbf{L}, \mathbf{O}\}^*$ aller Wörter endlicher Länge ist abzählbar unendlich.

---

[23] In der Literatur häufig $\alpha_\rho^{p_i}$, $\alpha^{p_i/\rho}$ oder $S_\rho^{p_i}(\alpha)$, gesprochen „α, wo für p_i eingesetzt ρ".

3.2 Algorithmen zur Erkennung von Aussageformen

3.2.1 Aussageformen sind nach 3.1.1.1 eine Teilmenge der Menge V_{AF}^* der „Zeichenfolgen“ oder „Worte“ über dem Alphabet

$$V_{\mathrm{AF}} \stackrel{\mathrm{def}}{=} \{\, p \,,\, ' \,,\, \wedge \,,\, \vee \,,\, \rightarrow \,,\, \leftrightarrow \,,\, \neg \,,\, \mathbf{O} \,,\, \mathbf{L} \,,\, (\,,\,) \,\} \,.$$

Eine einfache Methode zur Beschreibung von Erkennungsalgorithmen über Worten bilden reduktive Wortersetzungssysteme, oft auch Semi-Thue-Systeme genannt (vgl. Bauer-Goos II, 3. Aufl., 7.2.2).

Ein reduktives Wortersetzungssystem $\mathcal{R}$ über einer Menge A besteht aus einer endlichen Menge von **Reduktionsregeln** der Form $v_1 \succ\!\!- v_2$ mit $v_1, v_2 \in A^*$.

Falls ein Wort w die Form $w_1 v_1 w_2$ hat (mit gewissen $w_1, w_2 \in A^*$), so heißt

$$w_1 v_1 w_2 \succ\!\!- w_1 v_2 w_2$$

Anwendung der Regel $v_1 \succ\!\!- v_2$. Wir nennen w' **mögliches Resultat** des Erkennungsalgorithmus $\mathcal{R}$ angewandt auf w, falls w durch eine endliche Folge von Anwendungen $w \succ\!\!- w_1 \succ\!\!- w_2 \ldots \succ\!\!- w'$ in w' überführt werden kann und auf w' keine Regel von $\mathcal{R}$ anwendbar ist. Gibt es eine unendliche Folge von Anwendungen $w \succ\!\!- w_1 \succ\!\!- w_2 \ldots \succ\!\!- w_n \succ\!\!- \ldots$, so sagt man, der Erkennungsalgorithmus $\mathcal{R}$ „terminiert nicht“ auf Eingabe w, und gibt ihm das Pseudoresultat $\perp$ (mit $\perp \notin A$).

Auf diese Weise induziert jedes Wortersetzungssystem $\mathcal{R}$ eine Abbildung $\mathrm{res}_{\mathcal{R}}$ von A^* in die Potenzmenge $\mathrm{P}(A^* \cup \{\perp\})$ von $A^* \cup \{\perp\}$:

$$\begin{aligned} \mathrm{res}_{\mathcal{R}}(w) \stackrel{\mathrm{def}}{=} & \{w' \mid w' \text{ ist mögliches Resultat von } \mathcal{R} \text{ bei Eingabe } w\} \\ & \cup \{\perp \mid \mathcal{R} \text{ terminiert nicht auf Eingabe } w\}. \end{aligned}$$

Hat $\mathcal{R}$ für jede Eingabe w höchstens *ein* Resultat (d.h. $\mathrm{res}_{\mathcal{R}}(w) = \{x\}$, wobei $x \in A^* \cup \{\perp\}$), so heißt der Erkennungsalgorithmus $\mathcal{R}$ **determiniert**. In diesem Fall schreibt man auch $\mathcal{R}(w) = x$ anstelle von $\mathrm{res}_{\mathcal{R}}(w) = \{x\}$.

Das folgende reduktive Wortersetzungssystem $\mathcal{R}$ über dem Alphabet V_{AF} der Aussageformen mit einem zusätzlichen Zeichen $\mathbf{Z}$ bestimmt, ob ein Wort aus V_{AF}^* eine (wohlgeformte, syntaktisch korrekte) Aussageform darstellt:

$$\begin{aligned} \mathcal{R} \stackrel{\mathrm{def}}{=} \{\; & p \succ\!\!- \mathbf{Z}, \\ & \mathbf{Z}' \succ\!\!- \mathbf{Z}, \\ & \mathbf{L} \succ\!\!- \mathbf{Z}, \\ & \mathbf{O} \succ\!\!- \mathbf{Z}, \\ & (\neg \mathbf{Z}) \succ\!\!- \mathbf{Z}, \\ & (\mathbf{Z} \wedge \mathbf{Z}) \succ\!\!- \mathbf{Z}, \\ & (\mathbf{Z} \vee \mathbf{Z}) \succ\!\!- \mathbf{Z}, \\ & (\mathbf{Z} \rightarrow \mathbf{Z}) \succ\!\!- \mathbf{Z}, \\ & (\mathbf{Z} \leftrightarrow \mathbf{Z}) \succ\!\!- \mathbf{Z} \quad \} \end{aligned}$$

Es gilt für alle $w \in V_{\mathrm{AF}}^*$: Der Erkennungsalgorithmus terminiert und ist determiniert; $\mathrm{res}_{\mathcal{R}}(w) = \{\mathbf{Z}\}$ gilt genau dann, wenn w eine Aussageform ist.

3.2.2 Die klammerfreie Präfixschreibweise von ŁUKASIEWICZ (**polnische Notation**) erhält man aus der gewöhnlichen Funktionsschreibweise (2.1.1) durch Weglassen der Funktionsklammern und -kommata. Man kann das tun, wenn für jedes logische Symbol die Stelligkeit feststeht.

Beispiele:

$\mathbf{K}ab$	$\mathbf{C}uv$	$\mathbf{NK}u\mathbf{N}v$
$\mathbf{KN}u\mathbf{N}v$	$\mathbf{K}f\mathbf{A}fg$	$\mathbf{C}uu$
$\mathbf{CCC}abcd$	$\mathbf{CC}a\mathbf{C}bcd$	$\mathbf{C}a\mathbf{C}b\mathbf{C}cd$

Wir verzichten darauf, die Grammatik der klammerfreien Präfixschreibweise explizit anzugeben.

Repräsentiert man Aussageformen in polnischer Notation, so ergibt sich das Wortersetzungssystem

$$\begin{aligned} \mathcal{R}_{\mathrm{L}} \stackrel{\text{def}}{=} \{\, & p \succ\!\!- \mathbf{Z}, \\ & \mathbf{Z}' \succ\!\!- \mathbf{Z}, \\ & \mathbf{L} \succ\!\!- \mathbf{Z}, \\ & \mathbf{O} \succ\!\!- \mathbf{Z}, \\ & \mathbf{NZ} \succ\!\!- \mathbf{Z}, \\ & \mathbf{KZZ} \succ\!\!- \mathbf{Z}, \\ & \mathbf{AZZ} \succ\!\!- \mathbf{Z}, \\ & \mathbf{CZZ} \succ\!\!- \mathbf{Z}, \\ & \mathbf{EZZ} \succ\!\!- \mathbf{Z} \quad \} \end{aligned}$$

Beispiel:

$$\begin{array}{c} \mathbf{C\ C\ C\ \underline{O}\ \underline{L}\ \underline{O}\ C\ \underline{O}\ C\ \underline{L}\ \underline{O}} \\ \mathbf{C\ C\ \underline{C\ Z\ Z}\ Z\ C\ Z\ \underline{C\ Z\ Z}} \\ \mathbf{C\ \underline{C\ Z\ Z}\ \underline{C\ Z\ Z}} \\ \mathbf{\underline{C\ Z\ Z}} \\ \mathbf{Z} \end{array}$$

Gibt man jeder Unbestimmten das Gewicht 1 und jedem n-stelligen Junktor das Gewicht $1 - n$, so ist ein Wort α aus Unbestimmten und Junktoren genau dann eine Aussageform in polnischer Notation, wenn für jedes nichtleere End-Teilwort von α die Gewichtssumme positiv ist und das Gesamtwort die Gewichtssumme 1 hat (KARL MENGER 1930).

3.3 Induktive Beweise über den Aufbau von Aussageformen

Die Syntax der Aussageformen ist auch von Bedeutung, wenn Beweise induktiv über den Aufbau von Aussageformen geführt werden. Grundlage ist das

Theorem: Sei $\mathcal{P}$ eine Eigenschaft von Aussageformen. Wenn mit je zwei Aussageformen α und β auch

$(\alpha \wedge \beta), (\alpha \vee \beta), (\alpha \rightarrow \beta), (\alpha \leftrightarrow \beta), (\neg\alpha)$,

sowie alle Unbestimmten und die Aussagekonstanten $\mathbf{O}, \mathbf{L}$ die Eigenschaft $\mathcal{P}$ besitzen, so besitzen alle Aussageformen die Eigenschaft.

Dieses Theorem benutzt man insbesondere bei der Behandlung von Funktionen, die induktiv über dem Aufbau von Aussageformen definiert sind.

Aufgabe 3: Zeige: Durch

$r(\langle prime\ form\rangle) \stackrel{\text{def}}{=} 0,$

$r((\langle unary\ op\rangle\alpha)) \stackrel{\text{def}}{=} 1 + r(\alpha),$

$r((\alpha\langle binary\ op\rangle\beta)) \stackrel{\text{def}}{=} 1 + max(r(\alpha), r(\beta))\ ,$

wobei α, β Aussageformen sind, ist eine Abbildung r der Menge der Aussageformen in die natürlichen Zahlen definiert. Deute diese Abbildung!

Aufgabe 4: Gib eine induktive Definition der Anzahl $b(\alpha)$ von Strukturklammern und der Anzahl $g(\alpha)$ („Grad") von logischen Symbolen in einer Aussageform α .

Aufgabe 5: Gib eine induktive Definition der Länge von Aussageformen. Zeige, daß eine (vollständig geklammerte) Zeichenfolge aus genau 6 Zeichen in der Grammatik von 3.1.1.1 keine Aussageform sein kann.

Hinweis: *Wir werden von nun an,* DIN 5474 *in Anspruch nehmend, häufig für* $(\neg\alpha)$ *lediglich* $\neg\alpha$ *schreiben.*

3.4 Vielfachkonjunktion, Vielfachadjunktion

Für eine beliebige Stellenzahl m, $m \geq 0$ sind die

Vielfachkonjunktion $\bigwedge(\alpha_1, \alpha_2, ..., \alpha_m)$ (auch $\bigwedge_{1\leq i\leq m} \alpha_i$) und die

Vielfachadjunktion $\bigvee(\alpha_1, \alpha_2, ..., \alpha_m)$ (auch $\bigvee_{1\leq i\leq m} \alpha_i$)

rekursiv definiert als sukzessive, linksbündig geklammerte[24] m-stellige Konjunktion bzw. Adjunktion, falls $m \geq 2$:

$\bigwedge(\alpha_1, \alpha_2, ..., \alpha_m) \doteq (\bigwedge(\alpha_1, \alpha_2, \ldots, \alpha_{m-1}) \wedge \alpha_m)\ ,$

$\bigvee(\alpha_1, \alpha_2, ..., \alpha_m) \doteq (\bigvee(\alpha_1, \alpha_2, \ldots, \alpha_{m-1}) \vee \alpha_m)\ .$

Für $m = 1$ setzen wir fest

$\bigwedge(\alpha_1) \doteq \alpha_1\ ,$

$\bigvee(\alpha_1) \doteq \alpha_1\ .$

Damit ergibt sich für $m = 2$ die gewöhnliche Konjunktion bzw. Adjunktion. Für $m = 0$ (die **leere Vielfachkonjunktion** bzw. **leere Vielfachadjunktion**) ist dann konsequenterweise

$\bigwedge(\emptyset) \doteq \mathbf{L},$

$\bigvee(\emptyset) \doteq \mathbf{O}$

zu nehmen.

In Anbetracht der auf der semantischen Ebene gültigen Assoziativgesetze (Aufgabe 10) ist es suggestiv, für $m \geq 1$ auch die Infixschreibweise

$\alpha_1 \wedge \alpha_2 \wedge \ldots \wedge \alpha_m$ bzw. $\alpha_1 \vee \alpha_2 \vee \ldots \vee \alpha_m$

zu gebrauchen, die durch Weglassen der Strukturklammern entsteht.

---

[24] Wegen des auf der semantischen Ebene gültigen Assoziativgesetzes ist es belanglos, ob links- oder rechtsbündig geklammert wird.

Wir können darauf verzichten, die Sprache **KACENOL** um Vielfachadjunktion und Vielfachkonjunktion zu erweitern, wenn wir diese nur gelegentlich, bei lokal festem m als Schreibabkürzung verwenden. Man beachte aber, daß man bei ihrer Verwendung zu beliebig vergabelten Bäumen übergeht.

3.5 Gebundene Bezeichner

Aussageformen wie

$(a \rightarrow ((a \rightarrow b) \rightarrow b))$ und $(p \rightarrow ((p \rightarrow q) \rightarrow q))$ bzw.

$(p_1 \rightarrow ((p_1 \rightarrow p_2) \rightarrow p_2))$ und $(p_{17} \rightarrow ((p_{17} \rightarrow p_{13}) \rightarrow p_{13}))$

sind zwar „gleichartig gebaut", sind aber nicht in zeichenweiser Übereinstimmung der Unbestimmten. Sie sind lediglich „ähnlich"; sie gehen nämlich bei konsistenter Umbezeichnung der Unbestimmten ineinander über.[25]

Um von der willkürlichen Wahl der Bezeichner für Unbestimmte absehen zu können, *bindet* man diese Bezeichner, etwa in einer an den Lambda-Kalkül von CHURCH angelehnten Schreibweise[26],

$$(\lambda a, \lambda b)(a \rightarrow ((a \rightarrow b) \rightarrow b))$$

mit der Maßgabe, daß gebundene Bezeichner beliebig ausgewechselt werden dürfen. Wir betrachten also diese gebundene Aussageform als *identisch* mit der ebenfalls gebundenen Aussageform $(\lambda p_1, \lambda p_2)(p_1 \rightarrow ((p_1 \rightarrow p_2) \rightarrow p_2))$ und schreiben deshalb sogar

$$(\lambda a, \lambda b)(a \rightarrow ((a \rightarrow b) \rightarrow b)) \doteq (\lambda p_1, \lambda p_2)(p_1 \rightarrow ((p_1 \rightarrow p_2) \rightarrow p_2)).$$

Die Unbestimmten einer Aussageform können auch nur zu einem Teil gebunden sein:

$$(\lambda a)(a \rightarrow ((a \rightarrow b) \rightarrow b)).$$

Eine Aussageform, deren sämtliche Bezeichner für Unbestimmte gebunden sind, heißt **geschlossen**. Trivialerweise sind Grundterme (3.1.2.2) geschlossen.

Nunmehr ist es auch sinnvoll, geschlossene Aussageformen mit frei gewählten Bezeichnungen zu bezeichnen, etwa

$$\mathbf{C7} \doteq_{def} (\lambda p_1, \lambda p_2)(p_1 \rightarrow ((p_1 \rightarrow p_2) \rightarrow p_2)),$$

wobei wir als Normierung die Verwendung von $p_1, p_2, \ldots$ in der Reihenfolge ihres Auftretens in der Aussageform beim Lesen von links nach rechts wählen können. Die durch eine geschlossene Aussageform definierte Funktion wird wieder durch Einschließung in eckige Klammern bezeichnet:

$$[\mathbf{C7}]^2 \ , \ [(\lambda a, \lambda b)(a \rightarrow ((a \rightarrow b) \rightarrow b))]^2 .$$

Die hochgestellte Ziffer gibt, wie in 2.2 für die Grundfunktionen, die Stelligkeit der Funktion an.

---

[25] 'The notion of a variable is a linguistic, rather than a logical concept' (PAUL ROSENBLOOM, 1950)

[26] Vergleiche die Bindung der „Integrationsvariablen" x im bestimmten Integral $\int_a^b f(x)\,dx$, oder die „Parameterbindung" in Programmiersprachen.

Einige Beispiele von geschlossenen Aussageformen, die wir im folgenden mehrfach wiederfinden werden, sind

$\mathbf{B} \doteq_{def} (\lambda p_1, \lambda p_2, \lambda p_3)((p_1 \rightarrow p_2) \wedge ((\neg p_1) \rightarrow p_3))$
$\mathbf{B}' \doteq_{def} (\lambda p_1, \lambda p_2, \lambda p_3)((\neg p_1 \vee p_2) \wedge ((p_1) \vee p_3))$
$\mathbf{B}'' \doteq_{def} (\lambda p_1, \lambda p_2, \lambda p_3)((p_1 \wedge p_2) \vee ((\neg p_1) \wedge p_3))$
$\mathbf{M} \doteq_{def} (\lambda p_1, \lambda p_2, \lambda p_3)(((p_1 \wedge p_2) \vee (p_2 \wedge p_3)) \vee (p_3 \wedge p_1))$
$\mathbf{S} \doteq_{def} (\lambda p_1, \lambda p_2, \lambda p_3)((p_1 \wedge p_2) \vee p_3)$
$\mathbf{KK} \doteq_{def} (\lambda p_1, \lambda p_2, \lambda p_3)((p_1 \wedge p_2) \wedge p_3)$
$\mathbf{KK}' \doteq_{def} (\lambda p_1, \lambda p_2, \lambda p_3)(p_1 \wedge (p_2 \wedge p_3))$
$\mathbf{AA} \doteq_{def} (\lambda p_1, \lambda p_2, \lambda p_3)((p_1 \vee p_2) \vee p_3)$
$\mathbf{AA}' \doteq_{def} (\lambda p_1, \lambda p_2, \lambda p_3)(p_1 \vee (p_2 \vee p_3))$
$\mathbf{CC} \doteq_{def} (\lambda p_1, \lambda p_2, \lambda p_3)((p_1 \rightarrow p_2) \rightarrow p_3)$.

Allgemein definieren wir für $1 \leq k \leq n$ die **Projektionsformen**
$\mathbf{I}_k^n \doteq_{def} (\lambda p_1, \lambda p_2, ..., \lambda p_n) p_k$,
$\overline{\mathbf{I}}_k^n \doteq_{def} (\lambda p_n, \lambda p_2, ..., \lambda p_n)(\neg p_k)$.

Solcherart gebundene Unbestimmte fungieren als **Parameter**; die Ersetzung der (*sämtlichen*) Parameter durch Aussageformen bedeutet *Einsetzung* der jeweiligen Aussageformen und *führt wieder auf eine Aussageform.*

Eine funktionsartige Schreibweise hierfür bietet sich an:

$\mathbf{B}(a, b, c)$ oder $\mathbf{B}(\mathbf{O}, (p \rightarrow q), (q \rightarrow p))$, wobei

$\mathbf{B}(a, b, c) \doteq ((a \rightarrow b) \wedge ((\neg a) \rightarrow c))$ sowie

$\mathbf{B}(\mathbf{O}, (p \rightarrow q), (q \rightarrow p)) \doteq ((\mathbf{O} \rightarrow (p \rightarrow q)) \wedge ((\neg \mathbf{O}) \rightarrow (q \rightarrow p)))$.

Generell postulieren wir, einer ursprünglichen Auffassung von CHURCH folgend,

$(\lambda p_i)\alpha(\rho)$ und $\alpha^{p_i := \rho}$ bezeichnen die selbe Aussageform; desgleichen

$(\lambda p_1, \lambda p_2, ... \lambda p_n)\alpha(\rho_1, \rho_2, ... \rho_n)$ und $\alpha^{(p_1, p_2, ..., p_n) := (\rho_1, \rho_2, ..., \rho_n)}$.

Beachte:
$\mathbf{B}(\mathbf{O}, \mathbf{O}, \mathbf{L})$ bezeichnet eine Aussageform, nämlich $((\mathbf{O} \rightarrow \mathbf{O}) \wedge ((\neg \mathbf{O}) \rightarrow \mathbf{L}))$;
$[\mathbf{B}]^3(F, F, T)$ ist ein Wahrheitswert, nämlich T (siehe 7.2).
$\mathbf{B} \wedge \mathbf{L}$ wie auch $\mathbf{B} \wedge a$ ist syntaktisch nicht definiert und sinnlos.

3.6 Syntaktische Identitäten

Mit dem notationellen Hilfsmittel der geschlossenen Aussageformen können syntaktische Zusammenhänge zwischen Aussageformen übersichtlich formuliert werden (ŁUKASIEWICZ 1935).

Beispiel: Es gilt, wie man durch Einsetzen sofort sieht

(0) $\mathbf{C4}(p, p) \doteq (\mathbf{C1}(p, p) \rightarrow \mathbf{C5}(p))$

(1) $\mathbf{A}^{\rightarrow}(p \rightarrow q, p) \doteq (\mathbf{C2}(p, q) \leftrightarrow \mathbf{C2}^{\vee}(p, q))$

(2) $\mathbf{K}^{\rightarrow}(p, p \rightarrow q, q) \doteq (\mathbf{C7}(p,q) \leftrightarrow \mathbf{C7}^{\wedge}(p,q))$

(3) $\mathbf{K}^{\rightarrow}(p \rightarrow q, q \rightarrow r, p \rightarrow r) \doteq (\mathbf{C3}(p,q,r) \leftrightarrow \mathbf{C3}^{\wedge}(p,q,r))$

(4) $\mathbf{K}^{\rightarrow}((p \rightarrow q) \wedge (q \rightarrow r), p, r) \doteq (\mathbf{C3}^{\wedge}(p,q,r) \leftrightarrow \mathbf{C3}^{\wedge\wedge}(p,q,r))$

Es gelten auch die folgenden, schon recht komplizierten syntaktischen Identitäten

(5) $\mathbf{C3}(p \rightarrow (p \rightarrow q), ((p \rightarrow q) \rightarrow q) \rightarrow (p \rightarrow q), p \rightarrow q)$
$\doteq \mathbf{C3}(p, p \rightarrow q, q) \rightarrow (\mathbf{C2}(p \rightarrow q, q) \rightarrow \mathbf{C4}(p,q))$

(6) $\mathbf{C3}^{\wedge}(p \rightarrow (p \rightarrow q), ((p \rightarrow q) \rightarrow q) \rightarrow (p \rightarrow q), p \rightarrow q)$
$\doteq (\mathbf{C3}(p, p \rightarrow q, q) \wedge \mathbf{C2}(p \rightarrow q, q)) \rightarrow \mathbf{C4}(p,q)$

(7) $\mathbf{C3}((p \rightarrow q) \rightarrow p, (p \rightarrow q) \rightarrow ((p \rightarrow q) \rightarrow q), (p \rightarrow q) \rightarrow q)$
$\doteq \mathbf{C3}(p \rightarrow q, p, q) \rightarrow (\mathbf{C4}(p \rightarrow q, q) \rightarrow \mathbf{C6}(p,q))$

(8) $\mathbf{C3}(p, (p \rightarrow q) \rightarrow p, (p \rightarrow q) \rightarrow q)$
$\doteq \mathbf{C1}(p, p \rightarrow q) \rightarrow (\mathbf{C6}(p,q) \rightarrow \mathbf{C7}(p,q))$,

die in 18.2 zur Ableitung von Tautologien dienen werden.

Dabei bedeuten

$\mathbf{A}^{\rightarrow} \doteq_{def} (\lambda p_1, \lambda p_2)(((p_1 \rightarrow p_2) \rightarrow p_2) \leftrightarrow (p_1 \vee p_2))$
$\mathbf{K}^{\rightarrow} \doteq_{def} (\lambda p_1, \lambda p_2, \lambda p_3)((p_1 \rightarrow (p_2 \rightarrow p_3)) \leftrightarrow ((p_1 \wedge p_2) \rightarrow p_3))$
$\mathbf{C1} \doteq_{def} (\lambda p_1, \lambda p_2)(p_1 \rightarrow (p_2 \rightarrow p_1))$
$\mathbf{C2} \doteq_{def} (\lambda p_1, \lambda p_2)(((p_1 \rightarrow p_2) \rightarrow p_1) \rightarrow p_1)$
$\mathbf{C2}^{\vee} \doteq_{def} (\lambda p_1, \lambda p_2)((p_1 \rightarrow p_2) \vee p_1)$
$\mathbf{C3} \doteq_{def} (\lambda p_1, \lambda p_2, \lambda p_3)((p_1 \rightarrow p_2) \rightarrow ((p_2 \rightarrow p_3) \rightarrow (p_1 \rightarrow p_3)))$
$\mathbf{C3}^{\wedge} \doteq_{def} (\lambda p_1, \lambda p_2, \lambda p_3)(((p_1 \rightarrow p_2) \wedge (p_2 \rightarrow p_3)) \rightarrow (p_1 \rightarrow p_3))$
$\mathbf{C3}^{\wedge\wedge} \doteq_{def} (\lambda p_1, \lambda p_2, \lambda p_3)(((p_1 \rightarrow p_2) \wedge (p_2 \rightarrow p_3) \wedge p_1) \rightarrow p_3)$
$\mathbf{C4} \doteq_{def} (\lambda p_1, \lambda p_2)((p_1 \rightarrow (p_1 \rightarrow p_2)) \rightarrow (p_1 \rightarrow p_2))$
$\mathbf{C5} \doteq_{def} (\lambda p_1)(p_1 \rightarrow p_1)$
$\mathbf{C6} \doteq_{def} (\lambda p_1, \lambda p_2)(((p_1 \rightarrow p_2) \rightarrow p_1) \rightarrow ((p_1 \rightarrow p_2) \rightarrow p_2))$
$\mathbf{C7} \doteq_{def} (\lambda p_1, \lambda p_2)(p_1 \rightarrow ((p_1 \rightarrow p_2) \rightarrow p_2))$
$\mathbf{C7}^{\wedge} \doteq_{def} (\lambda p_1, \lambda p_2)((p_1 \wedge (p_1 \rightarrow p_2)) \rightarrow p_2)$.

KAPITEL II

WERTVERLAUF

„A language must have an interpretation for it to serve as a tool for communication. Those who neglect this and those who dogmatically insist that the study of a language independently of its meaning is the only rigorous procedure, are wrong."
PAUL ROSENBLOOM, 1950

4. Tautologien und erfüllbare Aussageformen

4.1 Bewertung von Aussageformen

4.1.1 Eine **(Wert-)Belegung** (*truth assignment*) ist eine Abbildung

$v : \langle atom \rangle \longrightarrow \{T, F\}$

der Menge *aller* (*sic!*) Unbestimmten in die Wahrheitswerte. Eine (Wert-)Belegung v definiert für jede Aussageform α eine (vollständige) syntaktische Belegung ξ der in α vorkommenden Unbestimmten.[1] Eine syntaktische Belegung für eine Aussageform α legt jedoch nur teilweise eine (Wert-)Belegung fest.

Jede Belegung v induziert eine **Bewertung** (*valuation*), eine Abbildung

$v^* : \langle propos\ form \rangle \longrightarrow \{T, F\}$

der Menge aller Aussageformen in die Wahrheitswerte vermöge folgender Beziehungen, die der Syntax in 3.1 entsprechen und wegen der Extensionalität (1.3) aus den Wertetafeln in 2.2 und 2.3 folgen:[2]

---

[1] Wenn in der Literatur gelegentlich zwischen Wahrheitswerten T, F und Aussagekonstanten **L**, **O** nicht unterschieden wird, liegen „Wertbelegung" und „syntaktische Belegung" (3.1.2) äußerlich näher zusammen. Mancherorts nennt man eine Wertbelegung auch einen „Zustand" (vgl. 22.1.1).

[2] In der sogenannten „denotationellen Semantik" führt man für die Menge der Wertbelegungen („Zustände") die Menge **Env** ('*environment*') ein und deutet die Abbildung

$\mathrm{W} : (\langle propos\ form \rangle \times \mathbf{Env}) \longrightarrow \{T, F\}$

als Abbildung in Abbildungen:

$\mathrm{W} : \langle propos\ form \rangle \longrightarrow (\mathbf{Env} \longrightarrow \{T, F\})$

wobei die Schreibweise $\mathrm{W}[\![\alpha]\!](v)$ für $v^*(\alpha)$ üblich ist.

$$
\begin{array}{lll}
v^*(\pi) & \stackrel{\text{def}}{=} & v(\pi) \text{ für jede Unbestimmte } \pi \in \langle atom \rangle \\
v^*(\mathbf{L}) & \stackrel{\text{def}}{=} & T \\
v^*(\mathbf{O}) & \stackrel{\text{def}}{=} & F \\
v^*(\neg\alpha) & \stackrel{\text{def}}{=} & T \text{ genau dann, wenn } v^*(\alpha) = F \\
v^*(\alpha \wedge \beta) & \stackrel{\text{def}}{=} & T \text{ genau dann, wenn } v^*(\alpha) = T \text{ und } v^*(\beta) = T \\
v^*(\alpha \vee \beta) & \stackrel{\text{def}}{=} & T \text{ genau dann, wenn } v^*(\alpha) = T \text{ oder } v^*(\beta) = T \\
v^*(\alpha \rightarrow \beta) & \stackrel{\text{def}}{=} & T \text{ genau dann, wenn } v^*(\alpha) = F \text{ oder } v^*(\beta) = T \\
v^*(\alpha \leftrightarrow \beta) & \stackrel{\text{def}}{=} & T \text{ genau dann, wenn } v^*(\alpha) = v^*(\beta)
\end{array}
$$

Dabei bezeichnen α und β Aussageformen:

$$\alpha \in \langle propos\ form \rangle, \beta \in \langle propos\ form \rangle .$$

4.1.2 Die (gemeinhin wohlverstandene) Auswertung „von innen nach außen“ der von Unbestimmten freien Booleschen Grundterme ist rekursiv mittels der obigen Beziehungen eindeutig definiert. Zum Beispiel: Die Auswertung von $(((\mathbf{L} \rightarrow \mathbf{O}) \rightarrow \mathbf{L}) \rightarrow \mathbf{L})$ ergibt T.

4.1.3 Für Auswertungen von (vollständig oder teilweise belegten) Aussageformen kann man deshalb ein aus dem (gestürzten) Kantorovič-Baum entstehendes **Berechnungsformular** (vgl. Bauer-Goos I, 4. Aufl., 2.2.2.2) ein für allemal aufstellen und wiederholt verwenden. Für die Aussageformen

$$(((a \rightarrow b) \rightarrow c) \rightarrow (a \rightarrow (b \rightarrow c))) \qquad (a \rightarrow (b \rightarrow (c \rightarrow \mathbf{L})))$$

zeigt Abb. 4 diese Formulare.

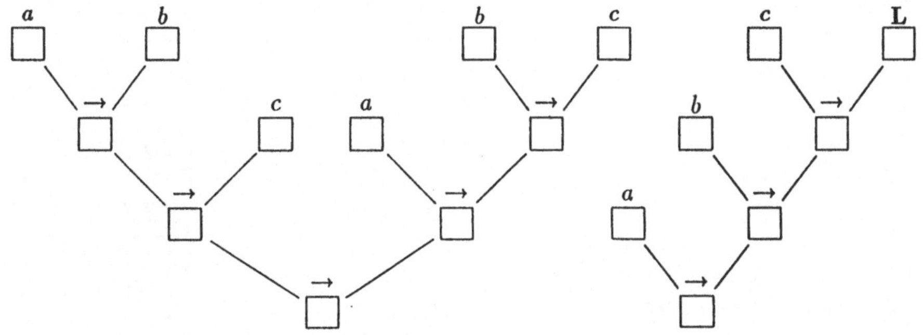

Abb. 4 Berechnungsformulare

Bei der Belegung werden die endständigen Kästchen, die zu Unbestimmten gehören, entsprechend gefüllt. Die Berechnung kann auf verschiedene Weise, auch parallel, durchgeführt werden, wobei „von innen nach außen“ sich dadurch ausdrückt, daß jede Operation erst ausgeführt wird, wenn *alle* Operanden bereitstehen. Die Reihenfolge der Berechnungsschritte ist aus dem ausgefüllten Formular nicht mehr ersichtlich. Für die Belegung

$$\xi : (a, b, c) := (\mathbf{O}, \mathbf{L}, \mathbf{O})$$

erhält man die in Abb. 5 gezeigten Formulare.

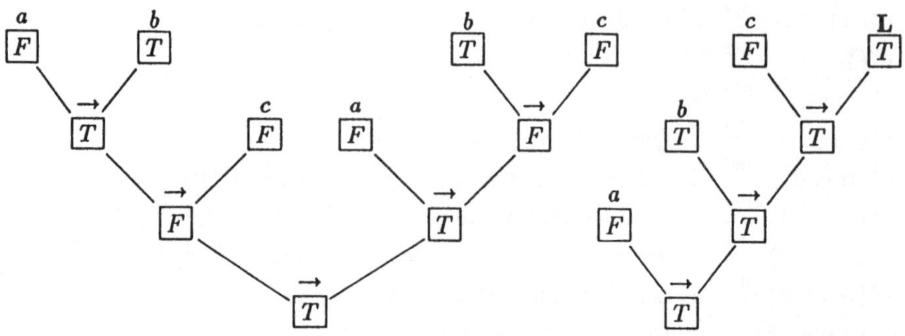

Abb. 5 Ausgefüllte Berechnungsformulare

Diese Berechnung kann aber auch unmittelbar unter die Aussageform geschrieben werden („Zeilenformular"):

$(((a \to b) \to c) \to (a \to (b \to c)))$
$\quad F\,T\,T \quad F\,F \quad T \quad F\,T \quad T\,F\,F$
↑
Ergebnis

$(a \to (b \to (c \to \mathbf{L})))$
$F\,T \quad T\,T \quad F\,T\,T$
↑
Ergebnis

wobei man die Zeichenfolge als Baum „sehen" muß.

Aufgabe 6: Werte die folgenden Aussageformen für die angegebenen Bewertungen der Unbestimmten aus.

	Aussageform	Bewertung 1 $a\ b\ c\ d$	Bewertung 2 $a\ b\ c\ d$
[*a*]	$\neg(a \wedge b)$	*FT*	*TT*
[*b*]	$\neg a \wedge b$	*FT*	*TT*
[*c*]	$(\neg a \wedge \neg b) \to c$	*TFF*	*FFF*
[*d*]	$a \vee (\neg b \to c)$	*TFF*	*FFF*
[*e*]	$(a \to b) \to (c \to d)$	*FFTF*	*TTTT*
[*f*]	$(a \to (b \to (c \to d)))$	*TFTF*	*TTFF*
[*g*]	$(((a \to b) \to c) \to d)$	*TFTF*	*TTFF*
[*h*]	$(a \leftrightarrow b) \wedge (c \leftrightarrow d)$	*TTTT*	*TTTF*
[*i*]	$a \leftrightarrow (b \leftrightarrow (c \leftrightarrow d))$	*TFTF*	*FTFT*

4.1.4 Analog einer solchen Auswertung kann man auch zunächst eine entsprechende syntaktische Belegung vornehmen und eine **Vereinfachung** der nun vollständig belegten, geschlossenen Aussageform auf **L** oder **O** anschließen; die damit triviale Auswertung also *ans Ende verschieben* .

Ähnlich wie in 3.2 kann auch dafür ein reduktives Wortersetzungssystem mit einer Menge $\mathcal{W}$ von Reduktionsregeln herangezogen werden.

Die Wahrheitstabellen ergeben direkt:

$$\mathcal{W} \stackrel{\text{def}}{=} \{$$

$$\begin{array}{llll}
(\neg\mathbf{L}) \succ\!\!- \mathbf{O}, & (\neg\mathbf{O}) \succ\!\!- \mathbf{L}, & & \\
(\mathbf{L}\wedge\mathbf{L}) \succ\!\!- \mathbf{L}, & (\mathbf{L}\wedge\mathbf{O}) \succ\!\!- \mathbf{O}, & (\mathbf{O}\wedge\mathbf{L}) \succ\!\!- \mathbf{O}, & (\mathbf{O}\wedge\mathbf{O}) \succ\!\!- \mathbf{O}, \\
(\mathbf{L}\vee\mathbf{L}) \succ\!\!- \mathbf{L}, & (\mathbf{L}\vee\mathbf{O}) \succ\!\!- \mathbf{L}, & (\mathbf{O}\vee\mathbf{L}) \succ\!\!- \mathbf{L}, & (\mathbf{O}\vee\mathbf{O}) \succ\!\!- \mathbf{O}, \\
(\mathbf{L}\rightarrow\mathbf{L}) \succ\!\!- \mathbf{L}, & (\mathbf{L}\rightarrow\mathbf{O}) \succ\!\!- \mathbf{O}, & (\mathbf{O}\rightarrow\mathbf{L}) \succ\!\!- \mathbf{L}, & (\mathbf{O}\rightarrow\mathbf{O}) \succ\!\!- \mathbf{L}, \\
(\mathbf{L}\leftrightarrow\mathbf{L}) \succ\!\!- \mathbf{L}, & (\mathbf{O}\leftrightarrow\mathbf{L}) \succ\!\!- \mathbf{O}, & (\mathbf{L}\leftrightarrow\mathbf{O}) \succ\!\!- \mathbf{O}, & (\mathbf{O}\leftrightarrow\mathbf{O}) \succ\!\!- \mathbf{L}\ \}
\end{array}$$

Es gilt für alle Booleschen Terme $w \in V^*_{AF}$:
Der Reduktionsalgorithmus $\mathcal{W}$ ist determiniert und endet für einen (syntaktisch korrekten) Booleschen Term w (und nur für einen solchen) mit **O** oder **L** , je nachdem ob der Wert des Terms F oder T ist.

Repräsentiert man Aussageformen in polnischer Notation, ergibt sich für *syntaktisch korrekte* Boolesche Terme das (kürzere) reduktive Wortersetzungssystem (λ bezeichnet das leere Wort)

$$\mathcal{W}_{\mathrm{L}} \stackrel{\text{def}}{=} \{$$

$$\begin{array}{lll}
\mathbf{NL} \succ\!\!- \mathbf{O}, & \mathbf{NO} \succ\!\!- \mathbf{L}, & \\
\mathbf{KL} \succ\!\!- \lambda, & \mathbf{KOL} \succ\!\!- \mathbf{O}, & \mathbf{KOO} \succ\!\!- \mathbf{O}, \\
\mathbf{ALO} \succ\!\!- \mathbf{L}, & \mathbf{ALL} \succ\!\!- \mathbf{L}, & \mathbf{AO} \succ\!\!- \lambda, \\
\mathbf{CL} \succ\!\!- \lambda, & \mathbf{COL} \succ\!\!- \mathbf{L}, & \mathbf{COO} \succ\!\!- \mathbf{L}, \\
\mathbf{EL} \succ\!\!- \lambda, & \mathbf{EOL} \succ\!\!- \mathbf{O}, & \mathbf{EOO} \succ\!\!- \mathbf{L}\ \}
\end{array}$$

In $\mathcal{W}_{\mathrm{L}}$ sind teilweise zwei Regeln von $\mathcal{W}$ zu *einer* Regel zusammengefaßt.
Beispiele:

$$\begin{array}{cc}
\mathbf{CC\underline{CL}OLL} & \mathbf{CC\underline{COL}OCO\underline{CL}O} \\
\mathbf{C\underline{COL}L} & \mathbf{C\underline{CL}O\underline{COO}} \\
\mathbf{\underline{CL}L} & \mathbf{\underline{COL}} \\
\mathbf{L} & \mathbf{L}
\end{array}$$

Aufgabe 7: Stelle zu $(((a \rightarrow b) \rightarrow c) \leftrightarrow ((a \wedge b) \rightarrow c)))$ das Berechnungsformular auf. Werte aus bzw. vereinfache für die Belegung $(a,b,c) := (\mathbf{O},\mathbf{O},\mathbf{O})$.

Aufgabe 8: Zeige: Wird eine Aussageform, die als logische Konstanten lediglich **C** enthält, derart belegt, daß die am weitesten rechts stehende Unbestimmte mit **L** belegt wird, so ergibt die Vereinfachung **L** .

4.1.5 Aussageformen mit m Unbestimmten $p_1, p_2, \ldots, p_m$ können auf 2^m Weisen mit verschiedenen m-Tupeln von Wahrheitswerten $b_1, b_2, \ldots, b_m$ bewertet werden. Der **Wertverlauf**[3] einer solchen Aussageform α ist die resultierende Abbildung

$$[\alpha]^m : \{T,F\}^m \longrightarrow \{T,F\} \text{ mit } [\alpha]^m(b_1, b_2, \ldots, b_m) \stackrel{\text{def}}{=} v^*(\alpha)\ ,$$

wobei v nur teilweise festgelegt ist: $v : (p_1, p_2, \ldots, p_m) \mapsto (b_1, b_2, \ldots, b_m)$.

---

[3] Die Benennung wurde von FREGE 1891 eingeführt. Siehe auch 2.2 und 2.3 .

Auch eine Aussageform α, in der nicht alle Unbestimmten $p_1, p_2, \ldots, p_m$ tatsächlich auftreten, definiert eine Abbildung oder Funktion $[\alpha]^m$.

Für nicht zu große Werte von m können alle Argument-Tupel mit den zugehörigen Funktionswerten in einer Wertetabelle wie in 2.2 aufgeführt werden.

Für die Auswertung ist es am einfachsten (QUINE), für jedes Argument-Tupel das ganze Zeilenformular hinzuschreiben[4]. Die Argument-Tupel werden wir dabei stets in lexikographischer Reihenfolge, mit T vor F, auflisten.

Beispiele:

		(1)							(2)					
a	b	$(a$	$\to$	$b)$	$\to$	$(b$	$\to$	$a)$	$(\neg$	$a)$	$\to$	$(a$	$\to$	$b)$
T	T	T	(T)	T	T	T	T	T	(F)	T	T	T	T	T
T	F	T	F	F	T	F	(T)	T	F	T	T	T	(F)	F
F	T	F	T	T	F	T	F	F	(T)	F	T	F	T	T
F	F	F	(T)	F	T	F	T	F	(T)	F	T	F	T	F

Schon bei drei Unbestimmten wird die Wertetabelle etwas unhandlich. Übersichtlicher wird sie, wenn man die Eintragungen der Variablenwerte nicht wiederholt. Überhaupt ist die Aufstellung der Wertetabelle nur für Aussageformen mit wenigen Unbestimmten noch praktikabel.

Beispiele:

			(3)					(4)		
a	b	c	$((a \to b)$	$\to c)$	$\to (a$	$\to (b$	$\to c))$	$(a \to b)$	$\to (a$	$\to c)$
T	T	T	(T)	(T)	T	T	T	(T)	T	T
T	T	F	T	F	T	(F)	F	T	F	F
T	F	T	(F)	(T)	T	T	T	(F)	T	T
T	F	F	F	(T)	T	T	T	F	T	(F)
F	T	T	(T)	T	T	(T)	(T)	(T)	T	T
F	T	F	T	F	T	(T)	(F)	(T)	T	T
F	F	T	(T)	(T)	T	T	(T)	(T)	T	T
F	F	F	T	F	T	(T)	(T)	(T)	T	T

			(5)		(6)			(7)		
a	b	c	$(a \wedge b)$	$\to c$	$(a \wedge b)$	$\wedge$	$(\neg c)$	$(a \vee c)$	$\wedge$	$(b \to c)$
T	T	T	(T)	T	(T)	F	F	T	T	T
T	T	F	T	F	T	T	T	(T)	F	F
T	F	T	(F)	T	(F)	F	F	T	T	T
T	F	F	F	T	F	F	(T)	T	T	T
F	T	T	(F)	T	(F)	F	F	T	T	T
F	T	F	F	T	F	F	(T)	(F)	F	F
F	F	T	(F)	T	(F)	F	F	T	T	T
F	F	F	F	T	F	F	(T)	F	F	(T)

[4] Die eingeklammerten Wahrheitswerte bräuchten dabei nicht berechnet zu werden, siehe 11.1 .

Aufgabe 9: Gib Wertetabellen $[\alpha]^2$ an für die folgenden Aussageformen α:

[a] $\neg a \leftrightarrow b$
[b] $\neg(a \leftrightarrow b)$
[c] $a \leftrightarrow \neg b$
[d] $(a \to b) \wedge (b \to a)$
[e] $(a \to b) \wedge (\neg a \to \neg b)$
[f] $(a \to b) \leftrightarrow (b \to a)$
[g] $\neg a \leftrightarrow a$

Aufgabe 10: Zeige die Übereinstimmung der Wertetabellen für (vgl. 3.5) **KK** und **KK'**, **AA** und **AA'** (Assoziativgesetze für den Wertverlauf).

Aufgabe 11: Gib Wertetabellen $[\alpha]^3$ an für die folgenden Aussageformen:

[a] $a \wedge (b \vee c)$
[b] $(a \wedge b) \vee (a \wedge c)$
[c] $((a \vee b) \wedge (b \vee c)) \wedge (c \vee a)$
[d] $((a \wedge b) \vee (b \wedge c)) \vee (c \wedge a)$
[e] $\neg a \to (b \vee c)$
[f] $\neg a \leftrightarrow (b \vee c)$
[g] $(a \leftrightarrow b) \leftrightarrow c$
[h] $a \leftrightarrow (b \leftrightarrow c)$

4.2 Tautologie und Kontradiktion

4.2.1 Ergibt sich für eine (Wert-)Belegung v der Aussageform α der Wahrheitswert T, so sagt man, v **erfüllt** oder **verifiziert** die Aussageform α oder v **ist Modell für** α, in Zeichen $\models^v \alpha$. Ergibt sich F, so **falsifiziert** v die Aussageform α oder v **ist Gegenbeispiel** für α – etwa für 4.1.5, Beispiel (6) eine zu $(a, b, c) :=$ (**L**,**L**,**L**) gehörende (Wert-)Belegung .

4.2.2 Eine Aussageform β, die wie

$$((a \to b) \to c) \to (a \to (b \to c)) \quad \text{(4.1.5, Beispiel (3))}$$

für jede Wertbelegung erfüllt wird, heißt (vgl. 1.3) eine **Tautologie**[5] oder **allgemeingültig** (*tautologically valid*), geschrieben ag(β) oder kürzer $\models \beta$. Jede daraus durch irgendeine Besetzung (2.1.2) entstehende Aussage ist eine stets wahre Aussage.

Beispiele: Tautologien sind offensichtlich

(1) $\models a \vee \neg a$ (**Tautologie vom ausgeschlossenen Dritten,** *'tertium non datur'*, **A7**)
(2) $\models \neg(a \wedge \neg a)$ (**Tautologie vom ausgeschlossenen Widerspruch, K7**)
(3) $\models a \to a$ (**Tautologie von der Selbstsubjunktion, C5**)
(4) $\models a \leftrightarrow a$ (**Tautologie von der Selbstbisubjunktion, E5**)
(5) $\models (a \to b) \vee a$ (**Tautologie von** ASSER, **C2$^\vee$**)

---

[5] Auch „der Form nach wahrer Satz", „formales Gesetz", „aussagenlogische Identität" (ASSER), „logisch wahr" (LORENZEN). Dem philosophisch-linguistisch gefärbten Ausdruck Tautologie gab 1921 LUDWIG WITTGENSTEIN (1889–1951) die heutige formale Bedeutung.

(6) $\models (\neg a \to a) \to a$ (**Tautologie des** CLAVIUS, **N5**)
(7) $\models (a \to \neg a) \to \neg a$ (**N5′**, *'reductio ad absurdum'*[6])
(8) $\models a \to (\neg a \to b)$ (**Tautologie des** DUNS SCOTUS[7], **N6′**)
(9) $\models \neg a \to (a \to b)$ (**N6** , vgl. 4.1.5, Beispiel (2))
(10) $\models (\neg a \wedge a) \to b$ (*'ex contradictione sequitur quodlibet'*)
(11) $\models \mathbf{O} \to a$ (*'ex falso sequitur quodlibet'*, **O1**)
(12) $\models (a \to b) \vee (b \to a)$

Aufgabe 12: Zeige, daß die folgenden Aussageformen Tautologien sind:

[a] $\models ((a \to b) \wedge (b \to a)) \to (a \leftrightarrow b)$ (**E3^**)
[b] $\models ((a \to b) \to b) \leftrightarrow (a \vee b)$ (**A→**)
[c] $\models ((a \to b) \wedge (b \to c)) \to (a \to c)$ (**C3^**)
[d] $\models (a \to b) \to ((b \to c) \to (a \to c))$ (**C3**)
[e] $\models ((a \to b) \to a) \to a$ (**C2**)
[f] $\models ((a \to b) \to a) \leftrightarrow a$
[g] $\models (a \wedge (a \to b)) \to b$ (**C7^**)
[h] $\models ((a \to (b \to c)) \leftrightarrow ((a \wedge b) \to c))$ (**K→**)
[i] $\models ((a \to b) \wedge (c \to d)) \to (a \to ((b \to c) \to d))$ ⋈

Auch einige der in Aufgabe 12 erwähnten Tautologien haben historisch bedingte Namen: [b] heißt **Tautologie von** RUSSELL, [c] heißt **Tautologie vom** *modus barbara*, [d] heißt **Tautologie vom Kettenschluß**; bei [e] handelt es sich um die theoretisch bedeutsame (siehe 18.6.1) **Tautologie von** PEIRCE, bei [g] und [h] um die **Tautologien vom** *modus ponens* und **von der Importation und Exportation**. Schließlich ist [i] die **Tautologie vom Schnitt zweier Subjunktionen**.

Mit ⟨*taut form*⟩ oder $\mathcal{T}_{\mathcal{W}}(\langle propos\ form\rangle)$ soll die Menge aller Tautologien von **KACENOL** bezeichnet werden. Allgemeiner bezeichne $\mathcal{T}_{\mathcal{W}}(\mathcal{S})$ die Menge aller Tautologien der Sprache $\mathcal{S}$ von Aussageformen unter der Regelmenge $\mathcal{W}$.

4.2.3 Eine Aussageform α heißt **erfüllbar**, geschrieben ef(α), wenn es (mindestens) *eine* Belegung gibt, die sie erfüllt.

Erfüllbar ist $(a \wedge b) \wedge \neg c$ (4.1.5, Beispiel (6)) und zwar durch jede mit der Belegung $(a, b, c) := (\mathbf{L}, \mathbf{L}, \mathbf{O})$ verträgliche Wertbelegung. Jede Aussageform in der Sprache **KACEL** (eine „positive" Aussageform) oder in Teilsprachen davon, wie **KA**, ist erfüllbar: Man belege alle Unbestimmten mit **L** .

Beispiel: „Meyer will eine Party geben und Anna, Berta, Carla oder Dora (kein ausschließendes Oder!) einladen. Jedoch gibt es einige Schwierigkeiten: Anna und Dora mögen nicht am selben Tisch sitzen; wenn Carla erfährt, daß Dora nicht eingeladen ist, sagt sie gleich ab. Und Berta möchte, daß Anna mit ihr kommt. Welche Möglichkeiten, wenn überhaupt, hat Meyer?"

Es handelt sich darum, ob die Aussageform

$(\neg(a \wedge d) \wedge \neg(c \wedge \neg d)) \wedge (b \to a)$

---

[6] Von EUKLID beim Beweis des Primzahlsatzes verwendet ($a \doteq$ „es gibt genau n Primzahlen"). Auch „Falschheitskriterium von PLATO" genannt.

[7] JOHANNES DUNS SCOTUS, 1255-1306, schottischer Philosoph.

(vgl. die *'waltzing ducks'* von Lewis Carroll, 2.1.3) erfüllbar ist und ggf. wie. Man prüft leicht nach, daß jede mit den syntaktischen Belegungen

$(a,b,c,d) := (\mathbf{L},\mathbf{L},\mathbf{O},\mathbf{O})$ $(a,b,c,d) := (\mathbf{L},\mathbf{O},\mathbf{O},\mathbf{O})$ $(a,b,c,d) := (\mathbf{O},\mathbf{O},\mathbf{L},\mathbf{L})$
$(a,b,c,d) := (\mathbf{O},\mathbf{O},\mathbf{O},\mathbf{L})$ $(a,b,c,d) := (\mathbf{O},\mathbf{O},\mathbf{O},\mathbf{O})$

verträgliche (Wert-)Belegung die Aussageform erfüllt.[8]

Zwischen Allgemeingültigkeit und Erfüllbarkeit besteht ein trivialer Zusammenhang, der in 14.3.2 aufgegriffen werden wird:

Regel: $\models \beta$ *genau dann, wenn nicht* $\mathrm{ef}(\neg\beta)$,
$\mathrm{ef}(\beta)$ *genau dann, wenn nicht* $\models \neg\beta$.

4.2.4 Eine Aussageform heißt **Kontradiktion**, wenn sie für jede Wertbelegung falsifiziert wird - wenn sie also nicht erfüllbar ist. Eine Aussageform α ist eine Kontradiktion genau dann, wenn die Aussageform $\neg\alpha$ eine Tautologie ist.

Beispiel: (1) Nach 4.2.2, Beispiel (2) ist also $a \wedge \neg a$ eine Kontradiktion.

4.2.5 Eine nichtleere endliche Menge von Aussageformen heißt
disjunkt, wenn die Konjunktion je zweier syntaktisch verschiedener Aussageformen aus dieser Menge eine Kontradiktion ist,
vollständig, wenn die Vielfachadjunktion aller Aussageformen aus dieser Menge eine Tautologie ist.

Aufgabe 13: Zeige durch Angabe eines Gegenbeispiels
$\not\models (a \rightarrow (b \rightarrow c)) \rightarrow ((a \rightarrow b) \rightarrow c)$.

Aufgabe 14: Zeige, daß eine Aussageform, die als logische Konstanten lediglich **C** enthält, keine Kontradiktion sein kann.

Aufgabe 15: Zeige, daß
[a] $\{p, \neg p\}$
[b] $\{\neg(p \rightarrow q), p \wedge q, \neg(p \vee q), \neg(q \rightarrow p)\}$
[c] $\{\neg(p \rightarrow q), p \leftrightarrow q, \neg(q \rightarrow p)\}$
[d] $\{\mathbf{L}\}$
vollständige und disjunkte Mengen von Aussageformen sind.

4.3 Identifizierung von Unbestimmten

Entsteht eine Aussageform aus einer anderen durch Identifizierung von Unbestimmten, so erhält man auch ihre Wertetabelle aus deren Wertetabelle. Es genügt, diejenigen Belegungen zu streichen, die den identifizierten Unbestimmten verschiedene Wahrheitswerte zuweisen.

---

[8] Intuitiv kann man dies so erhalten: Was Anna und Berta anbelangt, so ist eine Einladung von Berta allein ausgeschlossen. Gleichermaßen ist im Hinblick auf Carla und Dora eine Einladung von Carla allein nicht ratsam. Da also Anna einerseits, Dora andrerseits dabei sein müßten, die beiden sich jedoch nicht ausstehen können, gibt es genau fünf Möglichkeiten: Anna und Berta, Anna allein, Carla und Dora, Dora allein oder (ausschließendes Oder!) gar niemand.

Beispiele: (vgl. 4.1.5, Beispiel (3))

a	b	c	(1) $a \to (b \to c)$	(2) $a \to (b \to a)$ $(a \doteqdot c)$	(3) $a \to (a \to c)$ $(a \doteqdot b)$	(4) $a \to (b \to b)$ $(b \doteqdot c)$
T	T	T	T	T	T	T
T	T	F	F		F	
T	F	T	T	T		
T	F	F	T			T
F	T	T	T			T
F	T	F	T	T		
F	F	T	T		T	
F	F	F	T	T	T	T

Die Fälle (2) und (4) liefern Tautologien, die erstere (vgl. 3.6, **C1**) wird **Tautologie von der Prämissenbelastung** genannt.

a	b	c	(5) $(a \to b) \to c$	(6) $(a \to b) \to a$ $(a \doteqdot c)$	(7) $(a \to a) \to c$ $(a \doteqdot b)$	(8) $(a \to b) \to b$ $(b \doteqdot c)$
T	T	T	T	T	T	T
T	T	F	F		F	
T	F	T	T	T		
T	F	F	T			T
F	T	T	T			T
F	T	F	F	F		
F	F	T	T		T	
F	F	F	F	F	F	F

Aus einer Tautologie erhält man durch Identifizierung von Unbestimmten selbstverständlich wieder eine Tautologie. Das Identifizieren kann als Einsetzen aufgefaßt werden, siehe dafür 4.5.1.

Aussageformen der Sprache **KACEN**, in denen keine Unbestimmte mehrfach vorkommt, sind keine Tautologien.

Aufgabe 16: Gib Wertetabellen $[\alpha]^2$ an für α :
[a] $a \wedge (b \vee a)$ [b] $\neg a \leftrightarrow (b \vee a)$.

4.4 Hauptregeln

Eine Tautologie der Bauart $(\alpha \vee \beta)$ heißt **Dilemma** (vgl. 4.2.2, Beispiel (1), (5) und (12)), eine solche der Bauart $(\alpha \to \beta)$ heißt **Implikation** (vgl. 4.2.2, Beispiel (3), (6) bis (11)), eine solche der Bauart $(\alpha \leftrightarrow \beta)$ heißt **Biimplikation** (vgl. 4.2.2, Beispiel (4)).

Je nach der Bauart einer Aussageform, die nicht Primform ist, gelten für Allgemeingültigkeit und Erfüllbarkeit folgende unmittelbar einleuchtende Hauptregeln:[9]

[9] Es wird dabei über die Aussagenlogik mit umgangssprachlichen Mitteln der Logik (in einer „Metasprache") gesprochen.

Hauptregeln für allgemeingültige und erfüllbare Konjunktionen

ag-$\wedge$ $\models \alpha \wedge \beta$ *genau dann, wenn* $\models \alpha$ *und* $\models \beta$,
ef-$\wedge$ *Wenn* ef$(\alpha \wedge \beta)$, *so* ef(α) *und* ef(β) .

Warnung: Die Umkehrung von ef-$\wedge$ gilt nicht, zum Beispiel ist $p \wedge \neg p$ nicht erfüllbar, obwohl sowohl p als auch $\neg p$ es sind.

Hauptregeln für allgemeingültige und erfüllbare Adjunktionen

ag-$\vee$ *Wenn* $\models \alpha$ *oder* $\models \beta$, *so* $\models \alpha \vee \beta$,
ef-$\vee$ ef$(\alpha \vee \beta)$ *genau dann, wenn* ef(α) *oder* ef(β) .

Warnung: Die Umkehrung von ag-$\vee$ gilt nicht, zum Beispiel ist $p \vee \neg p$ allgemeingültig, aber weder p noch $\neg p$ sind es.

Die nächsten beiden Hauptregeln können auch als Feststellungen über Kontradiktionen und Nicht-Allgemeingültigkeiten gelesen werden.

Hauptregeln für allgemeingültige und erfüllbare negierte Konjunktionen

ag-$\neg\wedge$ *Wenn* $\models \neg\alpha$ *oder* $\models \neg\beta$, *so* $\models \neg(\alpha \wedge \beta)$,
ef-$\neg\wedge$ ef$(\neg(\alpha \wedge \beta))$ *genau dann, wenn* ef$(\neg\alpha)$ *oder* ef$(\neg\beta)$.

Hauptregeln für allgemeingültige und erfüllbare negierte Adjunktionen

ag-$\neg\vee$ $\models \neg(\alpha \vee \beta)$ *genau dann, wenn* $\models \neg\alpha$ *und* $\models \neg\beta$,
ef-$\neg\vee$ *Wenn* ef$(\neg(\alpha \vee \beta))$, *so* ef$(\neg\alpha)$ *und* ef$(\neg\beta)$.

Für Implikationen und Biimplikationen notieren wir lediglich

Hauptregel für Implikationen

ag-$\rightarrow$ *Es sei* $\models (\alpha \rightarrow \beta)$. *Dann gilt*: *Wenn* $\models \alpha$, *so* $\models \beta$.

Hauptregel für Biimplikationen

ag-$\leftrightarrow$ *Es sei* $\models (\alpha \leftrightarrow \beta)$. *Dann gilt*: $\models \alpha$ *genau dann, wenn* $\models \beta$.

Auch diese beiden Regeln sind nicht umkehrbar. Wir werden sie in 4.5.3 und in 7.1.1, vor allem aber im Kap. V. aufgreifen.

4.5 Einsetzungsregel

4.5.1 Ein theoretisch und praktisch gleichermaßen wichtiges Ergebnis ist die **Einsetzungsregel für Tautologien** (*tautology theorem*):

Wenn $\models \beta$, *so* $\models \beta^{p_i:=\rho}$
(bei beliebiger Aussageform ρ und beliebig gewählter Unbestimmten p_i).

Beweis: Durch Induktion über den Aufbau von β zeigt man:

Die Menge der Werte, die $\beta^{p_i:=\rho}$ unter allen Belegungen v annimmt, ist eine Teilmenge derjenigen, die β unter all diesen Belegungen annimmt. Da für eine Tautologie β die Menge der Werte $\{T\}$ ist, ist auch die Menge der Werte, die $\beta^{p_i:=\rho}$ annimmt – da sie nicht leer ist – gleich $\{T\}$, $\beta^{p_i:=\rho}$ also eine Tautologie. ⋈

Beispiel:
(1) Aus der Tautologie vom ausgeschlossenen Dritten (4.2.2, Beispiel (1)) $\models p \vee \neg p$ ergibt sich durch Einsetzen von $p \to q$ für p die Tautologie $\models (p \to q) \vee \neg(p \to q)$.

Die Einsetzungsregel gilt auch, wenn man kollektiv („simultan") für einen Satz von paarweise verschiedenen Unbestimmten einen Satz von (beliebigen) Aussageformen substituiert. Bezeichnet
$\mathbf{T} \doteq (\lambda p_1 , \lambda p_2 , \ldots , \lambda p_n) \tau$
eine Tautologie, so ist $\mathbf{T}(\rho_1 , \rho_2 , \ldots , \rho_n)$ ebenfalls eine Tautologie.

4.5.2 Wir können auch sagen:
Die Menge ⟨*taut form*⟩ der Tautologien ist abgeschlossen gegenüber Substitutionen (und damit abzählbar unendlich).
Leider gibt es für ⟨*taut form*⟩ keine so einfache syntaktische Charakterisierung wie für ⟨*propos form*⟩, siehe 18.4 .
Der obige Beweis ergibt, daß auch eine Kontradiktion unter Einsetzung eine Kontradiktion bleibt. Dagegen kann eine Aussageform, die weder Tautologie noch Kontradiktion ist, unter Einsetzungen sowohl in eine Tautologie wie in eine Kontradiktion übergehen.

Beispiel: Durch Einsetzen von $\neg p$ für q ergibt sich

(2) aus der Aussageform	(3) aus der Aussageform
$p \vee q$	$p \wedge q$
die Tautologie (4.2.2, Beispiel (1))	die Kontradiktion (4.2.4, Beispiel (1))
$p \vee \neg p$	$p \wedge \neg p$.

4.5.3 Durch die Einsetzungsregel gewinnt man oft kompliziertere Tautologien – aus einfacheren, bereits festgestellten – mit weniger Aufwand als durch eine Wertverlaufsuntersuchung (HILBERT: „Schluß vom Allgemeinen aufs Besondere, *dictum de omnis*").

Beispiel: Aus den Beispielen syntaktischer Identitäten in 3.6 ergibt sich

(4) *Da* $\mathbf{A}^{\to}$ *eine Tautologie ist* (vgl. Aufgabe 12[b]), *ist auch* $\mathbf{C2}(p,q) \leftrightarrow \mathbf{C2}^{\vee}(p,q)$ *eine Tautologie.*

Nach der Hauptregel für Biimplikationen bedeutet das ferner

$\models \mathbf{C2}$ (Tautologie von PEIRCE, Aufgabe 12[e])
genau dann, wenn $\models \mathbf{C2}^{\vee}$ (Tautologie von ASSER, 4.2.2, Beispiel (5)).

(5) *Da* $\mathbf{K}^{\to}$ *eine Tautologie ist* (vgl. Aufgabe 12[h]), *sind auch Tautologien* $\mathbf{C7}(p,q) \leftrightarrow \mathbf{C7}^{\wedge}(p,q)$; $\mathbf{C3}(p,q) \leftrightarrow \mathbf{C3}^{\wedge}(p,q)$; $\mathbf{C3}^{\wedge}(p,q) \leftrightarrow \mathbf{C3}^{\wedge\wedge}(p,q)$.

Nach der Hauptregel für Biimplikationen bedeutet das ferner

$\models \mathbf{C7}$ (Tautologie von der Abtrennung)
genau dann, wenn $\models \mathbf{C7}^{\wedge}$ (Tautologie vom *modus ponens*) und

$\models \mathbf{C3}$ (Tautologie vom Kettenschluß)
genau dann, wenn $\models \mathbf{C3}^{\wedge}$ (Tautologie vom *modus barbara*)
sowie genau dann, wenn $\models \mathbf{C3}^{\wedge\wedge}$.

4.6 Formgesetze

Zu jeder Aussageform $\mathbf{F} \doteq (\lambda p_1, \lambda p_2, \ldots, \lambda p_n)\beta$
in den Unbestimmten $p_1, p_2, \ldots, p_n$ läßt sich ein
Aussageformschema $\mathbf{F}(\alpha_1, \alpha_2, \ldots, \alpha_n) \doteq \beta^{(p_1, p_2, \ldots, p_n):=(\alpha_1, \alpha_2, \ldots, \alpha_n)}$
mit Metavariablen $\alpha_1, \alpha_2, \ldots, \alpha_n$ für Aussageformen bilden.

Die Einsetzungsregel hat insbesondere zur Folge, daß mit jeder Tautologie
$\mathbf{T} \doteq (\lambda p_1, \lambda p_2, \ldots, \lambda p_n)\tau$
auch das Aussagenformschema $\mathbf{T}(\alpha_1, \alpha_2, \ldots \alpha_n)$ unter beliebiger Substitution der α_i allgemeingültig ist. Man nennt daher $\mathbf{T}(\alpha_1, \alpha_2, \ldots \alpha_n)$ ein **Formgesetz**.

So gehört etwa zur Tautologie $\models a \vee (\neg a)$ vom ausgeschlossenen Dritten (4.2.2, Beispiel (1)) das Formgesetz $\models \alpha \vee (\neg\alpha)$,

und es gehört zur Tautologie $\models a \rightarrow (b \rightarrow a)$ von der Prämissenbelastung (4.3, Beispiel (2)) das Formgesetz $\models \alpha \rightarrow (\beta \rightarrow \alpha)$.

Dieser Übergang von Tautologien zu Formgesetzen ist so elementar, daß man meist darauf verzichtet, die Formgesetze eigens anzugeben.

5. Äquivalenz und Ordnung von Aussageformen

5.1 Wertverlaufsinklusion

5.1.1 Eine Aussageform α_1 heißt **(semantisch) stärker**[10] oder **schärfer** als eine Aussageform α_2 , in Zeichen
$\alpha_1 \models \alpha_2$,
wenn jede Wertbelegung, die α_1 erfüllt, auch α_2 erfüllt. Anschaulich gesagt: beim „Übergang" von α_1 nach α_2 darf sich nur F in T ändern, (**Wertverlaufsinklusion, funktionale Inklusion**).

Man sagt dann auch, α_2 sei eine **(aussagen)logische Folgerung** von α_1, oder α_1 sei eine **Implikante** von α_2.

Die zweistellige Relation $\models$ auf der Menge $\langle$*propos form*$\rangle$ aller Aussageformen heißt **Stärker-Relation** oder **Folgerungsrelation**[11].

Für zwei Aussageformschemata α_1 und α_2 nennt man $\alpha_1 \models \alpha_2$ wieder ein Formgesetz[12].

---

[10] ENDERTON: '*tautologically implies*'. In der Literatur wird auch $\alpha_1 \Vdash \alpha_2$ oder $\alpha_1 \models \alpha_2$ geschrieben. In verbandstheoretischer Betrachtung schreibt man $\alpha_1 \leq \alpha_2$. Das Zeichen $\leq$ deutet an, daß, wenn **L** mit 1 und **O** mit 0 interpretiert wird, $1 \leq 1$, $0 \leq 1$ und $0 \leq 0$ wahr ist, also T ergibt.

[11] Der Begriff geht auf BOLZANO 1837 zurück (BERNARD BOLZANO, 1781-1848, Prager Mathematiker und Philosoph).

[12] In der Literatur wird häufig auch $\mathcal{M} \models \alpha$, wo $\mathcal{M}$ eine Menge von Aussageformschemata ist, gebraucht. Wir werden dafür in 20.2 die Schreibweise $\models_{\mathcal{M}} \alpha$ einführen.

Beispiele:

(1) Gegenüberstellung von 4.3, Beispiel (5) und Beispiel (1) ergibt die Stärker-Beziehung

$(a \to b) \to c \models a \to (b \to c)$ bzw. das Formgesetz

$(\alpha \to \beta) \to \gamma \models \alpha \to (\beta \to \gamma)$.

(2) Gegenüberstellung von 4.3, Beispiel (6) und Beispiel (8) ergibt die Stärker-Beziehung

$(a \to b) \to a \models (a \to b) \to b$ bzw. das Formgesetz

$(\alpha \to \beta) \to \alpha \models (\alpha \to \beta) \to \beta$.

Überraschend ist vielleicht die Beziehung

$(a \vee b) \wedge ((a \to c) \wedge (b \to c)) \models c$.

Der Beweis ergibt sich aus folgender Wertetabelle

a	b	c	$(a \vee b)$	$\wedge$	$((a \to c)$	$\wedge$	$(b \to c))$	c
T	T	T	T	T	T	T	T	T
T	T	F	T	F	F	F	F	F
T	F	T	T	T	T	T	T	T
T	F	F	T	F	F	F	T	F
F	T	T	T	T	T	T	T	T
F	T	F	T	F	T	F	F	F
F	F	T	F	F	T	T	T	T
F	F	F	F	F	T	T	T	F
				↑				↑

Das Formgesetz

$(\alpha \vee \beta) \wedge ((\alpha \to \gamma) \wedge (\beta \to \gamma)) \models \gamma$

ist das **Gesetz vom Dilemma**.

5.1.2 Unmittelbar einzusehen sind

Satz 1: Für alle Aussageformen α gilt $\mathbf{O} \models \alpha$ und $\alpha \models \mathbf{L}$.

O ist die stärkste („*ex falso sequitur quodlibet*"), **L** die schwächste („*ex quodlibet verum sequitur*") Aussageform. Für eine Kontradiktion κ gilt überdies $\kappa \models \mathbf{O}$, für eine Tautologie τ gilt $\mathbf{L} \models \tau$.

Satz 2: Die Relation $\models$ ist auf der Menge $\langle$*propos form*$\rangle$ aller Aussageformen eine Präordnung: Es gilt Reflexivität und Transitivität. Diese Präordnung besitzt ein kleinstes Element **O** und ein größtes Element **L** .

Die Relation $\models$ ist nicht antisymmetrisch: Es gilt $a \wedge b \models b \wedge a$, sowie $b \wedge a \models a \wedge b$. Als Formen sind aber $a \wedge b$ und $b \wedge a$ verschieden. Sie ist auch nicht konnex: Es gilt weder $a \models a \to b$ noch $a \to b \models a$, was ein Vergleich der Wahrheitstabellen sofort zeigt.

Wegen der Transitivität der Relation $\models$ schreibt man

$\alpha \models \beta \models \gamma$ für $\alpha \models \beta$ *und* $\beta \models \gamma$.

Wichtige Gesetze zur „Abschwächung" von Aussageformen sind

Satz 3: $\mathbf{O} \models \alpha \wedge \beta \models \alpha \models \alpha \vee \beta \models \mathbf{L}$.

Satz 4: $\mathbf{O} \models \alpha \wedge \beta \models \alpha \leftrightarrow \beta \models \alpha \rightarrow \beta \models \mathbf{L}$.

Wegen der Transitivität der Relation $\models$ hat man die zur Hauptregel für Implikationen korrespondierende

Regel: *Es sei* $\alpha \models \beta$. *Dann gilt: Wenn* $\models \alpha$, *so* $\models \beta$.

Aufgabe 17: Zeige
$(a \wedge b) \vee (c \wedge d) \models (a \vee c) \wedge (b \vee d)$.

5.2 Die Stärker-Regel für Implikationen

Die Wertverlaufsinklusion kann durch spezielle Tautologien, nämlich Implikationen, charakterisiert werden. Es gilt die

Stärker-Regel für Implikationen:
$\models \alpha_1 \rightarrow \alpha_2$ *genau dann, wenn* $\alpha_1 \models \alpha_2$.

Der Beweis geht über den Wertverlauf („Belegungsmethode").

Aus jeder Implikation $\models \alpha \rightarrow \beta$ mit zwei Aussageformen α, β erhält man also eine Wertverlaufsinklusion dieser Formen, ein Gesetz $\alpha \models \beta$. Vergleiche $\models ((a \rightarrow b) \rightarrow c) \rightarrow (a \rightarrow (b \rightarrow c))$ in 4.2.2 und $(a \rightarrow b) \rightarrow c \models a \rightarrow (b \rightarrow c)$ in 5.1.1 .

Aus 4.2.2, Beispiel (11) ergibt sich nochmals das Gesetz (5.1.2, Satz 1)
$\mathbf{O} \models a$.

Aus 4.3, Beispiel (2)) erhält man das

Gesetz von der Prämissenbelastung
$\alpha \models \beta \rightarrow \alpha$,

aus Aufgabe 12[g] das

Gesetz zum *modus ponens*
$\alpha \wedge (\alpha \rightarrow \beta) \models \beta$,

aus Aufgabe 12[e] das

Gesetz von PEIRCE
$(\alpha \rightarrow \beta) \rightarrow \alpha \models \alpha$.

Aus Aufgabe 12[c] und aus Aufgabe 12[i] ergeben sich das

Gesetz zum *modus barbara* („Transitivität")
$(\alpha \rightarrow \beta) \wedge (\beta \rightarrow \gamma) \models \alpha \rightarrow \gamma$

und das **Gesetz vom Schnitt zweier Subjunktionen**
$(\alpha \rightarrow \beta) \wedge (\gamma \rightarrow \delta) \models \alpha \rightarrow ((\beta \rightarrow \gamma) \rightarrow \delta)$.

Aufgabe 18: Zeige
$\beta \rightarrow \gamma \models (\gamma \rightarrow \alpha) \rightarrow (\beta \rightarrow \alpha)$(**Gesetz vom Kettenschluß**),
$\beta \rightarrow \gamma \models (\alpha \rightarrow \beta) \rightarrow (\alpha \rightarrow \gamma)$(**Gesetz vom invertierten Kettenschluß**).

Die Einsetzungsregel (4.5.1) erhält im übrigen die folgende Gestalt

Wenn $\alpha_1 \models \alpha_2$, *so* $\alpha_1^{p_i:=\rho} \models \alpha_2^{p_i:=\rho}$.

Beispiel: (1) Aus der Beziehung von Aufgabe 17 erhält man
durch $(a,b,c,d) := (p,a,\neg p,b)$: $(p \wedge a) \vee (\neg p \wedge b) \models (p \vee \neg p) \wedge (a \vee b)$
durch $(a,b,c,d) := (p,\neg p,b,a)$: $(p \wedge \neg p) \vee (b \wedge a) \models (p \vee b) \wedge (\neg p \vee a)$
durch $(a,b,c,d) := (p,a,b,\neg p)$: $(p \wedge a) \vee (b \wedge \neg p) \models (p \vee b) \wedge (a \vee \neg p)$.

5.3 Wertverlaufsgleichheit

Zwei Aussageformen α_1 , α_2 heißen **(semantisch) gleichstark**[13], $\alpha_1 \models\!\!\!\dashv \alpha_2$, wenn sowohl $\alpha_1 \models \alpha_2$ als auch $\alpha_2 \models \alpha_1$ gilt. $\alpha_1 \models\!\!\!\dashv \alpha_2$ gilt somit, wenn für jede Wertbelegung α_1 den gleichen Wert annimmt wie α_2 **(Wertverlaufsgleichheit, funktionale Gleichheit)**. Man sagt dann auch, α_1 sei **(aussagen)logisch gleichwertig** mit α_2. Die Relation $\models\!\!\!\dashv$ auf der Menge $\langle$*propos form*$\rangle$ aller Aussageformen heißt **Gleichstark-Relation**.

Beispiel: Offensichtlich gelten die Gleichstark-Beziehungen
(1) $a \models\!\!\!\dashv \neg(\neg a)$ und $a \rightarrow b \models\!\!\!\dashv \neg a \vee b$.

Aus den Ergebnissen über Wertverlaufsinklusion erhält man unmittelbar

Satz 1: Die Relation $\models\!\!\!\dashv$ ist auf der Menge $\langle$*propos form*$\rangle$ aller Aussageformen eine Äquivalenzrelation. Es gilt neben Reflexivität und Transitivität auch Symmetrie.

Mit $[\alpha]$ bezeichnen wir die Klasse aller mit α (semantisch) gleichstarken, äquivalenten und somit in ihrer Funktion, siehe 7.2, zusammenfallenden Aussageformen, die **Äquivalenzklasse** von α.

Wegen der Transitivität der Relation $\models\!\!\!\dashv$ schreibt man
$\alpha \models\!\!\!\dashv \beta \models\!\!\!\dashv \gamma$ für $\alpha \models\!\!\!\dashv \beta$ *und* $\beta \models\!\!\!\dashv \gamma$.

Wertverlaufsgleichheit erhält man aus übereinstimmenden Wertetabellen:
$(a \rightarrow b) \rightarrow (a \rightarrow c) \models\!\!\!\dashv (a \wedge b) \rightarrow c$ (4.1.5, Beispiele (4) und (5))
$a \wedge (b \vee c) \models\!\!\!\dashv (a \wedge b) \vee (a \wedge c)$ (Aufgabe 11 [a], [b]) .

Dabei kann man häufig Symmetrie ausnützen.

Aufgabe 19: Verifiziere
[a] $a \leftrightarrow b \models\!\!\!\dashv \neg a \leftrightarrow \neg b$
[b] $a \rightarrow b \models\!\!\!\dashv \neg a \vee b \models\!\!\!\dashv \neg b \rightarrow \neg a$
[c] $a \leftrightarrow b \models\!\!\!\dashv (a \vee b) \rightarrow (a \wedge b)$. ⋈

Aus 4.1.5, Beispiel 5 und 4.3, Beispiel (1) liest man ab das

zweiseitige Gesetz von der Prämissenverbindung

$$(\alpha \wedge \beta) \rightarrow \gamma \models\!\!\!\dashv \alpha \rightarrow (\beta \rightarrow \gamma) .$$

Aus 4.3, Beispiel (3) erhält man das

zweiseitige Gesetz von der Prämissenverschmelzung

$$\alpha \rightarrow (\alpha \rightarrow \gamma) \models\!\!\!\dashv \alpha \rightarrow \gamma .$$

---

[13] ENDERTON: '*tautologically equivalent*'. In der Literatur wird auch $\alpha_1 \equiv \alpha_2$ geschrieben.

Aufgabe 20: Zeige, daß für gleichstarke Aussageformen folgende Gesetze gelten (**Verzahnungsgesetze**):

Wenn $\alpha \models\!\dashv \beta$ *und* $\gamma \models\!\dashv \delta$,
so $\alpha \wedge \gamma \models\!\dashv \beta \wedge \delta$
und $\alpha \vee \gamma \models\!\dashv \beta \vee \delta$
und $\neg\alpha \models\!\dashv \neg\beta$
und $\alpha \rightarrow \gamma \models\!\dashv \beta \rightarrow \delta$
und $\alpha \leftrightarrow \gamma \models\!\dashv \beta \leftrightarrow \delta$.

Aufgabe 21: Formalisiere die folgenden Aussagen aus einem Lehrbuch
(1) „A hat ein größtes und B hat ein kleinstes Element."
(2) „A hat kein größtes oder B hat kein kleinstes Element."
(3) „Entweder hat A ein größtes oder B hat ein kleinstes Element."
Wie stehen diese Aussagen zueinander in Relation?

5.4 Die Gleichstark-Regel für Biimplikationen

5.4.1 Da $\alpha \models \mathbf{L}$ für jede Aussageform α gilt, hat man die

Regel: $\alpha \models\!\dashv \mathbf{L}$ *genau dann, wenn* $\mathbf{L} \models \alpha$.

Eine Aussageform α ist definitionsgemäß eine Tautologie genau dann, wenn $\alpha \models\!\dashv \mathbf{L}$. Damit stellt sich die einstellige Relation der Allgemeingültigkeit $\models \alpha$ als notationelle Variante von $\mathbf{L} \models \alpha$ heraus.

Die Transitivität, angewandt auf $\alpha \models\!\dashv \mathbf{L} \models\!\dashv \beta$, besagt lediglich

Wenn $\models \alpha$ *und* $\models \beta$, *so* $\alpha \models\!\dashv \beta$.

Schärfer gilt, daß auch die Wertverlaufsgleichheit durch spezielle Tautologien, nämlich Biimplikationen, charakterisiert werden kann. Es gilt die

Gleichstark-Regel für Biimplikationen:

$\models \alpha_1 \leftrightarrow \alpha_2$ *genau dann, wenn* $\alpha_1 \models\!\dashv \alpha_2$.

Der Beweis geht wieder nach der „Belegungsmethode" über den Wertverlauf.

Aus jeder Biimplikation $\models \alpha \leftrightarrow \beta$ zweier Aussageformen α ,β erhält man also eine Wertverlaufsgleichheit dieser Formen, ein Gesetz $\alpha \models\!\dashv \beta$. Vergleiche $\models ((a \rightarrow b) \rightarrow a) \leftrightarrow a)$ in Aufgabe 12[f] und $(a \rightarrow b) \rightarrow a \models\!\dashv a$, das man aus 4.3, Beispiel (6) abliest. Es gilt also das

zweiseitige Gesetz von PEIRCE

$(\alpha \rightarrow \beta) \rightarrow \alpha \models\!\dashv \alpha$.

Aus der Tautologie von Aufgabe 12[h] ergibt sich nochmals das

zweiseitige Gesetz von der Prämissenverbindung (vgl. 5.3)

$(\alpha \wedge \beta) \rightarrow \gamma \models\!\dashv \alpha \rightarrow (\beta \rightarrow \gamma)$.

Aufgabe 22: Zeige durch Verwendung einer geeigneten Tautologie
[a] $(\alpha \rightarrow \beta) \rightarrow \beta \models\!\dashv (\alpha \vee \beta)$ (**zweiseitiges Gesetz von** RUSSELL, 1903)
[b] $(\alpha \rightarrow \beta) \models\!\dashv (\neg\alpha \rightarrow \beta) \rightarrow \beta$
(**zweiseitiges Gesetz von der Exhaustion**).

5.4.2 Die Einsetzungsregel (4.5.1) erhält im übrigen die Gestalt

Wenn $\alpha_1 \models\!\!\!\dashv \alpha_2$, *so* $\alpha_1^{p_i:=\rho} \models\!\!\!\dashv \alpha_2^{p_i:=\rho}$.

Umgekehrt beweist man durch Einsetzen von **L** und **O** für p das

Boolesche Fundamentaltheorem der Aussagenlogik:

$\alpha \models\!\!\!\dashv (p \wedge \alpha^{p:=\mathbf{L}}) \vee (\neg p \wedge \alpha^{p:=\mathbf{O}})$, d.h.

$\alpha \models\!\!\!\dashv \mathbf{B}''(p, \alpha^{p:=\mathbf{L}}, \alpha^{p:=\mathbf{O}})$ (für $\mathbf{B}''$ vgl. 3.5) .

Das Theorem gilt trivialerweise auch, wenn α die Unbestimmte p nicht enthält.

Aufgabe 23: Zeige
$(a \wedge b) \vee c \models\!\!\!\dashv (a \wedge (b \vee c)) \vee (\neg a \wedge c)$.

5.5 Wertverlaufsgleichheit in Teilsprachen

5.5.1 Es gelten insbesondere für die Sprache **KAN** die folgenden Wertverlaufsgleichheiten:

Kommutativgesetze (vgl. Aufgabe 2):

$\alpha \wedge \beta \models\!\!\!\dashv \beta \wedge \alpha$ $\qquad$ $\alpha \vee \beta \models\!\!\!\dashv \beta \vee \alpha$

Assoziativgesetze (vgl. Aufgabe 10)

$(\alpha \wedge \beta) \wedge \gamma \models\!\!\!\dashv \alpha \wedge (\beta \wedge \gamma)$ $\qquad$ $(\alpha \vee \beta) \vee \gamma \models\!\!\!\dashv \alpha \vee (\beta \vee \gamma)$

Absorptionsgesetze (vgl. Aufgabe 16 [a])

$\alpha \wedge (\alpha \vee \beta) \models\!\!\!\dashv \alpha$ $\qquad$ $\alpha \vee (\alpha \wedge \beta) \models\!\!\!\dashv \alpha$

Idempotenzgesetze

$\alpha \wedge \alpha \models\!\!\!\dashv \alpha$ $\qquad$ $\alpha \vee \alpha \models\!\!\!\dashv \alpha$

Distributivgesetze (vgl. Aufgabe 11 [a],[b])

$\alpha \wedge (\beta \vee \gamma) \models\!\!\!\dashv (\alpha \wedge \beta) \vee (\alpha \wedge \gamma)$ $\qquad$ $\alpha \vee (\beta \wedge \gamma) \models\!\!\!\dashv (\alpha \vee \beta) \wedge (\alpha \vee \gamma)$

Involutionsgesetz

$$\neg(\neg\alpha) \models\!\!\!\dashv \alpha$$

Gesetze von De Morgan[14]

$\neg(\alpha \wedge \beta) \models\!\!\!\dashv \neg\alpha \vee \neg\beta$ $\qquad$ $\neg(\alpha \vee \beta) \models\!\!\!\dashv \neg\alpha \wedge \neg\beta$

Neutralitätsgesetze

$\alpha \wedge (\beta \vee \neg\beta) \models\!\!\!\dashv \alpha$ $\qquad$ $\alpha \vee (\beta \wedge \neg\beta) \models\!\!\!\dashv \alpha$

Fanggesetze

$\alpha \vee (\beta \vee \neg\beta) \models\!\!\!\dashv \beta \vee \neg\beta$ $\qquad$ $\alpha \wedge (\beta \wedge \neg\beta) \models\!\!\!\dashv \beta \wedge \neg\beta$

die zum Teil sofort aus den Wertetafeln einsichtig sind.

---

[14] Vorgänger Petrus Hispanus (um 1250).

Überdies gelten in der Sprache **KANOL** die Wertverlaufsgleichheiten

Gesetz vom ausgeschlossenen Dritten $\alpha \vee (\neg\alpha) \models\!\!\!\!\dashv \mathbf{L}$

Gesetz vom ausgeschlossenen Widerspruch $\alpha \wedge (\neg\alpha) \models\!\!\!\!\dashv \mathbf{O}$.

5.5.2 Auch die *Bisubjunktion* ist kommutativ und assoziativ (vgl. Aufgabe 11 [g],[h]). Ferner gelten für die Sprachen **EL** bzw. **ENOL** die folgenden Wertverlaufsgleichheiten

$\alpha \leftrightarrow \alpha \models\!\!\!\!\dashv \mathbf{L}$ (**E** ist „von der Charakteristik 2", siehe 9.3),

$\mathbf{L} \leftrightarrow \alpha \models\!\!\!\!\dashv \alpha \leftrightarrow \mathbf{L} \models\!\!\!\!\dashv \alpha$ (**L** ist neutrales Element bzgl. **E**, siehe 9.3),

$\mathbf{O} \leftrightarrow \alpha \models\!\!\!\!\dashv \alpha \leftrightarrow \mathbf{O} \models\!\!\!\!\dashv \neg\alpha$.

Aus Aufgabe 9 [d], [e] erhält man im übrigen sofort

$a \leftrightarrow b \models\!\!\!\!\dashv (a \rightarrow b) \wedge (b \rightarrow a) \models\!\!\!\!\dashv (a \rightarrow b) \wedge (\neg a \rightarrow \neg b)$.

Aufgabe 24: Zeige: „Die Adjunktion ist distributiv über der Bisubjunktion";

$a \vee (b \leftrightarrow c) \models\!\!\!\!\dashv (a \vee b) \leftrightarrow (a \vee c)$.

Gilt eine ähnliche Identität für $a \wedge (b \leftrightarrow c)$?

5.5.3 Die *Subjunktion* ist weder kommutativ noch assoziativ, jedoch **linkskommutativ**: es gilt das **Gesetz von der Prämissenvertauschung**

$\alpha \rightarrow (\beta \rightarrow \gamma) \models\!\!\!\!\dashv \beta \rightarrow (\alpha \rightarrow \gamma)$,

das man mit 4.3, Beispiel (1) leicht überprüft.

Es gilt ferner $a \rightarrow \mathbf{L} \models\!\!\!\!\dashv \mathbf{L}$ und $\mathbf{L} \rightarrow a \models\!\!\!\!\dashv a$.

Es gilt auch $a \rightarrow \mathbf{O} \models\!\!\!\!\dashv \neg a$. („Wenn es morgen regnet, fresse ich einen Besen" ist gleichstark mit „es regnet morgen nicht", wenn „ich fresse einen Besen" euphemistisch für **O** steht.) Für eine formale Behandlung dieser umgangssprachlichen schwachen Form der Verneinung siehe 18.6 .

Daß $\mathbf{O} \rightarrow a \models\!\!\!\!\dashv \mathbf{L}$ ist, geht über das umgangssprachliche Verständnis hinaus („aus falsch folgt gar nichts" vs. „aus falsch folgt alles") – es gab gelegentlich auch Logiker, wie C.I. Lewis, die das „schockierend" fanden. Darüber machten sich andere lustig. Russels „Beweis", daß aus $2 = 1$ folge, er sei der Papst, lautet 'You will admit that I and the Pope are two. Therefore, I and the Pope are one'.[15]

Die Fassung $(\neg a \wedge a) \rightarrow b \models\!\!\!\!\dashv \mathbf{L}$ ist unter dem Diktum *'ex contradictione sequitur quodlibet'* (vgl. 4.2.2, Beispiel (10)) bekannt.

Für die Subjunktion zusammen mit der Negation gilt das **Kontrapositionsgesetz** (vgl. Aufgabe 19[b]) :

$\alpha \rightarrow \beta \models\!\!\!\!\dashv \neg\beta \rightarrow \neg\alpha$.

Aufgabe 25: Zeige: „Die Adjunktion ist distributiv über der Subjunktion";

$a \vee (b \rightarrow c) \models\!\!\!\!\dashv (a \vee b) \rightarrow (a \vee c)$.

Gilt eine ähnliche Identität für $a \wedge (b \rightarrow c)$?

Aufgabe 26: Zeige und deute

[a] $(a \rightarrow e) \rightarrow e \models\!\!\!\!\dashv a \vee e$ [b] $((a \rightarrow e) \rightarrow e) \rightarrow e \models\!\!\!\!\dashv a \rightarrow e$.

[15] Garrett Birkhoff, Lattice Theory, 3. Auflage, p. 279.

Aufgabe 27: Zeige: „Die Subjunktion ist rechtsseitig distributiv über der Konjunktion, Adjunktion, Subjunktion und Bisubjunktion";

[a] $a \to (b \wedge c) \;\models\!\dashv\; (a \to b) \wedge (a \to c)$

[b] $a \to (b \vee c) \;\models\!\dashv\; (a \to b) \vee (a \to c)$

[c] $a \to (b \to c) \;\models\!\dashv\; (a \to b) \to (a \to c)$

[d] $a \to (b \leftrightarrow c) \;\models\!\dashv\; (a \to b) \leftrightarrow (a \to c)$.

Zeige, daß linksseitige Distributivität jeweils nicht gilt.

Zeige auch, daß folgende Pseudo-Distributivgesetze gelten:

[e] $(a \vee b) \to c \;\models\!\dashv\; (a \to c) \wedge (b \to c)$ „linguistische

[f] $(a \wedge b) \to c \;\models\!\dashv\; (a \to c) \vee (b \to c)$ Paradoxien vom UND-ODER"

und

[g] $(a \to b) \to c \;\models\!\dashv\; (a \vee c) \wedge (b \to c)$

Zeige ferner

[h] $(a \to b) \vee c \;\models\!\dashv\; a \to (b \vee c)$ „$\to$ - $\vee$-Assoziativität". ⋈

Aufgabe 27[c] drückt das

zweiseitige[16] Gesetz vom Fregeschen Kettenschluß,

eine Verschärfung des Gesetzes vom inversen Kettenschluß (Aufgabe 18), aus.

Aus 4.1.5, Beispiel (1) und Aufgabe 9[f] erhält man die Beziehungen

$(a \to b) \to (b \to a) \;\models\!\dashv\; b \to a$

$(a \to b) \leftrightarrow (b \to a) \;\models\!\dashv\; a \leftrightarrow b$.

5.5.4 Etwas überraschend ist vielleicht die nachfolgende Beziehung (für *eine* Richtung vgl. auch Aufgabe 17):

$\mathbf{B}''(a,b,c) \;\models\!\dashv\; \mathbf{B}(a,b,c) \;\models\!\dashv\; \mathbf{B}'(a,b,c)$, d.h. (3.5)

$(a \wedge b) \vee (\neg a \wedge c) \;\models\!\dashv\; (a \to b) \wedge (\neg a \to c) \;\models\!\dashv\; (a \vee c) \wedge (\neg a \vee b)$

Der Beweis ergibt sich aus nachfolgender Wertetabelle (vgl. auch das letzte Gesetz in 5.2, Beispiel (1)):

a	b	c	$(a \wedge b)$	$\vee$	$(\neg a \wedge c)$	$(a \to b)$	$\wedge$	$(\neg a \to c)$	$(a \vee c)$	$\wedge$	$(\neg a \vee b)$
T	T	T	T	T	F	T	T	T	T	T	T
T	T	F	T	T	F	T	T	T	T	T	T
T	F	T	F	F	F	F	F	T	T	F	F
T	F	F	F	F	F	F	F	T	T	F	F
F	T	T	F	T	T	T	T	T	T	T	T
F	T	F	F	F	F	T	F	F	F	F	T
F	F	T	F	T	T	T	T	T	T	T	T
F	F	F	F	F	F	T	F	F	F	F	T

Spezialisierung durch Substitution $c := \neg b$ ergibt (vgl. 5.5.2)

$$\begin{aligned} a \leftrightarrow b \;&\models\!\dashv\; (a \wedge b) \vee (\neg a \wedge \neg b) \\ &\models\!\dashv\; (a \to b) \wedge (\neg a \to \neg b) \\ &\models\!\dashv\; (a \vee \neg b) \wedge (\neg a \vee b) \;. \end{aligned}$$

[16] Gewöhnlich werden nur die Implikationen
$(a \to b) \to a \models a$ bzw. $a \to (b \to c) \models (a \to b) \to (a \to c)$
als Gesetz von PEIRCE bzw. von FREGE bezeichnet.

5.5.5 Die Wertverlaufsgleichheiten dieses Abschnitts erlauben „algebraische" Beweise und somit ein „algebraisches Rechnen" mit Aussageformen.

Satz 1: Sind zwei Aussageformen α, β disjunkt, so gilt (siehe auch 7.2.3, Bisubtraktion)

$\alpha \vee \beta \models\mid \neg(\alpha \leftrightarrow \beta)$.

Beweis: Da $\alpha \wedge \beta \models\mid$ **O** , so ist nach 5.5.4, Ende und Gesetz von DE MORGAN
$\alpha \leftrightarrow \beta \models\mid \neg\alpha \wedge \neg\beta \models\mid \neg(\alpha \vee \beta)$.
Das Involutionsgesetz ergibt $\neg(\alpha \leftrightarrow \beta) \models\mid \alpha \vee \beta$. ⋈

Satz 2: Ist eine Paarmenge $\{\alpha, \beta\}$ von Aussageformen α, β vollständig und disjunkt, so ist $\alpha \leftrightarrow \beta$ eine Kontradiktion, also

$\alpha \leftrightarrow \beta \models\mid$ **O** .

Beweis: Aus $\alpha \vee \beta \models\mid$ **L** folgt nach Satz 1
$\neg(\alpha \leftrightarrow \beta) \models\mid$ **L** , also $\alpha \leftrightarrow \beta \models\mid$ **O** . ⋈

Satz 3: Sind zwei Aussageformen α, β vollständig und disjunkt, so gilt
$\alpha \models\mid \neg\beta$.

Beweis: Aus $\alpha \leftrightarrow \beta \models\mid$ **O** (Satz 2) folgt
$(\alpha \leftrightarrow \beta) \leftrightarrow \mathbf{O} \models\mid \mathbf{O} \leftrightarrow \mathbf{O}$ (Verzahnungsgesetz, Aufgabe 20);
$\alpha \leftrightarrow (\beta \leftrightarrow \mathbf{O}) \models\mid \mathbf{L}$ (Assoziativgesetz, Charakteristik 2);
$\alpha \models\mid \beta \leftrightarrow \mathbf{O}$ (5.4.1);
$\beta \leftrightarrow \mathbf{O} \models\mid \neg\beta$ (5.5.2).
Die Behauptung folgt durch Transitivität. ⋈

5.5.6 Im folgenden sind geeignete Aussageformen aufzustellen.

Aufgabe 28: (C. A. R. HOARE) Mit
$a \triangleq$ 'I wear a hat in August'
$b \triangleq$ 'I wear a bow tie in August'
$c \triangleq$ 'I go bareheaded in August'
formalisiere: 'In August: I either wear a hat or go bareheaded; I never go bareheaded when I have on a bow tie; I either wear a hat or a bow tie and sometimes both.'

Aufgabe 29: (D. GRIES) Fasse die folgenden Aussagen in geeignet interpretierte Aussageformen. Vereinfache und identifiziere soweit wie möglich.

[a] 'If it rains but I stay at home, I won't be wet.'
[b] 'I'll be wet if it rains.'
[c] 'If it rains and the picnic is not cancelled or I don't stay home, I'll be wet.'
[d] 'Whether or not the picnic is cancelled, I'm staying home if it rains.'
[e] 'Either it doesn't rain or I'm staying home.'
[f] 'Whether or not it's raining, I'm going swimming.'
[g] 'If it's raining I'm not going swimming.'
[h] 'It's raining cats and dogs.'
[i] 'If it rains cats and dogs while I go swimming I'll eat my hat.'
[j] 'If it rains cats and dogs I'll eat my hat, but I won't go swimming.'

Aufgabe 30: Untersuche den Wahrheitswert folgender Aussage:
„Wenn es schnrzlt oder rscht und es schnrzlt nicht, so rscht es eben".

Aufgabe 31: Ein Verleger schreibt an einen Autor:
„Von Ihrem jüngsten Buch habe ich zwölftausend Exemplare verkauft. Ist das genug, oder sind Sie enttäuscht?" Was ist eine korrekte Antwort?

5.6 Implikation und Biimplikation, Anreicherung

5.6.1 Implikation und Biimplikation hängen zusammen durch die **Anreicherungsregel**:

$\alpha_1 \models \alpha_2$ *genau dann, wenn* $\alpha_1 \;\models\!\!\!\!\dashv\; \alpha_1 \wedge \alpha_2$.

$\alpha_1 \models \alpha_2$ *genau dann, wenn* $\alpha_1 \vee \alpha_2 \;\models\!\!\!\!\dashv\; \alpha_2$.

Die Beweise gehen über den Wertverlauf (beachte: $[\mathbf{C}]^2(F,T) = T$).

Wir sagen, eine Folgerung $\alpha_1 \models \alpha_2$ besteht genau dann, wenn eine **konjunktive Anreicherung** des Vorderglieds durch das Hinterglied **erlaubt** ist, wie auch wenn eine **adjunktive Anreicherung** des Hinterglieds durch das Vorderglied **erlaubt** ist.

Das Gesetz zum *modus ponens* (5.2) bedeutet also, daß die Anreicherung

$\alpha \wedge (\alpha \to \beta) \;\models\!\!\!\!\dashv\; \alpha \wedge (\alpha \to \beta) \wedge \beta$

erlaubt ist.

Aufgabe 32: Zeige, daß folgende **Verzahnungsgesetze** für die Stärker-Relation gelten

Wenn $\alpha \models \beta$ *und* $\gamma \models \delta$, *so* $\alpha \wedge \gamma \models \beta \wedge \delta$ *und* $\alpha \vee \gamma \models \beta \vee \delta$.

5.6.2 Auch $\models (\alpha_1 \vee \alpha_2)$ liefert eine zweistellige Relation auf den Aussageformen („α_1 und α_2 sind supplementär"), die aber nicht transitiv ist und damit geringere Bedeutung hat.

Dilemmata und Implikationen hängen ebenfalls zusammen:

$\models (\alpha_1 \vee \alpha_2)$ *genau dann, wenn* $\neg\alpha_1 \models \alpha_2$.

Der Beweis geht wieder über den Wertverlauf.

Warnung: Zwar ist $(a \to b) \vee (b \to a)$ eine Tautologie (4.2.2, Beispiel 12), aber „$\alpha_1 \models \alpha_2$ *oder* $\alpha_2 \models \alpha_1$" gilt nicht: $\alpha_1 \doteq a$ und $\alpha_2 \doteq a \to b$, vgl. 5.1.2, sind ein Gegenbeispiel.

5.7 Verträglichkeit

Die Stärker-Relation $\models$ ist verträglich mit den Operationen der Konjunktion und der Adjunktion: Aus 5.6.1, Verzahnungsgesetze, ergibt sich durch Spezialisierung die

Regel: *Wenn* $\alpha_1 \models \alpha_2$,
so $\alpha_1 \wedge \beta \models \alpha_2 \wedge \beta$ *und* $\alpha_1 \vee \beta \models \alpha_2 \vee \beta$.

Man sagt auch, Konjunktion und Adjunktion sind **monoton**.

Für Negation und Subjunktion ist Vorsicht geboten:

Regel: *Wenn* $\alpha_1 \models \alpha_2$,
so $\neg\alpha_2 \models \neg\alpha_1$ *und* $\alpha_2 \to \beta \models \alpha_1 \to \beta$ *und* $\beta \to \alpha_1 \models \beta \to \alpha_2$.

Die Negation ist **antiton**; die Subjunktion ist antiton im ersten, monoton im zweiten Argument.

Auch die Gleichstark-Relation $\models\!\!\!\!\dashv$ ist verträglich mit den Operationen der Konjunktion und der Adjunktion, darüber hinaus aber auch mit der Negation: Aus 5.3, Verzahnungsgesetze ergibt sich durch Spezialisierung die

Verträglichkeitsregel:
Wenn $\alpha_1 \models\!\!\!\!\dashv \alpha_2$,
so $\alpha_1 \wedge \beta \models\!\!\!\!\dashv \alpha_2 \wedge \beta$ *und* $\alpha_1 \vee \beta \models\!\!\!\!\dashv \alpha_2 \vee \beta$ *und* $\neg\alpha_1 \models\!\!\!\!\dashv \neg\alpha_2$.

Die Gleichstark-Relation ist also nicht nur eine Äquivalenzrelation, sondern sogar eine mit den Operationen Konjunktion, Adjunktion und Negation verträgliche Äquivalenzrelation (eine **KAN-relative Kongruenz**). Sie ist außerdem mit den Operationen der Subjunktion und der Bisubjunktion verträglich.

6. Die selbständige Rolle der Subjunktion

6.1 Subjunktion als Umkehroperation

Die Stärker-Regel von 5.2
$\alpha \models \beta$ *genau dann, wenn* $\models \alpha \to \beta$
läßt die Subjunktion als Erfüllungsgehilfen der Stärker-Relation $\models$ erscheinen. Die selbständige Rolle der Subjunktion wird unterstrichen durch die folgenden beiden Sätze.

Satz 1: Die Menge der Aussageformen ψ, für die die „Ungleichung"

(1) $\psi \wedge \alpha \models \beta$

gilt, ist identisch mit der Menge der Aussageformen ψ, die der „Ungleichung"

$\psi \models \alpha \to \beta$

genügen.

Wenn für eine Aussageform γ
$\gamma \wedge \alpha \models \beta$ und (*Wenn* $\psi \wedge \alpha \models \beta$, *so* $\psi \models \gamma$)
gelten, so heißt γ eine **beste** („schwächste") **Lösung** von $\psi \wedge \alpha \models \beta$.

Der Satz besagt mit anderen Worten, daß $\alpha \to \beta$ die schwächste Aussageform ist, die zusammen mit α stärker ist als β.[17]

[17] Die Existenz eines solchen Elements wird gerade postuliert in der Definition der sogenannten subjunktiven Verbände.

Beweis: $\psi \wedge \alpha \models \beta$ bedeutet $\models (\psi \wedge \alpha) \rightarrow \beta$, also nach dem Gesetz von der Prämissenverbindung (5.3, 5.4) $\models \psi \rightarrow (\alpha \rightarrow \beta)$, d.h. $\psi \models \alpha \rightarrow \beta$. ⋈

In aller Regel gibt es auch stärkere Aussageformen, die der Ungleichung (1) genügen; insbesondere ist dies stets für **O** der Fall. Die Ungleichung (1) ist also stets lösbar. Ist $\alpha \rightarrow \beta$ eine Kontradiktion, d.h. gilt $\models \alpha$ *und* $\models \neg\beta$, so ist **O** die einzige Lösung.

Es liegt nahe, statt (1) die „Gleichung" $\psi \wedge \alpha \models\!\dashv \beta$ zu betrachten.

Satz 2: Die Menge der Aussageformen ψ, für die die „Gleichung"

(2) $\psi \wedge \alpha \models\!\dashv \beta$

gilt, ist, falls $\beta \models \alpha$, identisch mit der Menge der Aussageformen ψ, die den „Ungleichungen"

$$\beta \models \psi \models \alpha \rightarrow \beta$$

genügen, andernfalls leer.

Mit anderen Worten, $\alpha \rightarrow \beta$ ist, falls $\beta \models \alpha$, die schwächste Aussageform, die zusammen mit α gleichstark ist mit β.

Beweis:

Gegenüber Satz 1 ist zusätzlich zu betrachten $\beta \models \psi \wedge \alpha$. Dies bedeutet $\models \beta \rightarrow (\psi \wedge \alpha)$. Nach dem Gesetz von der Distributivität der Subjunktion (Aufgabe 27[a]) gilt dann auch $\models (\beta \rightarrow \psi) \wedge (\beta \rightarrow \alpha)$, somit sowohl $\beta \models \psi$ wie auch $\beta \models \alpha$. Falls $\beta \models \alpha$, verbleibt $\beta \models \psi$. Andernfalls ergibt die Annahme, (2) hätte eine Lösung, einen Widerspruch, (2) hat also keine Lösung.

Umgekehrt gelte $\beta \models \alpha$ und damit $\beta \models\!\dashv \alpha \wedge \beta$. Mit $\psi \models \alpha \rightarrow \beta$ und $\beta \models \psi$ gilt nach der Verträglichkeitsregel von 5.7 $\psi \wedge \alpha \models (\alpha \rightarrow \beta) \wedge \alpha$ und $\beta \wedge \alpha \models \psi \wedge \alpha$. Wegen $(\alpha \rightarrow \beta) \wedge \alpha \models\!\dashv \beta \wedge \alpha$ gilt also $\psi \wedge \alpha \models\!\dashv \alpha \wedge \beta$, wegen $\beta \models\!\dashv \alpha \wedge \beta$ gilt aber $\psi \wedge \alpha \models\!\dashv \beta$. ⋈

Ähnlich behandelt man die „Ungleichung" $\beta \models \alpha \vee \psi$ und die „Gleichung" $\beta \models\!\dashv \alpha \vee \psi$.

6.2 Schranken

Für die Präordnung $\models$ gilt nicht nur, daß es zu zwei Aussageformen α, β eine gibt (nämlich $\alpha \wedge \beta$), die stärker ist als jede der beiden:

$\alpha \wedge \beta \models \alpha$ *und* $\alpha \wedge \beta \models \beta$,

sondern auch, daß die Konjunktion $\alpha \wedge \beta$ die schwächste solche gemeinsame Schranke (eine **linke Grenze**) ist:

Satz 1: *Wenn* $\gamma \models \alpha$ *und* $\gamma \models \beta$, *so* $\gamma \models \alpha \wedge \beta$.

Beweis: Es kommt nur auf Wertbelegungen v an, für die γ den Wert T hat. Dann haben unter v wegen $\gamma \models \alpha$ und $\gamma \models \beta$ sowohl α wie β den Wert T, also auch $\alpha \wedge \beta$. Damit gilt aber $\gamma \models \alpha \wedge \beta$. ⋈

Entsprechend gilt, daß die Adjunktion zweier Aussageformen eine **rechte Grenze** ist: es gilt nicht nur $\alpha \models \alpha \vee \beta$, $\beta \models \alpha \vee \beta$, sondern auch

Satz 2: *Wenn* $\alpha \models \gamma$ *und* $\beta \models \gamma$, *so* $\alpha \vee \beta \models \gamma$.

Der Beweis verläuft analog zu dem von Satz 1. ⋈

6.3 Die Stärkerrelation als Verbandsordnung

In 5.1 wurde die Relation $\models$ auf der Menge der Aussageformen durch den Wertverlauf definiert, wobei sie sich als reflexiv und transitiv erwies. Es erhebt sich die Frage, was sich generell über Relationen auf der Menge der Aussageformen aussagen läßt, wenn man gewisse Eigenschaften fordert. Wir gehen dabei von Präordnungen, d.h. reflexiven, transitiven Relationen aus. Die verwendete Technik ist prototypisch für formale logische Ableitungen (Kap. V).

6.3.1 Wir beschränken uns zunächst auf Konjunktion und Adjunktion.

Satz 1:

Es sei $\leftharpoonup$ eine Präordnung auf der Sprache **KAOL**, die neben Reflexivität und Transitivität

(1a) $\alpha \leftharpoonup \alpha$

(1b) *wenn* $\alpha \leftharpoonup \beta$ *und* $\beta \leftharpoonup \gamma$, *dann* $\alpha \leftharpoonup \gamma$

auch die folgenden Eigenschaften[18] bezüglich $\wedge$ und $\vee$ besitzt:

(2a′) $\alpha \wedge \beta \leftharpoonup \alpha$

(2a″) $\alpha \wedge \beta \leftharpoonup \beta$

(2b) *wenn* $\gamma \leftharpoonup \alpha$ *und* $\gamma \leftharpoonup \beta$, *so* $\gamma \leftharpoonup \alpha \wedge \beta$

(3a′) $\alpha \leftharpoonup \alpha \vee \beta$

(3a″) $\beta \leftharpoonup \alpha \vee \beta$

(3b) *wenn* $\alpha \leftharpoonup \gamma$ *und* $\beta \leftharpoonup \gamma$, *so* $\alpha \vee \beta \leftharpoonup \gamma$.

Dann hat $\leftharpoonup$ auch die folgenden Eigenschaften[19]

(wobei $x \rightleftharpoons y$ kurz für „$x \leftharpoonup y$ *und* $y \leftharpoonup x$“ steht):

(komm)	$\alpha \wedge \beta \rightleftharpoons \beta \wedge \alpha$	$\alpha \vee \beta \rightleftharpoons \beta \vee \alpha$
(ass)	$(\alpha \wedge \beta) \wedge \gamma \rightleftharpoons \alpha \wedge (\beta \wedge \gamma)$	$(\alpha \vee \beta) \vee \gamma \rightleftharpoons \alpha \vee (\beta \vee \gamma)$
(abs)	$\alpha \wedge (\alpha \vee \beta) \rightleftharpoons \alpha$	$\alpha \vee (\alpha \wedge \beta) \rightleftharpoons \alpha$

Beweis (komm):

1. $\alpha \wedge \beta \leftharpoonup \beta$ (2a″)
2. $\alpha \wedge \beta \leftharpoonup \alpha$ (2a′)
3. $\alpha \wedge \beta \leftharpoonup \beta \wedge \alpha$ (2b) mit Zeile 1 und Zeile 2

Entsprechend mit Vertauschung von α und β, sowie für die Adjunktion.

Beweis (ass):

1. $(\alpha \wedge \beta) \wedge \gamma \leftharpoonup \alpha \wedge \beta$ (2a′)
2. $\alpha \wedge \beta \leftharpoonup \alpha$ (2a′)
3. $(\alpha \wedge \beta) \wedge \gamma \leftharpoonup \alpha$ (1b) mit Zeile 1 und Zeile 2
4. $\alpha \wedge \beta \leftharpoonup \beta$ (2a″)
5. $(\alpha \wedge \beta) \wedge \gamma \leftharpoonup \beta \wedge \gamma$ (Hilfssatz)
6. $(\alpha \wedge \beta) \wedge \gamma \leftharpoonup \alpha \wedge (\beta \wedge \gamma)$ (2b) mit Zeile 3 und Zeile 5

---

[18] Die Eigenschaften (2) und (3) besagen, daß $\alpha \wedge \beta$ bzw. $\alpha \vee \beta$ linke bzw. rechte Grenzen für α und β in der Relation $\leftharpoonup$ sind.

[19] Für eine beliebige Relation $\leftharpoonup$ gilt im übrigen, daß alle linken Grenzen bzgl. α und β in *einer* $\rightleftharpoons$-Klasse liegen: Sei δ_1 linke Grenze, also $\delta_1 \leftharpoonup \alpha$ und $\delta_1 \leftharpoonup \beta$. Ist δ_2 ebenfalls linke Grenze, so gilt für $\gamma \doteq \delta_2$ $\gamma \leftharpoonup \delta_1$, also $\delta_2 \leftharpoonup \delta_1$. Entsprechend umgekehrt, und für rechte Grenzen. Die *Existenz* von Grenzen ist dagegen auch für Ordnungen nicht gesichert.

Entsprechend mit Vertauschung von α und β, sowie für die Adjunktion.

Beweis (abs):

1. $\alpha \wedge (\alpha \vee \beta) \leftharpoondown \alpha$ (2a′)

1. $\alpha \leftharpoondown \alpha$ (1a)
2. $\alpha \leftharpoondown \alpha \vee \beta$ (3a′)
3. $\alpha \leftharpoondown \alpha \wedge (\alpha \vee \beta)$ (2b) mit Zeile 1 und Zeile 2

Entsprechend für $\alpha \vee (\alpha \wedge \beta)$. ⋈

Dabei wurde verwendet der

Hilfssatz: *wenn* $\alpha \leftharpoondown \beta$, *dann* $\alpha \wedge \gamma \leftharpoondown \beta \wedge \gamma$ (**Verträglichkeitssatz**).

Beweis des Hilfssatzes:

1. $\alpha \wedge \gamma \leftharpoondown \alpha$ (2a′)
2. $\alpha \leftharpoondown \beta$ (Voraussetzung)
3. $\alpha \wedge \gamma \leftharpoondown \beta$ (1b) mit Zeile 1 und Zeile 2
4. $\alpha \wedge \gamma \leftharpoondown \gamma$ (2a″)
5. $\alpha \wedge \gamma \leftharpoondown \beta \wedge \gamma$ (2b) mit Zeile 3 und Zeile 4 ⋈

6.3.1.1 Für die $\rightleftharpoons$-Klassen gelten also die Gesetze eines Verbands.

Speziell die Klassen gleichstarker Aussageformen bilden unter $\wedge$ und $\vee$ einen Verband, denn die Stärker-Relation $\models$ erfüllt die Voraussetzung von Satz 1: Die Eigenschaften (2b) und (3b) erhält man aus den Verzahnungsgesetzen (Aufgabe 32).

Daß man aus den Eigenschaften (1) bis (4) keine Eigenschaften herleiten kann, die nicht für die Stärker-Relation $\models$ gelten, ist also sichergestellt. Offensichtlich könnte man auch den Satz verlängern durch Angabe weiterer (aus den Voraussetzungen folgenden) Eigenschaften. Ob auf diese Weise allerdings alle für die Stärker-Relation $\models$ gültigen Aussagen erzielbar sind, ist offengelassen.

6.3.1.2 Trivialerweise genügt auch die Allrelation, bei der für alle α, β die Beziehung $\alpha \leftharpoondown \beta$ erfüllt ist, den Voraussetzungen des Satzes; es ergibt sich eine einzige $\rightleftharpoons$-Klasse und ein einelementiger Verband.

6.3.2 Nimmt man zu Satz 1 die Negation und geeignete Bedingungen[20] hinzu, so erhält man

Satz 2:

Es sei $\leftharpoondown$ eine Präordnung auf der Sprache **KANOL**, die neben den Bedingungen von Satz 1 auch die folgenden Eigenschaften bezüglich $\wedge$, $\vee$ und $\neg$ besitzt:

(4a) *wenn* $\alpha \wedge \beta \leftharpoondown \gamma$, *dann* $\alpha \leftharpoondown (\neg\beta) \vee \gamma$ (Exportation von β)
(4b) *wenn* $\alpha \leftharpoondown (\neg\beta) \vee \gamma$, *dann* $\alpha \wedge \beta \leftharpoondown \gamma$ (Importation von β)
(5a) *wenn* $\alpha \leftharpoondown \beta \vee \gamma$, *dann* $\alpha \wedge (\neg\beta) \leftharpoondown \gamma$ (Importation von $\neg\beta$)
(5b) *wenn* $\alpha \wedge (\neg\beta) \leftharpoondown \gamma$, *dann* $\alpha \leftharpoondown \beta \vee \gamma$ (Exportation von $\neg\beta$) .

[20] Die nachfolgenden Eigenschaften (4) besagen gerade, daß $X \doteq \neg\beta \vee \gamma$ die beste Lösung (im Sinn von 6.1, Satz 1) von $X \wedge \beta \leftharpoondown \gamma$ ist. Für eine *beliebige* Relation $\leftharpoondown$ gilt im übrigen wieder, daß alle besten Lösungen von $X \wedge \beta \leftharpoondown \gamma$ in einer $\rightleftharpoons$-Klasse liegen: Sei δ_1 eine Lösung, gelte also $\delta_1 \wedge \beta \leftharpoondown \gamma$. Ist δ_2 eine beste Lösung, so ist also $\delta_1 \leftharpoondown \delta_2$. Entsprechend umgekehrt.

Ähnliches gilt für die $\vee$-Ungleichung $\alpha \leftharpoondown \beta \vee X$.

Dann hat $\leftharpoondown$ zusätzlich die folgenden Eigenschaften

(distr)	$\alpha \vee (\beta \wedge \gamma) \rightleftharpoons (\alpha \vee \beta) \wedge (\alpha \vee \gamma)$	$\alpha \wedge (\beta \vee \gamma) \rightleftharpoons (\alpha \wedge \beta) \vee (\alpha \wedge \gamma)$
(invar)	$\alpha \wedge \neg\alpha \rightleftharpoons \beta \wedge \neg\beta$	$\alpha \vee \neg\alpha \rightleftharpoons \beta \vee \neg\beta$
(extr)	$\alpha \wedge \neg\alpha \leftharpoondown \beta$	$\alpha \leftharpoondown \beta \vee \neg\beta$
(invol)	$\neg(\neg\alpha) \rightleftharpoons \alpha$	

Für die $\rightleftharpoons$-Klassen gelten also insbesondere die (ohne Negation auskommenden) Gesetze eines distributiven Verbands. Für die Negation gilt ein Involutionsgesetz, und es gibt zwei eindeutig bestimmte extremale Klassen $[\alpha \wedge \neg\alpha]$ und $[\alpha \vee \neg\alpha]$.

Beweis (distr):

1.	$(\alpha \vee \beta) \wedge (\alpha \vee \gamma) \leftharpoondown \alpha \vee \beta$	(2a′)
2.	$(\alpha \vee \beta) \wedge (\alpha \vee \gamma) \leftharpoondown \alpha \vee \gamma$	(2a″)
3.	$((\alpha \vee \beta) \wedge (\alpha \vee \gamma)) \wedge \neg\alpha \leftharpoondown \beta$	(5a) mit Zeile 1
4.	$((\alpha \vee \beta) \wedge (\alpha \vee \gamma)) \wedge \neg\alpha \leftharpoondown \gamma$	(5a) mit Zeile 2
5.	$((\alpha \vee \beta) \wedge (\alpha \vee \gamma)) \wedge \neg\alpha \leftharpoondown \beta \wedge \gamma$	(2b) mit Zeile 3 und Zeile 4
6.	$(\alpha \vee \beta) \wedge (\alpha \vee \gamma) \leftharpoondown \alpha \vee (\beta \wedge \gamma)$	(5b) mit Zeile 5

1.	$\alpha \leftharpoondown \alpha \vee \beta$	(3a′)
2.	$\alpha \leftharpoondown \alpha \vee \gamma$	(3a′)
3.	$\alpha \leftharpoondown (\alpha \vee \beta) \wedge (\alpha \vee \gamma)$	(2b) mit Zeile 1 und Zeile 2
4.	$\beta \leftharpoondown \alpha \vee \beta$	(3a″)
5.	$\beta \wedge \gamma \leftharpoondown \beta$	(2a′)
6.	$\beta \wedge \gamma \leftharpoondown \alpha \vee \beta$	(1b) mit Zeile 5 und Zeile 4
7.	$\gamma \leftharpoondown \alpha \vee \gamma$	(3a″)
8.	$\beta \wedge \gamma \leftharpoondown \gamma$	(2a″)
9.	$\beta \wedge \gamma \leftharpoondown \alpha \vee \gamma$	(1b) mit Zeile 8 und Zeile 7
10.	$\beta \wedge \gamma \leftharpoondown (\alpha \vee \beta) \wedge (\alpha \vee \gamma)$	(2b) mit Zeile 6 und Zeile 9
11.	$\alpha \vee (\beta \wedge \gamma) \leftharpoondown (\alpha \vee \beta) \wedge (\alpha \vee \gamma)$	(3b) mit Zeile 3 und Zeile 10

(In diesem letzteren Fall kommt man mit den Voraussetzungen von Satz 1, also ohne Verwendung der Negation aus.)

Entsprechendes gilt für $\alpha \wedge (\beta \vee \gamma)$, unter Benutzung von (3a′), (3a″), (4a), (3b) und (4b) für den ersteren Fall[21].

Beweis (extr) und (invar) links:

1.	$\alpha \leftharpoondown \alpha \vee \beta$	(3a′)	
2.	$\alpha \wedge \neg\alpha \leftharpoondown \beta$	(5a) mit Zeile 1	(extr)
3.	$\alpha \leftharpoondown \alpha \vee \neg\beta$	(3a′)	
4.	$\alpha \wedge \neg\alpha \leftharpoondown \neg\beta$	(5a) mit Zeile 3	
5.	$\alpha \wedge \neg\alpha \leftharpoondown \beta \wedge \neg\beta$	(2b) mit Zeile 2 und Zeile 4	(invar)

Entsprechend mit Vertauschung von α und β.

[21] Da im übrigen in einem Verband *ein* Distributivgesetz aus dem andern folgt, kann entweder auf (5a), (5b) oder auf (4a), (4b) verzichtet werden. In der intuitionistischen „effektiven" Aussagenlogik von LORENZEN wird (4a) ausdrücklich nicht benutzt – bei LORENZENs konstruktivistischem Aufbau der Aussagenlogik ist zwar $L \wedge b \leftharpoondown b$ „effektiv" gültig, nicht aber $L \leftharpoondown (\neg b) \vee b$. Diese intuitionistische Auffassung akzeptiert das 'tertium non datur' nicht (vgl. LORENZEN, Metamathematik, Mannheim 1962, S. 37).

Beweis (extr) und (invar) rechts:

1. $\alpha \wedge \beta \leftarrow \beta$	(2a″)	
2. $\alpha \leftarrow \neg\beta \vee \beta$	(4a) mit Zeile 1	(extr)
3. $\neg\alpha \wedge \beta \leftarrow \beta$	(2a″)	
4. $\neg\alpha \leftarrow \neg\beta \vee \beta$	(4a) mit Zeile 3	
5. $\neg\alpha \vee \alpha \leftarrow \neg\beta \vee \beta$	(3b) mit Zeile 2 und Zeile 4	(invar)

Entsprechend mit Vertauschung von α und β.

Beweis (invol):

1. $\neg\alpha \wedge \neg\neg\alpha \leftarrow \alpha \wedge \neg\alpha$	(extr)
2. $\neg\neg\alpha \wedge \neg\alpha \leftarrow \neg\alpha \wedge \neg\neg\alpha$	(komm)
3. $\neg\neg\alpha \wedge \neg\alpha \leftarrow \alpha \wedge \neg\alpha$	(1b) mit Zeile 2 und Zeile 1
4. $\neg\neg\alpha \leftarrow \alpha \vee (\alpha \wedge \neg\alpha)$	(5b) mit Zeile 3
5. $\alpha \vee (\alpha \wedge \neg\alpha) \leftarrow \alpha$	(abs)
6. $\neg\neg\alpha \leftarrow \alpha$	(1b) mit Zeile 4 und Zeile 5

1. $\alpha \vee \neg\alpha \leftarrow \neg\alpha \vee \neg\neg\alpha$	(extr)
2. $(\alpha \vee \neg\alpha) \wedge \alpha \leftarrow \neg\neg\alpha$	(4b) mit Zeile 1
3. $\alpha \wedge (\alpha \vee \neg\alpha) \leftarrow (\alpha \vee \neg\alpha) \wedge \alpha$	(komm)
4. $\alpha \wedge (\alpha \vee \neg\alpha) \leftarrow \neg\neg\alpha$	(1b) mit Zeile 3 und Zeile 2
5. $\alpha \leftarrow \alpha \wedge (\alpha \vee \neg\alpha)$	(abs)
6. $\alpha \leftarrow \neg\neg\alpha$	(1b) mit Zeile 5 und Zeile 4

$\bowtie$

Die Klassen gleichstarker Aussageformen bilden also unter $\wedge$ und $\vee$ einen distributiven Verband mit zwei extremalen Elementen, denn die Stärker-Relation $\models$ erfüllt auch die Voraussetzungen von Satz 2. In der Tat ließen sich alle Gesetze eines Booleschen Verbands (siehe 9.2) nachweisen.

6.4 Interpolation

Die Transitivität der Stärker-Relation läuft hinaus auf die folgende **Schlußregel der Transitivität** :

Wenn $\alpha_1 \models \alpha_2$ *und* $\alpha_2 \models \alpha_3$, *so* $\alpha_1 \models \alpha_3$.

Sie hat eine triviale Umkehrung: Zu gegebenen Aussageformen α und β mit $\alpha \models \beta$ existiert stets eine Aussageform π derart, daß $\alpha \models \pi \models \beta$ gilt: man kann für π α oder β nehmen.

Nichttrivial ist der **Satz von der Interpolation** (Craig 1957):

Zu zwei Aussageformen α und β mit $\alpha \models \beta$ gibt es eine Aussageform π, die nur Unbestimmte enthält, die sowohl in α als auch in β vorkommen, derart daß $\alpha \models \pi \models \beta$ gilt. Ein solches π heißt eine **Interpolante** von α und β.

Beispiel: $\alpha \doteq p \wedge q, \beta \doteq p \vee r$.

$\pi \doteq p$ ist geeignet: es gilt $p \wedge q \models p$ und $p \models p \vee r$.

Der nachfolgende Beweis für den Interpolationssatz ist konstruktiv; er erlaubt, ein geeignetes π durch einen rekursiven Algorithmus zu bestimmen:

Sei p_i eine der in α, aber nicht in β vorkommenden Unbestimmten. Dann gilt $\beta^{p_i:=\gamma} \doteq \beta$, also

$$\alpha^{p_i:=\mathbf{L}} \models \beta^{p_i:=\mathbf{L}} \doteq \beta \text{ und } \alpha^{p_i:=\mathbf{O}} \models \beta^{p_i:=\mathbf{O}} \doteq \beta .$$

Wir zeigen zuerst:

Ist $\pi_{\mathbf{L}}$ Interpolante von $\alpha^{p_i:=\mathbf{L}}$ und β,
sowie $\pi_{\mathbf{O}}$ Interpolante von $\alpha^{p_i:=\mathbf{O}}$ und β,
so ist $\pi_{\mathbf{L}} \vee \pi_{\mathbf{O}}$ Interpolante von α und β.

In der Tat: es gilt nach Voraussetzung

$$\alpha^{p_i:=\mathbf{L}} \models \pi_{\mathbf{L}} \models \beta \quad \text{sowie} \quad \alpha^{p_i:=\mathbf{O}} \models \pi_{\mathbf{O}} \models \beta ,$$

also nach 5.6.1, Verzahnungsgesetze

$$\alpha^{p_i:=\mathbf{L}} \vee \alpha^{p_i:=\mathbf{O}} \models \pi_{\mathbf{L}} \vee \pi_{\mathbf{O}} \models \beta .$$

Aufgrund des Booleschen Fundamentaltheorems (5.4.2), der Distributivgesetze (5.5.1) und 5.1.2, Satz 3 gilt

$$\alpha \mathrel{|\!\!=\!\!|} (p_i \wedge \alpha^{p_i:=\mathbf{L}}) \vee (\neg p_i \wedge \alpha^{p_i:=\mathbf{O}}) \mathrel{|\!\!=\!\!|}$$
$$(\alpha^{p_i:=\mathbf{L}} \vee \alpha^{p_i:=\mathbf{O}}) \wedge (p_i \vee \alpha^{p_i:=\mathbf{O}}) \wedge (\neg p_i \vee \alpha^{p_i:=\mathbf{L}}) \models$$
$$\alpha^{p_i:=\mathbf{L}} \vee \alpha^{p_i:=\mathbf{O}} .$$

Also gilt

$$\alpha \models \pi_{\mathbf{L}} \vee \pi_{\mathbf{O}} \models \beta .$$

Behandelt man so der Reihe nach alle in α, aber nicht in β vorkommenden Unbestimmten, so endet die Rekursion, da α nur endlich viele Unbestimmte enthält, mit einer trivialen Interpolationsaufgabe. Dann wählt man als Interpolante den linken Ausdruck, der keine Unbestimmte enthält, die nicht in β vorkommt. ⋈

Beispiel:

Es seien $\alpha \doteq p \wedge q$, $\beta \doteq p \vee r$. Die Unbestimmte q kommt in α, aber nicht in β vor:

$$\alpha^{q:=\mathbf{L}} \doteq p \wedge \mathbf{L} \mathrel{|\!\!=\!\!|} p , \alpha^{q:=\mathbf{O}} \doteq p \wedge \mathbf{O} \mathrel{|\!\!=\!\!|} \mathbf{O} .$$

$\alpha^{q:=\mathbf{L}}$ und β haben nur die Unbestimmte p gemeinsam, $\pi_{\mathbf{L}} \doteq p$ ist trivialerweise Interpolante .

$\alpha^{q:=\mathbf{O}}$ und β haben gar keine Unbestimmte gemeinsam, $\pi_{\mathbf{O}} \doteq \mathbf{O}$ ist trivialerweise Interpolante.

Somit ist $\pi \doteq p$, denn $\pi_{\mathbf{L}} \vee \pi_{\mathbf{O}} \mathrel{|\!\!=\!\!|} p$.

Aufgabe 33: Gilt die folgende Aussage: Zu zwei Aussageformen α und β gibt es eine Aussageform π, die nur Unbestimmte enthält, die sowohl in α wie in β vorkommen, derart daß

$$\alpha \to \beta \models (\alpha \to \pi) \wedge (\pi \to \beta) \text{ (und damit } (\alpha \to \pi) \wedge (\pi \to \beta) \mathrel{|\!\!=\!\!|} \alpha \to \beta \text{)?}$$

KAPITEL III
FUNKTIONALE UND ALGEBRAISCHE ASPEKTE

In diesem Kapitel über die „Algebra der Logik“ wird der Zusammenhang zwischen Aussageformen (Booleschen Formen) und Funktionen über einer zweielementigen Menge von Objekten (im Modell aussagenlogische Funktionen, binäre Schaltfunktionen) näher untersucht. Auch Repräsentationsfragen werden berührt. Das Kapitel schließt mit einem Ausblick auf die Algebra der Aussageformen und auf Programmiersprachen.

7. Aussagenlogische Funktionen

7.1 Ersetzbarkeitstheorem

7.1.1 Wenn man in einer Aussageform α eine Teilform ρ durch eine Aussageform ρ_0 **ersetzt**, so soll das im Einklang mit 3.1.3 heissen, daß man genau dieses Vorkommnis der Teilform ρ durch ρ_0 verdrängt. (Ersetzt man simultan überall ρ durch ρ_0, so handelt es sich um eine *Einsetzung* von ρ_0 für ρ.)

Es gilt das

Ersetzbarkeitstheorem (*replacement theorem*):

$\rho \leftrightarrow \rho_0 \models \alpha \leftrightarrow \alpha_0$,

wo α_0 aus α mittels Ersetzen einer Teilform ρ von α durch ρ_0 hervorgeht.

Beweis: Ergibt sich für eine Belegung der gleiche Wert von ρ und ρ_0, so ergibt sich auch für α und α_0 der gleiche Wert; die linke und die rechte Seite der Beziehung bekommen den Wert T . Andernfalls bekommt die linke Seite den Wert F ; auf den Wert der rechten Seite kommt es jetzt nicht an. ⋈

Durch die Hauptregel für Implikationen in 4.4 ergibt sich aus dem Ersetzbarkeitstheorem die

Ersetzbarkeitsregel (*replacement rule*):

Wenn $\rho \models\!\!\!\dashv \rho_0$, *so* $\alpha \models\!\!\!\dashv \alpha_0$,

wo α_0 aus α mittels Ersetzen einer Teilform ρ von α durch ρ_0 hervorgeht.

Anders ausgedrückt: man bleibt in ein und derselben Äquivalenzklasse, wenn man eine Teilform durch eine gleichstarke ersetzt.

Eine weitere Abschwächung lautet

Wenn $\rho \models\!\dashv \rho_0$ *und* $\models \alpha$, *so* $\models \alpha_0$.

Die Ersetzbarkeitsregel erlaubt aufgrund von Formgesetzen ein *algebraisches Umformen* von Aussageformen.

Beispiel: (1) Aus dem Formgesetz von DE MORGAN ergibt die *Einsetzungsregel*

$\neg(a \wedge \neg b) \models\!\dashv \neg a \vee \neg(\neg b)$;

die *Ersetzbarkeitsregel* liefert mit dem Involutionsgesetz

$\neg a \vee \neg(\neg b) \models\!\dashv \neg a \vee b$,

nach Aufgabe 19[b] gilt $\neg a \vee b \models\!\dashv a \rightarrow b$. Also gilt

$\neg(a \wedge \neg b) \models\!\dashv a \rightarrow b$ (sowie $a \wedge b \models\!\dashv \neg(a \rightarrow b)$).

7.1.2 Die Ersetzbarkeitsregel liefert damit die zur Aussageform von Lewis Carolls *'waltzing ducks'* (2.1.3) gleichstarke

$\neg(a \wedge d) \wedge (c \rightarrow d) \wedge (b \rightarrow a)$; offensichtlich ist die Form symmetrisch in a und d wie auch in b und c.

7.1.3 Insbesondere eröffnet das Ersetzbarkeitstheorem ein weites Feld, um Gesetze aus anderen Gesetzen *algebraisch herzuleiten*. Aus dem Gesetz von der Exhaustion (vgl. Aufgabe 22[b])

$p \rightarrow q \models (\neg p \rightarrow q) \rightarrow q$

folgt durch simultanes *Einsetzen* von $\neg q$ für p und von $\neg p$ für q

$(\neg q) \rightarrow (\neg p) \models (\neg(\neg q) \rightarrow \neg p) \rightarrow (\neg p)$.

Ersetzt man nun $(\neg q) \rightarrow (\neg p)$ durch das gleichstarke $p \rightarrow q$ (Kontrapositionsgesetz, vgl. 5.5.3) und ebenso $\neg(\neg p) \rightarrow \neg q$ durch $p \rightarrow \neg q$, so kommt man zum **Gesetz vom Widerspruch**

$p \rightarrow q \models (p \rightarrow \neg q) \rightarrow (\neg p)$.

Gleichermaßen entsteht aus $p \wedge (p \rightarrow q) \models q$, dem Gesetz zum *modus ponens* (vgl. 5.2) das **Gesetz zum** ***modus tollens***

$(\neg q) \wedge (p \rightarrow q) \models \neg p$.

Aus dem Schnittgesetz $(a \rightarrow b) \wedge (d \rightarrow c) \models a \rightarrow ((b \rightarrow d) \rightarrow c)$ (vgl. 5.2) ergibt sich für $d \equiv b$ wegen $(b \rightarrow b) \models\!\dashv \mathbf{L}$ und $\mathbf{L} \wedge c \models\!\dashv c$ das Gesetz zum *modus barbara*.

Mittels $p \vee \neg p \models\!\dashv \mathbf{L}$, $p \wedge \neg p \models\!\dashv \mathbf{O}$ und den Kommutativgesetzen entstehen aus den Gesetzen am Ende von 5.2 die Gesetze

$(p \vee a) \wedge (\neg p \vee b) \models a \vee b$ und

$a \wedge b \models (p \wedge b) \vee (\neg p \wedge a)$.

Also gilt, vgl. 5.5.4, das **Einschließungsgesetz für B** (vgl. 3.5)

$a \wedge b \models \mathbf{B}(p, a, b) \models a \vee b$.

Beispiel: Es gilt trivialerweise

$\neg(a \wedge d) \wedge (c \rightarrow d) \wedge (b \rightarrow a) \models\!\dashv$

$(\neg a \vee \neg d) \wedge (\neg c \vee d) \wedge (a \vee \neg b) \models$

$(\neg a \vee \neg d) \wedge (\neg c \vee d)$,

ferner nach dem rechten Einschließungsgesetz

$$(\neg a \vee \neg d) \wedge (\neg c \vee d) \models \neg a \vee \neg c \mathrel{|\!\!=\!\!|} c \to \neg a;$$

der in 7.1.2 gebrauchten Aussagenverbindung von Lewis Carroll kann somit 'officers are not ducks' entnommen werden. $\neg a \vee \neg c$ kann zusammen mit dem noch nicht benutzten $a \vee \neg b$ herangezogen werden:

$$(\neg a \vee \neg c) \wedge (a \vee \neg b) \models \neg c \vee \neg b \mathrel{|\!\!=\!\!|} b \to \neg c;$$

in Lewis Carrolls Interpretation '*My poultry are not officers*'.

Aufgabe 34: Zeige, daß die Biimplikationen von Aufgabe 27[e] und [a], [f] und [b] ineinander übergeführt werden können. Gib ein Gegenstück zu [h] an.

7.1.4 Nach dem Booleschen Fundamentaltheorem (5.4.2) gewinnt man aus den Einschließungsgesetzen die

Gesetze von der Spezialisierung

$$\alpha^{p:=\mathbf{L}} \wedge \alpha^{p:=\mathbf{O}} \models \alpha \models \alpha^{p:=\mathbf{L}} \vee \alpha^{p:=\mathbf{O}} .$$

Schreibt man im Interpolationssatz von 6.4 die Voraussetzung als $\models \neg\alpha \vee \beta$ und die Behauptungen als $\models (\neg\alpha \vee \pi) \wedge (\neg\pi \vee \beta)$, so erhält man nach Ersetzung von $\neg\alpha$ durch α den

Satz: Zu zwei Aussageformen α, β mit $\alpha \vee \beta \mathrel{|\!\!=\!\!|} \mathbf{L}$ gibt es eine Aussageform π_1, die nur Unbestimmte enthält, die sowohl in α als auch in β vorkommen, derart daß

$$(\pi_1 \vee \alpha) \wedge (\neg\pi_1 \vee \beta) \mathrel{|\!\!=\!\!|} \mathbf{L}, \text{ d.h. } \mathbf{B}(\pi_1, \beta, \alpha) \mathrel{|\!\!=\!\!|} \mathbf{L} .$$

Dazu gibt es dual einen Satz mit der Voraussetzung $\alpha \wedge \beta \mathrel{|\!\!=\!\!|} \mathbf{O}$ und mit der Behauptung, daß es eine Aussageform π_2 gibt derart, daß

$$(\neg\pi_2 \wedge \alpha) \vee (\pi_2 \wedge \beta) \mathrel{|\!\!=\!\!|} \mathbf{O}, \text{ d.h. } \mathbf{B}(\pi_2, \beta, \alpha) \mathrel{|\!\!=\!\!|} \mathbf{O} .$$

7.1.5 Auch der Nachweis von Tautologieeigenschaften kann mittels des Ersetzbarkeitstheorems gelingen.

Beispiel: Aus der Aussageform $\alpha \doteq \neg(\neg a) \vee \neg a$ entsteht wegen des Involutionsgesetzes $\neg(\neg a) \mathrel{|\!\!=\!\!|} a$ die gleichstarke Aussageform $\alpha_0 \doteq a \vee \neg a$, die Tautologie vom ausgeschlossenen Dritten (vgl. 4.2.2, Beispiel (1)). α ist also eine Tautologie.

Kürzer erhält man α aber mit der Einsetzung von $\neg a$ für a in die Tautologie $\neg a \vee a$.

7.1.6 Um zu gleichstarken Aussageformen zu gelangen, geht man von Implikationen zu Biimplikationen über mittels der Anreicherungsregeln (5.6.1).

Beispiel: Für die Aussageform

$$\alpha \doteq a \wedge (a \vee b)$$

kann man die Implikation $a \wedge (a \to b) \models b$ (Gesetz zum *modus ponens*, 5.2) in der gleichwertigen Form einer Biimplikation $(a \wedge (a \to b)) \vee b \mathrel{|\!\!=\!\!|} b$ zur Ersetzung verwenden und erhält die gleichstarke Aussageform

$$\alpha_0 \doteq a \wedge (a \vee ((a \wedge (a \to b)) \vee b)) .$$

Aus dem linken Gesetz von der Einschließung (7.1.3) erhält man nach der Anreicherungsregel von 5.6.1 das **adjunktive Gesetz von der Resolution**, das in 15. eine Rolle spielt

$(p \wedge a) \vee (\neg p \wedge b) \models\mid (p \wedge a) \vee (\neg p \wedge b) \vee (a \wedge b)$,
d.h. $\mathbf{B}(p,a,b) \models\mid \mathbf{B}(p,a,b) \vee (a \wedge b)$

und aus dem rechten das **konjunktive Gesetz von der Resolution**

$(p \vee a) \wedge (\neg p \vee b) \models\mid (p \vee a) \wedge (\neg p \vee b) \wedge (a \vee b)$,
d.h. $\mathbf{B}(p,a,b) \models\mid \mathbf{B}(p,a,b) \wedge (a \vee b)$.

7.1.7 Gelegentlich bringt auch das Einsetzen von Aussagekonstanten etwas; aus dem Gesetz von PEIRCE (vgl. 5.2) entsteht durch Einsetzen von **O**

$(a \rightarrow \mathbf{O}) \rightarrow a \models a$.

Nach der Ersetzbarkeitsregel kann $a \rightarrow \mathbf{O}$ durch das gleichstarke $\neg a$ (5.5.3) ersetzt werden. Es ergibt sich (vgl. **N5**) das **Gesetz des** CLAVIUS

$(\neg a) \rightarrow a \models a$.

Aufgabe 35: Zeige unter Verwendung eines Distributivgesetzes, anderer Gesetze von 5.5.1 und des Ersetzbarkeitstheorems

$(x \vee y) \wedge (y \vee z) \wedge (z \vee x) \models\mid (x \wedge y \wedge z) \vee (x \wedge y) \vee (y \wedge z) \vee (z \wedge x)$

sowie unter Rückgriff auf (5.6.1)

$(x \vee y) \wedge (y \vee z) \wedge (z \vee x) \models\mid (x \wedge y) \vee (y \wedge z) \vee (z \wedge x)$.

Aufgabe 36: Beweise mit Hilfe des Ersetzbarkeitstheorems

[a] $a \rightarrow (a \rightarrow b) \models\mid a \rightarrow b \,;\, a \rightarrow (a \rightarrow (a \rightarrow b)) \models\mid a \rightarrow b$ usw.

[b] $(a \rightarrow b) \rightarrow a \models\mid a \,;\, ((a \rightarrow b) \rightarrow a) \rightarrow b \models\mid a \rightarrow b$;
$(((a \rightarrow b) \rightarrow a) \rightarrow b) \rightarrow a \models\mid a$ usw.

[c] $(a \rightarrow b) \rightarrow b \models\mid a \vee b \,;\, ((a \rightarrow b) \rightarrow b) \rightarrow b \models\mid a \rightarrow b$;
$(((a \rightarrow b) \rightarrow b) \rightarrow b) \rightarrow b \models\mid a \vee b$ usw. (vgl. Aufgabe 26).

Aufgabe 37: Beweise

[a] $a \leftrightarrow b \models\mid (\neg a \vee b) \wedge (a \vee \neg b)$

[b] $a \leftrightarrow b \models\mid (a \wedge b) \vee (\neg a \wedge \neg b)$

[c] $a \leftrightarrow b \models\mid (a \wedge b) \leftrightarrow (a \vee b)$ („Gesetz von DEDEKIND").

Aufgabe 38: Zeige nochmals (vgl. Aufgabe 27)

[a] $a \rightarrow (b \wedge c) \models\mid (a \rightarrow b) \wedge (a \rightarrow c)$

[b] $a \rightarrow (b \vee c) \models\mid (a \rightarrow b) \vee (a \rightarrow c)$

[c] $(a \wedge b) \rightarrow c \models\mid (a \rightarrow c) \vee (b \rightarrow c)$

[d] $(a \vee b) \rightarrow c \models\mid (a \rightarrow c) \wedge (b \rightarrow c)$

[e] $(a \rightarrow b) \vee c \models\mid a \rightarrow (b \vee c)$.

Welche Formgesetze der **KAN**-Sprache werden zum Beweis gebraucht?

7.2 Äquivalenzklassen

Nach 5.3 gilt die

Regel: $\alpha_1 \models\mid \alpha_2$ *genau dann, wenn* $\alpha_1 \models \alpha_2$ *und* $\alpha_2 \models \alpha_1$.

Die zweistellige Folgerungsrelation $\models$ ist also auf Klassen gleichstarker Aussageformen antisymmetrisch. Damit gilt offenbar

Satz : Die Folgerungsrelation $\models$ liefert auf den Äquivalenzklassen semantisch gleichstarker Aussageformen eine Ordnungsrelation $\Rightarrow$ mit kleinstem Element $[\mathbf{O}] \equiv [\neg(p \rightarrow p)]$ und größtem Element $[\mathbf{L}] \equiv [p \rightarrow p]$.

Nach 6.3 ist $\Rightarrow$ sogar eine Verbandsordnung. $\Rightarrow$ ist jedoch keine lineare Ordnung: Weder gilt $[a] \Rightarrow [a \rightarrow b]$ noch gilt $[a \rightarrow b] \Rightarrow [a]$. $[a]$ und $[a \rightarrow b]$ sind in ihrer Stärke unvergleichbare Klassen von Aussageformen.

Eine Klasse semantisch gleichstarker Aussageformen faßt solche Aussageformen zusammen, die *funktional* übereinstimmen. Die Klasse $[\alpha]$ kann also zur Bezeichnung der durch den Repräsentanten α bestimmten Funktion dienen. In der „Algebra der Logik" werden gleichstarke Aussageformen identifiziert.

Zu jeder Äquivalenzklasse von Aussageformen und von aus ihr durch konsistente Umbezeichnung hervorgehenden Aussageformen in m Unbestimmten gehört eine durch Bindung der Unbestimmten entstehende Funktion $\{T, F\}^m \longrightarrow \{T, F\}$, etwa für die Klasse, die

$$\mathbf{B} \doteq (\lambda x, \lambda y, \lambda z)((x \rightarrow y) \wedge (\neg x \rightarrow z))$$

umfaßt (vgl. 5.5.4), die Funktion $[\mathbf{B}] \equiv [\mathbf{B}'] \equiv [\mathbf{B}'']$ mit der Wertebeziehung

$$[\mathbf{B}](T, a, b) = [\mathbf{B}](F, b, a) = a.$$

7.2.1 Die Anzahl m-stelliger Funktionen über $\mathbf{B}_2$ ist endlich: sie stimmt überein mit der Anzahl 2^m-zeiliger Wertetabellen und beträgt also 2^{2^m}. Wir schreiben von jetzt an die Argument-Tupel (4.1.5) in der Reihenfolge *fallender* Indizes[1] der Unbestimmten $(p_m, p_{m-1}, \ldots, p_2, p_1)$ und ordnen sie weiterhin lexikographisch. Die einzelnen Funktionen ordnen wir ebenfalls lexikographisch nach ihrem Wertverlauf und bezeichnen sie mit Y_i^m, $i = 2^{2^m} - 1 \ldots 0$.

7.2.2 Für $m = 0$ gibt es die nullstelligen Funktionen $[\mathbf{L}]^0, [\mathbf{O}]^0$, die konstant die Wahrheitswerte T bzw. F liefern. Für $m = 1$ (vgl. Tab. 1) gibt es vier Funktionen, davon sind Y_3^1 und Y_0^1 konstant; „echte" einstellige Funktionen sind die **identische Funktion** $[\mathbf{I}_1]^1 \equiv Y_2^1$, wo $\mathbf{I}_1 \doteq (\lambda x)x$ und die **Negationsfunktion** $[\mathbf{N}]^1 \equiv [\overline{\mathbf{I}}_1]^1 \equiv Y_1^1$, wo $\overline{\mathbf{I}}_1 \doteq (\lambda x)(\neg x)$.

p_1	Y_3^1	Y_2^1	Y_1^1	Y_0^1
T	T	T	F	F
F	T	F	T	F
	L	$\mathbf{I}_1$	**N**	**O**

Tabelle 1 Die vier einstelligen Funktionen

7.2.3 Für $m = 2$ (vgl. Tab. 2) gibt es unter den sechzehn Funktionen Y_i^2 nur zehn „echte"; zwei sind konstant, vier sind wesentlich einstellig, darunter $\mathbf{I}_2 \doteq (\lambda x, \lambda y)y$ und $\overline{\mathbf{I}}_2 \doteq (\lambda x, \lambda y)\neg y$.

p_2 p_1	Y_{15}^2	Y_{14}^2	Y_{13}^2	Y_{12}^2	Y_{11}^2	Y_{10}^2	Y_9^2	Y_8^2	Y_7^2	Y_6^2	Y_5^2	Y_4^2	Y_3^2	Y_2^2	Y_1^2	Y_0^2
T T	T	T	T	T	T	T	T	T	F	F	F	F	F	F	F	F
T F	T	T	T	T	F	F	F	F	T	T	T	T	F	F	F	F
F T	T	T	F	F	T	T	F	F	T	T	F	F	T	T	F	F
F F	T	F	T	F	T	F	T	F	T	F	T	F	T	F	T	F
	L	**A**	**C**	$\mathbf{I}_2$	$\overleftarrow{\mathbf{C}}$	$\mathbf{I}_1$	**E**	**K**	$\overline{\mathbf{K}}$	$\overline{\mathbf{E}}$	$\overline{\mathbf{I}}_1$	$\overline{\overleftarrow{\mathbf{C}}}$	$\overline{\mathbf{I}}_2$	$\overline{\mathbf{C}}$	$\overline{\mathbf{A}}$	**O**

Tabelle 2 Die sechzehn zweistelligen Funktionen

[1] Die Zweckmäßigkeit wird sich in 7.3 erweisen.

7.2.3.1 Unter den echten sind die Grundfunktionen [**K**] , [**A**] , [**C**] , [**E**] ebenso zu finden wie ihre Negationen [$\overline{\mathbf{K}}$] , [$\overline{\mathbf{A}}$] , [$\overline{\mathbf{C}}$] , [$\overline{\mathbf{E}}$], wo[2] [3] [4]

$\overline{\mathbf{K}} \doteq . \overline{\wedge} . \doteq . \uparrow . \doteq (\lambda x, \lambda y)(\neg(x \wedge y))$ „NAND-Funktion", „Exklusion"
$\overline{\mathbf{A}} \doteq . \overline{\vee} . \doteq . \downarrow . \doteq (\lambda x, \lambda y)(\neg(x \vee y))$ „NOR-Funktion", „Nihilition"
$\overline{\mathbf{C}} \doteq . \not\rightarrow . \doteq . \setminus . \doteq (\lambda x, \lambda y)(\neg(x \rightarrow y))$ „Inhibition", „Subtraktion"
$\overline{\mathbf{E}} \doteq . \not\leftrightarrow . \doteq . + . \doteq (\lambda x, \lambda y)(\neg(x \leftrightarrow y))$ „XOR-Funktion", „Bisubtraktion".

Warnung: Mit + wird bei BOOLE (und in der Elektrotechnik gelegentlich noch heute) die Adjunktion, lat. *vel*, bezeichnet.

Aufgabe 39: Zeige
[a] $\neg a \models\!\!\dashv \mathbf{L}\backslash a$ und $a \wedge \neg b \models\!\!\dashv a\backslash b$ (Gesetz des AL-GAZALI)
[b] $a \wedge (b \rightarrow c) \models\!\!\dashv a\backslash(b\backslash c)$
[c] $(a \rightarrow b) \wedge (c \rightarrow d) \models (a\backslash(b\backslash c)) \rightarrow d$
(vgl. Tautologie vom Schnitt, Aufgabe 12 [i]).

7.2.3.2 Die Subjunktion gibt aber, mit vertauschten Argumenten, noch zu einer weiteren Funktion
$\mathbf{C}\!\!\!\leftarrow \doteq . \leftarrow . \doteq (\lambda x, \lambda y)(y \rightarrow x)$ (..... DANN, WENN .....)
Anlaß und zu ihrer Negation
$\overline{\mathbf{C}\!\!\!\leftarrow} \doteq . \not\leftarrow . \doteq (\lambda x, \lambda y)(\neg(y \rightarrow x))$.

7.2.3.3 Das für $\uparrow$ häufig gebrauchte Zeichen | heißt Sheffer-Strich[5], das Zeichen $\downarrow$ Peirce-Pfeil[6]. NAND und NOR sind natürliche Funktionen der binären Schaltlogik mit elektronischen Bauelementen, vgl. Bauer-Goos I, 4. Aufl., 4.1.6 .

Die Bisubjunktion **E** wird auch *exclusive*NOR genannt.

$\overline{\mathbf{E}}$ ist wie **E** kommutativ und assoziativ. Um Verwechslungen zu vermeiden, wird für + manchmal auch das Zeichen $\oplus$ gebraucht. Wegen der Assoziativität schreiben wir gelegentlich kurz $a \not\leftrightarrow b \not\leftrightarrow c$ für $(a \not\leftrightarrow b) \not\leftrightarrow c$ und $a \leftrightarrow b \leftrightarrow c$ für $(a \leftrightarrow b) \leftrightarrow c$. XOR steht für e*X*c*lusive*OR . Das Zeichen + für die Bisubtraktion weist überdies darauf hin, daß es sich um eine mod-2-Addition, d.h. um eine Addition im Körper $GF2$ mit den Elementen $\{F, T\}$ handelt (siehe 9.3). Der Anklang von $\not\leftrightarrow$ an das Plus-Zeichen ist also Absicht.
Beachte: $a \not\leftrightarrow b \models\!\!\dashv \neg a \leftrightarrow b$ (vgl. Aufgaben 9 [a] und [b]).

Aufgabe 40: Gib alle assoziativen zweistelligen Operationen an.

Aufgabe 41: Bestimme alle Aussageformen π in den Unbestimmten a und b , für die $\mathbf{B}(\pi, a, b) \models\!\!\dashv a \wedge b$ gilt.

7.2.4 Für $m = 3$ (vgl. Tab. 3) gibt es bereits 256 Funktionen, davon 218 echte (zwei sind konstant, sechs sind wesentlich einstellig und 30 sind wesentlich zweistellig).

---

[2] Für $\overline{\mathbf{K}}$, $\overline{\mathbf{A}}$, $\overline{\mathbf{C}}$, $\overline{\mathbf{E}}$ findet man gelegentlich die Bezeichnungen **D** , **S** , **H** , **R** .

[3] $a\backslash b$ lies „a UND NICHT b", wegen $\neg(a \rightarrow b) \models\!\!\dashv a \wedge \neg b$ (vgl. 7.1.1).

[4] Die Bisubtraktion wurde früher „(materiale) Antivalenz", „extensionale Antivalenz" genannt; es handelt sich um das in 1.2 erwähnte „ausschließende Oder", lat. *aut*.

[5] H.M. SHEFFER 1913, auch *alternative denial* genannt.

[6] C.S. PEIRCE 1880, J. NICOD 1916, auch *joint denial* genannt.

$p_3p_2p_1$	Y^3_{255}	Y^3_{254}	Y^3_{253}	Y^3_{252}	Y^3_{251} ..	Y^3_{242}	Y^3_{232}	Y^3_{216}	Y^3_{204}	Y^3_{170}	Y^3_{150}	Y^3_{128}	Y^3_{85}	Y^3_{51}	Y^3_{23}	Y^3_{1}	Y^3_{0}
TTT	T	T	T	T	T	T	T	T	T	T	T	T	F	F	F	F	F
TTF	T	T	T	T	T	T	T	T	T	F	F	F	T	F	F	F	F
TFT	T	T	T	T	T	T	T	F	F	T	F	F	F	T	F	F	F
TFF	T	T	T	T	T	T	F	T	F	F	T	F	T	T	T	F	F
FTT	T	T	T	T	T	F	T	T	T	T	F	F	F	F	F	F	F
FTF	T	T	T	T	F	F	F	F	T	F	T	F	T	F	T	F	F
FFT	T	T	F	F	T	T	F	F	F	T	T	F	F	T	T	F	F
FFF	T	F	T	F	T	F	F	F	F	F	F	F	T	T	T	T	F
	L	**AA**				**CC**	**M**	**B**	$\mathbf{I}_2$	$\mathbf{I}_1$	**EE**	**KK**	$\bar{\mathbf{I}}_1$	$\bar{\mathbf{I}}_2$	$\overline{\mathbf{M}}$	$\overline{\mathbf{AA}}$	**O**

Tabelle 3 Siebzehn der 256 dreistelligen Funktionen

7.2.4.1 Wesentlich zweistellig ist etwa $(\lambda x, \lambda y, \lambda z)(x \vee y)$. Nur wenige der dreistelligen Funktionen haben eigene Bezeichungen, darunter die Funktionen, die geliefert werden durch die dreistellige Vielfachkonjunktion

$\mathbf{KK} \doteq . \wedge . \wedge . \doteq (\lambda x, \lambda y, \lambda z)((x \wedge y) \wedge z)$

und durch die dreistellige Vielfachadjunktion

$\mathbf{AA} \doteq . \vee . \vee . \doteq (\lambda x, \lambda y, \lambda z)((x \vee y) \vee z)$

sowie durch die **dreistellige Vielfach-Bisubjunktion**

$\mathbf{EE} \doteq . \leftrightarrow . \leftrightarrow . \doteq (\lambda x, \lambda y, \lambda z)((x \leftrightarrow y) \leftrightarrow z)$

die mit der dreistelligen mod-2-Addition $(\lambda x, \lambda y, \lambda z)((x \not\leftrightarrow y) \not\leftrightarrow z)$ funktional zusammenfällt und die Funktion [**EE**] der **dreistelligen Parität** liefert.

Aufgabe 42: Zeige, daß $a \leftrightarrow b \leftrightarrow c \;\rightleftharpoons\; a \not\leftrightarrow b \not\leftrightarrow c$.

7.2.4.2 Es gibt ferner (Aufgabe 35) die **Mehrheitsfunktion**[7] $[\mathbf{M}] \equiv [\mathbf{M}']$ und die **Minderheitsfunktion** $[\overline{\mathbf{M}}]$, wo

$\mathbf{M} \doteq (\lambda x, \lambda y, \lambda z)(((x \wedge y) \vee (y \wedge z)) \vee (z \wedge x))$ und

$\mathbf{M}' \doteq (\lambda x, \lambda y, \lambda z)(((x \vee y) \wedge (y \vee z)) \wedge (z \vee x))$.

Aufgabe 43: Zeige, daß (Garrett Birkhoff)

$a \not\leftrightarrow b \not\leftrightarrow c \;\rightleftharpoons\; \mathbf{M}(\mathbf{M}(a, b, \neg c), \mathbf{M}(a, \neg b, c), \mathbf{M}(\neg a, b, c))$.

7.2.4.3 Dreistellig ist auch die durch Pseudonegation bezüglich $x \wedge z$ und $x \vee z$

$\mathbf{D} \doteq (\lambda x, \lambda y, \lambda z)((x \wedge z) \vee \neg y) \wedge (x \vee z)$

definierte, im ersten und dritten Argument symmetrische Funktion [**D**][8] mit

$[\mathbf{D}](a, T, b) = [\mathbf{K}](a, b)$, $[\mathbf{D}](a, F, b) = [\mathbf{A}](a, b)$.

[7] Von Albert A. Grau (1944) als **Medianoperation** eingeführt: Es gilt $\mathbf{M}(\alpha, \beta, \gamma) \;\rightleftharpoons\; \beta$ genau dann, wenn $\alpha \models \beta \models \gamma$. Beachte die Ähnlichkeit zu $\mathbf{B}''' \doteq (\lambda x, \lambda y, \lambda z)(((x \wedge y) \vee (y \wedge z)) \vee (z \wedge (\neg x)))$, wo nach dem adjunktiven Gesetz von der Resolution (7.1.6) $[\mathbf{B}'''] \equiv [\mathbf{B}]$.

[8] **D** heißt auch **Diskriminatoroperation** (Werner 1970): Aus der Definition ergibt sich direkt

$$[\mathbf{D}](a, y, b) = \begin{cases} b & \text{falls } y = a \\ a & \text{falls } y \neq a \end{cases} .$$

7.2.4.4 Von großer praktischer Bedeutung (*'S-expressions'*, McCarthy 1960) ist die schon von Post 1941 und Church 1948 untersuchte Operation **B** , die in den geklammerten Infix-Schreibweisen

$(. \rightarrow . ; .)$	von John Backus,
`if . then . else . fi`	in ALGOL 68,
$(. \rightarrow . ; T \rightarrow .)$	in LISP

von den Programmiersprachen her bekannt ist. Mnemotechnisch vorteilhaft ist die Schreibweise von Backus wegen der Äquivalenz

$(p \rightarrow a; b) \models\!\dashv (p \rightarrow a) \wedge (\neg p \rightarrow b)$.

Beispiele:

(1) $\mathbf{B}(p, \mathbf{B}(q,a,b), \mathbf{B}(q,c,d))$	(2) $\mathbf{B}(\mathbf{B}(p,q,r),a,b)$
bzw. in Infixschreibweise von Backus	
$(p \rightarrow (q \rightarrow a; b); (q \rightarrow c; d))$	$((p \rightarrow q; r) \rightarrow a; b)$
bzw. in klammerfreier Präfixschreibweise	
$\mathbf{B}p\mathbf{B}qab\mathbf{B}qcd$	$\mathbf{BB}pqrab$.

Als einfache Wertverlaufsbeziehung notieren wir das **Negationsgesetz**

$\mathbf{B}(\neg x, y, z) \models\!\dashv \mathbf{B}(x, z, y)$.

7.2.5 Jede Aussageform α in i Unbestimmten kann auch als gleichstarke Aussageform in $m > i$ Unbestimmten aufgefaßt werden. Beispielsweise kann die Aussageform $\neg a$ gebunden werden als

$$(\lambda p_1)\neg p_1 \doteq \overline{\mathbf{I}}_1^1 \ (m=1) \text{ mit } [\overline{\mathbf{I}}_1^1] \equiv Y_1^1 ,$$
$$(\lambda p_1, \lambda p_2)\neg p_1 \doteq \overline{\mathbf{I}}_1^2 \ (m=2) \text{ mit } [\overline{\mathbf{I}}_1^2] \equiv Y_5^2 ,$$
$$(\lambda p_1, \lambda p_2, \lambda p_3)\neg p_1 \doteq \overline{\mathbf{I}}_1^3 \ (m=3) \text{ mit } [\overline{\mathbf{I}}_1^3] \equiv Y_{85}^3 ,$$
$$(\lambda p_1, \lambda p_2, \lambda p_3, \lambda p_4)\neg p_1 \doteq \overline{\mathbf{I}}_1^4 \ (m=4) \text{ mit } [\overline{\mathbf{I}}_1^4] \equiv Y_{21845}^4 , \text{ usw.}$$

Mit jedem Wort x der Länge i, das eine α erfüllende i-stellige Belegung codiert, codiert auch jedes mit x endende Wort der Länge $m > i$ eine α erfüllende m-stellige Belegung.

7.3 Couffignal-Codierung und Würfel-Darstellungen

7.3.1 Die m-stelligen Funktionen können durch ihren Werteverlauf charakterisiert werden. Dazu reiht man die 2^m Argument-Tupel, wie schon in 7.2.1, lexikographisch (mit T vor F). Das T-F-Wort der dazu gehörigen Funktionswerte („logisches Spektrum", Alexander Macfarlane 1885), von der Länge 2^m, charakterisiert die Funktion (**Couffignal-Codierung**, Couffignal 1952). Ersetzt man etwa T durch 1 und F durch 0, so ergibt sich eine 2^m-stellige Dualzahl, das **Zahläquivalent** (*designation number*), das in 7.2.1 und in den obigen Tabellen als Index verwendet wurde. m-stellige Aussageformen, zu denen als Zahläquivalent eine Zweierpotenz 2^μ $(0 \le \mu < 2^m)$ gehört, werden in 8.1.1 als „Elementarkonjunktionen" eingeführt werden.

Die Couffignal-Codierung einer Aussageform hängt gemäß 7.2.5 von der Wahl von m ab. In der Tat gibt es zu $\neg a$ die Couffignal-Codierungen

$$\bar{\mathbf{I}}_1^1 \doteq FT \doteq 1 \quad (m=1)$$
$$\bar{\mathbf{I}}_1^2 \doteq FTFT \doteq 5 \quad (m=2)$$
$$\bar{\mathbf{I}}_1^3 \doteq FTFTFTFT \doteq 85 \quad (m=3)$$
$$\bar{\mathbf{I}}_1^4 \doteq FTFTFTFTFTFTFTFT \doteq 21845 \quad (m=4) \quad \text{usw.}$$

Mit jedem T-F-Wort α der Länge 2^j ist auch das Wort $\alpha\alpha$ der Länge 2^{j+1} eine gleichwertige Couffignal-Codierung der Aussageform.

7.3.2 Die m-stelligen Argument-Tupel können auch dadurch geordnet werden, daß man die Werte aus $\{T, F\}^m$ den Ecken eines m-dimensionalen Würfels zuordnet. Abb. 6 zeigt einige Beispiele der graphischen Darstellung des dreidimensionalen Würfels.

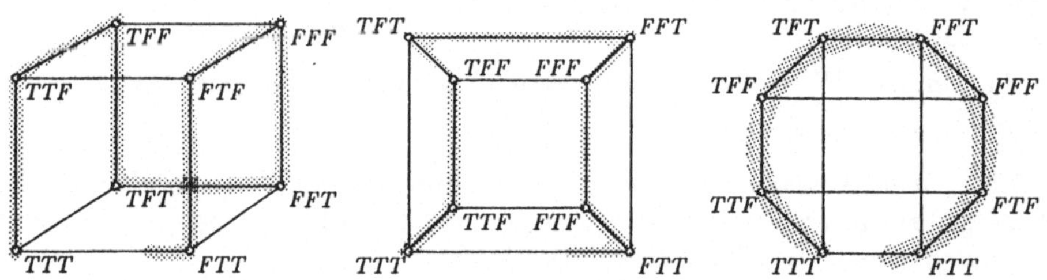

Abb. 6 Deformationen des dreidimensionalen Würfels mit reflektiertem Code als Hamiltonschem Weg

Es liegt danach nahe, statt der lexikographischen Anordnung der Argument-Tupel die eines reflektierten Codes (Bauer-Goos I, 4. Aufl., 1.4.3.5) zu wählen:

$$(TTT), (TTF), (TFF), (TFT), (FFT), (FFF), (FTF), (FTT)$$

bei der sich ein geschlossener Weg durch sämtliche Ecken des Würfelgraphen (ein **Hamiltonscher Weg**) ergibt.

Bei der letzten Version in Abb. 6 handelt es sich um ein **Händler-Diagramm** (WOLFGANG HÄNDLER 1958), mit den Würfelecken als Ecken eines 2^m-gons. Abb. 7 zeigt auch Gegenstückefür andere Dimensionen.

Durch waagrechte Linien sind dabei Tupel verbunden, die sich nur in der ersten Komponente unterscheiden; durch senkrechte Linien solche, die sich nur in der zweiten Komponente unterscheiden; durch 45^0-Linien und 135^0-Linien solche, die sich nur in der dritten Komponente unterscheiden usw.

Als Nachteil der Händler-Diagramme wird angeführt, daß sie viel Platz beanspruchen. Im **Karnaugh-Veitch-Diagramm** trägt man die Argument-Tupel in der Reihenfolge des reflektierten Codes mäanderartig in ein Rechteck ein (Abb. 8).

7.3.3 In ein nacktes Würfeldiagramm für m-stellige Funktionen kann man nun den Wertverlauf einer Aussageform mit m Unbestimmten eintragen, etwa

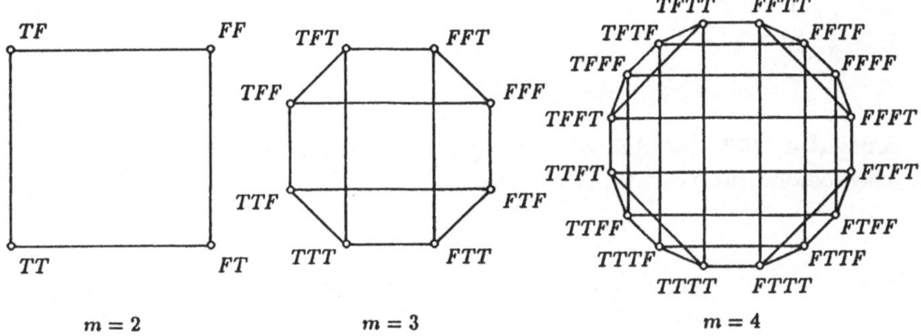

Abb. 7 Händler-Diagramme für $m = 2, 3$ und 4

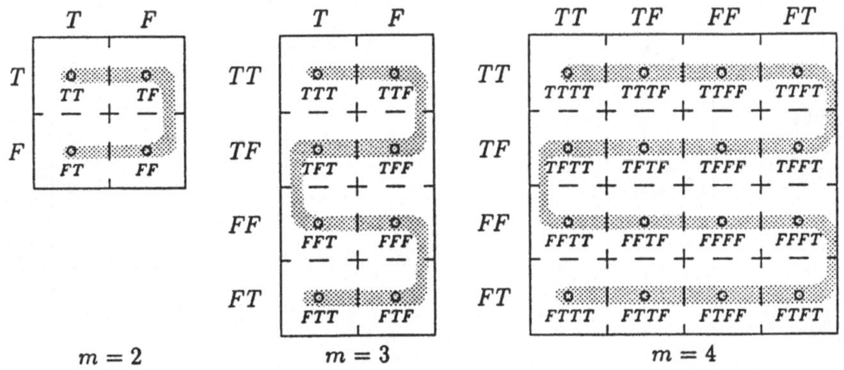

Abb. 8 Karnaugh-Veitch-Diagramme für $m = 2, 3$ und 4

durch Schwärzung für T. Abb. 9 und Abb. 10 zeigen Beispiele für $m = 3$ und für $m = 4$.

Aufgabe 44: Gib die Couffignal-Codierung von **D** an.

7.4 Folgen-Codierung aller Klassen gleichstarker Aussageformen

Beschränkt man sich nicht auf Aussageformen mit (einer Höchstanzahl von) m Unbestimmten, so muß man zu einer Codierung durch T-F-Folgen greifen. Hat die betrachtete Aussageform α i Unbestimmte, so bildet man zunächst das T-F-Wort der zugehörigen Couffignal-Codierung (von der Länge 2^i) und erhält durch periodische Fortsetzung eine (unendliche) T-F-Folge $\overline{\alpha}$, die man α zuordnet. Liest man diese Folge konvers als echten Dualbruch (mit 1 für T und 0 für F), so ergibt sich ein periodischer Bruch und damit eine rationale Zahl $\phi(\alpha)$ aus dem Intervall [0,1]. Dem periodischen Bruch entspricht eine geometrische Reihe, es ergibt sich elementar $\phi(Y_i^m) = i/(2^{2^m}-1) \in [0,1] \cap \mathbf{Q}$.

Insbesondere erhält man

$\mathbf{L} \mathrel{\hat{=}} 1 \,, \mathbf{O} \mathrel{\hat{=}} 0 \;;$

$\mathbf{I}_1^1 \mathrel{\hat{=}} \frac{2}{3} \,, \mathbf{N} \mathrel{\hat{=}} \frac{1}{3} \;;$

$\mathbf{A} \mathrel{\hat{=}} \frac{14}{15} \,, \mathbf{C} \mathrel{\hat{=}} \frac{13}{15} \,, \mathbf{I}_2^2 \mathrel{\hat{=}} \frac{4}{5} \,, \mathbf{\leftarrow\!\!\!\!C} \mathrel{\hat{=}} \frac{11}{15} \,, \mathbf{E} \mathrel{\hat{=}} \frac{3}{5} \,, \mathbf{K} \mathrel{\hat{=}} \frac{8}{15} \,, \overline{\mathbf{K}} \mathrel{\hat{=}} \frac{7}{15} \,, \ldots \,, \overline{\mathbf{A}} \mathrel{\hat{=}} \frac{1}{15} \,.$

Aufgabe 45*: Ist die Abbildung ϕ eine surjektive Abbildung *auf* das abgeschlossene Intervall $[0,1]$ rationaler Zahlen ?

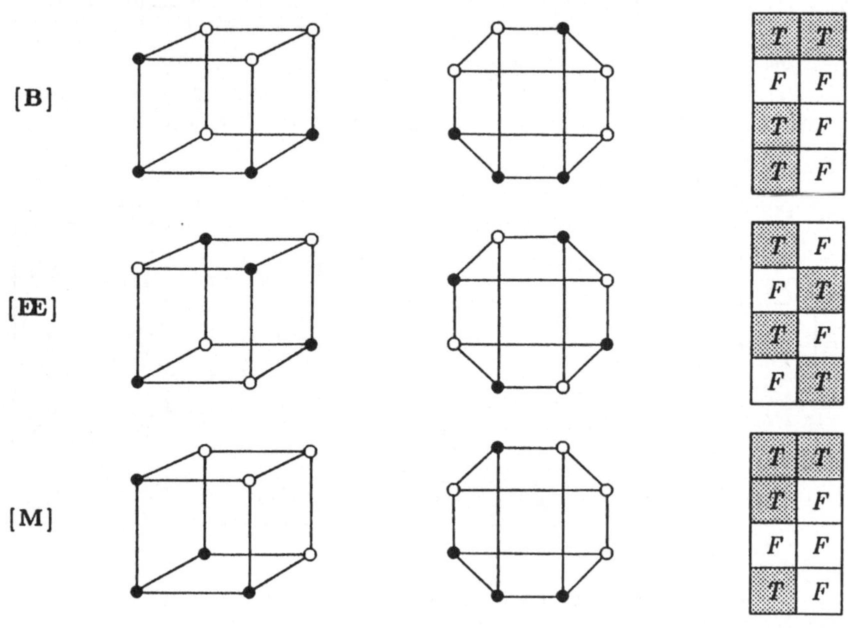

Abb. 9 Werteverlauf für **B**, **EE** und **M** in Würfeldiagrammen, Händler-Diagrammen und Karnaugh-Veitch-Diagrammen

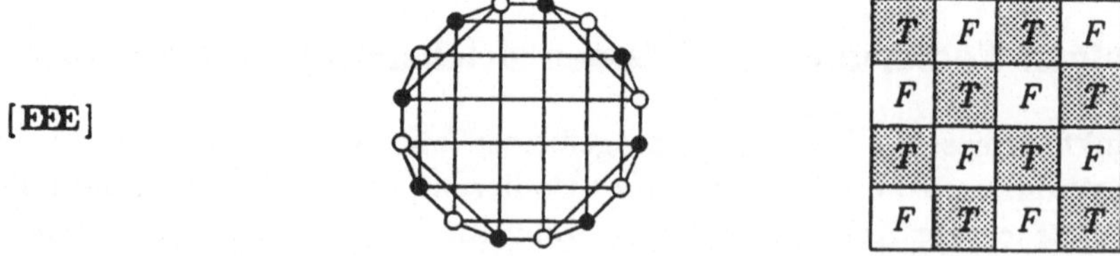

Abb. 10 Werteverlauf für eine Aussageform mit vier Unbestimmten (Parität) $\mathbf{EEE} \doteq (\lambda p_1, \lambda p_2, \lambda p_3, \lambda p_4)(p_1 \leftrightarrow p_2) \leftrightarrow (p_3 \leftrightarrow p_4)$ im Händler-Diagramm und im Karnaugh-Veitch-Diagramm

8. Repräsentantensysteme

8.1 Repräsentationstheorem für aussagenlogische Funktionen

8.1.1 Es erhebt sich die Frage, ob jede m-stellige aussagenlogische Funktion durch eine Aussageform in der Sprache **KACENOL** ausdrückbar ist. Dies ist in der Tat so, und zwar reicht u.a. bereits die Sprache **KANO** aus.

Die m-stellige Funktion $f : \{T, F\}^m \longrightarrow \{T, F\}$ sei durch ihre Wertetabelle gegeben. Man führe nun m Unbestimmte $p_1, p_2, \ldots, p_m$ ein. Als **Elementarkonjunktion** bezeichnet man eine m-stellige Vielfachkonjunktion von Literalen p_1 oder $\neg p_1$, p_2 oder $\neg p_2$, ..., p_m oder $\neg p_m$. Die zu einer Bewertung v gehörige Vielfachkonjunktion ist diejenige, die genau für diese Bewertung T ergibt - sie ist eindeutig bestimmt und enthält als i-ten Operand p_i oder $\neg p_i$ je nachdem, ob der i-te Wert der Bewertung T oder F ist. Die 2^m Elementarkonjunktionen in m Unbestimmten sind vollständig disjunkt.

Entsprechend defininiert man **Elementaradjunktionen**.

Wir greifen nun diejenigen m-Tupel von Argumenten der Funktion f heraus, deren Funktionswert T ist, und bilden die Vielfachadjunktion der zu diesen Bewertungen gehörigen Elementarkonjunktionen – also, wenn es kein solches Tupel gibt, nach 3.4 **O** . Die entstehende Aussageform hat die gewünschte Abbildungseigenschaft. Es gilt also das

KANO - Repräsentationstheorem:

Jede m-stellige aussagenlogische Funktion ist in der **Sprachbasis KANO** ausdrückbar, und zwar durch eine Vielfachadjunktion von Elementarkonjunktionen. Wir sagen, die Sprache **KANO** ist **funktional vollständig** oder **primal**: sie reicht aus, um jede aussagenlogische *Funktion* zu **realisieren**.

Beispiel: (1) Die Wertetabelle in Couffignal-Codierung

$$\begin{array}{ccc} a & \doteq & TTTTFFFF \\ b & \doteq & TTFFTTFF \\ c & \doteq & TFTFTFTF \\ \hline f & \doteq & TFFTFTTF \end{array}$$

wird repräsentiert durch

$$(a \wedge b \wedge c) \vee (a \wedge \neg b \wedge \neg c) \vee (\neg a \wedge b \wedge \neg c) \vee (\neg a \wedge \neg b \wedge c) \ ,$$

was gleichstark ist mit $a \leftrightarrow b \leftrightarrow c$, vgl. 7.2.4 und Tab. 3.

Das Beispiel zeigt, daß es zu jeder *Aussageform* eine gleichstarke Vielfachadjunktion von Elementarkonjunktionen gibt, und somit eine bereits in der Sprache **KANO** ausdrückbare *gleichstarke* Aussageform.

Beispiel: (2) Aus der Wertetabelle zu $. \rightarrow .$ ergibt sich
$a \rightarrow b \models\!\!\!\dashv (a \wedge b) \vee (\neg a \wedge b) \vee (\neg a \wedge \neg b)$.

Ebensogut könnte man im übrigen mit einer Vielfachkonjunktion von Elementaradjunktionen arbeiten, wenn man alle m-Tupel heranzieht, für die sich der Funktionwert F ergibt, und hat dann eine Ausdrückbarkeit in **KANL** .

8.1.2 Wegen der Wichtigkeit der dreistelligen Operation **B** für Programmiersprachen erhebt sich die Frage, ob auch in der Sprache **BOL** alle aussagenlogischen Funktionen darstellbar sind. Dies ist in der Tat so. Wieder sei $f : \{T, F\}^m \longrightarrow \{T, F\}$ durch die Wertetabelle gegeben. Für ein Argumenttupel $x_1, x_2, \ldots, x_m$ gilt dann das

BOL - Repräsentationstheorem:

Jede m-stellige aussagenlogische Funktion f ist in der Sprache **BOL** ausdrückbar, und zwar rekursiv durch

$$f(x_1, x_2, \ldots, x_m) = [\mathbf{B}](x_1, f(T, x_2, \ldots, x_m), f(F, x_2, \ldots, x_m)) \ .$$

Beweis: Nach dem Booleschen Fundamentaltheorem (5.4.2) und 7.2 gilt für $m > 0$

$$\alpha \ \models\!\!\!\dashv \ (p_1 \wedge \alpha^{p_1:=\mathbf{L}}) \vee (\neg p_1 \wedge \alpha^{p_1:=\mathbf{O}}) \ \models\!\!\!\dashv \ \mathbf{B}(p_1, \alpha^{p_1:=\mathbf{L}}, \alpha^{p_1:=\mathbf{O}}) \ .$$

Damit kann schrittweise eine Aussageform β in **B**, **O**, **L** und $p_1, p_2, \ldots, p_m$ aufgebaut werden derart, daß $[\beta](x_1, x_2, \ldots, x_m) = f(x_1, x_2, \ldots, x_m)$. ⋈

Beispiel: Die Wertetabelle in Couffignal-Codierung

$$\begin{array}{lcl} a & \doteq & TTTTTTTTFFFFFFFF \\ b & \doteq & TTTTFFFFTTTTFFFF \\ c & \doteq & TTFFTTFFTTFFTTFF \\ d & \doteq & TFTFTFTFTFTFTFTF \\ \hline f & \doteq & TFFTFTTFFTTFTFFT \end{array}$$

wird repräsentiert durch die folgenden Formen, in denen man unmittelbar das „Strickmuster" des Werteverlaufs wiederfindet:

$$\begin{array}{l} \mathbf{B}(a, \mathbf{B}(b, \mathbf{B}(c, \mathbf{B}(d, \mathbf{L}, \mathbf{O}), \ \mathbf{B}(d, \mathbf{O}, \mathbf{L}) \ , \\ \qquad\qquad \mathbf{B}(c, \mathbf{B}(d, \mathbf{O}, \mathbf{L}), \ \mathbf{B}(d, \mathbf{L}, \mathbf{O}) \ ) \ , \\ \qquad \mathbf{B}(b, \mathbf{B}(c, \mathbf{B}(d, \mathbf{O}, \mathbf{L}), \ \mathbf{B}(d, \mathbf{L}, \mathbf{O}) \ , \\ \qquad\qquad \mathbf{B}(c, \mathbf{B}(d, \mathbf{L}, \mathbf{O}), \ \mathbf{B}(d, \mathbf{O}, \mathbf{L}) \ ) \ ) \end{array} \quad \text{beziehungsweise}$$

$$\begin{array}{l} (a \rightarrow (b \rightarrow (c \rightarrow (d \rightarrow \mathbf{L}; \mathbf{O}); (d \rightarrow \mathbf{O}; \mathbf{L})) \ ; \\ \qquad\qquad (c \rightarrow (d \rightarrow \mathbf{O}; \mathbf{L}); (d \rightarrow \mathbf{L}; \mathbf{O})) \quad) \ ; \\ \qquad (b \rightarrow (c \rightarrow (d \rightarrow \mathbf{O}; \mathbf{L}); (d \rightarrow \mathbf{L}; \mathbf{O})) \ ; \\ \qquad\qquad (c \rightarrow (d \rightarrow \mathbf{L}; \mathbf{O}); (d \rightarrow \mathbf{O}; \mathbf{L})) \quad) \ ) \quad . \end{array}$$

In den so entstehenden Aussageformen der **BOL**-Sprache steht auf der ersten Stelle einer **B**-Operation stets eine Unbestimmte, auf der zweiten und auf der dritten stets **B**, **L** oder **O** . Der Termaufbau dieser speziellen **BOL**-Formen kann deshalb durch einen bezeichneten dyadischen Baum dargestellt werden, in dessen Knoten jeweils die Unbestimmte sitzt und dessen Blätter den Wertverlauf (das „logische Spektrum") angeben (**Macfarlane-Baum**, ALEXANDER MACFARLANE 1885). Dabei wird $\mathbf{B}(p_i, \cdot, \cdot)$ dargestellt durch eine Alternative (Abb. 11). Die erste Stelle der Operation **B** wird **Prämissenstelle** genannt.

Für unser Beispiel ergibt sich der Macfarlane-Baum von Abb. 12 für die vierstellige Parität **EEE** .

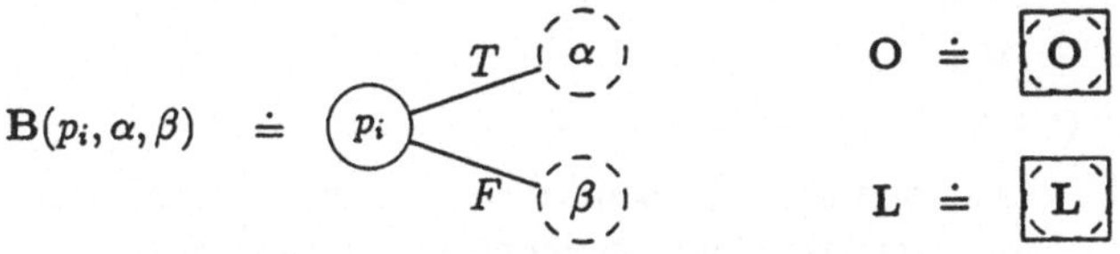

$\mathbf{B}(p_i, \alpha, \beta) \doteq$ (p_i —T→ α, —F→ β)   O $\doteq$ [O]   L $\doteq$ [L]

Abb. 11 Elemente des Macfarlane-Baumes

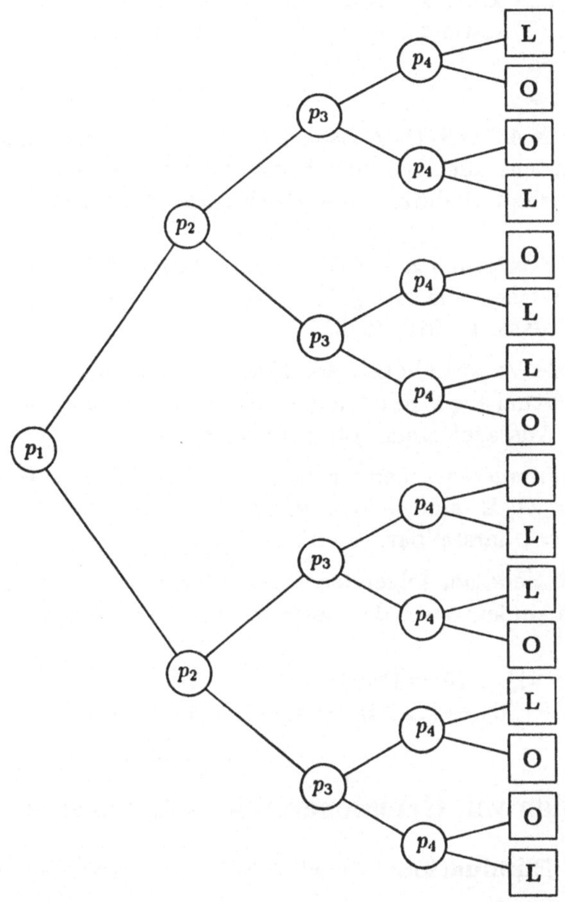

Abb. 12 Macfarlane-Baum für die vierstellige Parität EEE (McCarthy 1961)

8.2 Elimination von Grundoperationen: C und E

Die Elimination von Grundoperationen wie Subjunktion und Bisubjunktion kann direkt geschehen; die nachfolgenden Biimplikationen („Eliminationsgesetze") führen wegen der Ersetzbarkeitsregel zu gleichstarken Aussageformen.

8.2.1 CE/KAN-Elimination: Mittels (vgl. Aufgabe 19[b], Aufgabe 37[a])

$a \rightarrow b \models\!\mid \neg a \vee b$

$a \leftrightarrow b \models\!\mid (\neg a \vee b) \wedge (a \vee \neg b)$

können in einer Aussageform die Junktoren $\rightarrow$ und $\leftrightarrow$ schrittweise eliminiert werden. Man erhält dadurch eine gleichstarke Aussageform in der **KANOL**-Sprache.

8.2.2 OL/KAN-Elimination: Mittels der Biimplikationen (vgl. 4.2.2, Beispiel (1) und (2) sowie 4.2.4)

$\mathbf{L} \models\!\mid a \vee \neg a$

$\mathbf{O} \models\!\mid a \wedge \neg a$

können in einer **KACENOL**-Aussageform (unter Verwendung einer zusätzlichen Unbestimmten) alle logischen Konstanten **L** , **O** schrittweise eliminiert werden. Man erhält dadurch eine gleichstarke Aussageform in der **KAN**-Sprache.

Damit sind die Sprachen **KANOL** , **KANO** , **KANL** und **KAN** funktional vollständig: sie reichen aus, um jede aussagenlogische Funktion zu realisieren (Whitehead, Russell 1910–1913).

Die funktionale Vollständigkeit der **KAN**-Sprache war früher für die Realisierung binärer Schaltlogik mit Dioden und Invertern von Belang, siehe auch 8.9 („monotone Aussageformen") und 13.8 .

Höhere Programmiersprachen machen in der Regel nur die **KANOL**-Sprache eigens verfügbar; **C, E** sind jedoch durch die universellen Vergleichsoperationen $. \leq .$ und $. = .$ darstellbar.

Aufgabe 46: Jede der folgenden Aussageformen kann zu einer Tautologie gemacht werden, indem zwei der auftretenden Variablen miteinander identifiziert werden.

[a] $(\neg((\neg d) \rightarrow a)) \rightarrow (b \rightarrow (\neg c))$

[b] $(a_1 \rightarrow (a_2 \rightarrow (a_3 \rightarrow (\ldots(a_i \rightarrow a_{i+1})\ldots))))$ $(i \geq 1)$.

8.3 Elimination von Grundoperationen: A oder K

8.3.1 A/KN-Elimination (bzw. **8.3.2 K/AN-Elimination**):

Mittels (vgl. 5.5, Gesetze von de Morgan und Involutionsgesetz)

$a \vee b \models\!\mid \neg((\neg a) \wedge (\neg b))$ (bzw. $a \wedge b \models\!\mid \neg((\neg a) \vee (\neg b))$)

können in einer Aussageform der **KAN**-Sprache alle Junktoren $. \vee .$ (bzw. $. \wedge .$) schrittweise eliminiert werden. Man erhält dadurch eine gleichstarke Aussageform in der **KN**-Sprache (bzw. in der **AN**-Sprache[9]).

Damit sind auch die Sprachen **KN** und **AN** als funktional vollständig nachgewiesen.

[9] Von Whitehead und Russell 1910–1913, Bernays 1926 bevorzugt. Von Shoenfield 1967 wieder aufgegriffen.

Aufgabe 47: Drücke die Adjunktion mittels Konjunktion und Bisubjunktion aus.

8.4 Zurückführung auf Subjunktion und Negation

Auch die Elimination von Grundoperationen wie Adjunktion (und Konjunktion) unter Zurückführung auf die Subjunktion (und eventuell die Negation) ist möglich.

8.4.1 A/C-Elimination: Mittels des Gesetzes von RUSSELL (Aufgabe 22[a])

$a \vee b \models\!\!\dashv (a \rightarrow b) \rightarrow b$ (vgl. die Tautologie $\mathbf{A}^{\rightarrow}$)

können in einer Aussageform die Junktoren $.\vee.$ schrittweise eliminiert werden. (Dual dazu ist $a \wedge b \models\!\!\dashv b \backslash (b \backslash a)$).

8.4.2 K/CN-Elimination: Nach 7.1.1, Beispiel (1) gilt

$a \wedge b \models\!\!\dashv \neg(a \rightarrow \neg b)$.

Damit können unter Hinzunahme der Negation in einer Aussageform die Junktoren $.\wedge.$ schrittweise eliminiert werden.

8.4.3 L/C-Elimination: Mittels der Identität (4.2.2, Beispiel (3))

$\mathbf{L} \models\!\!\dashv a \rightarrow a$

können in einer Aussageform unter Verwendung einer zusätzlichen Unbestimmten alle logischen Konstanten **L** schrittweise eliminiert werden.

8.4.4 O/CN-Elimination: Mittels der Identität

$\mathbf{O} \models\!\!\dashv \neg(a \rightarrow a)$

können in einer Aussageform unter Verwendung einer zusätzlichen Unbestimmten alle logischen Konstanten **O** schrittweise eliminiert werden.

Angewandt auf eine Aussageform in der **KACNOL**-Sprache (oder sogleich auf eine in der **AN**-Sprache) ergibt sich durch diese Eliminationen eine gleichstarke Aussageform in der **CN**-Sprache[10].

Die Rolle von **N** neben der Subjunktion kann auch **O** übernehmen:

8.4.5 N/CO-Elimination: Mittels (5.5.3)

$\neg a \models\!\!\dashv a \rightarrow \mathbf{O}$

können in einer Aussageform alle Negationen schrittweise eliminiert werden.

Angewandt auf eine Aussageform in der **CN**-Sprache ergibt sich durch diese Eliminationen eine gleichstarke Aussageform in der **CO**-Sprache.

Die Sprachen **CN** (Frege-Łukasiewicz-Sprache) und **CO** (Bernstein-Sprache) – und entsprechend auch die Sprachen $\overline{\mathbf{C}}\mathbf{N}$ und $\overline{\mathbf{C}}\mathbf{L}$ – sind also funktional vollständig (FREGE 1879, TARSKI und ŁUKASIEWICZ 1930 sowie B. A. BERNSTEIN 1934).

---

10 Seit FREGE 1879 oft in theoretischen Untersuchungen bevorzugt.

8.5 Zurückführung auf Bisubjunktion und Negation

Gleichermaßen gibt es (vgl. 5.5.2) eine

8.5.1 OL/EN-Elimination:

L $\models\!\dashv$ $a \leftrightarrow a$

O $\models\!\dashv$ $\neg(a \leftrightarrow a)$

und eine

8.5.2 NL/EO-Elimination:

$\neg a$ $\models\!\dashv$ $a \leftrightarrow$ O

L $\models\!\dashv$ $a \leftrightarrow a$.

Umfassender läßt sich sagen: Auf **A** zusammen mit **E** und **O** können alle Aussageformen zurückgeführt werden:

8.5.3 KC/AEO-Elimination: Mittels (Birkhoff 1948)

$a \wedge b$ $\models\!\dashv$ $(a \vee b) \leftrightarrow (a \leftrightarrow b)$

$a \rightarrow b$ $\models\!\dashv$ $(a \vee b) \leftrightarrow b$

können in einer Aussageform auch alle Konjunktionen und Subjunktionen der Sprache **KACENOL** schrittweise eliminiert werden. Die Stone-Sprache **AEO** ist funktional vollständig (Stone 1935). Unglücklicherweise gibt es keine einfache elektronische Realisierung der Funktion [**E**].

Analog hat man

8.5.4 OL/$\overline{\text{E}}$N-Elimination:

L $\models\!\dashv$ $\neg(a \not\leftrightarrow a)$

O $\models\!\dashv$ $a \not\leftrightarrow a$;

8.5.5 NO/$\overline{\text{E}}$L-Elimination:

$\neg a$ $\models\!\dashv$ $a \not\leftrightarrow$ L

O $\models\!\dashv$ $a \not\leftrightarrow a$;

8.5.6 AC/K$\overline{\text{E}}$L-Elimination:

$a \vee b$ $\models\!\dashv$ $(a \wedge b) \not\leftrightarrow (a \not\leftrightarrow b)$

$a \rightarrow b$ $\models\!\dashv$ $(a \wedge b) \not\leftrightarrow (a \not\leftrightarrow$ L$)$.

Damit ist auch die Žegalkin-Sprache **K$\overline{\text{E}}$L** funktional vollständig.

8.6 $\overline{\text{K}}$ oder $\overline{\text{A}}$ als Basis

Schließlich ist auch Zurückführung auf die NAND-Funktion[11] allein, oder auf die NOR-Funktion allein, möglich. Da diese Funktionen in natürlicher Weise durch Transistorschaltungen realisiert werden können, spielen NAND-Funktion und NOR-Funktion eine dominierende Rolle für moderne binäre Schaltlogik.

[11] Beachte die Gesetze:
$a \uparrow b \models\!\dashv b \uparrow a$, $a \uparrow (b \uparrow b) \models\!\dashv a \uparrow (a \uparrow b)$
sowie
$(a \uparrow a) \uparrow (a \uparrow a) \models\!\dashv a$, $((b \uparrow b) \uparrow b) \uparrow a \models\!\dashv a \uparrow a$
und
$(a \uparrow (b \uparrow c)) \uparrow (a \uparrow (b \uparrow c)) \models\!\dashv ((b \uparrow b) \uparrow a) \uparrow ((c \uparrow c) \uparrow a)$.

8.6.1 AN/$\overline{\mathbf{K}}$-Elimination : Mittels der Biimplikationen

$$\begin{array}{ll} a \vee b & \models\!\!\mid (a \uparrow a) \uparrow (b \uparrow b) \\ \neg a & \models\!\!\mid a \uparrow a \end{array}$$

sowie ferner

$$\begin{array}{ll} a \wedge b & \models\!\!\mid (a \uparrow b) \uparrow (a \uparrow b) \\ a \rightarrow b & \models\!\!\mid a \uparrow (b \uparrow b) \\ a \not\leftrightarrow b & \models\!\!\mid (a \uparrow (b \uparrow b)) \uparrow (b \uparrow (a \uparrow a)) \\ a \leftrightarrow b & \models\!\!\mid (a \uparrow b) \uparrow ((a \uparrow a) \uparrow (b \uparrow b)) \\ \mathbf{L} & \models\!\!\mid a \uparrow (a \uparrow a) \\ \mathbf{O} & \models\!\!\mid (a \uparrow (a \uparrow a)) \uparrow (a \uparrow (a \uparrow a)) \end{array}$$

können in einer Aussageform alle Adjunktionen und Negationen (und alle übrigen Operationen der Sprache **KACENOL**) schrittweise eliminiert werden. Angewandt auf eine Aussageform in der **AN**-Sprache ergibt sich eine gleichstarke Aussageform in der $\overline{\mathbf{K}}$-Sprache. Auch die $\overline{\mathbf{K}}$-Sprache (Sheffer-Sprache) ist also funktional vollständig (NICOD 1916). Entsprechendes gilt für die $\overline{\mathbf{A}}$-Sprache (Peirce-Sprache).

8.7 Dreistellige Operationen

Die dreistellige Operation **B** , zusammen mit **O** und **L** , muß in vielen maschinennahen Programmiersprachen als verdeckte Basis der Aussageformen dienen. In der Backus-Schreibweise gilt[12]

8.7.1 KAN/BOL-Elimination: Mittels der Identitäten

$$\begin{array}{llll} a \wedge b & \models\!\!\mid (a \rightarrow b; a) & \models\!\!\mid (a \rightarrow b; \mathbf{O}) \\ a \vee b & \models\!\!\mid (a \rightarrow a; b) & \models\!\!\mid (a \rightarrow \mathbf{L}; b) \\ \neg a & \models\!\!\mid (a \rightarrow \mathbf{O}; \mathbf{L}) & \end{array}$$

können in einer Aussageform alle Konjunktionen, Adjunktionen, Negationen eliminiert werden. Angewandt auf eine Aussageform der Sprache **KAN** oder **KANOL** ergibt sich eine gleichstarke in der Sprache **BOL**. Die Sprache **BOL** ist, vgl. auch 8.1.2 , funktional vollständig (CHURCH 1956), was für die Theorie der Programmiersprachen von Bedeutung ist. Aussageformen in der **BOL**-Sprache sollen **BOL-Formen** genannt werden.

Auch die Sprache **BN** ist offensichtlich funktional vollständig: es gilt

8.7.2 OL/BN-Elimination:

$$\begin{array}{ll} \mathbf{L} & \models\!\!\mid (a \rightarrow a; \neg a) \ , \\ \mathbf{O} & \models\!\!\mid (a \rightarrow \neg a; a) \ . \end{array}$$

Es gilt ferner

$$\begin{array}{llll} a \rightarrow b & \models\!\!\mid (a \rightarrow b; \mathbf{L}) & \models\!\!\mid (b \rightarrow \mathbf{L}; \neg a) \ , \\ a \backslash b & \models\!\!\mid (a \rightarrow \neg b; \mathbf{O}) & \models\!\!\mid (b \rightarrow \mathbf{O}; a) \ . \end{array}$$

---

[12] Beachte auch: $(a \rightarrow b; c) \models\!\!\mid (\neg a \rightarrow c; b)$ und $(a \rightarrow b; b) \models\!\!\mid b$.

Aufgabe 48: Zeige

[a] $a \rightarrow b \quad \models\!\dashv \quad (a \rightarrow b; \neg a)$

[b] $a \leftrightarrow b \quad \models\!\dashv \quad (a \rightarrow b; \neg b)$

[c] $a \not\rightarrow b \quad \models\!\dashv \quad (a \rightarrow \neg b; a)$

[d] $a \not\leftrightarrow b \quad \models\!\dashv \quad (a \rightarrow \neg b; b)$

Aufgabe 49: Ist **E** in der Sprache **BL** ausdrückbar?

Aufgabe 50: Zeige, daß die Sprachen **MNO** und $\overline{\mathbf{M}}$**O**, wo [M] die „Mehrheitsfunktion" (vgl. 7.2.4) ist, funktional vollständig sind (GRAU 1944, ZEMANEK 1974).

Aufgabe 51: Wie ist **B** in den Sprachen **CN** und **C**$\overline{\mathbf{C}}$ ausdrückbar?

8.8 Dualität

8.8.1 Zu einer aussagenlogischen Funktion $f : \{T, F\}^m \longrightarrow \{T, F\}$ definiert man die **duale** Funktion f' durch

$$f'(p_1, p_2, \ldots, p_m) = [\mathbf{N}](f([\mathbf{N}](p_1), [\mathbf{N}](p_2), \ldots, [\mathbf{N}](p_m))).$$

Selbstverständlich sind f und $f'' = (f')'$ ein und die selbe Funktion: $f \equiv f''$. Damit ergibt sich beispielsweise

$[\mathbf{K}]' \equiv [\mathbf{A}]$ und $[\mathbf{A}]' \equiv [\mathbf{K}]$ sowie
$[\mathbf{O}]' \equiv [\mathbf{L}]$ und $[\mathbf{L}]' \equiv [\mathbf{O}]$.

Manche Funktionen sind selbstdual — es gilt $f = f'$ —, so offensichtlich [N], aber auch [M] (7.2.4): mittels der Gesetze von DE MORGAN ergibt sich

$$[((x \wedge y) \vee (y \wedge z) \vee (z \wedge x))]' \equiv [\neg((\neg x \wedge \neg y) \vee (\neg y \wedge \neg z) \vee (\neg z \wedge \neg x))] \equiv$$
$$[((x \vee y) \wedge (y \vee z) \wedge (z \vee x))] \ .$$

Also ist $[\mathbf{M}]' \equiv [\mathbf{M}']$, aber auch (Aufgabe 35) $\mathbf{M}' \models\!\dashv \mathbf{M}$ und somit (7.2.4) $[\mathbf{M}'] \equiv [\mathbf{M}]$, also $[\mathbf{M}]' \equiv [\mathbf{M}]$. Auch **EE** ist selbstdual.

Aufgabe 52*: Wieviele selbstduale und wesentlich einstellige, wesentlich zweistellige, wesentlich dreistellige Funktionen gibt es jeweils? Wie sind sie in der Couffignal-Codierung charakterisiert?

8.8.2 Für die Sprachen **KAN** und **KANOL** definiert man auch eine **Dualität** *von Aussageformen*:

Zu einer Aussageform α sei α' die **duale** Aussageform, die dadurch entsteht, daß man simultan alle Vorkommnisse der Zeichen $\wedge$ durch $\vee$ und der Zeichen $\vee$ durch $\wedge$ ersetzt, sowie die Zeichen **L** durch **O** und **O** durch **L**.

Selbstverständlich stimmen α und α'' zeichenweise überein: $\alpha \doteq \alpha''$. Im übrigen gilt (H. BEHMANN, 1922) das

Dualitätstheorem: Für jede Aussageform α der Sprache **KANOL** ist

$$[\alpha]' \equiv [\alpha'] \ .$$

Zum Beweis betrachte man $\neg\alpha(\neg p_1, \neg p_2, \ldots, \neg p_m)$. Durch Anwendung der Gesetze von DE MORGAN „treibt" man das vor α stehende Negationszeichen, dem Aufbau der Aussageform folgend, sukzessive nach innen, wobei stets $\wedge$ durch $\vee$ und $\vee$ durch $\wedge$ ersetzt wird. Es verbleibt schließlich ein zusätzliches

Negationszeichen vor allen Aussagekonstanten (wodurch **L** durch **O** und **O** durch **L** ersetzt wird) und vor allen Unbestimmten; es ergibt sich schließlich $\alpha'(p_1, p_2, \ldots, p_m)$. ⋈

Wegen der Biimplikation (vgl. 5.5.3, Kontrapositionsgesetz)

$a \to b \models\!\!\dashv (\neg b) \to (\neg a)$

hat man das Korollar : Für zwei Aussageformen der Sprache **KANOL** gilt

$\alpha_1 \models \alpha_2$ *genau dann, wenn* $\alpha'_2 \models \alpha'_1$, also auch

$\alpha_1 \models\!\!\dashv \alpha_2$ *genau dann, wenn* $\alpha'_1 \models\!\!\dashv \alpha'_2$.

Beispiel:

(1) Dual zueinander sind (bis auf Umbezeichnung) die beiden Einschließungsgesetze in 7.1.3 und die beiden Resolutionsgesetze in 7.1.6 .

Die Dualität kann man auch auf die Zeichenpaare **C** und **$\overline{\text{Ↄ}}$**, **E** und **$\overline{\text{E}}$**, **L** und **O** erstrecken.

Beispiel:

(2) Dual zum Gesetz vom *modus barbara* gilt $c \backslash a \models (c \backslash b) \vee (b \backslash a)$.

8.8.3 Selbstdual sind die Zeichen **N**, **M** und **ƎE** , sowie **D** (7.2.4, vgl. auch Aufgabe 44).

8.9 Minimale Sprachbasen

Tab. 4 zeigt eine Übersicht über Sprachbasen. Die Sprachbasen **KN** , **AN** , **CN** und **CO** für **KACENOL** sind minimal: weder mit Konjunktion, Adjunktion, Subjunktion allein noch mit Negation oder **O** allein können alle Aussageformen ausgedrückt werden. Sogar die Teilsprache **KACEL** ist **fragmentarisch**, das heißt nicht funktional vollständig. Zum Beweis muß eine besondere Eigenschaft angegeben werden, die den Aussageformen der betreffenden Sprachen zukommt, sowie eine Funktion, die diese Eigenschaft verletzt. Nun gilt für jede lediglich mit **K**, **A**, **C**, **E** und **L** gebildete **positive** Aussageform in m Unbestimmten, daß sie **L-erhaltend** ist, d.h. daß sie für die Belegung(**L**, **L**, ..., **L**) wieder **L** ergibt. Denn sowohl **K** und **A** wie auch **C** und **E** ergeben für die Belegung (**L**, **L**) gerade **L**; der Beweis benützt nun Induktion über den Aufbau der Aussageform. Also ist in der Sprache **KACEL** die Funktion der Negation nicht darstellbar.

Selbstverständlich sind auch die Sprachbasen **$\overline{\text{K}}$** und **$\overline{\text{A}}$** für **KACENOL** minimal. Auch die Sprachbasen **AEO** und **K$\overline{\text{E}}$L**, **C$\overline{\text{Ↄ}}$** sowie **BN** und **BOL** sind, wie sich im folgenden ergeben wird, minimal für **KACENOL** .

Fragmentarisch ist die Sprache **ENOL** der **linearen Aussageformen** mit den minimalen Basen **EO** und **$\overline{\text{E}}$L**. Ebenfalls fragmentarisch ist die Sprache **KAOL** der **monotonen** Aussageformen[13] und die Sprache **KAB** der **identitiven**, d.h. L-erhaltenden und O-erhaltenden Aussageformen mit der mini-

---

[13] **KAOL** ist die Sprache der passiven elektronischen Bauelemente (Dioden-Widerstands-Schaltungen). Die Aussageform φ ist monoton, wenn sie gegenüber der UND-Operation monoton bezüglich der Stärker-Relation ist; vgl. 5.7 :

$\varphi(p_1 \wedge q_1, p_2 \wedge q_2 \ldots, p_m \wedge q_m) \models \varphi(p_1, p_2 \ldots, p_m) \wedge \varphi(q_1, q_2 \ldots, q_m)$.

malen Basis **B**. Fragmentarisch sind auch die Sprache **MEEN** der **selbstdualen** Aussageformen und die bereits oben erwähnte Sprache **KACEL** der positiven Aussageformen, für die neben **KC** auch **BL** eine Basis ist. Abb. 13 zeigt in einem fünfdimensionalen Würfel den diesbezüglichen Ausschnitt aus dem Inklusions-Diagramm der fragmentarischen Sprachen nach POST 1941[14].

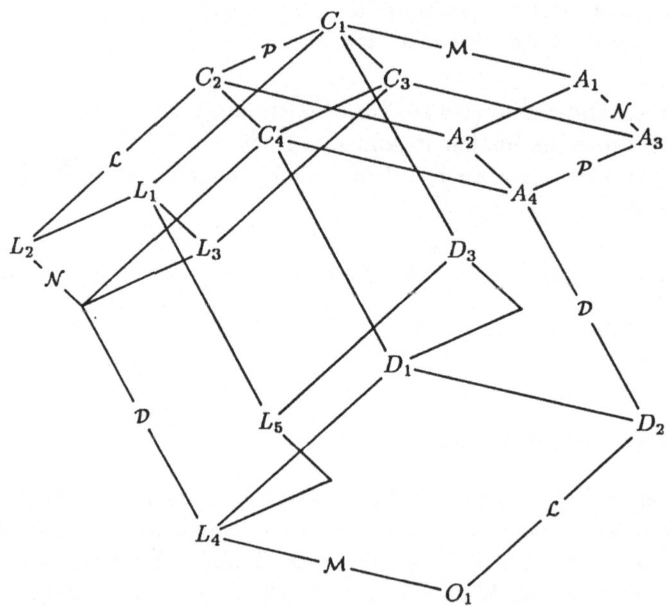

Darstellung im fünfdimensionalen Tychonov-Würfel:

$\mathcal{P}$: L-erhaltend, positiv $\mathcal{N}$: O-erhaltend, negativ

$\mathcal{M}$: monoton $\mathcal{D}$: selbstdual $\mathcal{L}$: linear

Abb. 13 Positive, negative, monotone, selbstduale und lineare Fragmente der aussagenlogischen Sprache (vgl. Tab. 4)

Beachte, daß **KC** sowie **KE**, **AE**, **CE**, aber nicht **AC** Basen sind für die fragmentarische Sprache **KACEL** (sowie daß **K$\overline{\textbf{E}}$** und **A$\overline{\textbf{E}}$** Basen sind für die fragmentarische Sprache **KA$\overline{\textbf{CE}}$O**).

Für die fragmentarische Sprache **ACL** der „O-separierenden Aussageformen" (bzw. dual für **K$\overline{\textbf{C}}$O**) ist **C** (bzw. $\overline{\textbf{C}}$) eine Basis. **ACL** (bzw. **K$\overline{\textbf{C}}$O**)

[14] Von den 32 Ecken des Würfels sind nur die angegebenen 17 besetzt, weil zwischen den Eigenschaften $\mathcal{P}, \mathcal{N}, \mathcal{M}, \mathcal{D}, \mathcal{L}$ Abhängigkeiten bestehen:
$\mathcal{P}$ und $\mathcal{D}$ impliziert $\mathcal{N}$, dual $\mathcal{N}$ und $\mathcal{D}$ impliziert $\mathcal{P}$. $\mathcal{P}$, $\mathcal{N}$ und $\mathcal{L}$ impliziert $\mathcal{D}$. $\mathcal{M}$ und $\mathcal{D}$ impliziert $\mathcal{PN}$; $\mathcal{M}$ und $\mathcal{L}$ impliziert $\mathcal{D}$ — damit impliziert $\mathcal{M}$ und $\mathcal{L}$ sogar $\mathcal{PND}$. Unter $\mathcal{P}, \mathcal{N}, \mathcal{D}, \mathcal{M}$ und $\mathcal{L}$ verbleibt nur die mit O_1 bezeichnete Identität.
Die Sprachen C_3, A_3, L_3 sind dual zu den in Tab. 4 aufgeführten C_2, A_2, L_2 .

ist nicht durch die oben erwähnten Eigenschaften charakterisierbar; ihre Einordnung als F_4^∞ in das Inklusionsdiagramm von POST zeigt Abb. 14 .

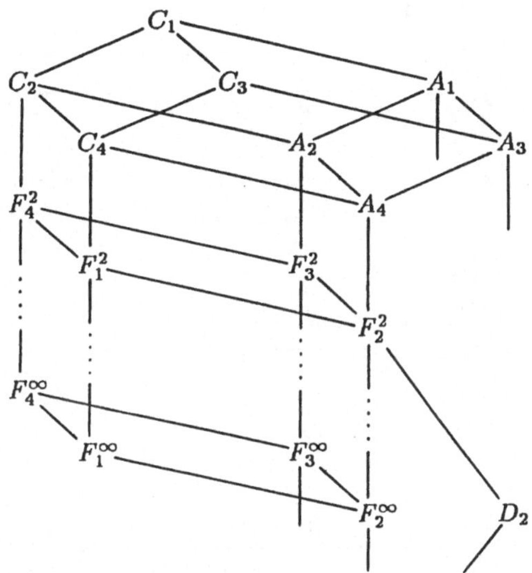

Das Diagramm ist durch ein duales ergänzt zu denken. Die Pünktchen deuten eine abzählbar unendliche Kette von Zwischensprachen an.
Basis für F_4^2 und F_1^2 ist **MC** bzw. **MCC**; für F_3^2 und F_2^2 **ML** bzw. **MS**; für F_4^∞ und F_1^∞ **C** bzw. **CC** und für F_3^∞ und F_2^∞ **SL** bzw. **S** . Für **CC** und **S** vgl. 3.5 .

Abb. 14. Weitere Fragmente der aussagenlogischen Sprache (vgl. Tab. 4)

Aufgabe 53:

[a] Gib eine Eigenschaft von Aussageformen an, die sowohl unter **E** wie unter **N** invariant ist, und zeige damit, daß die Basis **EN** (und erst recht die Basen **E** und **N**) nicht funktional vollständig ist.

[b] Zeige, daß (i) die Basis **MEEN** der selbstdualen und (ii) die Basis **B** der identitiven Aussageformen jeweils fragmentarisch ist.

Aufgabe 54: Zeige unter Rückgriff auf das Ergebnis von Aufgabe 8, daß von den zehn echten zweistelligen aussagenlogischen Funktionen genau drei in der Sprachbasis **C** darstellbar sind.

Aufgabe 55: Wie viele monotone einstellige, zweistellige und dreistellige Funktionen gibt es?

Aufgabe 56: Zeige: Das Gesetz zum *modus barbara* (5.2) und das adjunktive Resolutionsgesetz (7.1.6) gehen unter **C/AN**- bzw. **A/C**-Elimination bei geeigneter Umbezeichnung der Unbestimmten ineinander über: sie sind zweierlei Repräsentationen ein und desselben Sachverhalts.

Sprache	Basis	$p \wedge q$	$p \vee q$	$\neg p$
KACENOL	**CO**	$(p \to (q \to \mathbf{O})) \to \mathbf{O}$	$(p \to q) \to q$	$p \to \mathbf{O}$
	CN	$\neg(p \to \neg q)$	$\neg p \to q$	$\neg p$
	KN	$p \wedge q$	$\neg(\neg p \wedge \neg q)$	$\neg p$
	AN	$\neg(\neg p \vee \neg q)$	$p \vee q$	$\neg p$
	KEO	$p \wedge q$	$(p \wedge q) \leftrightarrow (p \leftrightarrow q)$	$p \leftrightarrow \mathbf{O}$
	AEO	$(p \vee q) \leftrightarrow (p \leftrightarrow q)$	$p \vee q$	$p \leftrightarrow \mathbf{O}$
	BOL	$p \to q; p$	$p \to p; q$	$p \to \mathbf{O}; \mathbf{L}$
	BN	$p \to q; p$	$p \to p; q$	$\neg p$
KACEL	**KE**	$p \wedge q$	$(p \wedge q) \leftrightarrow (p \leftrightarrow q)$	—
	AE	$(p \vee q) \leftrightarrow (p \leftrightarrow q)$	$p \vee q$	—
	CE	$(p \to q) \leftrightarrow p$	$(p \to q) \to q$	—
	KC	$p \wedge q$	$(p \to q) \to q$	—
	BL	$p \to q; p$	$p \to p; q$	—
KAB	**B**	$p \to q; p$	$p \to p; q$	—
KAOL	**KAOL**	$p \wedge q$	$p \vee q$	—
	MOL	$\mathbf{M}(p, \mathbf{O}, q)$	$\mathbf{M}(p, \mathbf{L}, q)$	—
KAL	**KAL**	$p \wedge q$	$p \vee q$	—
KA	**KA**	$p \wedge q$	$p \vee q$	—
ACL	**C**	—	$(p \to q) \to q$	—
ACC	**CC**	—	$\mathbf{CC}(p, q, q)$	—
MEEN	**MEEN**	—	—	$\neg p$
MEE	**MEE**	—	—	—
M	**M**	—	—	—
ENOL	**EN**	—	—	$\neg p$
	EO	—	—	$p \leftrightarrow \mathbf{O}$
EL	**E**	—	—	—
	EEL	—	—	—
EEN	**EEN**	—	—	$\neg p$
EE	**EE**	—	—	—

Tabelle 4 Einige minimale vollständige

$p \to q$	$p \leftrightarrow q$	$\mathbf{O}$	$\mathbf{L}$	POST	
$p \to q$	$((p \to q) \to ((q \to p)) \to \mathbf{O}) \to \mathbf{O}$	$\mathbf{O}$	$\mathbf{O} \to \mathbf{O}$	C_1	$\emptyset$
$p \to q$	$\neg((p \to q) \to \neg(q \to p))$	$\neg(p \to p)$	$p \to p$		
$\neg(p \wedge \neg q)$	$\neg(p \wedge \neg q) \wedge \neg(q \wedge \neg p)$	$p \wedge \neg p$	$\neg(p \wedge \neg p)$		
$\neg p \vee q$	$\neg(p \vee q) \vee \neg(\neg p \vee \neg q)$	$\neg(p \vee \neg p)$	$p \vee \neg p$		
$(p \wedge q) \leftrightarrow p$	$p \leftrightarrow q$	$\mathbf{O}$	$\mathbf{O} \to \mathbf{O}$		
$(p \vee q) \leftrightarrow q$	$p \leftrightarrow q$	$\mathbf{O}$	$\mathbf{O} \to \mathbf{O}$		
$(p \to q; \mathbf{L})$	$(p \to q; (q \to p; \mathbf{L}))$	$\mathbf{O}$	$\mathbf{L}$		
$(p \to q; \neg p)$	$(p \to q; \neg q)$	$(p \to \neg p; p)$	$(p \to p; \neg p)$		
$(p \wedge q) \leftrightarrow p$	$p \leftrightarrow q$	—	$p \leftrightarrow p$	C_2	$\mathcal{P}$
$(p \vee q) \leftrightarrow q$	$p \leftrightarrow q$	—	$p \leftrightarrow p$		
$p \to q$	$p \leftrightarrow q$	—	$p \leftrightarrow p$		
$p \to q$	$(p \to q) \wedge (q \to p)$	—	$p \to p$		
$(p \to q; \mathbf{L})$	$(p \to q; (q \to p; \mathbf{L}))$	—	$\mathbf{L}$		
—	—	—	—	C_4	$\mathcal{PN}$
—	—	$\mathbf{O}$	$\mathbf{L}$	A_1	$\mathcal{M}$
—	—	$\mathbf{O}$	$\mathbf{L}$		
—	—	—	$\mathbf{L}$	A_2	$\mathcal{PM}$
—	—	—	—	A_4	$\mathcal{PNM}$
$p \to q$	—	—	$p \to p$	F_4^∞	
—	—	—	—	F_1^∞	
—	—	—	—	D_3	$\mathcal{D}$
—	—	—	—	D_1	$\mathcal{PND}$
—	—	—	—	D_2	$\mathcal{PNMD}$
—	$p \leftrightarrow q$	$\neg(p \leftrightarrow p)$	$p \leftrightarrow p$	L_1	$\mathcal{L}$
—	$p \leftrightarrow q$	$\mathbf{O}$	$p \leftrightarrow p$		
—	$p \leftrightarrow q$	—	$p \leftrightarrow p$	L_2	$\mathcal{PL}$
—	$\mathbf{EE}(p, q, \mathbf{L})$	—	$\mathbf{L}$		
—	—	—	—	L_5	$\mathcal{DL}$
—	—	—	—	L_4	$\mathcal{PNDL}$

und fragmentarische Sprachbasen

9. Algebra der Aussageformen

9.1 Induzierte Operationen auf Aussageformen

Die Junktoren $\wedge$, $\vee$, $\neg$, $\rightarrow$, $\leftrightarrow$ lassen sich auf Aussageformen übertragen als formale Verbindungen (und sodann auf Äquivalenzklassen von Aussageformen, d.h. auf aussagenlogische Funktionen, vgl. 7.2).

Das Ergebnis der wieder durch $\wedge$, $\vee$, $\rightarrow$, $\leftrightarrow$ bezeichneten Verknüpfungen zweier Aussageformen α_1 und α_2 sind dabei die Aussageformen

$(\alpha_1 \wedge \alpha_2)$, $(\alpha_1 \vee \alpha_2)$, $(\alpha_1 \rightarrow \alpha_2)$, $(\alpha_1 \leftrightarrow \alpha_2)$;

das Ergebnis der Operation $\neg$ auf eine Aussageform α_1 ist die Aussageform $(\neg\alpha_1)$. Für diese Algebra der Aussageformen ist nach der Verträglichkeitsregel von 5.7 die Gleichstark-Relation eine Kongruenzrelation.

9.2 Der Boolesche Verband der Aussageformen

Für die Operationen $\wedge$, $\vee$, $\neg$, übertragen auf Aussageformen und auf Äquivalenzklassen von Aussageformen , gilt nun das

Theorem von Boole („Drittes Gesetz")[15]:

$\mathbf{B}_{2^{2^m}}$, die 2^{2^m} verschiedenen Klassen gleichstarker Aussageformen in den m Unbestimmten $p_1, p_2, \ldots, p_m$ (vgl. 7.2.1), wie auch $\mathbf{B}_{2^*}$, die Klassen gleichstarker Aussageformen in beliebig, aber endlich vielen Unbestimmten $p_1, p_2, \ldots$ bilden unter den von $\wedge$, $\vee$, $\neg$ induzierten Operationen einen Booleschen Verband; mit der Klasse [**L**] der Tautologien als Einselement **1** und mit der Klasse [**O**] der Kontradiktionen als Nullelement **0** (**KANOL**-Verband).

Zum Beweis sind die Postulate eines Booleschen Verbands (Bauer-Goos I, 4. Aufl., 2.1.3.6) nachzuprüfen. Man kann sie direkt ablesen aus den Biimplikationen der Sprache **KAN** bzw. **KANOL** (5.5.1): Für jedes dieser Formgesetze gehen wir nach 7.2 zu den Äquivalenzklassen über: etwa aus

$\alpha_1 \wedge \alpha_2 \models\!\!\!\dashv \alpha_2 \wedge \alpha_1$ erhalten wir $[\alpha_1] \wedge [\alpha_2] \Leftrightarrow [\alpha_2] \wedge [\alpha_1]$,

wobei $x \Leftrightarrow y$ für $x \Rightarrow y$ *und* $y \Rightarrow x$ steht (vgl. 7.2), das Zeichen $\Leftrightarrow$ also (elementweise) Übereinstimmung der Klassen bedeutet.

Der Boolesche Verband $\mathbf{B}_{2^*}$ von abzählbar unendlich vielen Äquivalenzklassen heißt auch die **Lindenbaum-Tarski-Algebra** der (klassischen) Aussagenlogik, mit den abzählbar vielen Unbestimmten als Erzeugenden.

Ein **nichtatomarer** Verband ist ein Verband, in dem es zu jedem Element $[\alpha]$ ein von diesem und von [**O**] verschiedenes Element $[\beta]$ gibt mit

$\mathbf{O} \Rightarrow [\beta] \Rightarrow [\alpha]$.

Die Lindenbaum-Tarski-Algebra $\mathbf{B}_{2^*}$ ist ein *nichtatomarer* Verband. Zum Beweis nehme man, wenn α die Unbestimmten $p_1, p_2, p_3, \ldots, p_n$ enthält, das Element $\beta \doteq \alpha \wedge p_{n+1}$.

---

[15] George Boole (1815-1864). Sein Hauptwerk 'An investigation into the laws of thought' entstand ab 1847 und erschien gedruckt in London 1854.

Trivialerweise bildet auch $\{[\mathbf{L}], [\mathbf{O}]\}$ (bzw. die Menge der Wahrheitswerte $\{T, F\}$) unter den Operationen $\wedge$, $\vee$, $\neg$ einen Booleschen Verband, mit $[\mathbf{L}]$ als Einselement und $[\mathbf{O}]$ als Nullelement – den Verband $\mathbb{B}_2$.

Die Ordnung $\Rightarrow$ der ausssagenlogischen Funktionen in genau m Unbestimmten – oder in beliebig, aber endlich vielen Unbestimmten, also *aller* ausssagenlogischen Funktionen – ist (vgl. 7.2) eine Verbandsordnung. Abb. 15 zeigt das Hasse-Diagramm des Verbands $\mathbb{B}_{2^4}$ der 16 zweistelligen Funktionen (vgl. 7.2.3) als Doppelwürfel-Diagramm, Abb. 16 die Anordnung in einem Händler-Diagramm. Man kann daraus die Beispiele (3) und (4) von 5.1.2 direkt ablesen.

Die Couffignal-Codierung der Funktionen liefert auf dem Kreis des Händler-Diagramms einen reflektierten Code (vgl. 7.3.2, Abb. 7).

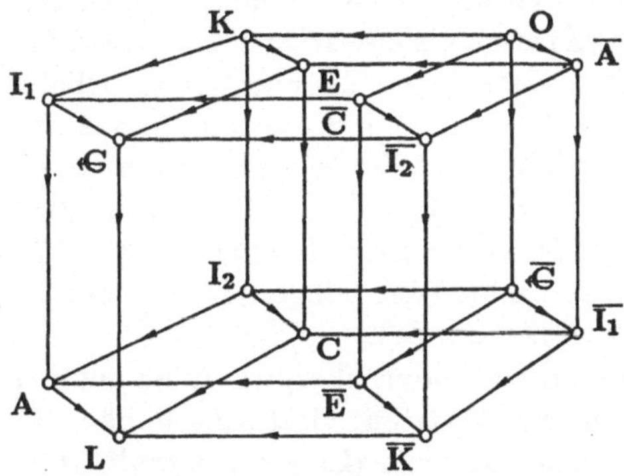

Abb. 15 Hasse-Diagramm des Verbands der sechzehn zweistelligen aussagenlogischen Funktionen als Doppelwürfel-Diagramm

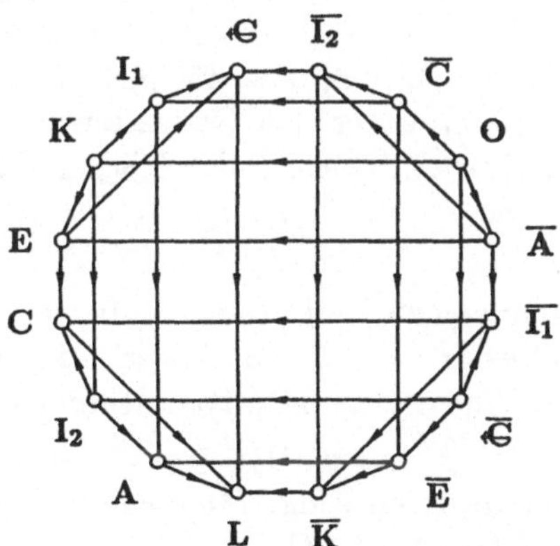

Abb. 16 Hasse-Diagramm des Verbands der sechzehn zweistelligen aussagenlogischen Funktionen als Händler-Diagramm, vgl. Abb. 7, $m = 4$

Viele Sätze, die wir über Aussageformen direkt („modelltheoretisch“) beweisen können, könnten wir auch aus allgemeinen Sätzen über Boolesche Verbände („abstrakt-algebraisch") gewinnen. Dies gilt z.B. für das Boolesche Fundamentaltheorem (5.4.2):

Aufgabe 57*: Zeige, daß in *jedem* Booleschen Verband für jeden Ausdruck α in **KANOL** gilt $\alpha \equiv (x \wedge \alpha^{x:=\mathbf{L}}) \vee (\neg x \wedge \alpha^{x:=\mathbf{O}})$. ⋈

Man kann auch den Begriff des Booleschen Verbands als abstrakte Grundlage wählen und dann die Aussagenlogik, die Schaltalgebra, den Fallunterscheidungskalkül der Programmierung als konkrete Modellalgebren auffassen.

9.3 Die Gruppe und der Boolesche Ring der Aussageformen

Aus den in 5.5.2 aufgeführten Biimplikationen für die (fragmentarische) Sprache **EL** der positiven linearen Aussageformen erhält man gleichermaßen Formgesetze, die besagen, daß die Klassen gleichstarker **EL**-Formen in m Unbestimmten wie auch die Klassen gleichstarker **EL**-Formen in beliebig, aber endlich vielen Unbestimmten unter den von $\leftrightarrow$ induzierten Operationen eine abelsche Gruppe (die **EL**-Gruppe) bilden, mit der Klasse [L] der Tautologien als neutralem Element . Wegen $a \leftrightarrow a \models\!\!\!\dashv \mathbf{L}$ und $a \leftrightarrow \mathbf{L} \models\!\!\!\dashv a$ ist die Gruppe von der Ordnung 2 ; jedes Element ist sein eigenes Inverses. Abb. 17 zeigt die Gruppentafel der Gruppe der sechzehn zweistelligen Funktionen. Entsprechendes gilt dual für $\not\leftrightarrow$ mit [O] ($\overline{\mathbf{E}}$O-Gruppe).

Die erwähnten Aussageformen bilden überdies unter den von $\leftrightarrow$ und $\vee$ induzierten Operationen (mit der Distributivität von $\vee$ über $\leftrightarrow$ nach Aufgabe 24) einen kommutativen Ring $\mathcal{R}$, mit [L] als Ringnull, [O] als Ringeins, $\vee$ als Multiplikation, $\leftrightarrow$ als Addition. Es handelt sich bei dem **AELO**-Ring $(\mathcal{R}, (\vee\ , \leftrightarrow\ , \mathbf{L}, \mathbf{O}))$ sogar um einen **Booleschen Ring**, in dem das **Idempotenzgesetz** $a \vee a \equiv a$ gilt.

Entsprechendes gilt dual für $(\wedge\ , \not\leftrightarrow , \mathbf{O}, \mathbf{L})$ – den **K$\overline{\mathbf{E}}$OL**-Ring. In diesem Zusammenhang wird $\leftrightarrow$ bzw. $\not\leftrightarrow$ abstrakt mit + („mod-2-Addition") und $\vee$ bzw. $\wedge$ mit $\cdot$ bezeichnet, für [L], [O] bzw. für [O], [L] stehen 0 und 1.

Trivialerweise bildet $\{0,1\}$ unter den Operationen $+, \cdot$ einen Booleschen Ring, der sich sogar als Körper erweist – der Körper GF2 mit 0 als Körper-Null und 1 als Körper-Eins.

Aufgabe 58:

[a] Zeige: In jedem Booleschen Ring $(+\ ,\ \cdot\ ,\ 0\ ,\ 1)$ gilt das **Charakteristik-2-Gesetz** $a + a \equiv 0$, sowie $a \cdot (a + 1) \equiv 0$.

[b] Zeige: Werden in einem kommutativen Ring $(+\ , \cdot\ , 0\ , 1)$ zwei neue Operationen definiert: $x \oplus y \stackrel{\text{def}}{=} x + y - 1, x \odot y \stackrel{\text{def}}{=} x + y - x \cdot y$, so bildet auch $(\oplus\ , \odot\ , 1\ , 0)$ einen kommutativen Ring. Man wende die Konstruktion an auf $(\not\leftrightarrow , \wedge\ , \mathbf{O}\ , \mathbf{L}\ )$ sowie auf $(\leftrightarrow\ , \vee\ , \mathbf{L}\ , \mathbf{O}\ )$. ⋈

Es gilt folgende **Transskription KAN – K$\overline{\mathbf{E}}$OL** (I. I. Žegalkin 1927, E. T. Bell 1927) beziehungsweise **KAN – AELO** (J. Herbrand 1930, auch P. J. Daniell 1918; Birkhoff, 2.Aufl., p. 153):

$$a \wedge b \stackrel{\text{def}}{=} a \cdot b \qquad a \vee b \stackrel{\text{def}}{=} a + b + a \cdot b \qquad \neg a \stackrel{\text{def}}{=} a + 1 \qquad \text{, umgekehrt}$$

$$a \cdot b \stackrel{\text{def}}{=} a \wedge b \qquad a + b \stackrel{\text{def}}{=} (a \wedge \neg b) \vee (\neg a \wedge b) \qquad 0 \stackrel{\text{def}}{=} a \wedge \neg a \qquad 1 \stackrel{\text{def}}{=} a \vee \neg a\ .$$

	L	$\leftarrow\!C$	A	C	$\overline{K}$	I_1	E	I_2	$\overline{I}_2$	$\overline{E}$	$\overline{I}_1$	K	$\overline{C}$	$\overline{A}$	$\overline{\leftarrow\!C}$	O
L	L	$\leftarrow\!C$	A	C	$\overline{K}$	I_1	E	I_2	$\overline{I}_2$	$\overline{E}$	$\overline{I}_1$	K	$\overline{C}$	$\overline{A}$	$\overline{\leftarrow\!C}$	O
$\leftarrow\!C$	$\leftarrow\!C$	L	I_1	E	$\overline{I}_2$	A	C	K	$\overline{K}$	$\overline{C}$	$\overline{A}$	I_2	$\overline{E}$	$\overline{I}_1$	O	$\overline{\leftarrow\!C}$
A	A	I_1	L	I_2	$\overline{E}$	$\leftarrow\!C$	K	C	$\overline{C}$	$\overline{K}$	$\overline{\leftarrow\!C}$	E	$\overline{I}_2$	O	$\overline{I}_1$	$\overline{A}$
C	C	E	I_2	L	$\overline{I}_1$	K	$\leftarrow\!C$	A	$\overline{A}$	$\overline{\leftarrow\!C}$	$\overline{K}$	I_1	O	$\overline{I}_2$	$\overline{E}$	$\overline{C}$
$\overline{K}$	$\overline{K}$	$\overline{I}_2$	$\overline{E}$	$\overline{I}_1$	L	$\overline{C}$	$\overline{A}$	$\overline{\leftarrow\!C}$	$\leftarrow\!C$	A	C	O	I_1	E	I_2	K
I_1	I_1	A	$\leftarrow\!C$	K	$\overline{C}$	L	I_2	E	$\overline{E}$	$\overline{I}_2$	O	C	$\overline{K}$	$\overline{\leftarrow\!C}$	$\overline{A}$	$\overline{I}_1$
E	E	C	K	$\leftarrow\!C$	$\overline{A}$	I_2	L	I_1	$\overline{I}_1$	O	$\overline{I}_2$	A	$\overline{\leftarrow\!C}$	$\overline{K}$	$\overline{C}$	$\overline{E}$
I_2	I_2	K	C	A	$\overline{\leftarrow\!C}$	E	I_1	L	O	$\overline{I}_1$	$\overline{E}$	$\leftarrow\!C$	$\overline{A}$	$\overline{C}$	$\overline{K}$	$\overline{I}_2$
$\overline{I}_2$	$\overline{I}_2$	$\overline{K}$	$\overline{C}$	$\overline{A}$	$\leftarrow\!C$	$\overline{E}$	$\overline{I}_1$	O	L	I_1	E	$\overline{\leftarrow\!C}$	A	C	K	I_2
$\overline{E}$	$\overline{E}$	$\overline{C}$	$\overline{K}$	$\overline{\leftarrow\!C}$	A	$\overline{I}_2$	O	$\overline{I}_1$	I_1	L	I_2	$\overline{A}$	$\leftarrow\!C$	K	C	E
$\overline{I}_1$	$\overline{I}_1$	$\overline{A}$	$\overline{\leftarrow\!C}$	$\overline{K}$	C	O	$\overline{I}_2$	$\overline{E}$	E	I_2	L	$\overline{C}$	K	$\leftarrow\!C$	A	I_1
K	K	I_2	E	I_1	O	C	A	$\leftarrow\!C$	$\overline{\leftarrow\!C}$	$\overline{A}$	$\overline{C}$	L	$\overline{I}_1$	$\overline{E}$	$\overline{I}_2$	$\overline{K}$
$\overline{C}$	$\overline{C}$	$\overline{E}$	$\overline{I}_2$	O	I_1	$\overline{K}$	$\overline{\leftarrow\!C}$	$\overline{A}$	A	$\leftarrow\!C$	K	$\overline{I}_1$	L	I_2	E	C
$\overline{A}$	$\overline{A}$	$\overline{I}_1$	O	$\overline{I}_2$	E	$\overline{\leftarrow\!C}$	$\overline{K}$	$\overline{C}$	C	K	$\leftarrow\!C$	$\overline{E}$	I_2	L	I_1	A
$\overline{\leftarrow\!C}$	$\overline{\leftarrow\!C}$	O	$\overline{I}_1$	$\overline{E}$	I_2	$\overline{A}$	$\overline{C}$	$\overline{K}$	K	C	A	$\overline{I}_2$	E	I_1	L	$\leftarrow\!C$
O	O	$\overline{\leftarrow\!C}$	$\overline{A}$	$\overline{C}$	K	$\overline{I}_1$	$\overline{E}$	$\overline{I}_2$	I_2	E	I_1	$\overline{K}$	C	A	$\leftarrow\!C$	L

Abb. 17 Die Gruppe der sechzehn zweistelligen aussagenlogischen Funktionen

Weil die Ringgesetze vom Zahlenrechnen her vertraut sind, „rechnet es sich" nach geeigneter Transskription im Booleschen Ring oft leichter. Wegen der Gruppeneigenschaft von $\overline{\mathbf{E}}$ bzw. **E** sind auch die Umformungen häufig einfacher durchführbar. So kann die eine Richtung des Beweises für Satz 2 von 6.1 ohne Rückgriff auf Satz 1 folgendermaßen geführt werden:

Die „Gleichung" (2) bedeutet $(\psi \wedge \alpha) \not\leftrightarrow \beta \models\!\!\!\dashv \mathbf{O}$. „Multiplikation" mit $\neg\psi$ und Distributivgesetz ergeben $\mathbf{O} \not\leftrightarrow (\neg\psi \wedge \beta) \models\!\!\!\dashv \mathbf{O}$, also $\neg\psi \wedge \beta \models\!\!\!\dashv \mathbf{O}$. Das bedeutet $\neg\beta \vee \psi \models\!\!\!\dashv \mathbf{L}$ oder $\beta \rightarrow \psi \models\!\!\!\dashv \mathbf{L}$, also $\beta \models \psi$.
Gleichermaßen ergibt „Multiplikation" mit $\neg\alpha$: $\beta \models \alpha$.
„Multiplikation" mit α ergibt: $(\psi \wedge \alpha) \not\leftrightarrow (\beta \wedge \alpha) \models\!\!\!\dashv \mathbf{O}$;
„Multiplikation" mit $\alpha \wedge \beta$ ergibt: $(\psi \wedge (\alpha \wedge \beta)) \not\leftrightarrow (\beta \wedge \alpha) \models\!\!\!\dashv \mathbf{O}$.
„mod-2-Addition" der letzten beiden „Gleichungen" ergibt:
$(\psi \wedge \alpha) \not\leftrightarrow (\psi \wedge (\alpha \wedge \beta)) \models\!\!\!\dashv \mathbf{O}$, d.h. nach dem Distributivgesetz
$\psi \wedge (\alpha \not\leftrightarrow (\alpha \wedge \beta)) \models\!\!\!\dashv \mathbf{O}$. Das bedeutet
$\psi \rightarrow (\alpha \leftrightarrow (\alpha \wedge \beta)) \models\!\!\!\dashv \mathbf{L}$ oder $\psi \models \alpha \leftrightarrow (\alpha \wedge \beta)$, also (8.5.6)
$\psi \models \alpha \rightarrow \beta$.

9.4 Andere algebraische Strukturen von Aussageformen

9.4.1 Schließlich bilden die Klassen gleichstarker Aussageformen auch unter der von der Subjunktion induzierten Operation eine algebraische Struktur, genannt „Subjunktiv", mit einem ausgezeichneten Element **O** und den Postulaten

$$\begin{aligned}
(a \to b) \to a &\equiv a \\
(a \to b) \to b &\equiv (b \to a) \to a \\
a \to (b \to c) &\equiv b \to (a \to c) \\
a \to a &\equiv b \to b \\
(b \to b) \to a &\equiv a \\
a \to (b \to b) &\equiv c \to c \\
\mathbf{O} \to a &\equiv b \to b
\end{aligned}$$

Für die ersten drei Postulate vergleiche man das Gesetz von PEIRCE, das Gesetz von RUSSELL und das Gesetz von der Prämissenvertauschung in ihren zweiseitigen Formen. Das vierte Postulat folgt aus der Tautologie von der Selbstsubjunktion. Für die übrigen vgl. 5.5.3 mit $b \to b \models\!\dashv \mathbf{L}$.

J. C. ABBOTT und P. R. KLEINDORFER haben 1961 gezeigt, daß diese Postulate ebenfalls Boolesche Verbände charakterisieren, wobei (vgl. Tab. 4)

$\mathbf{L}$	durch	$a \to a$
$\neg a$	durch	$a \to \mathbf{O}$
$a \vee b$	durch	$(a \to b) \to b$
$a \wedge b$	durch	$(a \to (b \to \mathbf{O})) \to \mathbf{O}$

ausgedrückt werden kann.

9.4.2 Ähnlich kann man auch für die NAND-Operation Postulate angeben (B. A. BERNSTEIN 1933):

(I) $(b \uparrow a) \uparrow (b' \uparrow a) \equiv a$

(II) $a \uparrow (b \uparrow c) \equiv ((c' \uparrow a) \uparrow (b' \uparrow a))'$

wobei a' für $a \uparrow a$ steht.

Aufgabe 59: Zeige, daß aus BERNSTEINs Postulaten (I), (II)

(komm) $a \uparrow b \equiv b \uparrow a$

und die schon von SHEFFER angegebenen Beziehungen

(III) $a'' \equiv a$

(IV) $a \uparrow (b \uparrow b') \equiv a'$

(V) $(a \uparrow (b \uparrow c))' \equiv (c' \uparrow a) \uparrow (b' \uparrow a)$

folgen (vgl. 8.6, Fußnote 11).

9.4.3 Als Postulate für die dreistellige Operation **B** reichen die folgenden von MCCARTHY 1961 angegebenen Gesetze aus

(1) $\mathbf{B}(p, a, a) \equiv a$

(2) $\mathbf{B}(\mathbf{L}, a, b) \equiv a$

(3) $\mathbf{B}(\mathbf{O}, a, b) \equiv b$

(4) $\mathbf{B}(p, \mathbf{L}, \mathbf{O}) \equiv p$

(5) $\mathbf{B}(p, \mathbf{B}(p, a, b), c) \equiv \mathbf{B}(p, a, c)$

(6) $\mathbf{B}(p, a, \mathbf{B}(p, b, c)) \equiv \mathbf{B}(p, a, c)$

(7) $\mathbf{B}(p, \mathbf{B}(q, a, b), \mathbf{B}(q, c, d)) \equiv \mathbf{B}(q, \mathbf{B}(p, a, c), \mathbf{B}(p, b, d))$

(8) $\mathbf{B}(\mathbf{B}(p, q, r), a, b) \equiv \mathbf{B}(p, \mathbf{B}(q, a, b), \mathbf{B}(r, a, b))$

Aufgabe 60: Zeige

(9) $\mathbf{B}(p, p, b) \equiv \mathbf{B}(p, \mathbf{L}, b)$ (und speziell $\mathbf{B}(p, p, \mathbf{L}) \equiv \mathbf{L}, \mathbf{B}(p, p, \mathbf{O}) \equiv p$)

(10) $\mathbf{B}(p, a, p) \equiv \mathbf{B}(p, a, \mathbf{O})$ (und speziell $\mathbf{B}(p, \mathbf{O}, p) \equiv \mathbf{O}, \mathbf{B}(p, \mathbf{L}, p) \equiv p$).

Aufgabe 61:
[a] Zeige: Aus (5) mit (7) und (1) folgt (6) .
[b] Zeige: Aus (7), (1) und (4) mit (5) folgt (3), mit (6) folgt (2) . ⋈

Definiert man beispielsweise
$\neg p$ durch $\mathbf{B}(p, \mathbf{O}, \mathbf{L})$,
so liefert das Postulat (8) zusammen mit (2) und (3) die Dualitätsgesetze
(0) $\mathbf{B}(\neg p, a, b) \equiv \mathbf{B}(p, b, a)$,
(00) $\neg\mathbf{B}(p, a, b) \equiv \mathbf{B}(p, \neg a, \neg b)$.
Ferner rechnet man aus: $\neg\mathbf{L} \equiv \mathbf{O}$.

Aufgabe 62: Zeige, daß für eine geeignete Definition von Negation, Adjunktion und Konjunktion über **BOL** die Gesetze eines Booleschen Verbands erfüllt sind.

9.5 Mengen als Modelle des Booleschen Verbands

Nicht nur Aussageformen liefern Modelle eines Booleschen Verbands, auch in der Topologie, Maßtheorie, Funktionalanalysis wird man auf Boolesche Verbände geführt. Besonders wichtig sind Mengen als Modellalgebren des Booleschen Verbands.

9.5.1 Es sei $\mathcal{U}$ eine Menge und $\mathrm{P}(\mathcal{U})$ die Menge der Teilmengen von $\mathcal{U}$. Dann bildet $\mathrm{P}(\mathcal{U})$ einen Booleschen Verband mit
dem Mengenkomplement $\backslash.$ bezüglich $\mathcal{U}$ als Negation,
dem Mengendurchschnitt $.\cap.$ als Konjunktion,
der Mengenvereinigung $.\cup.$ als Disjunktion,
der leeren Menge $\emptyset$ als Nullelement,
der vollen Menge $\mathcal{U} = \backslash\emptyset$ als Einselement.

Die Enthaltensein-Relation $\subseteq$ dient als Stärker-Relation:

$\mathbf{O} \models a \wedge b \models a \models a \vee b \models \mathbf{L}$ entspricht $\emptyset \subseteq \mathcal{A} \cap \mathcal{B} \subseteq \mathcal{A} \subseteq \mathcal{A} \cup \mathcal{B} \subseteq \mathcal{U}$.

Die Mengendifferenz, definiert durch $\mathcal{A} \backslash \mathcal{B} \stackrel{\text{def}}{=} \mathcal{A} \cap \backslash\mathcal{B} = \backslash(\backslash\mathcal{A} \cup \mathcal{B})$ liefert die Subtraktion, das Negat der Subjunktion; die symmetrische Mengendifferenz, definiert durch $\mathcal{A} + \mathcal{B} \stackrel{\text{def}}{=} (\mathcal{A} \cup \mathcal{B}) \cap (\backslash\mathcal{B} \cup \backslash\mathcal{A})$ liefert die Bisubtraktion.

Nach dem wichtigen Darstellungssatz von STONE (1934) kann sogar aus jedem Modell des Booleschen Verbands ein Teilmengenmodell gewonnen werden. Danach ergibt sich zum Modell $\mathbb{B}_{2^{2^m}}$ der 2^{2^m} Klassen gleichstarker Aussageformen in m Unbestimmten trivialerweise das Modell der 2^{2^m} Teilmengen einer endlichen Menge $\mathcal{C}^{(m)}$ von 2^m Elementen, nämlich den 2^m Belegungen der m Unbestimmten. Die charakteristischen Funktionen dieser Teilmengen liefern eine Couffignal-Codierung (7.3.1) durch Worte der festen Länge 2^m über dem Alphabet $\mathcal{C} \mathrel{\hat{=}} \{T, F\}$.

Zum Modell $\mathbb{B}_{2^*}$ der Klassen gleichstarker Aussageformen in beliebig, aber endlich vielen Unbestimmten – der Lindenbaum-Tarski-Algebra der Aussagenlogik mit abzählbar vielen Unbestimmten als Erzeugenden (9.2) – ergibt sich ein Modell, das nur gewisse Teilmengen der überabzählbar unendlichen Menge $\mathcal{C}^{\infty}$, bestehend aus den Belegungen der abzählbar vielen Unbestimmten, umfaßt. Die charakteristischen Funktionen dieser Teilmengen liefern eine Couffignal-Codierung in der Gesamtheit aller Worte unendlicher Länge über $\mathcal{C}$. Von diesen T-F-Folgen entsprechen jedoch nur abzählbar viele „rationale“ den abzählbar vielen Klassen gleichstarker Aussageformen, nämlich diejenigen, die periodisch sind mit einer Zweierpotenz als Periode.

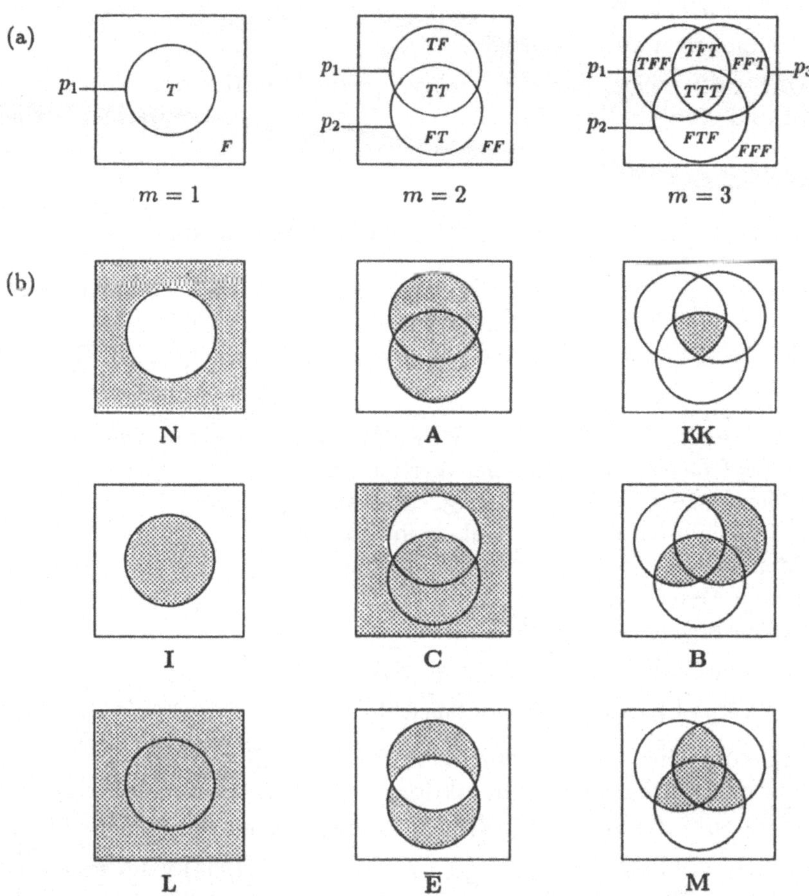

Abb. 18 Euler-Venn-Diagramme zu m-stelligen Aussageformen
(a) Grundschablone (b) jeweilige Schwärzung

Die für Mengen üblichen Kreisdiagramme nach EULER und VENN lassen sich auch zur Veranschaulichung des funktionalen Verhaltens von Ausageformen heranziehen (Abb. 18). In der syllogistischen Tradition war es üblich, F durch Schwärzung zu kennzeichnen; in modernen Darstellungen, insbesondere in der Schaltalgebra, wird T durch Schwärzung, Schraffierung oder dergleichen markiert, vgl. 7.3.3 .

Abb. 19 Kantorovič-Baum und Schaltbaum zur Aussagenform $(a \wedge \neg b) \vee (\neg a \wedge b)$

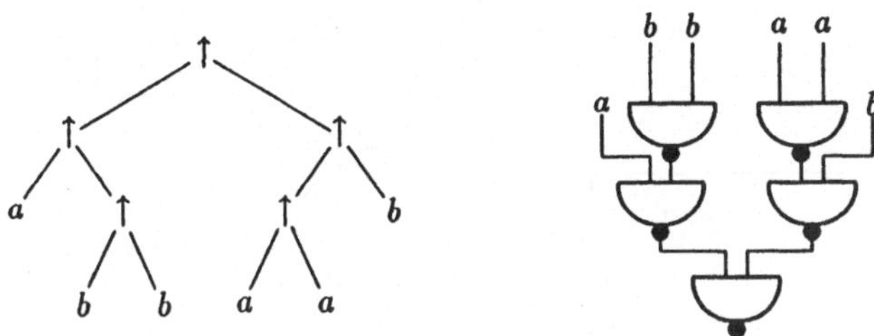

Abb. 20 Kantorovič-Baum und Schaltbaum zur Aussagenform $((b \uparrow b) \uparrow a) \uparrow (b \uparrow (a \uparrow a))$

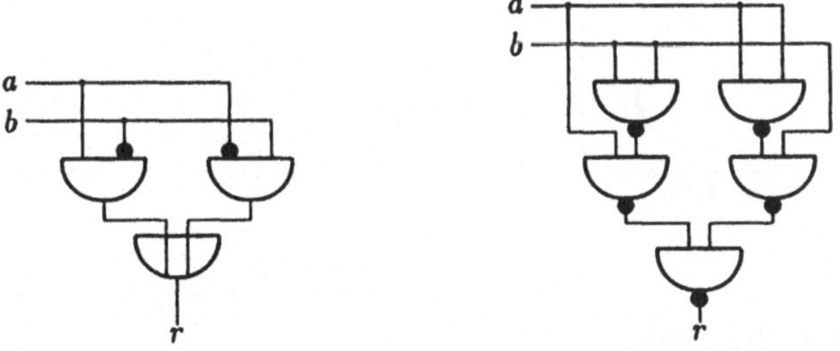

Abb. 21 Übergang zu einem Baustein durch Vernetzung der Eingänge von (Schalt-)Bäumen

9.5.2 Auch gewisse Kontaktschaltungen liefern Modelle des Booleschen Verbands. Mehr darüber in 12.3 . Ein gleiches gilt für Entscheidungsbäume (12.5).

9.5.3 Modelle eines Booleschen Verbands liefern auch die zu den Aussageformen gehörigen Kantorovič-Bäume (3.1.2) als Repräsentanten von semantischen Äquivalenzklassen. Solchen Bäumen folgen die heute üblichen elektronischen binären Schaltungen.

Abb. 19 zeigt zur Aussageform $(a \wedge \neg b) \vee (\neg a \wedge b)$ mit der Funktion [E] Kantorovič-Baum und Schaltbaum, Abb. 20 zeigt die gleichstarke Aussageform $(a \uparrow (b \uparrow b)) \uparrow ((a \uparrow a) \uparrow b)$ und ihre Realisierung mit NAND-Gliedern, die für Transistorschaltungen adäquat ist.

Die Zusammensetzung von zwei Schaltbäumen erfolgt, indem man die Wurzel des einen Schaltbaums (den „Ausgang“) mit einem Blatt des anderen Schaltbaums (einem „Eingang“) identifiziert. Aus Schaltbäumen erhält man **Schaltnetze**, wenn man bei ihrer Zusammensetzung einen Ausgang mehrfach als

Eingang verwendet. Zu Schaltnetzen gelangt man auch, wenn man mehrere gleichbezeichnete Eingänge eines Schaltbaums zusammenfaßt und diesen damit zu einem Baustein macht (Abb. 21).

Kantorovič-Bäume werden auch zur Verdeutlichung von logischen Beziehungen im technischen Alltag eingesetzt. Abb. 22 zeigt ein Beispiel aus der Überwachungstechnik in Gestalt eines Schaltbaums.

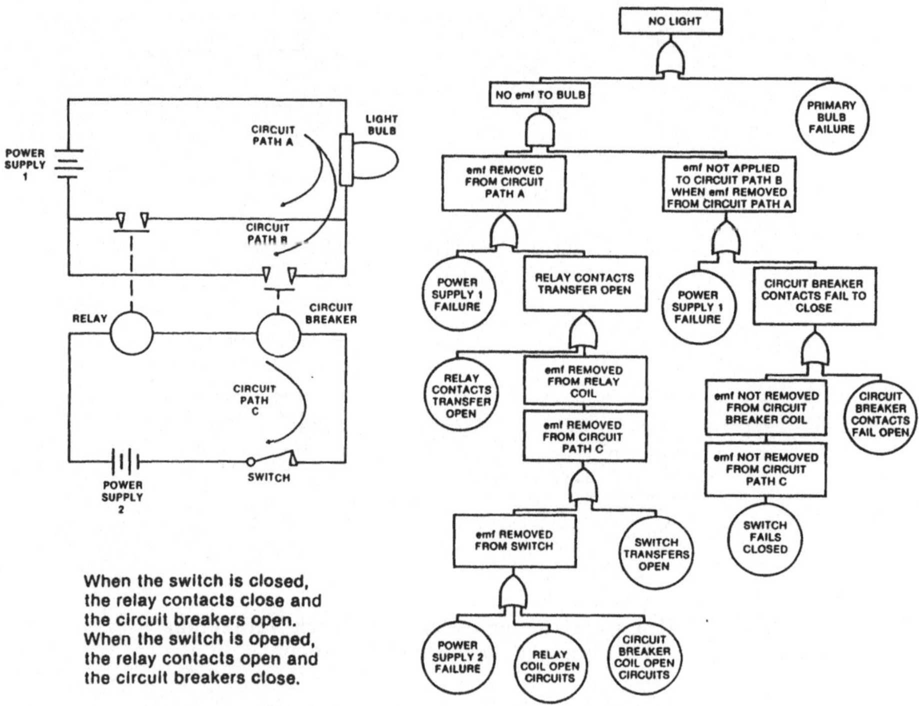

Abb. 22 Entscheidungsbaum aus der Überwachungstechnik, nach J.B.FUSSEL
Links Schaltsystem, rechts zugehöriger 'fault tree'

9.6 Rechnen unter Verwendung der Couffignal-Codierung

9.6.1 Auf Aussageformen, die in Couffignal-Codierung (7.3.1) vorliegen, können die Operationen **K**,**A**,**C**,**E**,**N** „Stelle für Stelle" angewandt werden (MAYS, PRINCE 1950, COUFFIGNAL 1952, LEDLEY 1954, KITOV 1956).

Beispiele: $(m = 3)$

$$\begin{array}{ll}
p_1 \wedge p_2 & \hat{=} \; TTFFFFFF \\
p_2 \wedge p_3 & \hat{=} \; TFFFTFFF \\
\hline
(p_1 \wedge p_2) \vee (p_2 \wedge p_3) & \hat{=} \; TTFFTFFF
\end{array}$$

$$
\begin{array}{ll}
p_1 \vee p_3 & \hat{=}\ TTTTTFTF \\
p_2 & \hat{=}\ TTFFTTFF \\
\hline
(p_1 \vee p_3) \wedge p_2 & \hat{=}\ TTFFTFFF
\end{array}
$$

Die stellenweisen Operationen der Konjunktion und Adjunktion sowie insbesondere die stellenweise Negation und mod-2-Addition sind im Befehlsvorrat größerer Rechenwerke unmittelbar vorhanden. In einem Rechenwerk mit einer Verarbeitungsbreite von 32 Bit lassen sich Aussageformen mit bis zu 5 Unbestimmten in Couffignal-Codierung effizient parallel behandeln; für Formen mit mehr Unbestimmten muß man zu abschnittsweiser Verarbeitung greifen.

Der Wert $[\alpha](\mathbf{x})$ einer Aussageform α für ein Argument-Tupel $\mathbf{x} = (x_1, x_2, \ldots, x_m) \in \{T, F\}^m$ ergibt sich direkt aus der k-ten Stelle (von hinten) der Couffignal-Codierung von α, wobei $k = n(\mathbf{x})$ das Zahläquivalent des Argument-Tupels $\mathbf{x}$ ist.

Beipiel: $[(p_1 \wedge p_2) \vee (p_2 \wedge p_3)](T, F, T) = \underset{7\ 6\ 5\ 4\ 3\ 2\ 1\ 0}{T\,T\,F\,F\,T\,F\,F\,F}$ (5)

$$\uparrow \qquad = F$$

Die Auswertung erfordert also eine Bit-Anwahl des „logischen Spektrums"; diese kann geschehen mittels Adressierung von Speicherworten und einem Zugriffsbefehl, der über die Verarbeitungsbreite im Rechenwerk läuft. Über einen Verschiebebefehl, wie er sich im Befehlsvorrat jeder Rechenanlage mit größerem Rechenwerk findet, ist diese Operation ebenfalls effizient durchführbar.

9.6.2 Die Couffignal-Codierung erlaubt eine elegante „stellenweise" Behandlung aussagenlogischer „Gleichungen" (H. ZEMANEK).

Aussagenlogische Gleichungen haben wie Gleichungen in Zahlkörpern gelegentlich keine oder mehrere Lösungen. Übergang zur Potenzmenge schafft Lösbarkeit und Eindeutigkeit.

Die Teilmengen der Menge $\{T, F\}$ seien folgendermaßen bezeichnet:

! die leere Menge (suggestiv: *Vorsicht, keine Lösung!*)

$\mathcal{T}$ die aus T bestehende einelementige Menge

$\mathcal{F}$ die aus F bestehende einelementige Menge

$\mathcal{P}$ die Menge $\{T, F\}$ selbst.

Dann gilt beispielsweise

$$
\begin{array}{lllll}
\{v(x): \mathbf{L} \models\!\!\!\dashv \mathbf{L} \vee x\} & = & \{v(x): \mathbf{L} \models\!\!\!\dashv \mathbf{L}\} & = & \mathcal{P} \\
\{v(x): \mathbf{L} \models\!\!\!\dashv \mathbf{O} \vee x\} & = & \{v(x): \mathbf{L} \models\!\!\!\dashv x\} & = & \mathcal{T} \\
\{v(x): \mathbf{O} \models\!\!\!\dashv \mathbf{L} \vee x\} & = & \{v(x): \mathbf{O} \models\!\!\!\dashv \mathbf{L}\} & = & ! \\
\{v(x): \mathbf{O} \models\!\!\!\dashv \mathbf{O} \vee x\} & = & \{v(x): \mathbf{O} \models\!\!\!\dashv x\} & = & \mathcal{F}\,.
\end{array}
$$

Damit läßt sich die „Gleichung" $\quad Y^3_{60} \Leftrightarrow (Y^3_{36} \vee Y^3_x)$

folgendermaßen stellenweise behandeln:

$$
\begin{array}{ll}
Y^3_{60} & \hat{=}\ \mathcal{FFTTTTFF} \\
Y^3_{36} & \hat{=}\ \mathcal{FFTFFTFF} \\
\hline
Y^3_x & \hat{=}\ \mathcal{FFPTTPFF}
\end{array}
$$

Das bedeutet, daß aufgrund der beiden auftretenden $\mathcal{P}$ vier Lösungen

$$\begin{aligned}
Y^3_{60} &\mathrel{\hat=} FFTTTTFF \mathrel{\hat=} (\lambda p_1, \lambda p_2, \lambda p_3)(p_1 \nleftrightarrow p_2) \\
Y^3_{56} &\mathrel{\hat=} FFTTTFFF \mathrel{\hat=} (\lambda p_1, \lambda p_2, \lambda p_3)(p_1 \wedge \neg p_2) \vee (\neg p_1 \wedge p_2 \wedge p_3) \\
Y^3_{28} &\mathrel{\hat=} FFFTTTFF \mathrel{\hat=} (\lambda p_1, \lambda p_2, \lambda p_3)(\neg p_1 \wedge p_2) \vee (p_1 \wedge \neg p_2 \wedge \neg p_3) \\
Y^3_{24} &\mathrel{\hat=} FFFTTFFF \mathrel{\hat=} (\lambda p_1, \lambda p_2, \lambda p_3)(p_1 \wedge \neg p_2 \wedge \neg p_3) \vee (\neg p_1 \wedge p_2 \wedge p_3)
\end{aligned}$$

existieren; die angegebenen zugehörigen Aussageformen ergeben sich durch das Repräsentationstheorem von 8.1.1 . Die allgemeine Lösung kann auch mit zwei freien Unbestimmten a, b für die beiden mit $\mathcal{P}$ besetzten Komponenten, nämlich die dritte und die sechste Komponente, notiert werden:

$$(\lambda p_1, \lambda p_2, \lambda p_3)(p_1 \wedge \neg p_2 \wedge (a \vee \neg p_3)) \vee (\neg p_1 \wedge p_2 \wedge (b \vee p_3)) \ .$$

Die „Gleichung“ $Y^3_{60} \Leftrightarrow Y^3_{37} \vee Y^3_x$ ergibt

$$\begin{array}{lcl}
Y^3_{60} & \mathrel{\hat=} & \mathcal{FFTTTTFF} \\
Y^3_{37} & \mathrel{\hat=} & \mathcal{FFTFFTFT} \\
\hline
Y^3_x & \mathrel{\hat=} & \mathcal{FFPTTPF}\,!
\end{array}$$

und hat wegen des auftretenden ! keine Lösung.

Ebenso kann man auch „Ungleichungen“ behandeln. Es gilt beispielsweise

$$\begin{aligned}
\{v(x) : \mathbf{L} \models \mathbf{L} \vee x\} &= \{v(x) : \mathbf{L} \models \mathbf{L}\} = \mathcal{P} \\
\{v(x) : \mathbf{L} \models \mathbf{O} \vee x\} &= \{v(x) : \mathbf{L} \models x\} = \mathcal{T} \\
\{v(x) : \mathbf{O} \models \mathbf{L} \vee x\} &= \{v(x) : \mathbf{O} \models \mathbf{L}\} = \mathcal{P} \\
\{v(x) : \mathbf{O} \models \mathbf{O} \vee x\} &= \{v(x) : \mathbf{O} \models x\} = \mathcal{P} \ .
\end{aligned}$$

Eine „Ungleichung“ der Form $\alpha \models \beta \vee x$ hat also stets eine triviale Lösung, nämlich $x \doteq \mathbf{L}$.

Die „Ungleichung“ $Y^3_{60} \Rightarrow Y^3_{37} \vee Y^3_x$ ergibt

$$\begin{array}{lcl}
Y^3_{60} & \mathrel{\hat=} & \mathcal{FFTTTTFF} \\
Y^3_{37} & \mathrel{\hat=} & \mathcal{FFTFFTFT} \\
\hline
Y^3_x & \mathrel{\hat=} & \mathcal{PPPTTPPP}
\end{array}$$

Insbesondere ist Y^3_{24} eine (und zwar die schwächste, also die beste, nämlich am wenigsten verlangende) Lösung. Die stärkste Lösung ist trivialerweise Y^3_{255}.

10. Programmiersprachen: Fallunterscheidungskalkül

Sprachen zur Programmierung von Rechenanlagen im weitesten Sinne, also zur Formulierung von Algorithmen kommen normalerweise um die Aussagenlogik nicht herum: Sprachen, die (sehr nahe an realen Maschinen, oder sehr nahe an Turing-Maschinen) ausschließlich mit Bitfolgen arbeiten, vollziehen in der Regel eine binäre Codierung der aussagenlogischen Funktionen. Sprachen, die – wie in der Prädikatenlogik vorherrschend – ausschließlich mit (natürlichen oder ganzen) Zahlen und Folgen solcher arbeiten, reduzieren gerne die Aussagenlogik auf eine Funktion

$h: \mathbb{N} \to \{0,1\}$ mit $0 \mapsto 0$ und $x \mapsto 1$, falls $x \neq 0$;
sie arbeiten damit mit einer $\{0,1\}$-Codierung der aussagenlogischen Bewertung, was auch BOOLEs ursprünglichen Vorstellungen nahekommt.

Die meisten niederen, höheren oder sehr hohen praktischen Programmiersprachen – seien sie rein funktional und datenflußorientiert oder auch ablauforientiert – weisen jedoch (neben anderen Objektstrukturen) offen Wahrheitswerte aus und erlauben sie zumindest als Diskriminatoren in Fallunterscheidungen – vom Sprungbefehl bis hinauf zu nichtdeterministischen bewachten Ausdrücken. Solche Wahrheitswerte „entstehen" als Ergebnisse der Auswertung von Prädikaten, wobei etwa in der Objektstruktur der Zahlen und der Folgen zumindest die Prädikate *istnull* und *istleer* verfügbar sind, bei Zahlen zudem wenigstens *istnichtkleineralsnull* . Meist wird auch die Speicherung und Wiederverwendung von Wahrheitswerten zugelassen. Bei höheren Programmiersprachen sieht man fast immer eine vollständige funktionale Basis von aussagenlogischen Funktionen vor, in der ALGOL-Familie wegen der beabsichtigten Nähe zum natürlichen Begriffsfeld der problemorientierten Ausdrucksweise die ganze **KACENOL**-Sprache.

Der Aufbau binärer Schaltungen reiht sich hier ein als Grenzfall datenflußorientierter und ablauforientierter Programmierung.

10.1 Vereinfachungen

Praktisch findet sich der Informatiker oft vor die Aufgabe gestellt, eine gegebene Aussageform zu „vereinfachen", etwa weil sie in einer häufig gebrauchten Fallunterscheidung Diskriminatorfunktion hat. Dies ist eine nichtdeterminierte Aufgabenstellung. Gesucht ist *eine* gleichstarke Aussageform, die gewisse Bedingungen erfüllt; diese legen in der Regel die Lösung nicht eindeutig fest, sind manchmal auch nur vage gefaßt.

Solche Bedingungen haben oft minimierenden Charakter:

(a) die Länge (Aufgabe 5) der gesuchten Aussageform soll minimal sein (Verkürzung der Aufschreibung),

(b) die Tiefe (Aufgabe 3) der gesuchten Aussageform soll minimal sein (Verkürzung der Laufzeit in einer Schaltung, Lösung etwa adjunktive Normalform, siehe 13.1),

(c) der Grad (Aufgabe 4) der gesuchten Aussageform soll minimal sein (Verkürzung der Anzahl aktiver Elemente in einer Schaltung).

Aber auch die Beschränkung auf gewisse Operationen kann verlangt sein (vgl. 8., Elimination von Grundoperationen) oder eine gewichtete Minimierung der Anzahl der logischen Konstanten.

Beachte, daß die mögliche Vagheit und Unschärfe nur die Auswahlkriterien betrifft, nicht aber den Wertverlauf. Eine lediglich „ungefähr gleichstarke" Aussageform kann man nicht brauchen.

Wir konzentrieren uns hier auf Vereinfachungen im Zusammenhang mit Fallunterscheidungen.

10.2 Grundgesetze über dyadische Fallunterscheidungen

Es seien α, β etc. Aussageformen und $\mathcal{M}$ irgendeine Menge von Objekten (von „Individuen" oder von Termen einer Theorie)[16].

Die Menge der **dyadischen Fallunterscheidungen** über $\mathcal{M}$ ist induktiv definiert:

(i) Für alle $q \in \mathcal{M}$ ist q selbst eine (triviale) dyadische Fallunterscheidung.

(ii) Sind q_1 und q_2 (triviale oder nichttriviale) Fallunterscheidungen und ist $\alpha \in \langle propos\ form \rangle$, so ist die **Alternative** **if** α **then** q_1 **else** q_2 **fi** mit der **Bedingung** („Prämisse") α und den **Zweigen** q_1 und q_2 eine (nichttriviale) dyadische Fallunterscheidung.

Mehrstufige, nichttriviale Fallunterscheidungen heißen auch **Fallunterscheidungskaskaden**. **if** und **fi** dienen als Klammern.

10.2.1 Es sei
$\xi: \ (p_1, p_2, \ldots, p_n) := (e_1, e_2, \ldots, e_k)$ mit $e_i \in \{\mathbf{O}, \mathbf{L}\}$
eine Belegung der in der Aussageform α vorkommenden Variablen. Dann ist der **$\mathcal{M}$-Wert** $q/_\xi$ der dyadischen Fallunterscheidung q ein Objekt aus $\mathcal{M}$, induktiv definiert durch die beiden folgenden Beziehungen

$q/_\xi = q$ falls $q \in \mathcal{M}$

$$(\mathbf{if}\ \alpha\ \mathbf{then}\ q_1\ \mathbf{else}\ q_2\ \mathbf{fi})/_\xi = \begin{cases} q_1/_\xi & \text{falls } \xi \text{ die Aussageform } \alpha \text{ erfüllt,} \\ q_2/_\xi & \text{falls } \xi \text{ die Aussageform } \alpha \text{ nicht erfüllt.} \end{cases}$$

Zwei Fallunterscheidungen heißen (wertverlaufs)gleich, wenn sie für jede Belegung den gleichen $\mathcal{M}$-Wert haben. Es gilt folgende Wertverlaufsgleichheit:

(0) $\mathbf{if}\ \neg\alpha\ \mathbf{then}\ q_1\ \mathbf{else}\ q_2\ \mathbf{fi} \equiv \mathbf{if}\ \alpha\ \mathbf{then}\ q_2\ \mathbf{else}\ q_1\ \mathbf{fi}$

Dies folgt sofort daraus, daß die Belegung ξ die Aussageform α genau dann erfüllt, wenn sie die Aussageform $\neg\alpha$ nicht erfüllt. Ähnlich elementar sind:

(1) Es gilt („η-Konversion") $\quad \mathbf{if}\ \alpha\ \mathbf{then}\ q\ \mathbf{else}\ q\ \mathbf{fi} \equiv q$
(2) Ist α eine Tautologie, so gilt $\quad \mathbf{if}\ \alpha\ \mathbf{then}\ q_1\ \mathbf{else}\ q_2\ \mathbf{fi} \equiv q_1$
(3) Ist α eine Kontradiktion, so gilt $\quad \mathbf{if}\ \alpha\ \mathbf{then}\ q_1\ \mathbf{else}\ q_2\ \mathbf{fi} \equiv q_2$.

Für zwei- (und mehr-)stufige Fallunterscheidungen gelten die folgenden **Redundanzgesetze**:

(5) Sei $\alpha_1 \models \alpha_2$. Dann gilt

```
if α1 then if α2 then q11        ≡    if α1 then q11
                 else q12 fi                else q2  fi
      else q2             fi
```

(6) Sei $\alpha_1 \models \alpha_2$. Dann gilt

```
if α2 then q1                    ≡    if α2 then q1
      else if α1 then q21                   else q22 fi
                 else q22 fi
```

Zum Beweis berechnet man etwa den Wert der linken Seite von (5) für die Belegung ξ zu

[16] Insbesondere für den Prädikatenkalkül werden solche Objektmengen eingeführt.

$$\begin{cases} \texttt{if } \alpha_2 \texttt{ then } q_{11} \\ \qquad \texttt{else } q_{12} \texttt{ fi}/_\xi & \text{falls } \xi \text{ die Aussageform } \alpha_1 \text{ erfüllt,} \\ q_2 & \text{falls } \xi \text{ die Aussageform } \alpha_1 \text{ nicht erfüllt,} \end{cases}$$

und weiter zu

q_{11} falls ξ die Aussageform α_2 erfüllt und die Aussageform α_1 erfüllt,
q_{12} falls ξ die Aussageform α_2 nicht erfüllt und die Aussageform α_1 erfüllt,
q_2 falls ξ die Aussageform α_1 nicht erfüllt.

Da aber $\alpha_1 \models \alpha_2$ vorausgesetzt ist, erfüllt ξ die Aussageform α_2 , sofern nur ξ die Aussageform α_1 erfüllt. Also ist in der ersten Zeile 'die Aussageform α_2 erfüllt' unnötig, die zweite Zeile kommt nie zum Tragen und kann ganz gestrichen werden. Damit ergibt sich aber der Wert der rechten Seite von (5).

Ferner gilt das **Vertauschungsgesetz** (7)

$$\begin{array}{lcl} \texttt{if } \alpha_1 \texttt{ then if } \alpha_2 \texttt{ then } q_{11} & \equiv & \texttt{if } \alpha_2 \texttt{ then if } \alpha_1 \texttt{ then } q_{11} \\ \qquad\qquad \texttt{else } q_{12} \texttt{ fi} & & \qquad\qquad \texttt{else } q_{21} \texttt{ fi} \\ \qquad \texttt{else if } \alpha_2 \texttt{ then } q_{21} & & \qquad \texttt{else if } \alpha_1 \texttt{ then } q_{12} \\ \qquad\qquad \texttt{else } q_{22} \texttt{ fi fi} & & \qquad\qquad \texttt{else } q_{22} \texttt{ fi fi} \end{array} .$$

Dies folgt sofort aus dem Hilfssatz

$$\begin{array}{l} \texttt{if } \alpha_1 \texttt{ then if } \alpha_2 \texttt{ then } q_{11} \\ \qquad\qquad \texttt{else } q_{12} \texttt{ fi} \\ \qquad \texttt{else if } \alpha_3 \texttt{ then } q_{21} \\ \qquad\qquad \texttt{else } q_{22} \texttt{ fi fi}/_\xi \end{array}$$

$$= \begin{cases} q_{11}/_\xi & \text{falls } \xi \text{ die Aussageform } \alpha_1 \wedge \alpha_2 \text{ erfüllt} \\ q_{12}/_\xi & \text{falls } \xi \text{ die Aussageform } \alpha_1 \wedge \neg\alpha_2 \text{ erfüllt} \\ q_{21}/_\xi & \text{falls } \xi \text{ die Aussageform } \neg\alpha_1 \wedge \alpha_3 \text{ erfüllt} \\ q_{22}/_\xi & \text{falls } \xi \text{ die Aussageform } \neg\alpha_1 \wedge \neg\alpha_3 \text{ erfüllt ,} \end{cases}$$

den man durch einfaches Ausrechnen unter Verwendung des Kommutativgesetzes erhält.

10.2.2 Für die in 5.5.4 eingeführte dreistellige Operation $\mathbf{B}$,
$\mathbf{B}(a,b,c) \doteq (a \rightarrow b) \wedge (\neg a \rightarrow c)$ gilt

$$\begin{array}{lcl} \texttt{if } \mathbf{B}(\alpha,\beta_1,\beta_2) \texttt{ then } q_1 & \equiv & \texttt{if } \alpha \texttt{ then if } \beta_1 \texttt{ then } q_1 \\ \qquad \texttt{else } q_2 \texttt{ fi} & & \qquad\qquad \texttt{else } q_2 \texttt{ fi} \\ & & \qquad \texttt{else if } \beta_2 \texttt{ then } q_1 \\ & & \qquad\qquad \texttt{else } q_2 \texttt{ fi fi} \end{array}$$

was sich ebenfalls aus dem obigen Hilfssatz ergibt (vgl. auch 9.4.3 (8)).

10.2.3 In 8.7 wurde die Konjunktion und die Adjunktion wie auch die Bisubjunktion auf die Operation $\mathbf{B}$ zurückgeführt:

$a \wedge b \models\!\!\!\!\dashv \mathbf{B}(a,b,\mathbf{O})$, $a \vee b \models\!\!\!\!\dashv \mathbf{B}(a,\mathbf{L},b)$, $a \leftrightarrow b \models\!\!\!\!\dashv \mathbf{B}(a,b,\neg b)$.

Damit ergibt sich nach einer Vereinfachung mittels 10.2.1 (2) bzw. (3)

$$\begin{array}{lcl} \texttt{if } \alpha \wedge \beta \texttt{ then } q_1 & \equiv & \texttt{if } \alpha \texttt{ then if } \beta \texttt{ then } q_1 \\ \qquad \texttt{else } q_2 \texttt{ fi} & & \qquad\qquad \texttt{else } q_2 \texttt{ fi} \\ & & \quad \texttt{else } q_2 \qquad\qquad \texttt{fi} \end{array} \quad \text{und}$$

$$\begin{array}{lcl} \texttt{if } \alpha \vee \beta \texttt{ then } q_1 & \equiv & \texttt{if } \alpha \texttt{ then } q_1 \\ \qquad \texttt{else } q_2 \texttt{ fi} & & \quad \texttt{else if } \beta \texttt{ then } q_1 \\ & & \qquad\qquad \texttt{else } q_2 \texttt{ fi fi} \end{array}$$

bzw. mittels 10.2.1 (0)

$$\begin{array}{lll}
\mathbf{if}\ \alpha \leftrightarrow \beta\ \mathbf{then}\ q_1 & \equiv & \mathbf{if}\ \alpha\ \mathbf{then}\ \mathbf{if}\ \beta\ \mathbf{then}\ q_1 \\
\qquad\quad \mathbf{else}\ q_2\ \mathbf{fi} & & \qquad\qquad\qquad\quad \mathbf{else}\ q_2\ \mathbf{fi} \\
 & & \qquad\quad \mathbf{else}\ \mathbf{if}\ \beta\ \mathbf{then}\ q_2 \\
 & & \qquad\qquad\qquad\quad \mathbf{else}\ q_1\ \mathbf{fi}\ \mathbf{fi}\ .
\end{array}$$

Vorstehende Beziehungen, zusammen mit 10.2.1 (0)-(3) und (5)-(7), erlauben, jede Fallunterscheidung mit zusammengesetzten Bedingungen in eine mehrstufige zu bringen, in der als Bedingung stets nur *eine* Unbestimmte auftritt.

Beispiel:

$$\begin{array}{ll}
 & \mathbf{if}\ (\alpha \wedge \beta) \vee (\neg\alpha \wedge \neg\beta)\ \mathbf{then}\ q_1\ \mathbf{else}\ q_2\ \mathbf{fi} \\
\equiv & \mathbf{if}\ \alpha \wedge \beta\ \mathbf{then}\ q_1 \\
 & \qquad\quad \mathbf{else}\ \mathbf{if}\ \neg\alpha \wedge \neg\beta\ \mathbf{then}\ q_1\ \mathbf{else}\ q_2\ \mathbf{fi}\ \mathbf{fi} \\
\equiv & \mathbf{if}\ \alpha\ \mathbf{then}\ \mathbf{if}\ \beta\ \mathbf{then}\ q_1 \\
 & \qquad\qquad\qquad \mathbf{else}\ \mathbf{if}\ \neg\alpha \wedge \neg\beta\ \mathbf{then}\ q_1\ \mathbf{else}\ q_2\ \mathbf{fi}\ \mathbf{fi} \\
 & \qquad \mathbf{else}\ \mathbf{if}\ \neg\alpha \wedge \neg\beta\ \mathbf{then}\ q_1\ \mathbf{else}\ q_2\ \mathbf{fi} \qquad\qquad\quad \mathbf{fi} \\
\equiv & \mathbf{if}\ \alpha\ \mathbf{then}\ \mathbf{if}\ \beta\ \mathbf{then}\ q_1 \\
 & \qquad\qquad\qquad \mathbf{else}\ \mathbf{if}\ \neg\alpha\ \mathbf{then}\ \mathbf{if}\ \neg\beta\ \mathbf{then}\ q_1 \\
 & \qquad\qquad\qquad\qquad\qquad\qquad\qquad \mathbf{else}\ q_2\ \mathbf{fi} \\
 & \qquad\qquad\qquad\qquad\qquad \mathbf{else}\ q_2 \qquad\qquad\qquad \mathbf{fi}\ \mathbf{fi} \\
 & \qquad \mathbf{else}\ \mathbf{if}\ \neg\alpha\ \mathbf{then}\ \mathbf{if}\ \neg\beta\ \mathbf{then}\ q_1 \\
 & \qquad\qquad\qquad\qquad\qquad \mathbf{else}\ q_2 \qquad\qquad\qquad \mathbf{fi} \\
 & \qquad\qquad\qquad \mathbf{else}\ q_2 \qquad\qquad\qquad\qquad\qquad\quad \mathbf{fi}\ \mathbf{fi}
\end{array}$$

Unter Verweendung von (7), (1) und (2) kann dies vereinfacht werden zu

$$\begin{array}{l}
\mathbf{if}\ \alpha\ \mathbf{then}\ \mathbf{if}\ \beta\ \mathbf{then}\ q_1\ \mathbf{else}\ q_2\ \mathbf{fi} \\
\qquad \mathbf{else}\ \mathbf{if}\ \beta\ \mathbf{then}\ q_2\ \mathbf{else}\ q_1\ \mathbf{fi}\ \mathbf{fi}
\end{array}$$

in Übereinstimmung mit dem oben Gezeigten.

Aufgabe 63: Beweise: Eine Bedingung kann konjunktiv nach innen gezogen werden:

$$\begin{array}{ll}
 & \mathbf{if}\ \alpha_1\ \mathbf{then}\ \mathbf{if}\ \alpha_2\ \mathbf{then}\ q_{11}\ \mathbf{else}\ q_{12}\ \mathbf{fi} \\
 & \qquad \mathbf{else}\ \mathbf{if}\ \alpha_3\ \mathbf{then}\ q_{21}\ \mathbf{else}\ q_{22}\ \mathbf{fi}\ \mathbf{fi} \\
\equiv & \mathbf{if}\ \alpha_1\ \mathbf{then}\ \mathbf{if}\ \alpha_1 \wedge \alpha_2\ \mathbf{then}\ q_{11}\ \mathbf{else}\ q_{12}\ \mathbf{fi} \\
 & \qquad \mathbf{else}\ \mathbf{if}\ \neg\alpha_1 \wedge \alpha_3\ \mathbf{then}\ q_{21}\ \mathbf{else}\ q_{22}\ \mathbf{fi}\ \mathbf{fi}
\end{array}$$

Aufgabe 64: Beweise: Falls $\alpha_1 \models \alpha_2$ und $\neg\alpha_1 \models \alpha_3$, so gilt

$$\begin{array}{lll}
\mathbf{if}\ \alpha_1\ \mathbf{then}\ \mathbf{if}\ \alpha_2\ \mathbf{then}\ q_{11} & \equiv & \mathbf{if}\ \alpha_1\ \mathbf{then}\ q_{11} \\
\qquad\qquad\qquad \mathbf{else}\ q_{12}\ \mathbf{fi} & & \qquad\quad \mathbf{else}\ q_{22}\ \mathbf{fi} \\
\qquad \mathbf{else}\ \mathbf{if}\ \alpha_3\ \mathbf{then}\ q_{21} & & \\
\qquad\qquad\qquad \mathbf{else}\ q_{22}\ \mathbf{fi}\ \mathbf{fi} & &
\end{array}$$

Leite daraus (5) und (6) her!

10.3 Die dreistellige Operation B als Fallunterscheidung

Die Gesetze (0) bis (3), (5) bis (7) ähneln den in 9.4.3 als Postulate für **B** eingeführten.

Wählt man für $\mathcal{M}$ selbst die Menge aller Aussageformen, so läßt sich **B** als Fallunterscheidung schreiben: wie man sofort ausrechnet, gilt

$\mathbf{B}(\alpha, \beta_1, \beta_2) \equiv$ **if** α **then** β_1 **else** β_2 **fi** .

Außerdem gelten die Beziehungen aus 9.4.3

(4) **if** α **then L else O fi** $\equiv \alpha$.

(8) **if** (**if** α **then** β_1 **else** β_2 **fi**) **then** q_1 **else** q_2 **fi**
$\equiv$ **if** α **then if** β_1 **then** q_1 **else** q_2 **fi**
else if β_2 **then** q_1 **else** q_2 **fi fi**

(„Distributivgesetz", „permutative Konversion", „Prämissenvereinfachung").
Wir werden auf diese Umformung[17] in 12.4 zurückkommen.

10.4 Sequentielle und bewachte Fallunterscheidungen

Eine **sequentielle Fallunterscheidung** der **Tiefe** $n \geq 1$ ist ein Spezialfall einer Fallunterscheidungskaskade mit jeweils „einarmiger" Fortsetzung, für die eine spezielle Notation (vgl. Bauer-Goos I, 4. Aufl., 2.2.3.1) eingeführt ist:

if α_1 **then** q_1**elsf** α_2 **then** q_2 ... **elsf** α_n **then** q_n **else** q_{n+1} **fi**

(oder, McCarthy 1961

if α_1 **then** q_1 ; α_2 **then** q_2 ; ... α_n **then** q_n ; T **then** q_{n+1} **fi**)

stehen für

if α_1 **then** q_1
else if α_2 **then** q_2
else if ...
... **if** α_n **then** q_n **else** q_{n+1} **fi** ... **fi fi fi** .

Eine **bewachte Fallunterscheidung** der **Breite** $m \geq 1$ (Bauer-Goos I, 4. Aufl., 2.2.3.2) ist eine *Verallgemeinerung* einer Alternative, und zwar sowohl hinsichtlich der Anzahl der Zweige, die m (statt 2) beträgt, und hinsichtlich der Bedingungen: für jeden Zweig wird eine Bedingung angegeben.

E.W. Dijkstra folgend, schreiben wir

if α_1 **then** q_1
$[\!]$ α_2 **then** q_2
$[\!]$ α_3 **then** q_3
⋮
$[\!]$ α_m **then** q_m **fi** .

---

[17] Damit kann man eine Fallunterscheidung stets so umformen, daß in den Prämissen keine Fallunterscheidung steht („Prämissen-Normalform"). In dieser Form „versteht" man auch Fallunterscheidungen besser.

Die Menge der Bedingungen α_i braucht nicht vollständig und disjunkt (4.2.5) zu sein. Ist sie es, so handelt es sich um eine **determinierte** bewachte Fallunterscheidung: Der Wert dieser Fallunterscheidung bei einer Belegung ξ ist der Wert desjenigen Zweigs, dessen Bedingung („Wächter") durch ξ erfüllt wird.

Andernfalls ist die bewachte Fallunterscheidung **nichtdeterminiert**, sie enthält eine Willkür: als Wert der Fallunterscheidung kommt der Wert *irgend eines* Zweigs in Frage, dessen Bedingung („Wächter") durch ξ erfüllt wird.

Die naive Auffassung ist dabei, daß zu diesem Zwecke zunächst die sämtlichen Wächter kollateral ausgewertet werden. Wird keine Bedingung erfüllt, so ist der Wert undefiniert.[18]

10.5 Übergang von sequentieller zu bewachter Fallunterscheidung

Beim Übergang von einer sequentiellen Fallunterscheidung zu einer äquivalenten bewachten Fallunterscheidung mit einer kollateralen Form der Bedingungen sind als Wächter neue Aussageformen zu bilden; sie sind ggf. zu vereinfachen:

Zur sequentiellen Fallunterscheidung der Tiefe n

$\mathbf{if}\ \alpha_1\ \mathbf{then}\ q_1\ \mathbf{else\ if}\ \alpha_2\ \mathbf{then}\ q_2\ \mathbf{else}\ \ldots\ \mathbf{if}\ \alpha_n\ \mathbf{then}\ q_n\ \mathbf{else}\ q_{n+1}\ \mathbf{fi}\ldots\ \mathbf{fi\ fi}$

ist gleichwertig die determinierte bewachte Fallunterscheidung der Breite $n+1$

$$\begin{array}{lll} \mathbf{if} & \alpha_1 & \mathbf{then}\ q_1 \\ [\!] & \neg\alpha_1 \wedge \alpha_2 & \mathbf{then}\ q_2 \\ & \vdots & \\ [\!] & \neg\alpha_1 \wedge \neg\alpha_2 \wedge \ldots \wedge \neg\alpha_{n-1} \wedge \alpha_n & \mathbf{then}\ q_n \\ [\!] & \neg\alpha_1 \wedge \neg\alpha_2 \wedge \ldots \wedge \neg\alpha_{n-1} \wedge \neg\alpha_n & \mathbf{then}\ q_{n+1}\ \mathbf{fi} \end{array} .$$

Beachte, daß die Bedingungen der Reihe nach auch geschrieben werden können

$$\alpha_1 \nrightarrow \mathbf{O}\ , \alpha_2 \nrightarrow \alpha_1\ , \ldots , \alpha_n \nrightarrow (\alpha_1 \vee \alpha_2 \vee \ldots \vee \alpha_{n-1})\ ,$$
$$\mathbf{L} \nrightarrow (\alpha_1 \vee \alpha_2 \vee \ldots \vee \alpha_{n-1} \vee \alpha_n)\ ;$$

daraus ergibt sich, daß sie vollständig und disjunkt sind.

10.6 Übergang von bewachter zu sequentieller Fallunterscheidung

10.6.1 Gelegentlich findet man auch, daß eine gewünschte Aussageform nur implizit bestimmt ist, nämlich durch eine Aussageform $\alpha[q, p_1, \ldots, p_m]$ in $m+1$ Unbestimmten $q, p_1, p_2, \ldots, p_m$, in der q derart durch eine Aussageform $\rho(p_1, p_2, \ldots, p_m)$ ersetzt werden soll, daß

$$\models \alpha[\rho(p_1, p_2, \ldots, p_m), p_1, p_2, \ldots, p_m]\ .$$

---

[18] Geht man zur Potenzmenge $\mathrm{P}(\mathcal{M})$ als Ergebnisbereich über, so ist die bewachte Fallunterscheidung wieder eine Funktion („exhaustiver Nichtdeterminismus").

Eine vollständige Lösungstheorie solcher „tautologischen Gleichungen" ist derzeit nicht verfügbar. Einzelne Lösungen sind manchmal „auf Anhieb" zu sehen; schwieriger ist es oft, die schwächste oder die stärkste Lösung zu finden. Ist α jedoch von der Form einer speziellen Subjunktion mit q als Antezedens:

$$\alpha[q, p_1, \ldots, p_m] \doteq q \rightarrow \beta[p_1, \ldots, p_m],$$

so sind Lösungen alle Aussageformen, die stärker sind als β. Dieser Fall einer „Ungleichung" wurde in 6.1 betrachtet. Vgl. auch 9.6.2.

Beispiel: Für welche ρ gilt $\models \rho[a, b] \rightarrow (a \rightarrow b)$, d.h. $\rho \models a \rightarrow b$? Hier sind Lösungen alle Aussageformen, die stärker sind als $a \rightarrow b$, insbesondere die zu den Klassen $[a \rightarrow b]$, $[a \leftrightarrow b]$, $[b]$, $[\neg a]$, $[a \wedge b]$, $[a \nleftrightarrow b]$, $[a \nabla b]$, $[O]$ gehörenden Aussageformen (vgl. 9.2, Abb. 15, Abb. 16).

10.6.2 „Ungleichungen" kommen beim Übergang von einer bewachten Fallunterscheidung zu einer sequentiellen Fallunterscheidung vor. Die in dieser anzusetzenden Bedingungen sind nur durch Ungleichungen bestimmt:

Die bewachte Fallunterscheidung

$$\begin{array}{ll}
\texttt{if } \beta_1 & \texttt{then } q_1 \\
\,\|\ \beta_2 & \texttt{then } q_2 \\
\quad \vdots & \\
\,\|\ \beta_n & \texttt{then } q_n \\
\,\|\ \beta_{n+1} & \texttt{then } q_{n+1} \texttt{ fi}
\end{array}$$

(mit vollständigen und disjunkten Bedingungen β_1 , β_2 , $\ldots$, β_{n+1}) und beliebig wählbarer Aufschreibungsreihenfolge) ist gleichwertig zu folgender sequentiellen Fallunterscheidung

$\texttt{if } \alpha_1 \texttt{ then } q_1 \texttt{ else if } \alpha_2 \texttt{ then } q_2 \texttt{ else } \ldots \texttt{ if } \alpha_n \texttt{ then } q_n \texttt{ else } q_{n+1} \texttt{ fi} \ldots \texttt{ fi fi}$

sofern die α_i den folgenden Bedingungen genügen:

$$\begin{array}{l}
\beta_1 \models \alpha_1 \models \beta_1 \\
\beta_2 \models \alpha_2 \models \beta_2 \vee \beta_1 \\
\qquad \vdots \\
\beta_n \models \alpha_n \models \beta_n \vee \ldots \vee \beta_2 \vee \beta_1 \quad .
\end{array}$$

Im Einzelfall kann es von Vorteil sein, diesen Spielraum zu nutzen, um möglichst einfache Lösungen α_2 , $\ldots$, α_n zu gewinnen und dadurch den Vorteil auszunutzen, den die Sequentialisierung bietet. Wird insbesondere

$$\begin{array}{l}
\alpha_1 \doteq \beta_1 \ , \\
\alpha_2 \doteq \beta_2 \vee \beta_1 \ , \\
\qquad \vdots \\
\alpha_n \doteq \beta_n \vee \ldots \vee \beta_2 \vee \beta_1
\end{array}$$

gewählt, so gilt

$$\alpha_1 \models \alpha_2 \models \ldots \models \alpha_n \ .$$

KAPITEL IV
FORMALE REDUKTIONEN

Eine praktisch wichtige Aufgabe ist es, Aussageformen unter gewissen Gesichtspunkten zu „vereinfachen". Insbesondere wichtig sind Reduktionsverfahren, die auf Normalformen führen. In einem solchen „Aussagenkalkül" (SCHRÖDER 1890[1]) werden gleichstarke Aussageformen nicht identifiziert.

11. Auswertung und Teilauswertung „von außen"

Die der induktiven Definition nach 4.1.1 folgende Auswertung „von innen nach außen", die uns vom Zahlenrechnen her als natürlich, wenn nicht als einzig möglich erscheint, macht sich gelegentlich unnötig Mühe. Für Boolesche Grundterme ist ein syntaktisches Arbeiten „von außen nach innen" möglich aufgrund der folgenden Formgesetze (vgl. 5.5.1, 5.5.2 und 5.5.3)

Neutralitätsgesetze:

$(\mathbf{N}_\wedge)\quad \alpha \wedge \mathbf{L} \;\mathrel{|\!\!=\!\!|}\; \mathbf{L} \wedge \alpha \;\mathrel{|\!\!=\!\!|}\; \alpha$

$(\mathbf{N}_\vee)\quad \alpha \vee \mathbf{O} \;\mathrel{|\!\!=\!\!|}\; \mathbf{O} \vee \alpha \;\mathrel{|\!\!=\!\!|}\; \alpha$

$(\mathbf{N}_\rightarrow)\quad \mathbf{L} \rightarrow \alpha \;\mathrel{|\!\!=\!\!|}\; \alpha$

$(\mathbf{N}_\leftrightarrow)\quad \mathbf{L} \leftrightarrow \alpha \;\mathrel{|\!\!=\!\!|}\; \alpha \leftrightarrow \mathbf{L} \;\mathrel{|\!\!=\!\!|}\; \alpha$

Fanggesetze:

$(\mathbf{F}_\wedge)\quad \alpha \wedge \mathbf{O} \;\mathrel{|\!\!=\!\!|}\; \mathbf{O} \wedge \alpha \;\mathrel{|\!\!=\!\!|}\; \mathbf{O}$

$(\mathbf{F}_\vee)\quad \alpha \vee \mathbf{L} \;\mathrel{|\!\!=\!\!|}\; \mathbf{L} \vee \alpha \;\mathrel{|\!\!=\!\!|}\; \mathbf{L}$

$(\mathbf{F}_\rightarrow)\quad \mathbf{O} \rightarrow \alpha \;\mathrel{|\!\!=\!\!|}\; \alpha \rightarrow \mathbf{L} \;\mathrel{|\!\!=\!\!|}\; \mathbf{L}$

Negationsgesetze:

$(\mathbf{N}_\rightarrow)\quad \alpha \rightarrow \mathbf{O} \;\mathrel{|\!\!=\!\!|}\; \neg\alpha$

$(\mathbf{N}_\leftrightarrow)\quad \alpha \leftrightarrow \mathbf{O} \;\mathrel{|\!\!=\!\!|}\; \mathbf{O} \leftrightarrow \alpha \;\mathrel{|\!\!=\!\!|}\; \neg\alpha$

Dies ist eine gegenüber dem Zahlenrechnen – wo man außer 0 und 1 auch noch andere Zahlen hat – ganz ungewohnte, arbeitssparende Situation.

Beispiel: $(\mathbf{O} \rightarrow (\mathbf{L} \rightarrow \mathbf{O})) \wedge \mathbf{L} \;\mathrel{|\!\!=\!\!|}\; \mathbf{O} \rightarrow (\mathbf{L} \rightarrow \mathbf{O}) \quad (\mathbf{N}_\wedge)$

$\qquad\qquad\qquad\qquad \mathrel{|\!\!=\!\!|}\; \mathbf{L} \quad (\mathbf{F}_\rightarrow)$.

[1] ERNST SCHRÖDER, 1841-1902, Mathematiker und Logiker.

11.1 Zurückgestellte Operationen

Hängenbleiben wird man zunächst mit den Formen $\neg\alpha$, wo α nichtatomar. In diesem Fall muß eine *nachzuholende* Negation *zurückgestellt* werden. Tritt dieses Zurückstellen unmittelbar nacheinander mehrmals auf, so wird es mittels

$$\neg(\neg\alpha) \models\!\dashv \alpha$$

auf null- oder einmaliges Auftreten reduziert.

Lediglich wenn man auf eine Aussageform $(\alpha\langle \textit{binary op}\rangle\beta)$ trifft, wo sowohl α als auch β nichtatomar sind, muß die zweistellige Verknüpfung zurückgestellt werden; in freier Auswahl zwischen α und β oder kollateral erfolgt die Fortsetzung des Verfahrens.

Aufgabe 65: Werte unter Nutzung der Neutralitäts-, Fang- und Vereinfachungsgesetze „von außen nach innen" aus

[a] $\mathbf{L} \wedge \mathbf{O}$
[b] $(\mathbf{O} \wedge (\mathbf{O} \vee \mathbf{L})) \vee \mathbf{O}$
[c] $(\mathbf{O} \wedge (\mathbf{O} \vee \mathbf{L})) \vee \mathbf{L}$
[d] $\mathbf{O} \rightarrow (\mathbf{L} \rightarrow \mathbf{O})$
[e] $((\mathbf{L} \rightarrow \mathbf{O}) \rightarrow \mathbf{O}) \rightarrow \mathbf{L}$
[f] $\mathbf{O} \leftrightarrow \mathbf{L}$

Aufgabe 66: Werte „von außen nach innen" aus

[a] $(\mathbf{O} \wedge \mathbf{L}) \rightarrow \mathbf{O}$
[b] $((\mathbf{O} \wedge \mathbf{L}) \leftrightarrow \mathbf{O}) \rightarrow \mathbf{O}$
[c] $\neg(\mathbf{O} \wedge (\neg\mathbf{O}))$

Werte auf alle möglichen Weisen „von außen nach innen" aus

[d] $(\mathbf{L} \wedge \mathbf{O}) \vee (\neg(\mathbf{L} \vee \mathbf{O}))$.

11.2 Teilauswertung

Auch Aussageformen, die nicht ganz frei von Unbestimmten sind, aber **L** und **O** enthalten (teilbelegte Aussageformen), lassen sich oft auf diese Weise vereinfachen (Angriffsstellen der Vereinfachung sind unterstrichen).

Beispiel:

$$(((\mathbf{O} \wedge q) \rightarrow r) \wedge (\mathbf{O} \rightarrow q)) \rightarrow (\mathbf{O} \underline{\rightarrow} r) \models\!\dashv$$

$$(((\mathbf{O} \wedge q) \rightarrow r) \wedge (\mathbf{O} \rightarrow q)) \underline{\rightarrow} \mathbf{L} \qquad \models\!\dashv \mathbf{L}$$

Man muß natürlich eine glückliche Hand haben, um gerade mit der richtigen Teilform das Verfahren fortzusetzen. Pessimisten werden deshalb eine Variante benützen, bei der die Fortsetzung des Verfahrens parallel geschieht:

$$(((\mathbf{O} \underline{\wedge} q) \rightarrow r) \wedge (\mathbf{O} \underline{\rightarrow} q)) \rightarrow (\mathbf{O} \underline{\rightarrow} r) \models\!\dashv$$

$$((\mathbf{O} \rightarrow r) \wedge \mathbf{L}) \underline{\rightarrow} \mathbf{L} \qquad \models\!\dashv \mathbf{L}$$

Selbstverständlich führt die Vereinfachung nicht immer bis zu einer Aussagekonstanten.

Beispiel:

$$(((\mathbf{L} \wedge q) \rightarrow r) \wedge (\mathbf{L} \rightarrow q)) \rightarrow (\mathbf{L} \rightarrow r) \models\!\dashv ((q \rightarrow r) \wedge q) \rightarrow r$$

Aufgabe 67*: Gib einen Beweis für nachfolgende Implikation (HAUBERsches Theorem):

$$(p_1 \to q_1) \land (p_2 \to q_2) \land (p_3 \to q_3)$$
$$\land\ (p_1 \lor p_2 \lor p_3)$$
$$\land\ \neg(q_1 \land q_2) \land \neg(q_2 \land q_3) \land \neg(q_1 \land q_3)$$
$$\models (q_1 \to p_1) \land (q_2 \to p_2) \land (q_3 \to p_3)\ .$$

11.3 Quines Entscheidungsalgorithmus für Tautologien

11.3.1 Insbesondere kann es nützlich sein, bei der Aufstellung einer Wertetabelle, etwa zum Nachweis einer Tautologie, schrittweise Teilbelegungen der Unbestimmten $p_1, p_2, ..., p_m$ mit anschließenden Vereinfachungen vorzunehmen. Dazu wird zuerst p_1 belegt mit **L** einerseits, mit **O** andererseits und vereinfacht, sodann in den beiden sich ergebenden Aussageformen p_2 belegt etc. Sobald eine Unbestimmtc aus der Form verschwindet, braucht sie natürlich nicht mehr belegt zu werden. Die Fallunterscheidungskaskade kann sich dadurch erheblich verkürzen.

Dieses Vorgehen von QUINE[2] hat folgenden Hintergrund:
Aus dem linken Gesetz von der Spezialisierung (7.1.4)

$$\alpha^{p:=\mathbf{L}} \land \alpha^{p:=\mathbf{O}} \models \alpha \quad \text{ergibt sich:}$$

$$\textit{Wenn} \models \alpha^{p:=\mathbf{L}} \ \textit{und} \ \models \alpha^{p:=\mathbf{O}}, \textit{dann} \models \alpha\ .$$

Nach der Einsetzungsregel (4.5.1) gilt

$$\textit{Wenn} \models \alpha, \textit{dann} \models \alpha^{p:=\mathbf{L}} \ \textit{und} \ \models \alpha^{p:=\mathbf{O}}, \text{ somit}$$

Satz: $\models \alpha$ *genau dann, wenn* $\models \alpha^{p:=\mathbf{L}}$ *und* $\alpha^{p:=\mathbf{O}}$.

Beispiel: (MANNA): Es soll nachgewiesen werden, daß

$$(((p \land q) \to r) \land (p \to q)) \to (p \to r)$$

eine Tautologie ist. Abb. 23 zeigt das Vorgehen. Die zu dem entstehenden Entscheidungsbaum gehörige, der ursprünglichen Aussageform gleichwertige Form der **BOL**-Sprache lautet

$$\mathbf{B}(p, \mathbf{B}(q, \mathbf{B}(r, \mathbf{L}, \mathbf{L}), \mathbf{L}), \mathbf{L})$$

Aufgabe 68: Zeige: Der QUINEsche Algorithmus kann umformuliert werden als methodische Überführung einer Aussageform in die Basis der **BOL**-Sprache.

11.3.2 Die erzielbare Verkürzung hängt von der Reihenfolge ab, in der die Unbestimmten belegt werden: während für die Reihenfolge $p; r; q$ ebenfalls sechs Belegungen erforderlich sind – den zugehörigen Entscheidungsbaum, in der **BOL**-Sprache durch die Form $\mathbf{B}(p, \mathbf{B}(r, \mathbf{L}, \mathbf{B}(q, \mathbf{L}, \mathbf{L})), \mathbf{L})$ wiedergegeben, zeigt Abb. 24 – sind es für die Reihenfolge $q; r; p$ bedeutend mehr (Abb. 25), nämlich zehn.

---

[2] W.V.O. QUINE, Methods of Logic, Holt, New York 1950

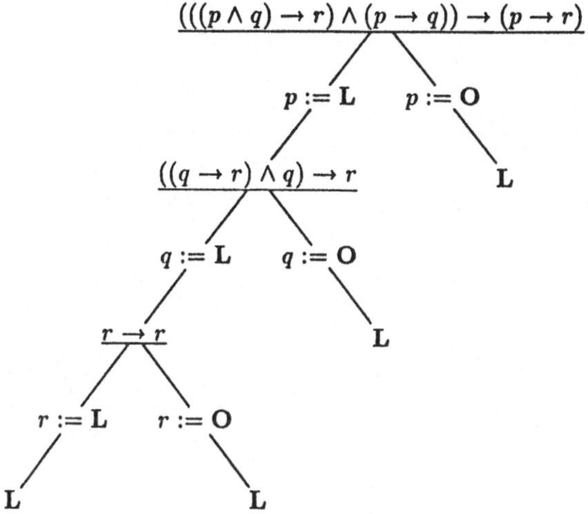

Abb. 23 Entscheidungsbaum zu $(((p \wedge q) \rightarrow r) \wedge (p \rightarrow q)) \rightarrow (p \rightarrow r)$ mit Reihenfolge $p; q; r$

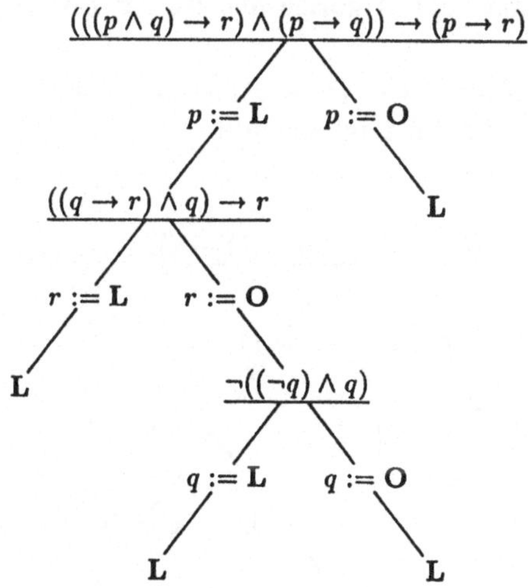

Abb. 24 Entscheidungsbaum mit der Reihenfolge $p; r; q$

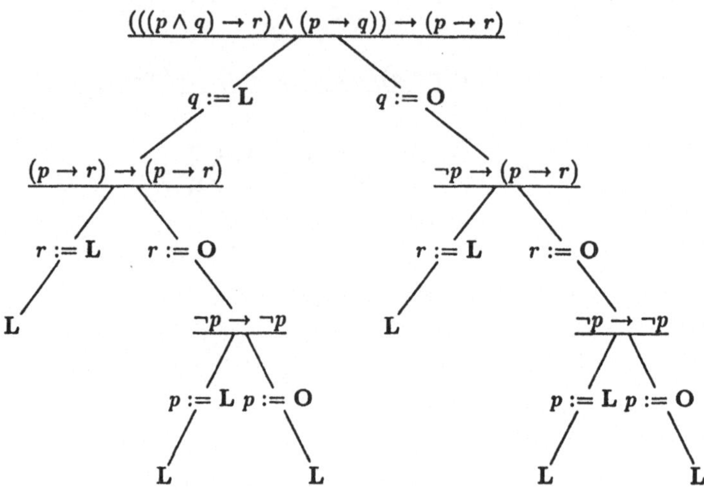

Abb. 25 Entscheidungsbaum mit der Reihenfolge $q; r; p$

Offensichtlich ergibt diese Technik einen Algorithmus, der im Falle einer Tautologie in höchstens $2+4+8+\ldots+2^m = 2\cdot(2^m-1)$ Schritten lauter **L** erzielt und damit terminiert – andernfalls könnte man eine Belegung angeben, die die Aussageform nicht erfüllt. Für eine Aussageform dagegen, die nicht Tautologie ist, kann man den Algorithmus abbrechen, sobald man zum ersten Mal auf **O** geführt wird. Man sagt, der Algorithmus ist als Entscheidungsverfahren *vollständig* und *korrekt*.

Beispiel: Die Aussageform $(a \to (b \to c)) \to ((a \to b) \to c)$ (vgl. Aufgabe 13) ist keine Tautologie: Abb. 26 zeigt das auf.

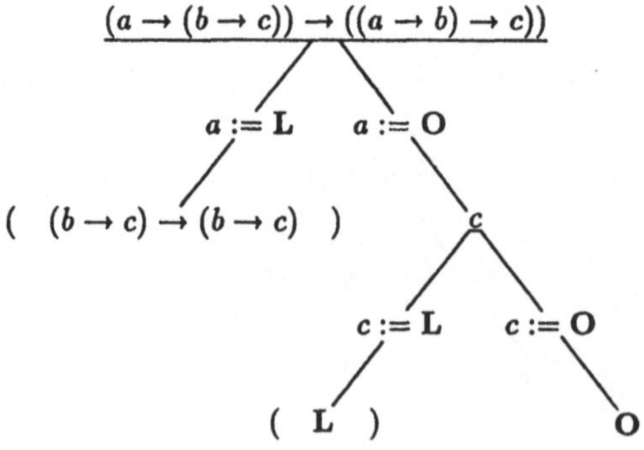

Abb. 26 Entscheidungsbaum zu $(a \to (b \to c)) \to ((a \to b) \to c)$

Zur tatsächlichen Programmierung des Algorithmus verwendet man zweckmässigerweise eine Baumdarstellung für die Aussageform.

Aufgabe 69: Führe den QUINEschen Algorithmus durch für

[a] $r \to ((r \to p) \to (s \to p))$

[b] $(((p \wedge q) \to r) \to s) \to ((p \to r) \to s)$

[c] $(a \wedge (b \vee c)) \leftrightarrow ((a \wedge b) \vee (a \wedge c))$

[d] $p_1 \to (p_2 \to (p_3 \to (\ldots (p_{i-1} \to (p_i \to p_1)) \ldots))) \quad (i \geq 2)$.

12. Normalformen

12.1 Aussagenlogische Verneinungstechnik

Die folgenden **Reduktionsregeln der Verneinung**

$\neg\neg\alpha \succ\!\!- \alpha$ (vgl. Involutionsgesetz)

$\neg(\alpha \wedge \beta) \succ\!\!- (\neg\alpha \vee \neg\beta)$ (vgl. Gesetz von DEMORGAN)

$\neg(\alpha \vee \beta) \succ\!\!- (\neg\alpha \wedge \neg\beta)$ (vgl. Gesetz von DEMORGAN)

erlauben, in einer Aussageform der Sprache **KAN** *alle* Negationszeichen „nach innen zu treiben" (vgl. 8.8.2) und damit jede Aussage in eine gleichstarke in **verneinungstechnischer Normalform**[3] (SMULLYAN: *negation normal form*) zu bringen, dadurch gekennzeichnet, daß einem Negationszeichen – sofern ein solches vorkommt – stets eine Unbestimmte folgt[4]. Dieser die Klammerstruktur erhaltende Reduktionsalgorithmus terminiert offenbar.

Beispiel: (vgl. Meyers Party, 4.2.3)

(1) $\neg((\neg(a \wedge d) \wedge \neg(c \wedge \neg d)) \wedge (\neg b \vee a)) \succ\!\!-$
$(\neg(\neg(a \wedge d) \wedge \neg(c \wedge \neg d)) \vee \neg(\neg b \vee a)) \succ\!\!-$
$((\neg\neg(a \wedge d) \vee \neg\neg(c \wedge \neg d)) \vee (\neg\neg b \wedge \neg a)) \succ\!\!-$
$(((a \wedge d) \vee (c \wedge \neg d)) \vee (b \wedge \neg a))$.

Die verneinungstechnischen Normalformen sind in der Sprache **KAN** negationsfrei über *Literalen* (3.1.1.1) aufgebaut. Abb. 27 zeigt das zugehörige Syntaxdiagramm. Beachte, daß die verneinungstechnische Normalform Äquivalenzklassen nicht separiert: Die gleichstarken Aussageformen $(p \vee q) \wedge (\neg q \vee \neg p)$ und $(p \wedge \neg q) \vee (q \wedge \neg p)$ sind beide in verneinungstechnischer Normalform.

---

[3] Die deutsche Bennenung stammt von G. ASSER. Es ist bedauerlich, daß man für diese praktisch wichtige Normalform keine prägnantere Benennung gefunden hat.

[4] „Erfahrungsgemäß sind kompliziertere mathematische Aussagen erst in verneinungstechnischer Normalform klar verständlich" (ASSER 1959).

Beispiel: „Die reelle Funktion f ist in B nicht gleichmäßig stetig" $\models\!\!\!\dashv$ „Nicht zu jedem $\epsilon > 0$ gibt es ein $\delta > 0$ derart, daß für alle $x, y \in B$: Wenn $(x - y) < \delta$, so $f(x) - f(y) < \epsilon$" $\models\!\!\!\dashv$ „Es gibt ein $\epsilon > 0$, so daß es für alle $\delta > 0$ ein Paar $x, y \in B$ gibt mit $(x - y) < \delta$ und *nicht* $f(x) - f(y) < \epsilon$".

Da zwar **N** selbstdual ist, **C** aber als duales Gegenstück (vgl. 8.8) $\overline{\leftarrow\!\!\!\!C}$ hat, sind in der Sprache **CN** verneinungstechnische Normalformen nicht erzielbar.

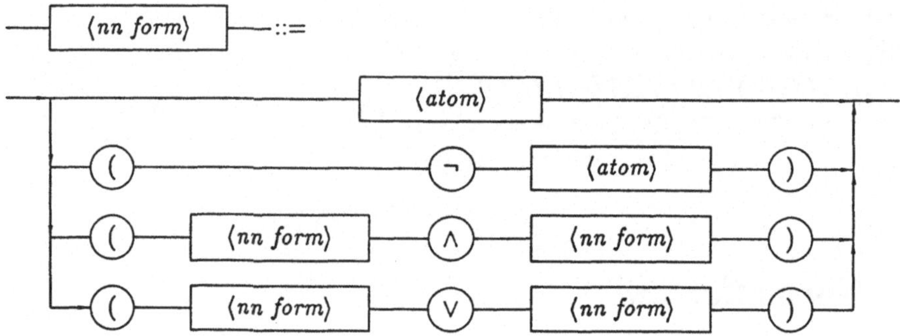

Abb. 27 Syntaxdiagramm für verneinungstechnische Normalformen der Sprache **KAN**

12.2 Verneinungstechnische Normalform: NAND-Bäume

Wie man aus dem Syntaxdiagramm (Abb. 27) ablesen kann, ergibt sich ein schichtenweise abwechselnder UND-ODER-UND-ODER-usw.-Aufbau der verneinungstechnischen Normalformen („UND-ODER-Baum") durch Klammerneinsparung unter Verwendung von Vielfach-Konjunktionen und -adjunktionen.

Für Aussageformen der Sprache **KACENOL** kann die Überführung in verneinungstechnische Normalform mit der **CEOL/KAN**-Elimination direkt verbunden werden.

Beispiel: (vgl. 4.1.5, (3))

(1) $((a \to b) \to c) \to (a \to (b \to c))$

$\models\!\!\!\dashv \neg((a \to b) \to c) \lor (a \to (b \to c))$

$\models\!\!\!\dashv ((a \to b) \land \neg c) \lor (\neg a \lor (b \to c))$

$\models\!\!\!\dashv ((\neg a \lor b) \land \neg c) \lor (\neg a \lor (\neg b \lor c))$

$\models\!\!\!\dashv ((\neg a \lor b) \land \neg c) \lor \neg a \lor \neg b \lor c$ (Klammerneinsparung).

Dazu gehören die UND-ODER-Bäume von Abb. 28 (a), (b).

Ein UND-ODER-Baum lässt sich sofort in einen NAND-Baum übersetzen, denn es gilt nach dem Gesetz von De Morgan

$$(a \land b) \lor (c \land d) \models\!\!\!\dashv (a \uparrow b) \uparrow (c \uparrow d) \quad \text{und} \quad (a \lor b) \models\!\!\!\dashv (\neg a \uparrow \neg b) \ .$$

Der Übergang zur verneinungstechnischen Normalform führt also unmittelbar auf eine Realisierung durch Transistorschaltungen. Für das obige Beispiel ergibt sich der NAND-Kantorovič-Baum von Abb. 28 (c) und der NAND-Schaltbaum von Abb. 28 (d).

Eine verneinungstechnische Normalform, im besonderen ein UND-ODER-Baum, kann eine Tautologie sein, ohne daß man ihr das unmittelbar ansieht, wie obiges Beispiel zeigt.

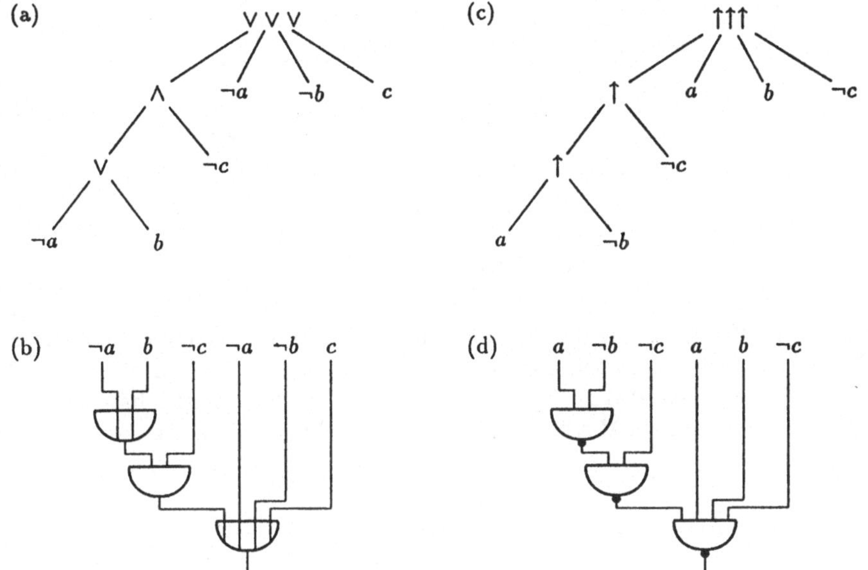

Abb. 28 Kantorovič-Bäume und Schaltbäume
für verneinungstechnische Normalform in **KA** und $\overline{\mathbf{K}}$

12.3 Verneinungstechnische Normalform: Kontaktschaltungen

Die sogenannte Schaltalgebra ist eine Schwester der Aussagenlogik: beide liefern Modelle des Booleschen Verbands, die ineinander überführt werden können (PAUL EHRENFEST 1910, in einer Besprechung des Buches „Logische Algebra" von L. COUTURAT).

Schalter	technisches Symbol	Kurzform	Symbole für Schalter I
Arbeitskontakt	p (offener Schalter)	—p—	
Ruhekontakt	p (geschlossener Schalter)	—$\overline{p}$—	

Abb. 29 Symbole für Kontaktschalter I

In Kontaktschaltungen werden positive Literale (3.1.1.1) durch einen **Arbeits-**, negative Literale durch einen **Ruhekontakt** dargestellt (Abb. 29). Die Konjunktion wird durch Hintereinanderschalten, die Adjunktion durch Nebeneinanderschalten von Kontaktschaltungen bewerkstelligt (Abb. 30).

In diesen „Reihen-Parallel-Schaltungen" von Kontakten kann jedoch die Negation einer ganzen Schaltung nicht unmittelbar realisiert werden. Technisch verwendet man hierfür häufig ein Relais. Im Prinzip ist das unnötig: In 12.1 haben wir gesehen, daß jede Aussageform in eine gleichstarke „verneinungstech-

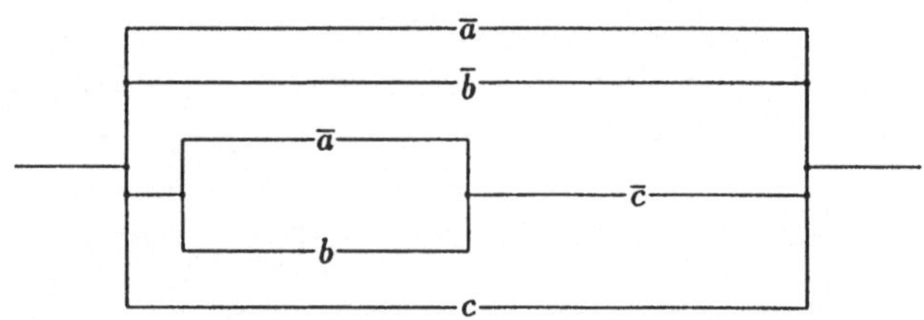

Abb. 30 Reihen-Parallel-Schaltung

nische Normalform" gebracht werden kann, bei der Negationszeichen nur unmittelbar vor Unbestimmten stehen. Den Literalen entsprechen aber Arbeitskontakte und Ruhekontakte. Damit gibt es für jede Klasse gleichstarker Aussageformen der Sprache **KAN** stets einen Repräsentanten als Reihen-Parallel-Schaltung[5].

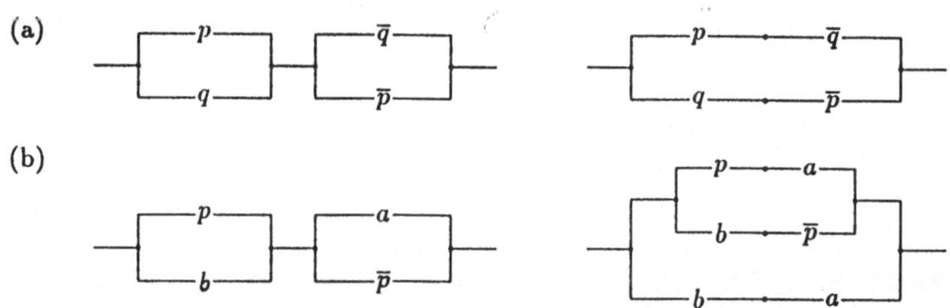

Abb. 31 Reihen-Parallel-Schaltungen zu zwei gleichstarken Aussageformen

Zu den beiden gleichstarken Aussageformen

$$(p \vee q) \wedge (\neg q \vee \neg p) \quad \text{und} \quad (p \wedge \neg q) \vee (q \wedge \neg p)$$

zeigt Abb. 31 (a) die repräsentierenden Schaltungen für die Bisubtraktion [$\overline{\mathbf{E}}$]. Abb. 31 (b) zeigt Schaltungen, die die dreistellige Funktion [**B**] realisieren. Die unmittelbare Erzeugung solcher Schaltungen aus der Zeichenfolge der (teilweise geklammerten) Aussageform heraus (Bauer 1955) zeigt Abb. 32.

Zwei Reihen-Parallel-Schaltungen haben genau dann gleiches Schaltverhalten, wenn die zugehörigen Aussageformen gleichstark sind. Die Klassen der Reihen-Parallel-Schaltungen gleichen Schaltverhaltens bilden ein Modell des Booleschen Verbands, das zur Lindenbaum-Tarski-Algebra isomorph ist.

Die Analyse und Synthese von Reihen-Parallel-Schaltungen erfordert die gleiche Technik wie das Arbeiten mit Aussageformen. Es ist lehrreich, Gesetze wie das Distributivgesetz mit Reihen-Parellel-Schaltungen zu veranschaulichen, vgl. Abb. 31 (b). Man spricht deshalb auch von „Schaltlogik" und „Schaltalgebra" (Shestakov 1934, Nakasima und Hanzawa 1936, Shannon 1937).

[5] **KAN**-Aussageformen in verneinungstechnischer Normalform können deshalb auch „Schaltformen" genannt werden.

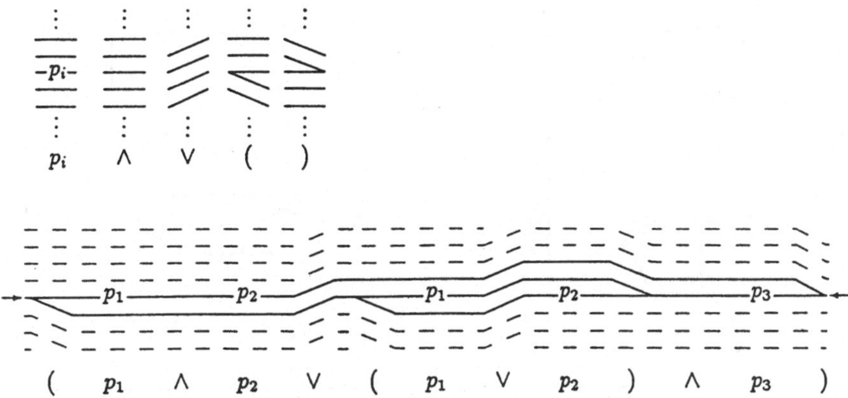

Abb. 32 Schaltelemente, die Einzelzeichen der Aussageform zugeordnet sind, und Erzeugung einer Reihen-Parallel-Schaltung zur KA-Aussageform $((p_1 \land p_2) \lor ((p_1 \lor p_2) \lor p_3))$ (Klammern, die Konjunktionen einschließen, sind zu unterdrücken!).

Man beachte, daß Reihen-Parallel-Schaltungen spezielle Kontaktschaltungen sind. Die in Abb. 33 (a) dargestellte „Wechsel-Kreuz-Wechsel-Schaltung“ ist keine Reihen-Parallel-Schaltung, sie ist eine „Brückenschaltung“. Sie realisiert das Negat der dreistelligen Parität (7.2.4). Abb. 33 (b) zeigt eine Reihen-Parallel-Schaltung mit gleichem Schaltverhalten.

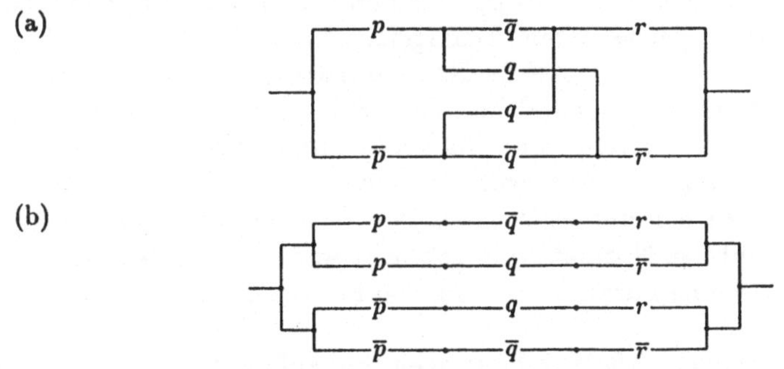

Abb. 33 Brückenschaltung (a), Reihen-Parallel-Schaltung mit dem gleichen Schaltverhalten (b)

In der Elektrotechnik verwendet man statt Arbeits- und Ruhekontakten oft Umschaltkontakte (siehe 12.5.4, Abb. 43). Aus den Schaltungen von Abb. 31 (a) erhält man mittels des Kommutativgesetzes die Fassungen von Abb. 34 (a), die sich mit Umschaltkontakten realisieren lassen – Abb. 34 (b). Es ergibt sich (Abb. 34 (c)) die geläufige Wechselschaltung sowie eine für Sonderzwecke (Gebrauch einer Kontrollampe) geeignete duale Variante.

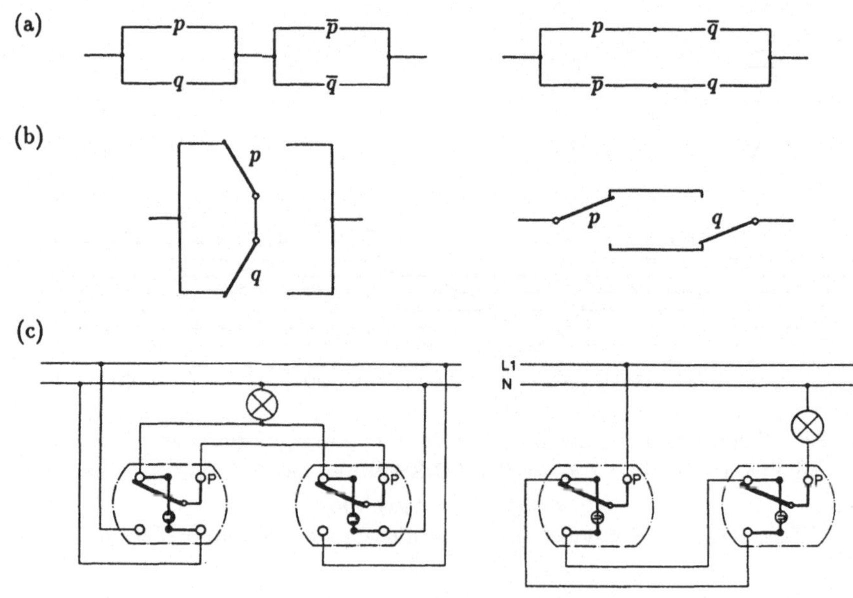

Abb. 34 Wechselschaltungen (für (a) vgl. Abb. 31(a))

Aufgaben wie Minimierung der Anzahl verwendeter Schaltkontakte führen auf Minimierung der Häufigkeiten des Vorkommens einer Unbestimmten in einer verneinungstechnischen Normalform. Für beliebige Aussageformen stellt sich die Aufgabe, unter gleichstarken Aussageformen die für eine gegebene Technologie „billigste" zu finden, wobei die Kostenfunktion etwa eine gewichtete lineare Funktion der Anzahl von Unbestimmten, von Negationen, von Konjunktionen und von Adjunktionen sein kann. Im großen und ganzen läuft das auf eine Minimierung der Länge der Aussageform hinaus.[6]

In 13. werden wir des weiteren sehen, daß jede verneinungstechnische Normalform in eine „adjunktive Normalform" gebracht werden kann, was auf eine zweistufige Schaltung – eine Parallelschaltung von Reihenschaltungen der Literale $p_i, \overline{p_i}$ – führt.

Reihen-Parallel- wie auch Brückenschaltungen sind auf mechanische Schalter abgestellt. Für elektronische Schaltungen der Impulstechnik spielen sie keine Rolle; aus physikalischen Gründen folgt deren Aufbau im allgemeinen dem syntaktischen Aufbau der Aussageform, ererbt also seine Struktur von der des Kantorovič-Baums. Gewisse Brückenschaltungen, die KONRAD ZUSE 1941 zur Durchführung des einschrittigen Übertrags bei der Addition und Subtraktion erfand, waren zwar für eine Realisierung mit Relais geeignet, nicht jedoch für Realisierungen mit Röhren oder Transistoren.

---

[6] In 12.4.1 werden wir jedoch sehen, daß in gewissen Fällen eine kürzere *Auswertung* sogar durch eine längere Aufschreibung erzielt werden kann.

12.4 Prämissen-Normalform

12.4.1 Die verneinungstechnische Normalform ist syntaktisch gekennzeichnet durch eine *Einschränkung* der Grammatik: in der 6. Zeile der kontextfreien Grammatik der Aussageformen in 3.1.1.1 wird

$(\langle unary\ op\rangle\langle propos\ form\rangle)$ zu $\langle lit\rangle$ abgeändert und

$\langle lit\rangle ::= \langle unary\ op\rangle\langle atom\rangle \mid \langle atom\rangle$ eingeführt.

Auch bei den **BOL**-Formen in 8.1.2 trat eine Einschränkung auf: Auf der Prämissenstelle und nur auf dieser darf eine Unbestimmte stehen. Die evidente Grammatik der **BOL**-Sprache (in Backus-Schreibweise)

$\langle bol\ form\rangle ::= \langle prime\ form\rangle \mid (\langle bol\ form\rangle \rightarrow \langle bol\ form\rangle; \langle bol\ form\rangle)$

(mit $\langle prime\ form\rangle ::= \langle atom\rangle \mid \langle nullary\ op\rangle$ wie in 3.1.1.1)

wird dabei eingeschränkt zu

$\langle nbol\ form\rangle ::= \langle nullary\ op\rangle \mid (\langle atom\rangle \rightarrow \langle nbol\ form\rangle; \langle nbol\ form\rangle)$.

Eine **BOL**-Form dieser Art soll **Prämissen-Normalform** heißen (vgl. 10.3).

Das Gesetz (8) von 9.4.3 in Verbindung mit (2), (3) und (4) erlaubt, jede **BOL**-Form in gleichstarke Prämissen-Normalform zu bringen (BLOOM, TINDELL 1981). Überdies kann nach 8.7 jede **KACENOL**-Aussageform in eine gleichstarke **BOL**-Form und somit auch in eine Prämissen-Normalform verwandelt werden.[7]

Beispiel:

(1) Aus $\neg(a \rightarrow (b \rightarrow c))$ entsteht durch **NC/BOL**-Elimination
$((a \rightarrow (b \rightarrow c; \mathbf{L}); \mathbf{L}) \rightarrow \mathbf{O}; \mathbf{L})$. Anwendung von (8) ergibt zunächst
$(a \rightarrow ((b \rightarrow c; \mathbf{L}) \rightarrow \mathbf{O}; \mathbf{L}); (\mathbf{L} \rightarrow \mathbf{O}; \mathbf{L}))$
Erneute Anwendung von (8) ergibt sodann
$(a \rightarrow (b \rightarrow (c \rightarrow \mathbf{O}; \mathbf{L}); (\mathbf{L} \rightarrow \mathbf{O}; \mathbf{L})); (\mathbf{L} \rightarrow \mathbf{O}; \mathbf{L}))$
und nach Vereinfachung mittels (2)
$(a \rightarrow (b \rightarrow (c \rightarrow \mathbf{O}; \mathbf{L}); \mathbf{O}); \mathbf{O})$.

(2) Aus $(p_1 \vee (p_2 \wedge p_3)) \vee \neg p_4$ durch **KAN/BOL**-Elimination
$\mathbf{B}(\mathbf{B}(p_1, \mathbf{L}, \mathbf{B}(p_2, p_3, \mathbf{O})), \mathbf{L}, \mathbf{B}(p_4, \mathbf{O}, \mathbf{L}))$ ⊨⊣ (8)
$\mathbf{B}(p_1, \mathbf{B}(\mathbf{L}, \mathbf{L}, \mathbf{B}(p_4, \mathbf{O}, \mathbf{L})), \mathbf{B}(\mathbf{B}(p_2, p_3, \mathbf{O}), \mathbf{L}, \mathbf{B}(p_4, \mathbf{O}, \mathbf{L})))$ ⊨⊣ (2), (8)
$\mathbf{B}(p_1, \mathbf{L}, \mathbf{B}(p_2, \mathbf{B}(p_3, \mathbf{L}, \mathbf{B}(p_4, \mathbf{O}, \mathbf{L})), \mathbf{B}(\mathbf{O}, \mathbf{L}, \mathbf{B}(p_4, \mathbf{O}, \mathbf{L}))))$ ⊨⊣ (3)
$\mathbf{B}(p_1, \mathbf{L}, \mathbf{B}(p_2, \mathbf{B}(p_3, \mathbf{L}, \mathbf{B}(p_4, \mathbf{O}, \mathbf{L})), \mathbf{B}(p_4, \mathbf{O}, \mathbf{L})))$

In der sich ergebenden Prämissen-Normalform treten Unbestimmte möglicherweise wiederholt auf. In der Tat kommt im zweiten Beispiel sogar eine ganze Teilform, nämlich $\mathbf{B}(p_4, \mathbf{O}, \mathbf{L})$, zweimal vor. Dies belastet jedoch nur die Aufschreibung, nicht die Auswertung. Die Bedeutung einer Prämissen-Normalform liegt gerade darin, daß für sie eine Auswertung „von außen nach innen“ völlig natürlich ist. Bei einer solchen Auswertung wird jedoch nie in zwei kollaterale identische Teilausdrücke eingetreten. Es handelt sich also um eine für die Auswertung „von außen nach innen“ extrem günstige Situation.

[7] Viele Programmierer vermeiden instinktiv geschachtelte Fallunterscheidungen, die nicht in Prämissen-Normalform sind.

Beispielsweise liefert die Prämissen-Normalform von Beispiel 2 für jede Belegung mit $p_1 := \mathbf{L}$ im ersten Schritt von außen bereits **L**; für jede Belegung mit $(p_1, p_2, p_3) := (\mathbf{O}, \mathbf{L}, \mathbf{O})$ ergibt sich nach drei Schritten **L**. Generell sind alle terminalen Nicht-Prämissenstellen in der Normalform Stellen, an denen die Auswertung *endet* – die bis dahin so viele Schritte durchzuführen hat (und dabei so viele Unbestimmte heranzieht), wie die Tiefe der betreffenden Stelle im Ausdruck beträgt.

Im übrigen ist auch die Prämissen-Normalform nicht äquivalenzklassenseparierend, wie nachfolgendes Beispiel zeigt.

Beispiel: (3) Durch die Anwendung des Kommutativgesetzes ergibt sich aus der Aussageform von Beispiel 2 die gleichstarke

$\neg p_4 \vee (p_1 \vee (p_2 \wedge p_3))$.

Daraus entsteht durch **KAN/BOL**-Elimination

$\mathbf{B}(\mathbf{B}(p_4, \mathbf{O}, \mathbf{L}), \mathbf{L}, \mathbf{B}(p_1, \mathbf{L}, \mathbf{B}(p_2, p_3, \mathbf{O}))) \models\!\!\!\dashv$ (8)

$\mathbf{B}(p_4, \mathbf{B}(\mathbf{O}, \mathbf{L}, \mathbf{B}(p_1, \mathbf{L}, \mathbf{B}(p_2, p_3, \mathbf{O}))), \mathbf{B}(\mathbf{L}, \mathbf{L}, \mathbf{B}(p_1, \mathbf{L}, \mathbf{B}(p_2, p_3, \mathbf{O})))) \models\!\!\!\dashv$

$\mathbf{B}(p_4, \mathbf{B}(p_1, \mathbf{L}, \mathbf{B}(p_2, p_3, \mathbf{O})), \mathbf{L}) \models\!\!\!\dashv$ (4)

$\mathbf{B}(p_4, \mathbf{B}(p_1, \mathbf{L}, \mathbf{B}(p_2, \mathbf{B}(p_3, \mathbf{L}, \mathbf{O}), \mathbf{O})), \mathbf{L})$

Für die Auswertung mag diese Form effizienter sein als die gleichstarke oben.

12.4.2 Ist α eine **BOL**-Prämissen-Normalform, so ergibt $\mathbf{B}(\alpha, \beta, \gamma)$ bei Auswertung „von außen nach innen" intuitiv das selbe wie die Aussageform

$\alpha^{(\mathbf{L},\mathbf{O}):=(\beta,\gamma)}$.

Beispiel: (4) Zu $p_1 \wedge \neg p_2$ gehört die Prämissen-Normalform $\alpha \doteq \mathbf{B}(p_1, \mathbf{B}(p_2, \mathbf{O}, \mathbf{L}), \mathbf{O})$. Durch Anwendung der Gesetze von 9.4.3 ergibt sich für $\mathbf{B}(\alpha, \beta, \gamma)$

$\models\!\!\!\dashv \mathbf{B}(\mathbf{B}(p_1, \mathbf{B}(p_2, \mathbf{O}, \mathbf{L}), \mathbf{O}), \beta, \gamma)$

$\models\!\!\!\dashv \mathbf{B}(p_1, \mathbf{B}(\mathbf{B}(p_2, \mathbf{O}, \mathbf{L}), \beta, \gamma), \mathbf{B}, (\mathbf{O}, \beta, \gamma))$

$\models\!\!\!\dashv \mathbf{B}(p_1, \mathbf{B}(p_2, \mathbf{B}(\mathbf{O}, \beta, \gamma), \mathbf{B}(\mathbf{L}, \beta, \gamma)), \mathbf{B}(\mathbf{O}, \beta, \gamma))$

$\models\!\!\!\dashv \mathbf{B}(p_1, \mathbf{B}(p_2, \gamma, \beta), \gamma)$.

Es gilt in der Tat der **Kompositionssatz:**[8]

Es seien α, β, γ in **BOL**-Prämissen-Normalform. Dann ist eine Prämissen-Normalform von $\mathbf{B}(\alpha, \beta, \gamma)$ gegeben durch $\alpha^{(\mathbf{L},\mathbf{O}):=(\beta,\gamma)}$.

Der Beweis durch Induktion kann folgendermaßen geführt werden:

Induktionsanfang:

$\mathbf{B}(\mathbf{L}, \beta, \gamma) \models\!\!\!\dashv \beta \models\!\!\!\dashv \mathbf{L}^{(\mathbf{L},\mathbf{O}):=(\beta,\gamma)}$ und $\mathbf{B}(\mathbf{O}, \beta, \gamma) \models\!\!\!\dashv \gamma \models\!\!\!\dashv \mathbf{O}^{(\mathbf{L},\mathbf{O}):=(\beta,\gamma)}$ sind offensichtlich in Prämissen-Normalform.

Induktionsschritt:

Sei $\alpha \doteq \mathbf{B}(p, \delta, \epsilon)$ mit δ, ϵ in Prämissen-Normalform. Dann

$\mathbf{B}(\alpha, \beta, \gamma) \doteq \mathbf{B}(\mathbf{B}(p, \delta, \epsilon), \beta, \gamma) \models\!\!\!\dashv \mathbf{B}(p, \mathbf{B}(\delta, \beta, \gamma), \mathbf{B}(\epsilon, \beta, \gamma))$ (8)

$\models\!\!\!\dashv \mathbf{B}(p, \delta^{(\mathbf{L},\mathbf{O}):=(\beta,\gamma)}, \epsilon^{(\mathbf{L},\mathbf{O}):=(\beta,\gamma)}) \models\!\!\!\dashv \alpha^{(\mathbf{L},\mathbf{O}):=(\beta,\gamma)}$.

Dabei bleibt die Prämissen-Normalform erhalten. ⋈

[8] Diese typische Substitutionseigenschaft der Prämissen-Normalformen hat eine Analogie bei der Multiplikation von Strichzahlen (Bauer-Goos II, 3. Aufl., 8.2.1).

Mit Hilfe dieses Satzes kann eine **KAN**-Form von links nach rechts in **BOL**-Prämissen-Normalform überführt werden unter Benutzung der Eliminationsgesetze von 8.7, also mittels

$$\begin{array}{lll} \alpha \wedge \beta & \models\!\!\dashv \mathbf{B}(\alpha,\beta,\mathbf{O}) & \models\!\!\dashv \alpha^{\mathbf{L}:=\beta} , \\ \alpha \vee \beta & \models\!\!\dashv \mathbf{B}(\alpha,\mathbf{L},\beta) & \models\!\!\dashv \alpha^{\mathbf{O}:=\beta} , \\ \neg\alpha & \models\!\!\dashv \mathbf{B}(\alpha,\mathbf{O},\mathbf{L}) & \models\!\!\dashv \alpha^{(\mathbf{L},\mathbf{O}):=(\mathbf{O},\mathbf{L})} \quad \text{sowie} \\ p_i & \models\!\!\dashv \mathbf{B}(p_i,\mathbf{L},\mathbf{O}) & \text{gemäß (4)} . \end{array}$$

Beispiel: (5) $((p_1 \vee (p_2 \wedge p_3)) \vee \neg p_4) \wedge p_5$

$\models\!\!\dashv \mathbf{B}(p_1,\mathbf{L},\mathbf{B}(p_2,\mathbf{B}(p_3,\mathbf{L},\mathbf{B}(p_4,\mathbf{O},\mathbf{L})),\mathbf{B}(p_4,\mathbf{O},\mathbf{L}))) \wedge \mathbf{B}(p_5,\mathbf{L},\mathbf{O})$
(gemäß 12.4.1, Beispiel (2))

$\models\!\!\dashv \mathbf{B}(p_1,\mathbf{B}(p_5,\mathbf{L},\mathbf{O}),\mathbf{B}(p_2,\mathbf{B}(p_3,\mathbf{B}(p_5,\mathbf{L},\mathbf{O}),\mathbf{B}(p_4,\mathbf{O},\mathbf{B}(p_5,\mathbf{L},\mathbf{O}))),$
$\mathbf{B}(p_4,\mathbf{O},\mathbf{B}(p_5,\mathbf{L},\mathbf{O}))))$ (Kompositionssatz).

Auch Aussageformen, in denen Subjunktionen und Bisubjunktionen vorkommen, lassen sich so vorteilhaft behandeln mittels

$$\begin{array}{lll} \alpha \rightarrow \beta & \models\!\!\dashv \mathbf{B}(\alpha,\beta,\mathbf{L}) & \models\!\!\dashv \alpha^{(\mathbf{L},\mathbf{O}):=(\beta,\mathbf{L})} , \\ \alpha \leftrightarrow \beta & \models\!\!\dashv \mathbf{B}(\alpha,\beta,\neg\beta) & \models\!\!\dashv \alpha^{(\mathbf{L},\mathbf{O}):=(\beta,\neg\beta)} . \end{array}$$

Beispiel: (6) $(p_1 \leftrightarrow p_2) \leftrightarrow p_3$

$\models\!\!\dashv \mathbf{B}(p_1,\mathbf{B}(p_2,\mathbf{L},\mathbf{O}),\mathbf{B}(p_2,\mathbf{O},\mathbf{L})) \leftrightarrow \mathbf{B}(p_3,\mathbf{L},\mathbf{O})$

$\models\!\!\dashv \mathbf{B}(p_1,\mathbf{B}(p_2,\mathbf{B}(p_3,\mathbf{L},\mathbf{O}),\mathbf{B}(p_3,\mathbf{O},\mathbf{L})),\mathbf{B}(p_2,\mathbf{B}(p_3,\mathbf{O},\mathbf{L}),\mathbf{B}(p_3,\mathbf{L},\mathbf{O})))$

12.4.3 Eine andere Substitutionseigenschaft für Prämissen-Normalformen besagt der **Substitutionssatz** (vgl. auch 11.3.1, Aufgabe 68)

$$\mathbf{B}(p,\alpha,\beta) \models\!\!\dashv \mathbf{B}(p,\alpha^{p:=\mathbf{L}},\beta^{p:=\mathbf{O}}) .$$

Der Beweis ergibt sich wie in 5.4.2 durch Einsetzen von **L** und **O** für p . Für den Fall $\alpha \doteq \beta$ ergibt sich nochmals das Boolesche Fundamentaltheorem.

Diese Substitutionseigenschaft erzwingt oft eine drastische Verkürzung einer Prämissen-Normalform.

Beispiel: (7) Zur Aussageform $\mathbf{C2}(p,q) \doteq ((p \rightarrow q) \rightarrow p) \rightarrow p$ ergibt sich unmittelbar die Prämissen-Normalform

$$\mathbf{B}(p,\mathbf{B}(q,\mathbf{B}(p,\mathbf{B}(p,\mathbf{L},\mathbf{O}),\mathbf{L}),\mathbf{B}(p,\mathbf{L},\mathbf{O})),\mathbf{B}(p,\mathbf{B}(p,\mathbf{L},\mathbf{O}),\mathbf{L})) .$$

Durch den Substitutionssatz ergibt sich $\mathbf{B}(p,\mathbf{B}(q,\mathbf{L},\mathbf{L}),\mathbf{L})$, woraus mit (1) aus 9.4.3 $\mathbf{B}(p,\mathbf{L},\mathbf{L})$, und weiter **L** entsteht.

12.5 Prämissen-Normalform: Entscheidungsbäume und -netze

12.5.1 Der Kantorovič-Baum einer **BOL**-Form ist dreifach vergabelt, er ist **triadisch** (Abb. 35). Für Prämissen-Normalformen (Abb. 35 rechts) genügt es jedoch (vgl. 8.1.2), jeder Operation $\mathbf{B}(p_i,\ldots,\ldots)$ ein (geordnetes) dyadisches Baumelement mit der Knotenbezeichnung p_i zuzuordnen, wie es Abb. 36 zeigt.

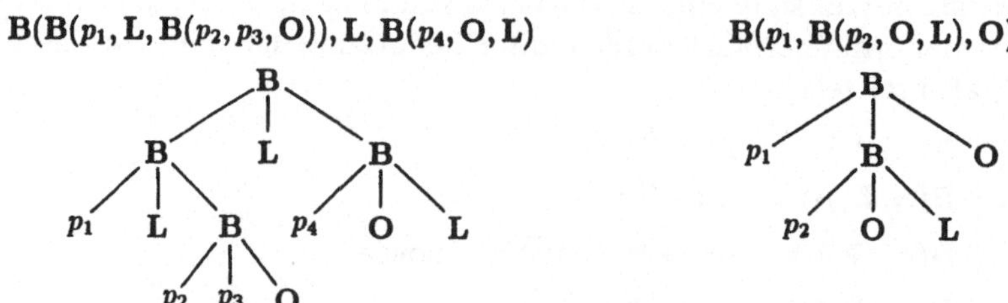

Abb. 35 Triadische Kantorovič-Bäume zu **BOL**-Formen

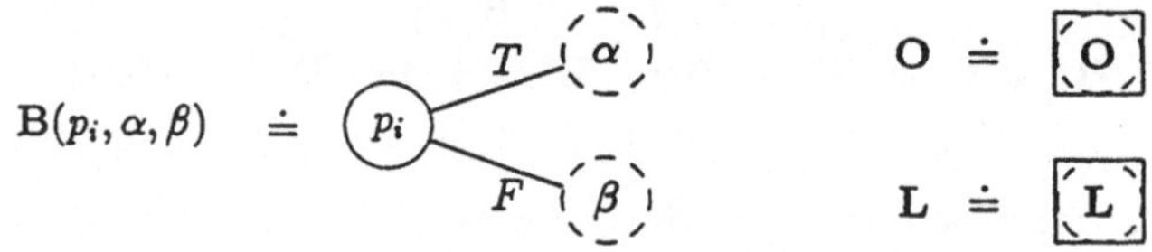

$\mathrm{B}(p_i, \alpha, \beta) \ \doteq$ [Entscheidungsknoten p_i mit Zweig T zu α und Zweig F zu β] $\qquad \mathrm{O} \doteq$ [O] $\qquad \mathrm{L} \doteq$ [L]

Abb. 36 Darstellung der Sprache **BOL** durch Entscheidungsbäume

Jeder Prämissen-Normalform entspricht so ein **Entscheidungsbaum** und umgekehrt. Ein Entscheidungsbaum ist ein *extended binary tree* nach KNUTH.

Beispiele: Abb. 37 zeigt die Entscheidungsbäume zu

(2) $(p_1 \vee (p_2 \wedge p_3)) \vee \neg p_4$
$\models\!\!\!\dashv$ $\mathbf{B}(p_1, \mathbf{L}, \mathbf{B}(p_2, \mathbf{B}(p_3, \mathbf{L}, \mathbf{B}(p_4, \mathbf{O}, \mathbf{L})), \mathbf{B}(p_4, \mathbf{O}, \mathbf{L})))$
(vgl. 12.4.1, Beispiel (2)).

(3) $(\neg p_4) \vee (p_1 \vee (p_2 \wedge p_3))$
$\models\!\!\!\dashv$ $\mathbf{B}(p_4, \mathbf{B}(p_1, \mathbf{L}, \mathbf{B}(p_2, \mathbf{B}(p_3, \mathbf{L}, \mathbf{O}), \mathbf{O})), \mathbf{L})$
(vgl. 12.4.1, Beispiel (3)).

Gelegentlich erhält man als Entscheidungsbaum speziell einen MacFarlane-Baum (8.1.2).

Beispiel:

(5) $\mathbf{EE}(p_1, p_2, p_3) \doteq (p_1 \leftrightarrow p_2) \leftrightarrow p_3$
$\models\!\!\!\dashv$ $\mathbf{B}(p_1, \mathbf{B}(p_2, \mathbf{B}(p_3, \mathbf{L}, \mathbf{O}), \mathbf{B}(p_3, \mathbf{O}, \mathbf{L})),$
$\mathbf{B}(p_2, \mathbf{B}(p_3, \mathbf{O}, \mathbf{L}), \mathbf{B}(p_3, \mathbf{L}, \mathbf{O})))$ (vgl. 12.4.2, Beispiel (6)) .

Abb. 38 zeigt den zugehörigen MacFarlane-Baum.

Im letzten Beispiel entsteht der MacFarlane-Baum der Aussageform **EE** , ein vollständiger dyadischer Baum der Tiefe 3, an dessen Blättern der Wertverlauf der Aussageform und damit ihre Couffignal-Codierung direkt abgelesen werden kann ($[\mathbf{EE}] \doteq Y^3_{150} \doteq TFFTFTTF$, 7.2.4, Tab. 3; 7.4, Abb. 9).

12.5.2 Beim Gebrauch des Kompositions- und des Substitutionssatzes werden häufig identische Teilformen mehrfach eingesetzt. In den Entscheidungsbäumen empfiehlt es sich dann, diese Teilformen zu identifizieren, wodurch aber der Baum vernetzt wird. Es entsteht ein **Entscheidungsnetz**.

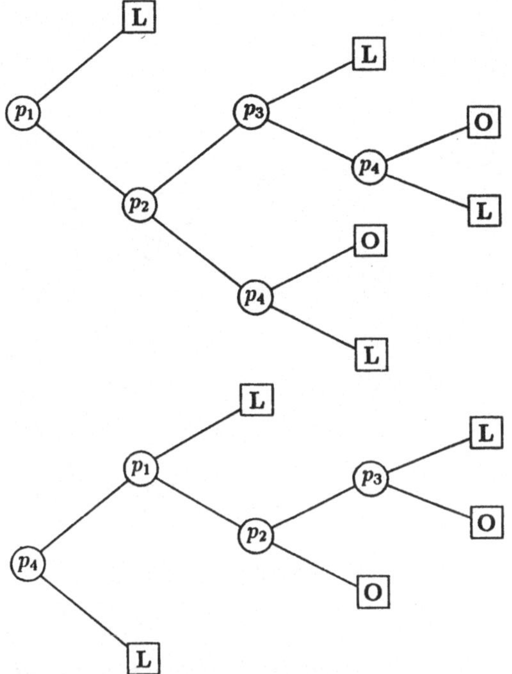

Abb. 37 Entscheidungsbäume

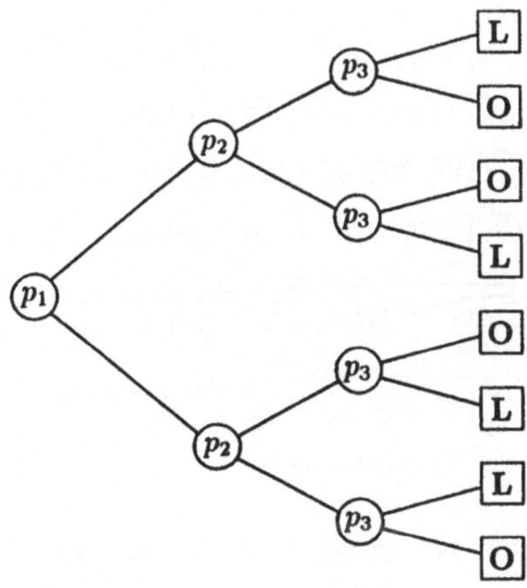

Abb. 38 MacFarlane-Baum als Entscheidungsbaum

Insbesondere fassen wir alle mit **L** und alle mit **O** besetzten Blätter zusammen (**Vernetzung** der Blätter). Abb. 39 zeigt die Entscheidungsnetze, die aus den Entscheidungsbäumen von Abb. 37 entstehen.

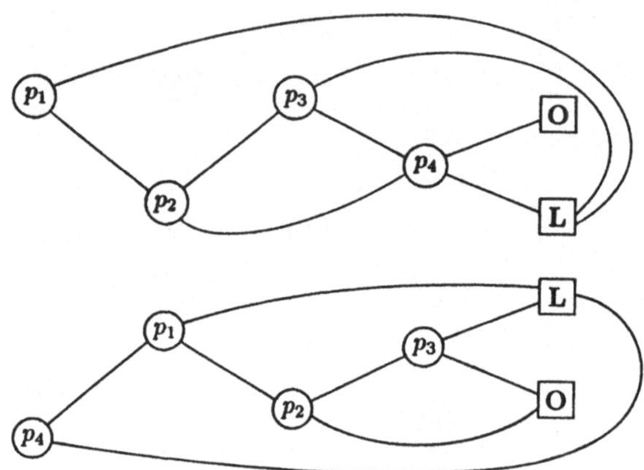

Abb. 39 Entscheidungsnetze

Beim Aufbau mit Hilfe des Kompositionssatzes ergibt sich von selbst eine Vernetzung der Teilausdrücke, wie in Abb. 40 (SHURA-BURA 1958, vgl. 12.4.2, Beispiel (4)).

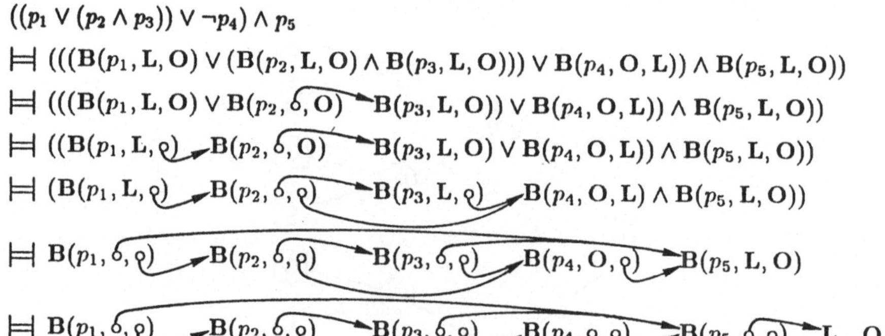

$$((p_1 \vee (p_2 \wedge p_3)) \vee \neg p_4) \wedge p_5$$

$$\models\!\dashv (((\mathbf{B}(p_1, \mathbf{L}, \mathbf{O}) \vee (\mathbf{B}(p_2, \mathbf{L}, \mathbf{O}) \wedge \mathbf{B}(p_3, \mathbf{L}, \mathbf{O}))) \vee \mathbf{B}(p_4, \mathbf{O}, \mathbf{L})) \wedge \mathbf{B}(p_5, \mathbf{L}, \mathbf{O}))$$

$$\models\!\dashv (((\mathbf{B}(p_1, \mathbf{L}, \mathbf{O}) \vee \mathbf{B}(p_2, \sigma, \mathbf{O}) \to \mathbf{B}(p_3, \mathbf{L}, \mathbf{O})) \vee \mathbf{B}(p_4, \mathbf{O}, \mathbf{L})) \wedge \mathbf{B}(p_5, \mathbf{L}, \mathbf{O}))$$

$$\models\!\dashv ((\mathbf{B}(p_1, \mathbf{L}, \varrho) \to \mathbf{B}(p_2, \sigma, \mathbf{O}) \to \mathbf{B}(p_3, \mathbf{L}, \mathbf{O}) \vee \mathbf{B}(p_4, \mathbf{O}, \mathbf{L})) \wedge \mathbf{B}(p_5, \mathbf{L}, \mathbf{O}))$$

$$\models\!\dashv (\mathbf{B}(p_1, \mathbf{L}, \varrho) \to \mathbf{B}(p_2, \sigma, \varrho) \to \mathbf{B}(p_3, \mathbf{L}, \varrho) \to \mathbf{B}(p_4, \mathbf{O}, \mathbf{L}) \wedge \mathbf{B}(p_5, \mathbf{L}, \mathbf{O}))$$

$$\models\!\dashv \mathbf{B}(p_1, \sigma, \varrho) \to \mathbf{B}(p_2, \sigma, \varrho) \to \mathbf{B}(p_3, \sigma, \varrho) \to \mathbf{B}(p_4, \mathbf{O}, \varrho) \to \mathbf{B}(p_5, \mathbf{L}, \mathbf{O})$$

$$\models\!\dashv \mathbf{B}(p_1, \sigma, \varrho) \to \mathbf{B}(p_2, \sigma, \varrho) \to \mathbf{B}(p_3, \sigma, \varrho) \to \mathbf{B}(p_4, \varrho, \varrho) \to \mathbf{B}(p_5, \sigma, \varrho) \to \mathbf{L} \quad \mathbf{O}$$

Abb. 40 Vernetzte Teilausdrücke

Abb. 41 zeigt das zugehörige Entscheidungsnetz in zweidimensionaler Auslegung. Mit der eindimensionalen gewöhnlichen Formelnotation ist eine Darstellung der Vernetzung nur unter Einführung von benannten Teiltermen möglich:

(4) $((p_1 \vee (p_2 \wedge p_3)) \vee \neg p_4) \wedge p_5 \quad \models\!\!\dashv \vartheta_1$, wo
$\vartheta_1 \doteq \mathbf{B}(p_1, \vartheta_5, \vartheta_2)$, $\vartheta_2 \doteq \mathbf{B}(p_2, \vartheta_3, \vartheta_4)$, $\vartheta_3 \doteq \mathbf{B}(p_3, \vartheta_5, \vartheta_4)$,
$\vartheta_4 \doteq \mathbf{B}(p_4, \vartheta_7, \vartheta_5)$, $\vartheta_5 \doteq \mathbf{B}(p_5, \vartheta_6, \vartheta_7)$, $\vartheta_6 \doteq \mathbf{L}$, $\vartheta_7 \doteq \mathbf{O}$.

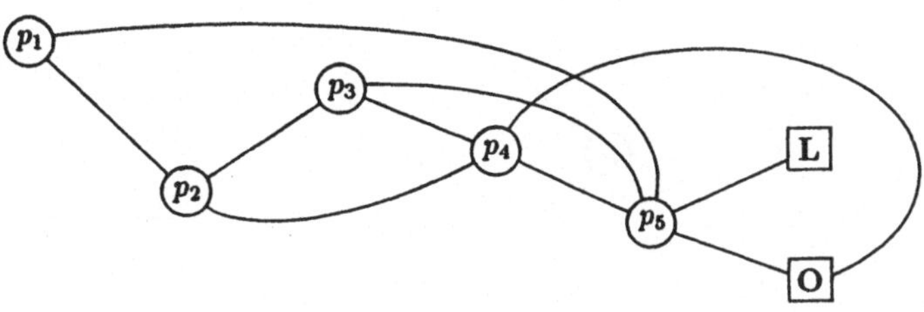

Abb. 41 Entscheidungsnetz, gewonnen durch Aufbau mittels des Kompositionssatzes

Durch Vernetzung verringert sich oft der Umfang der Entscheidungsbäume erheblich.

Allerdings gelingt es nicht immer, wie im vorliegenden Beispiel, ein Entscheidungsnetz zu finden, in dem jede Unbestimmte höchstens einmal auftritt. Ein Gegenbeispiel liefert $(p_1 \leftrightarrow p_2) \leftrightarrow p_3$ (Beispiel (5)).

Entscheidungsbäume und -netze können deshalb nicht direkt als Übergangsdiagramme im Sinne der Automatentheorie gedeutet werden: In der Menge der Knoten kann ein- und dieselbe Unbestimmte mehrfach auftreten.

12.5.3 Für die Festellung, ob eine vorgelegte **BOL**-Form eine Tautologie ist, bietet sich die Methode von QUINE an.

Beispiel: Zur Tautologie von PEIRCE

$((p \rightarrow q) \rightarrow p) \rightarrow p$

ergibt sich unmittelbar die Prämissen-Normalform (vgl. 12.4.3, Beispiel (7))

$$\mathbf{B}(p, \mathbf{B}(q, \mathbf{B}(p, \mathbf{B}(p, \mathbf{L}, \mathbf{O}), \mathbf{L}), \mathbf{B}(p, \mathbf{L}, \mathbf{O})), \mathbf{B}(p, \mathbf{B}(p, \mathbf{L}, \mathbf{O}), \mathbf{L}))$$

und der zugehörige Entscheidungsbaum von Abb. 42 oben.

Zur Vereinfachung (Abb. 42) brauchen nur die Gesetze 9.4.3 (2) und (3) herangezogen werden.

12.5.4 Die Bedeutung der Prämissen-Normalformen liegt gerade in der mit einer Auswertung „von außen nach innen" verbundenen Arbeitsersparnis. Dieser Auswertungsrichtung entsprechend, kann man jede Aussagevariable durch einen Umschaltkontakt (Abb. 43) darstellen und erhält aus dem Entscheidungsbaum somit eine Wählpyramide (Abb. 44).

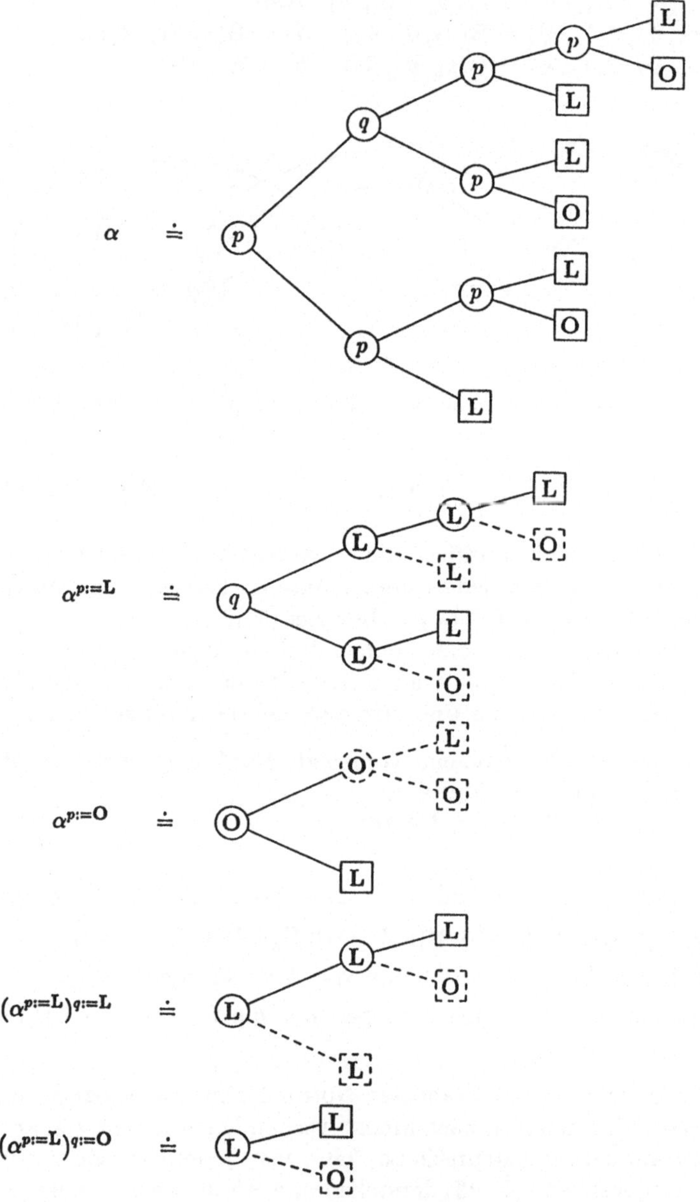

Abb. 42 Entscheidungsbaum zur Tautologie von PEIRCE und QUINEs Methode

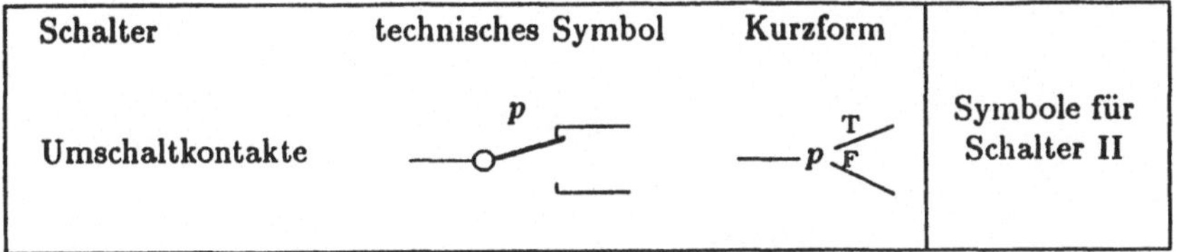

Abb. 43 Symbole für Kontaktschalter II

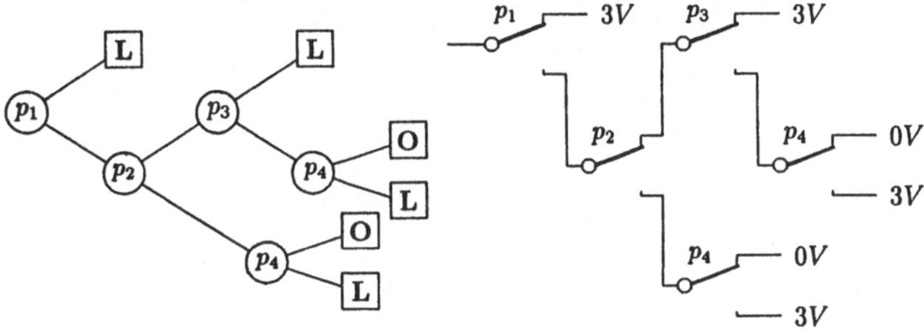

Abb. 44 Entscheidungsbaum und Wählpyramide mit zwei Spannungswerten

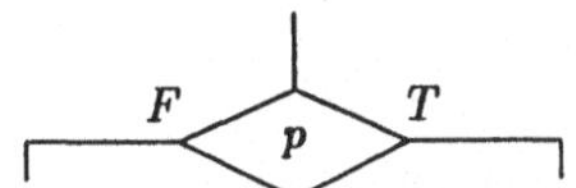

Abb. 45 Verzweigungssymbol

12.5.5 Von den Entscheidungsnetzen zur Auswertung von Aussageformen geht man in der prozeduralen Programmierung über zu den (netzartigen) **Programmablaufplänen**, wobei das dyadische Baumelement von 12.5.1 (Abb. 36) als Verzweigungssymbol (Abb. 45) gedeutet wird (J. RIGUET, 1962).

In den Blättern steht nun eine Zuweisung der Aussagenkonstanten an eine Programmvariable; der Übergang von einer Fallunterscheidungskaskade zu einer **vernetzten Fallunterscheidung** ist typisch. Zur Zuweisung

$$w := (((p_1 \vee (p_2 \wedge p_3)) \vee \neg p_4) \wedge p_5) \vee p_6$$

gehört der Programmablaufplan mit vernetzter Fallunterscheidung von Abb. 46 oben und zur gleichwertigen Zuweisung

$$w := p_6 \vee (p_5 \wedge (\neg p_4 \vee (p_1 \vee (p_2 \wedge p_3))))$$

gehört der von Abb. 46 unten.

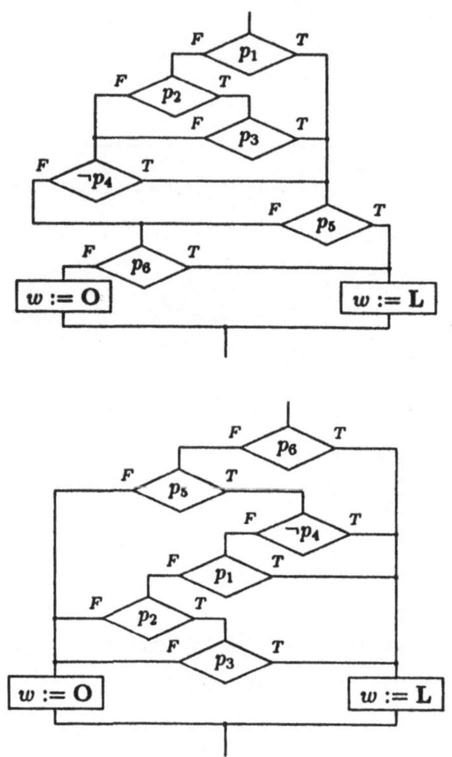

Abb. 46 Programmablaufpläne mit vernetzter Fallunterscheidung

13. Adjunktive und konjunktive Normalformen

13.1 Adjunktive Normalform

Eine **adjunktive Normalform** ist definiert als eine verneinungstechnische Normalform, die eine Vielfachadjunktion von Vielfachkonjunktionen ist und zwar Vielfachkonjunktionen von Literalen, wofür wir kurz **Literalkonjunktionen** sagen werden. Aus der verneinungstechnischen Normalform gewinnt man eine gleichstarke adjunktive Normalform durch einen terminierenden Reduktionsalgorithmus mit den **Reduktionsregeln der Distribution**

$$(\alpha \vee \beta) \wedge \gamma \succ\!\!- (\alpha \wedge \gamma) \vee (\beta \wedge \gamma) \qquad \gamma \wedge (\alpha \vee \beta) \succ\!\!- (\gamma \wedge \alpha) \vee (\gamma \wedge \beta) \ ,$$

die, dem Distributivgesetz gemäß, *alle* $\wedge$-Zeichen „nach innen treiben“.

Im einzelnen geschieht dabei folgendes: Ersetzt man in der verneinungstechnischen Normalform der Sprache **KAN** alle negativen Literale $\neg a_i$ vorübergehend durch neue Unbestimmte $\overline{a}_i$, so erhält man eine Aussageform, die nur $\wedge$, $\vee$ und a_1 , $\overline{a}_1$, a_2, $\overline{a}_2$, ..., a_n, $\overline{a}_n$ enthält. Nun wird das Verfahren rekursiv definiert:

Die Adjunktion zweier adjunktiver Normalformen ist evidenterweise wieder eine solche. Die Konjunktion zweier adjunktiver Normalformen wird mit Hilfe der Distributivgesetze schrittweise ebenfalls in eine adjunktive Normalform überführt. Es entsteht schließlich eine Vielfachadjunktion von einzelnen Vielfachkonjunktionen in den Unbestimmten a_1, $\overline{a}_1$, ..., $\overline{a}_n$. Beachte, daß **O** als leere Vielfachadjunktion, **L** als leere Vielfachkonjunktion anzusehen ist.

Am Ende wird $\overline{a}_i$ wieder durch das Literal $\neg a_i$ ersetzt, es entsteht eine Vielfachadjunktion von Literalkonjunktionen.

Beispiel: (1) Für $((a \to b) \to c) \to (a \to (b \to c))$, vgl. 12.2 (1) ergibt sich

$((\neg a \vee b) \wedge \neg c) \vee \neg a \vee \neg b \vee c$ (verneinungstechnische Normalform)
$\models\!\!\mid ((\overline{a} \vee b) \wedge \overline{c}) \vee \overline{a} \vee \overline{b} \vee \overline{c}$ (Umbezeichnung)
$\models\!\!\mid ((\overline{a} \wedge \overline{c}) \vee (b \wedge \overline{c})) \vee \overline{a} \vee \overline{b} \vee \overline{c}$ (Distributivgesetz)
$\models\!\!\mid (\overline{a} \wedge \overline{c}) \vee (b \wedge \overline{c}) \vee \overline{a} \vee \overline{b} \vee \overline{c}$ (Klammerneinsparung)
$\models\!\!\mid (\neg a \wedge \neg c) \vee (b \wedge \neg c) \vee \neg a \vee \neg b \vee c$ (Rückbezeichnung).

Die in diesem Beispiel erhaltene adjunktive Normalform ist keine Vielfachadjunktion von *Element*arkonjunktionen (8.1.1).

Die adjunktive Normalform ist nicht äquivalenzklassenseparierend:

Beispiel: (3) Die beiden adjunktiven Normalformen

$(a \wedge b) \vee (\neg a \wedge c)$ und $(b \wedge c) \vee (a \wedge b) \vee (\neg a \wedge c)$

liegen in ein- und derselben Äquivalenzklasse (vgl. 7.1.6, adjunktives Gesetz von der Resolution). Ausgehend von der Aussageform

$(a \to b) \wedge (\neg a \to c)$

kommt man durch den Reduktionsprozeß zu keiner dieser beiden Normalformen, sondern zu $(\neg a \wedge a) \vee (\neg a \wedge c) \vee (b \wedge a) \vee (b \wedge c)$.

Hinweis: *Fortan werden wir der Kürze halber oft $\overline{a}$ für $\neg a$ etc. schreiben, und angesichts des Assoziativgesetzes Klammern einsparen.*

Aufgabe 70: Man überführe

$((q \to p) \vee r) \;\to\; ((p \leftrightarrow q) \wedge r)$

in adjunktive Normalform.

13.2 Konjunktive Normalform

Dual erhält man eine **konjunktive Normalform**[9] einer Aussageform durch einen entsprechenden Reduktionsprozeß auf der verneinungstechnischen Normalform, der mit den dualen Reduktionsregeln der Distribution

$$(\alpha \wedge \beta) \vee \gamma \succ\!\!- (\alpha \vee \gamma) \wedge (\beta \vee \gamma) \qquad \gamma \vee (\alpha \wedge \beta) \succ\!\!- (\gamma \vee \alpha) \wedge (\gamma \vee \beta)$$

arbeitet. Dabei entsteht eine Vielfach*konjunktion* von Literal*adjunktionen*.

[9] Die Benennung wurde 1922 von HEINRICH BEHMANN (1891-1970) eingeführt.

Für die Aussageform der *'waltzing ducks'* (2.1.3) und von Meyers Party (4.2.3) fällt die verneinungstechnische Normalform $(a \vee \overline{b}) \wedge (\overline{a} \vee \overline{d}) \wedge (\overline{c} \vee d)$ bereits in konjunktiver Normalform an (siehe auch Aufgabe 71).

13.3 Bereinigte Normalformen

Es empfiehlt sich, adjunktive und konjunktive Normalformen zu **bereinigen**, nämlich unter Abstützung auf die Assoziativ- und Kommutativgesetze sowie die Idempotenzgesetze

1. in jeder Literalkonjunktion bzw. -adjunktion alle wiederholt auftretenden Literale zu unterdrücken,

2. wiederholt auftretende Literalkonjunktionen bzw. -adjunktionen zu unterdrücken.

Aufgabe 71: Zeige, daß die Aussageform des Beispiels von Meyers Party (4.2.3) nachfolgende bereinigte adjunktive Normalform hat:

$(a \wedge \overline{a} \wedge \overline{c}) \vee (a \wedge \overline{a} \wedge d) \vee (a \wedge \overline{d} \wedge \overline{c}) \vee (a \wedge \overline{d} \wedge d) \vee (\overline{b} \wedge \overline{a} \wedge \overline{c}) \vee (\overline{b} \wedge \overline{a} \wedge d) \vee$
$(\overline{b} \wedge \overline{d} \wedge \overline{c}) \vee (\overline{b} \wedge \overline{d} \wedge d)$.

13.4 Klauseln und Klauselmengen

13.4.1 Assoziativ-, Kommutativ- und Idempotenzgesetze haben zur Konsequenz, daß eine bereinigte Literal*konjunktion* bzw. -*adjunktion* bis auf Äquivalenz bereits durch die *Menge* der in ihr vorkommenden Literale bestimmt ist.

Eine endliche Menge von Literalen nennt man eine **Klausel**. {} bezeichne die **leere Klausel**, die leere Menge von Literalen.

Zur Klausel $\{L_1, L_2, \ldots, L_p\}$, wo jedes L_i ein Literal ist, gehört nach Wahl
eine Literaladjunktion $L_1 \vee L_2 \vee \ldots \vee L_p$ oder
eine Literalkonjunktion $L_1 \wedge L_2 \wedge \ldots \wedge L_p$.

Durch eine endliche **Klauselmenge** $\{C_1, C_2, \ldots, C_q\}$ ist dann jenachdem eine konjunktive bzw. eine adjunktive Normalform bestimmt. Die leere Klauselmenge, mit $\emptyset$ bezeichnet, bezeichnet jenachdem eine Tautologie $\in$ [**L**] bzw. eine Kontradiktion $\in$ [**O**].

Beispiel: (1) Zu den Klauselmengen

$\{\ \{a, \overline{b}\}, \{\overline{a}, \overline{d}\}, \{\overline{c}, d\}\ \}$ und $\{\ \{a, b\}, \{\overline{a}, c\}, \{\overline{b}, c\}\ \}$

gehören zum Beispiel die konjunktiven Normalformen

$(a \vee \overline{b}) \wedge (\overline{a} \vee \overline{d}) \wedge (\overline{c} \vee d)$ bzw. $(a \vee b) \wedge (\overline{a} \vee c) \wedge (\overline{b} \vee c)$.

13.4.2 Es ist zweckmäßig, sich für eine der beiden Deutungsmöglichkeiten zu entscheiden. Die Literatur gibt weit überwiegend der konjunktiven Normalform den Vorzug. Eine bereinigte Literaladjunktion läßt sich nämlich als *Subjunktion* mit einer (möglicherweise leeren) Vielfach*konjunktion* von Unbestimmten (nämlich der negativen Literale) als Antezedens sowie mit einer (möglicherweise leeren) Vielfach*adjunktion* von Unbestimmten (nämlich der positiven Literale) als Konsequens schreiben (**Pfeilklausel**). Eine solche Schreibweise kommt häufig einer natürlichen Formulierung logischer Sachverhalte entgegen. Sie entspricht auch den Gewohnheiten der älteren, syllogistisch beeinflußten Literatur.

Beispiel: (2) Die obigen konjunktiven Normalformen lauten, mit Subjunktionen geschrieben

$(b \to a) \wedge ((a \wedge d) \to \mathbf{O}) \wedge (c \to d)$ bzw. $(\mathbf{L} \to (a \vee b)) \wedge (a \to c) \wedge (b \to c)$

Man kann sie auch durch die folgenden Mengen von Pfeilklauseln darstellen

$\{\ \{b\} \to \{a\}, \{a,d\} \to \{\}, \{c\} \to \{d\}\ \}$ $\{\ \{\} \to \{a,b\}, \{a\} \to \{c\}, \{b\} \to \{c\}\ \}$

Beachte: „Konjunktionen links, Adjunktionen rechts vom Pfeil".

13.4.3 Um zu zeigen, daß α stärker ist als β , kann man auch zeigen, daß $\alpha \wedge \neg\beta$ eine Kontradiktion ist. Ist aber α bereits in konjunktiver Normalform und ist β eine Literalkonjunktion, so ist auch $\alpha \wedge \neg\beta$ in konjunktiver Normalform. Dies macht den Gebrauch der konjunktiven Normalform bequem.

Beispiel: (3) Das Gesetz vom Dilemma (5.1.1) ist von dieser Bauart. Um es zu beweisen, hat man zu zeigen, daß $(a \vee b) \wedge (\overline{a} \vee c) \wedge (\overline{b} \vee c) \wedge \overline{c}$ eine Kontradiktion ist.

13.4.4 Eine Pfeilklausel, in der höchstens ein negatives Literal vorkommt, soll **Hornklausel**[10] heißen.

13.4.5 Eine Pfeilklausel, in der höchstens ein negatives und höchstens ein positives Literal vorkommt, soll **Syllogismenklausel**[11] heißen.

Dabei können für nichtleere Klauseln folgende Fälle vorkommen:

(P) Genau ein Literal ist positiv, ein Literal ist negativ:

$\{a, \overline{b}\} \doteq b \to a \doteq \{b\} \to \{a\}$ („Paarklausel")

(Z) Genau ein Literal ist negativ:

$\{\overline{b}\} \doteq b \to \mathbf{O} \doteq \{b\} \to \{\}$ („Zielklausel")

(S) Genau ein Literal ist positiv:

$\{a\} \doteq \mathbf{L} \to a \doteq \{\} \to \{a\}$ („Startklausel").

Nach dem Gesetz zum *modus ponens* ist

$\{\ \{\} \to \{a\}, \{a\} \to \{b\}\ \} \models \{\ \{\} \to \{b\}\ \}$.

Nach dem dazu dualen Gesetz zum *modus tollens* ist

$\{\ \{a\} \to \{b\}\ ,\ \{b\} \to \{\}\ \} \models \{\ \{a\} \to \{\}\ \}$.

CHURCH nennt deshalb *modus ponens* 'the leading principle'. Man könnte aber auch der Transitivität der Stärker-Relation diese Rolle zubilligen.

Aufgabe 72: Überführe in Pfeilklausel-Form

[a] $(a \to b) \wedge (b \to c)$ (linke Seite des Syllogismus vom *modus barbara*)

[b] $(a \to b) \wedge \neg(c \to b)$ (linke Seite des Syllogismus vom *modus baroco*) .

---

10 Alfred Horn, Logiker.

11 Wegen des Anklangs an die kategorischen Syllogismenfiguren, deren Urteile in der scholastischen Sprechweise vom Typ A („Alle x sind y") oder vom Typ O $\doteq$ nicht-A („Einige x sind nicht y") sind.

13.5 Abschließung

13.5.1 Kommt in einer (bereinigten oder nicht bereinigten) Literalkonjunktion (Literaladjunktion) ein Literal sowohl in positiver wie in negativer Weise vor, so kann die ganze Literalkonjunktion (Literaladjunktion) durch **O** (durch **L**) ersetzt werden, das heißt, sie fällt in einer adjunktiven (in einer konjunktiven) Normalform heraus. Diesen Prozeß nennt man Abschließung.

Beispiel:

$(\neg a \vee b) \wedge (a \vee c)$ hat als (bereinigte) adjunktive Normalform
$(\neg a \wedge a) \vee (b \wedge a) \vee (\neg a \wedge c) \vee (b \wedge c)$. Abschließung ergibt
$(b \wedge a) \vee (\neg a \wedge c) \vee (b \wedge c)$.

13.5.2 Ob eine Aussageform eine Tautologie ist, läßt sich durch Überführung in eine konjunktive Normalform leicht entscheiden:

Satz: Eine Aussageform in konjunktiver Normalform ist genau dann eine Tautologie, wenn es für jedes ihrer Konjunkte eine Unbestimmte p_i gibt derart, daß sowohl p_i wie auch $\overline{p_i}$ in dem Konjunkt vorkommt.

Die Ersetzung eines solchen Konjunkts durch **L** ist eine Abschließung.

Beweis: Da die Konjunkte Literaladjunktionen sind, ist jede einzelne solche Literaladjunktion eine Tautologie und damit auch die ganze Normalform. Ist jedoch ein gewisses Konjunkt nicht von der besonderen Form, so belege man alle Unbestimmten, die darin direkt vorkommen, mit **O** und alle, die in einem Negat vorkommen, mit **L** und erhält schon mit dieser (Teil-)Belegung für die ganze Aussageform nach Vereinfachung **O** . ⋈

Beispiel: (1) Die Aussageform (Beispiel 12.2 (1))
$((a \rightarrow b) \rightarrow c) \rightarrow (a \rightarrow (b \rightarrow c))$ mit der verneinungstechnischen Normalform $((\overline{a} \vee b) \wedge \overline{c}) \vee \overline{a} \vee \overline{b} \vee c$ hat folgende konjunktive Normalform

$$(\overline{a} \vee b \vee \overline{a} \vee \overline{b} \vee c) \wedge (\overline{c} \vee \overline{a} \vee \overline{b} \vee c) \ .$$

Im ersten Konjunkt sorgt die Unbestimmte b , im zweiten die Unbestimmte c dafür, daß es sich nach obigem Satz um eine Tautologie handelt.

Dual entscheidet man, ob eine Aussageform eine Kontradiktion ist, mittels Abschließung ihrer adjunktiven Normalform.

13.5.3 Zu einer bereinigten und *abgeschlossenen* adjunktiven Normalform stellt man das Euler-Venn-Diagramm, Würfel-Diagramm, Karnaugh-Veitch-Diagramm oder Händler-Diagramm (vgl. 7.3) folgendermaßen her:

Für jede Literalkonjunktion schwärzt man die „erlaubten“, nämlich **L** ergebenden Felder. Die Vereinigung dieser Schwärzungen ergibt den Wertverlauf.

Beispiel: Für die Aussageformen

$(p_1 \wedge p_2) \vee (\overline{p_1} \wedge p_3) \vee (p_2 \wedge p_3)$ und
$(a \wedge \overline{c}) \vee (b \wedge \overline{c}) \vee (a \wedge \overline{b}) \vee (\overline{a} \wedge c)$

sind in den nachfolgenden Diagrammen Abb. 47, Abb. 48 die Schraffuren eingezeichnet.

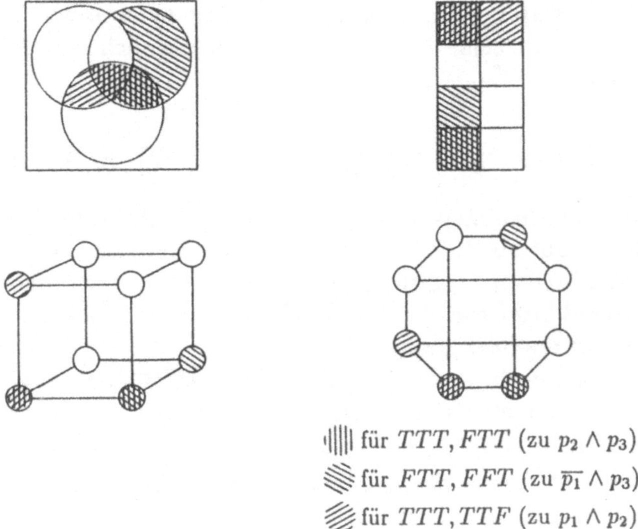

Abb. 47 Euler-Venn-Diagramm, Würfel-Diagramm, Karnaugh-Veitch-Diagramm und Händler-Diagramm zur Aussageform $(p_1 \wedge p_2) \vee (\overline{p_1} \wedge p_3) \vee (p_2 \wedge p_3)$

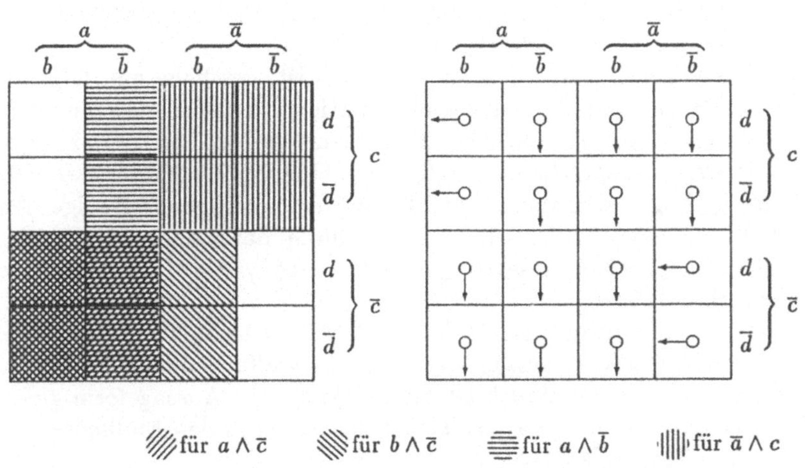

Abb. 48 Stellung der Zeiger in MARQUANDs Maschine für die Aussageform $(a \wedge \overline{c}) \vee (b \wedge \overline{c}) \vee (a \wedge \overline{b}) \vee (\overline{a} \wedge c)$

MARQUAND[12] baute 1881 eine mechanische Auswertungsmaschine für Aussageformen in vier Unbestimmten, in die man die einzelnen Literalverbindungen eintastete und den Wertverlauf ablesen konnte: ein umgekippter Zeiger zeigte T an (Abb. 48).

---

[12] ALLAN MARQUAND (1853-1924), amerikanischer Logiker und Archäologe.

Tatsächlich arbeitete MARQUAND, seiner Zeit entsprechend, mit konjunktiven Normalformen: seine Maschine war hauptsächlich zur Behandlung von Syllogismen gedacht.[13]

13.6 Beths Entscheidungsalgorithmus für Tautologien

13.6.1 Der Entscheidungsalgorithmus von E.W. BETH (1951) stützt sich in der Form des „Tableau-Kalküls" primär auf die Hauptregeln in 4.4 bezüglich der Allgemeingültigkeit („affirmatives Verfahren") bzw. bezüglich der Erfüllbarkeit („kontradiktorisches Verfahren")[14]. Der Kürze halber beschränken wir uns zunächst auf die Sprache **KAN** .

Von den Hauptregeln greifen wir die beiden umkehrbaren, ag-$\wedge$ und ag-$\neg\vee$ heraus und erweitern sie zu den **Vergabelungsregeln**

$$\models \gamma \vee (\alpha \wedge \beta) \quad \textit{genau dann, wenn} \models \gamma \vee \alpha \quad \textit{und} \models \gamma \vee \beta$$
$$\models \gamma \vee \neg(\alpha \vee \beta) \quad \textit{genau dann, wenn} \models \gamma \vee \neg\alpha \quad \textit{und} \models \gamma \vee \neg\beta \ .$$

Hinzu nehmen wir die **trivialen Regeln**

$$\models \gamma \vee \neg\neg\alpha \quad \textit{genau dann, wenn} \models \gamma \vee \alpha$$
$$\models \gamma \vee \neg(\alpha \wedge \beta) \quad \textit{genau dann, wenn} \models \gamma \vee \neg\alpha \vee \neg\beta$$
$$\models \gamma \vee (\alpha \vee \beta) \quad \textit{genau dann, wenn} \models \gamma \vee \alpha \vee \beta \ .$$

Alle diese Regeln sind sofort einzusehen; die beiden letzten drücken eine Überführung in eine Vielfach-Adjunktion aus.

Für eine Aussageform, die nicht Primform ist, geschehe nun folgendes: Ist sie von der Bauart einer (Vielfach-)Adjunktion, so greife man eine der Konstituenten heraus, die von einer der Formen $\alpha \wedge \beta$, $\neg(\alpha \vee \beta)$, $\neg\neg\alpha$, $\neg(\alpha \wedge \beta)$, $\alpha \vee \beta$ sein muß; entsprechend benutze man eine der Regeln – ist es eine Vergabelungsregel, so hat man zwei parallel weiterzuverfolgende Zweige. Andernfalls erhält man eine Vielfachadjunktion dadurch, daß man in den Regeln γ als leere Vielfachadjunktion ansetzt; d.h. man setze $\gamma \doteq \mathbf{O}$, dann benutze man die entsprechende Regel.

Mit diesem „Tableau-Kalkül" läßt sich jede Aussageform schrittweise in einen Baum überführen, dessen Knoten stets Vielfachadjunktionen von Aussageformen sind. Offensichtlich ist die ursprüngliche Aussageform gleichstark zur Vielfachkonjunktion aller Vielfachadjunktionen in den Endknoten.

13.6.2 Der „Tableau-Kalkül" ist jedoch in der Aussagenlogik nur alter Wein in neuen Schläuchen: er ist gleichbedeutend einem von außen nach innen, dem Aufbau einer Aussageform folgenden Reduktionsalgorithmus mit den

---

[13] Schon MARQUANDs Vorgänger WILLIAM STANLEY JEVONS (1835-1882) hatte 1869 eine mechanische Maschine für vier Unbestimmte gebaut. Lediglich die Anzeige erfolgte anders: die gültigen Klauseln blieben hinter einem Fenster sichtbar. JEVONS war noch ein strikter Anhänger der syllogistischen Richtung, die die Wertverlaufsbetrachtung ablehnte. JEVONS hatte sein Vorgehen ausgearbeitet, bevor 1880 JOHN VENN (1834-1923) über Kreisdiagramme publizierte.

[14] In der Literatur wird überwiegend das kontradiktorische Verfahren benutzt. Wegen der Regel 4.2.3 macht das keinen Unterschied.

Reduktionsregeln der Distribution (vgl. 13.1)

$\gamma \vee (\alpha \wedge \beta) \succ\!\!- (\gamma \vee \alpha) \wedge (\gamma \vee \beta)$ (vgl. Distributivgesetz)

$\gamma \vee \neg(\alpha \vee \beta) \succ\!\!- (\gamma \vee \neg\alpha) \wedge (\gamma \vee \neg\beta)$ (vgl. Distributivgesetz und Gesetz von DE MORGAN)

Reduktionsregeln der Verneinung (vgl. 12.1)

$\neg(\neg\alpha) \succ\!\!- \alpha$ (vgl. Involutionsgesetz)

$\neg(\alpha \wedge \beta) \succ\!\!- \neg\alpha \vee \neg\beta$ (vgl. Gesetz von DE MORGAN)

Er ist also nichts anderes als eine Verschmelzung von Überführung in verneinungstechnische Normalform und Überführung in konjunktive Normalform.

Beispiele: (links „Tableau-Kalkül", rechts Reduktionsverfahren):

(1) $(\neg p \wedge \neg q) \vee p$ $\quad\bigwedge\quad$ $\neg p \vee p$ $\quad$ $\neg q \vee p$ $\qquad$ $(\neg p \wedge \neg q) \vee p$ $\;\|\;$ $(\neg p \vee p) \wedge (\neg q \vee p)$

(2) $\neg(p \wedge q) \vee p$ $\;|\;$ $\neg p \vee \neg q \vee p$ $\qquad$ $\neg(p \wedge q) \vee p$ $\;\|\;$ $\neg p \vee \neg q \vee p$

(3) $\neg((\neg p \vee \neg q) \vee (p \wedge q))$ $\quad\bigwedge\quad$ $\neg(\neg p \vee \neg q)$ [$\bigwedge$: $\neg\neg p \;|\; p$, $\neg\neg q \;|\; q$] $\quad$ $\neg(p \wedge q)$ [$|$ $\neg p \vee \neg q$] $\qquad$ $\neg((\neg p \vee \neg q) \vee (p \wedge q))$ $\;\|\;$ $\neg(\neg p \vee \neg q) \wedge \neg(p \wedge q)$ $\;\|\;$ $\neg\neg p \wedge \neg\neg q \wedge (\neg p \vee \neg q)$ $\;\|\;$ $p \wedge q \wedge (\neg p \vee \neg q)$

13.6.3 Tritt in einem Knoten eine Vielfachadjunktion auf, die neben einem Adjunkt (insbesondere einem Literal) dessen Negat enthält, so kann dieser Knoten „abgeschlossen" werden; es wird ein mit **L** besetzter Knoten angehängt.

Beispiel:

(4) $\neg p \vee \neg q \vee (p \wedge q)$ $\quad\bigwedge\quad$ $\underline{\neg p} \vee \neg q \vee \underline{p} \;|\; \mathbf{L}$ $\quad$ $\neg p \vee \underline{\neg q} \vee \underline{q} \;|\; \mathbf{L}$ $\qquad$ $\neg p \vee \neg q \vee (p \wedge q)$ $\;\|\;$ $(\neg p \vee \neg q \vee p) \wedge (\neg p \vee \neg q \vee q)$ $\;\|\;$ $\mathbf{L} \wedge \mathbf{L}$

13.6.4 Dieser Reduktionsalgorithmus stellt tatsächlich ein Entscheidungsverfahren für Tautologien dar: Er terminiert genau dann, wenn er nicht mehr fortsetzbar ist, weil alle Knoten entweder abgeschlossen sind oder mit einer Vielfachadjunktion von *Literalen* bezeichnet sind.

Offensichtlich ist dieses Entscheidungsverfahren *vollständig*, denn für eine Tautologie ergeben sich (Satz 13.5.2) lauter abgeschlossene Endknoten, und *korrekt*: liegt keine Tautologie vor, so ergibt jeder nicht abgeschlossene Endknoten ein Gegenbeispiel, wenn man die darin vorkommenden positiven Literale mit **O** , die negativen mit **L** belegt.

Beispiel:

(5)

$$\neg(a \wedge d) \wedge \neg(c \wedge \neg d) \wedge (\neg b \vee a)$$
$$\bigwedge$$
$$\neg(a \wedge d) \qquad\qquad \neg(c \wedge \neg d) \wedge (\neg b \vee a)$$
$$| \qquad\qquad\qquad\qquad \bigwedge$$
$$\neg a \vee \neg d \qquad \neg(c \wedge \neg d) \qquad \neg b \vee a$$
$$|$$
$$\neg c \vee d$$

Es ergeben sich die Gegenbeispiele

$(a, d) := (\mathbf{L}, \mathbf{L}) \qquad (c, d) := (\mathbf{L}, \mathbf{O}) \qquad (a, b) := (\mathbf{O}, \mathbf{L})$

Man vergleiche mit 4.2.3.

13.6.5 Gegenüber dem Vorgehen der getrennten Überführung in verneinungstechnische Normalform und anschließend in konjunktive Normalform hat der BETHsche Algorithmus – abgesehen von der Verschiebung der Reduktionsschritte – den entscheidenden Vorteil, daß unter geeigneten Umständen vorzeitig eine Abschließung eines Zweiges vorgenommen werden kann.

Beispiel:

(6)

$$\neg r \vee (r \wedge (p \wedge q)) \vee \neg(p \wedge q)$$
$$\bigwedge$$
$$\underline{\neg r} \vee \underline{r} \vee \neg(p \wedge q) \qquad\qquad \neg r \vee \underline{(p \wedge q)} \vee \underline{\neg(p \wedge q)}$$
$$| \qquad\qquad\qquad\qquad |$$
$$\mathbf{L} \qquad\qquad\qquad\qquad \mathbf{L}$$

13.6.6 Für die Subjunktion hat man hinzuzunehmen eine Vergabelungsregel

$\models \gamma \vee \neg(\alpha \rightarrow \beta)$ *genau dann, wenn* $\models \gamma \vee \alpha$ *und* $\models \gamma \vee \neg\beta$

und eine triviale Regel

$\models \gamma \vee (\alpha \rightarrow \beta)$ *genau dann, wenn* $\models \gamma \vee \neg\alpha \vee \beta$.

Beispiel:

(7)

$$(((p \wedge q) \rightarrow r) \wedge (p \rightarrow q)) \rightarrow (p \rightarrow r)$$
$$|$$
$$\neg(((p \wedge q) \rightarrow r) \wedge (p \rightarrow q)) \vee (p \rightarrow r)$$
$$|$$
$$\neg((p \wedge q) \rightarrow r) \vee \neg(p \rightarrow q) \vee (p \rightarrow r)$$
$$\bigwedge$$
$$(p \wedge q) \vee \neg(p \rightarrow q) \vee (p \rightarrow r) \qquad\qquad \neg r \vee (p \rightarrow q) \vee (p \rightarrow r)$$
$$\bigwedge \qquad\qquad\qquad\qquad |$$
$$p \vee \neg(p \rightarrow q) \vee (p \rightarrow r) \qquad q \vee \neg(p \rightarrow q) \vee (p \rightarrow r) \qquad \underline{\neg r} \vee (p \rightarrow q) \vee \neg p \vee \underline{r}$$
$$\bigwedge \qquad\qquad\qquad \bigwedge \qquad\qquad\qquad |$$
$$p \vee p \vee (p \rightarrow r) \quad p \vee \neg q \vee (p \rightarrow r) \quad q \vee p \vee (p \rightarrow r) \quad \underline{q} \vee \neg\underline{q} \vee (p \rightarrow r) \quad \mathbf{L}$$
$$| \qquad\qquad | \qquad\qquad | \qquad\qquad |$$
$$p \vee \underline{p} \vee \underline{\neg p} \vee r \quad \underline{p} \vee \neg q \vee \underline{\neg p} \vee r \quad q \vee \underline{p} \vee \underline{\neg p} \vee r \quad \mathbf{L}$$
$$| \qquad\qquad | \qquad\qquad |$$
$$\mathbf{L} \qquad\qquad \mathbf{L} \qquad\qquad \mathbf{L}$$

13.7 Quines Algorithmus für adjunktive Normalformen

Ob das Verfahren von QUINE (11.3) oder das von BETH (13.6) effizienter ist, hängt vom Einzelfall (und auch von der Implementierung der Algorithmen) ab. Auf eine adjunktive Normalform angewandt, arbeitet auch der QUINEsche Algorithmus oft recht effizient. Abb. 49 gibt davon eine Vorstellung.

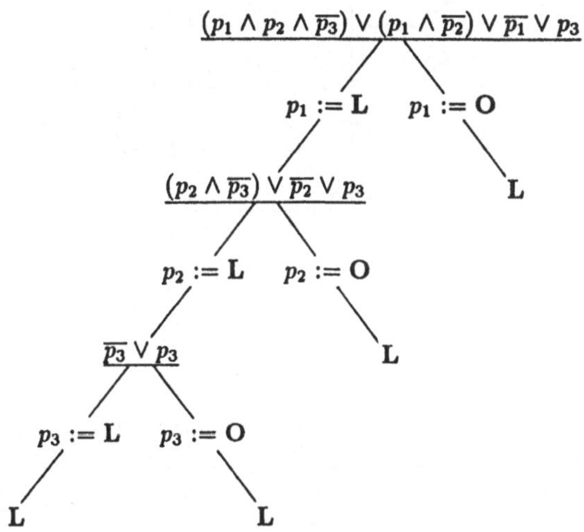

Abb. 49 QUINEs Algorithmus für eine adjunktive Normalform

Für konjunktive Normalformen ist jedoch die Entscheidung nach dem Verfahren von BETH (13.6) im allgemeinen weniger aufwendig.

13.8 Anwendung auf Diodennetze und NOR-Schaltungen

Adjunktive oder konjunktive Normalformen waren um 1955 von Bedeutung für die Realisierung binärer Schaltlogik mittels zweistufiger Diodennetze. Sie führen gleichermaßen zu zweistufigen Realisierungen mittels der zur Transistor-Technik passenden NOR-Glieder (bzw. NAND-Glieder). Man beachte, daß man von jeder adjunktiven bzw. konjunktiven Normalform unmittelbar zu einer Aussageform in der Sprache $\overline{\mathbf{K}}$ (bzw. $\overline{\mathbf{A}}$) übergehen kann, die von der Tiefe 2 über den Literalen ist. Beispielsweise führt

$(a \wedge b) \vee (\overline{a} \wedge c)$ zu $(a \uparrow b) \uparrow (\overline{a} \uparrow c)$ und

$(a \vee c) \wedge (\overline{a} \vee b)$ zu $(a \downarrow c) \downarrow (\overline{a} \downarrow b)$.

In jüngster Zeit greift man bei höchstintegrierten Transistorschaltungen gelegentlich wieder zu adjunktiven Normalformen. Abb. 50 zeigt ein Beispiel mit sog. Transfertransistoren, die im Signalweg liegen und äußerst kompakte und verlustarme Realisierungen, wenn auch mit verlängerten Laufzeiten, erlauben. Abb. 51 zeigt ein Beispiel einer sog. programmierbaren logischen Anordnung (PLA), die einen besonders regelmäßigen (rechteckigen) Aufbau des Chips in zwei Ebenen von NAND-Gliedern, umdeutbar (12.2) als UND- und als ODER-Ebene, erlaubt.

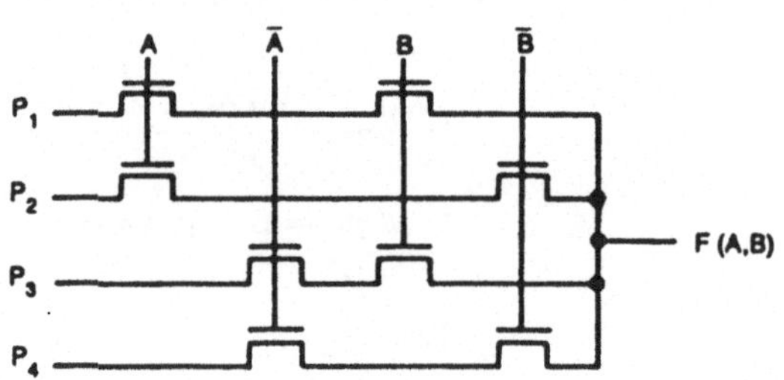

Abb. 50 Schaltnetz, realisiert mit Transfertransistoren

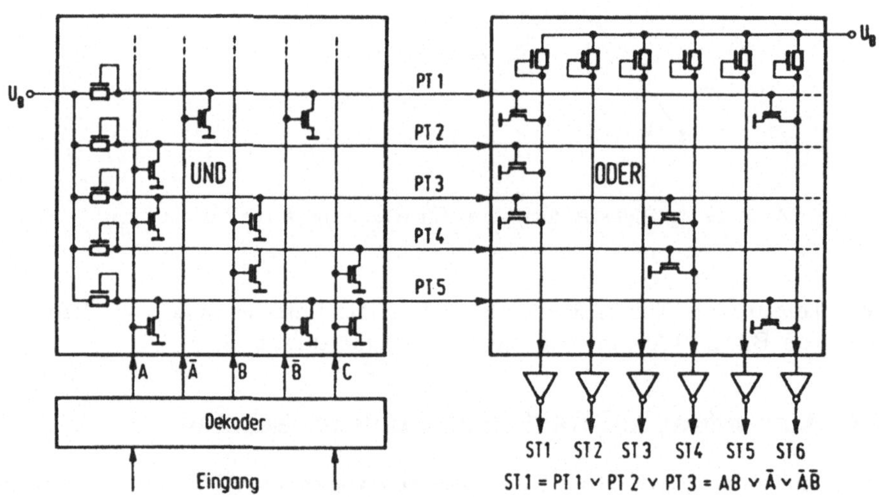

Abb. 51 Volladdierer,
realisiert durch eine programmierbare logische Anordnung (PLA)

14. Kanonische Normalformen

14.1 Adjunktive Boolesche Normalform

Eine *bereinigte* adjunktive Normalform mit m darin vorkommenden Unbestimmten heißt **adjunktive Boolesche Normalform**[15], wenn sie ausschließlich über *Elementar*konjunktionen von Literalen („Min-Termen") aufgebaut ist. In 8.1.1 wurde eine adjunktive Boolesche Normalform direkt aus der Wertetabelle gewonnen. Man kann sie aber auch aus einer lediglich adjunktiven Normalform durch folgenden Reduktionsprozeß gewinnen.

Die adjunktive Normalform wird zuallererst bereinigt. Die entstehenden bereinigten Literalkonjunktionen enthalten zu jedem i mit $1 \leq i \leq m$ höchstens einmal entweder p_i oder $\overline{p_i}$. Fehlen beide, so teilt man die Literalkonjunktion auf in eine Adjunktion zweier Literalkonjunktionen, denen einmal p_i, einmal $\overline{p_i}$ hinzugefügt ist aufgrund des Neutralitäts- und des Distributivgesetzes:

$$\alpha \mathrel{\models\!\!\!\dashv} \alpha \wedge (p_i \vee \overline{p_i}) \mathrel{\models\!\!\!\dashv} (\alpha \wedge p_i) \vee (\alpha \wedge \overline{p_i}) \ .$$

Zum Schluß ordnet man die auftretenden verschiedenen Elementarkonjunktionen lexikographisch in den Literalen, etwa mit p_i vor $\overline{p_i}$ in Übereinstimmung mit der üblichen lexikographischen Ordnung der m-Tupel in der Wertetabelle, und beseitigt mehrfach vorkommende. Grenzfall ist die mit **O** zu bezeichnende *leere* adjunktive Boolesche Normalform.

Aus einer adjunktiven Booleschen Normalform von α liest man direkt die Couffignal-Codierung von α ab: Vorkommen eines Min-Terms bedeutet T für das entsprechende Argument-Tupel. $\alpha \models \beta$ gilt genau dann, wenn in der adjunktiven Normalform von α nur Min-Terme vorkommen, die auch die adjunktive Normalform von β enthält.

Beispiele: (1) $(p_1 \wedge p_2) \vee (\neg p_1 \wedge p_3)$

$$\mathrel{\models\!\!\!\dashv} (p_1 \wedge p_2 \wedge p_3) \vee (p_1 \wedge p_2 \wedge \overline{p_3}) \vee (\overline{p_1} \wedge p_2 \wedge p_3) \vee (\overline{p_1} \wedge \overline{p_2} \wedge p_3)$$
$$\mathrel{\models\!\!\!\dashv} (p_1 \wedge p_2 \wedge p_3) \vee (\overline{p_1} \wedge p_2 \wedge p_3) \vee (\overline{p_1} \wedge \overline{p_2} \wedge p_3) \vee (p_1 \wedge p_2 \wedge \overline{p_3}) \ .$$

(2) $(p_2 \wedge p_3) \vee (p_1 \wedge p_2 \wedge \neg p_3) \vee (\neg p_1 \wedge \neg p_2 \wedge p_3)$

$$\mathrel{\models\!\!\!\dashv} (p_1 \wedge p_2 \wedge p_3) \vee (\overline{p_1} \wedge p_2 \wedge p_3) \vee (p_1 \wedge p_2 \wedge \overline{p_3}) \vee (\overline{p_1} \wedge \overline{p_2} \wedge p_3)$$
$$\mathrel{\models\!\!\!\dashv} (p_1 \wedge p_2 \wedge p_3) \vee (\overline{p_1} \wedge p_2 \wedge p_3) \vee (\overline{p_1} \wedge \overline{p_2} \wedge p_3) \vee (p_1 \wedge p_2 \wedge \overline{p_3}) \ .$$

Die beiden Aussageformen sind also gleichstark und haben $TTFTTFFF \ \hat{=} \ Y^3_{216}$ als Couffignal-Codierung. Gelegentlich fällt die adjunktive Normalform auch bereits als adjunktive Boolesche Normalform an:

Beispiel: (3) $((p_2 \rightarrow p_1) \vee p_3) \rightarrow ((p_1 \leftrightarrow p_2) \wedge p_3)$

wird mittels **CE**-Elimination, Reduktion und Bereinigung zu

$$\mathrel{\models\!\!\!\dashv} \neg(((\neg p_2) \vee p_1) \vee p_3) \vee (((p_1 \wedge p_2) \vee ((\neg p_1) \wedge (\neg p_2))) \wedge p_3)$$
$$\mathrel{\models\!\!\!\dashv} (p_2 \wedge (\neg p_1) \wedge (\neg p_3)) \vee (((p_1 \wedge p_2) \ \vee ((\neg p_1) \wedge (\neg p_2))) \wedge p_3)$$
$$\mathrel{\models\!\!\!\dashv} (\overline{p_1} \wedge p_2 \wedge \overline{p_3}) \vee (p_1 \wedge p_2 \wedge p_3) \vee (\overline{p_1} \wedge \overline{p_2} \wedge p_3).$$

Nach lexikographischer Ordnung ergibt sich die Couffignal-Codierung $TFFTFTFF \ \hat{=} \ Y^3_{148}$.

---

[15] Auch volle adjunktive Normalform (CHURCH) oder ausgezeichnete adjunktive Normalform (HILBERT und ACKERMANN).

Die adjunktive Normalform von Aufgabe 71

$(p_1 \wedge \overline{c} \wedge \overline{d}) \vee (\overline{a} \wedge \overline{b} \wedge \overline{c}) \vee (\overline{a} \wedge \overline{b} \wedge d) \vee (\overline{b} \wedge \overline{c} \wedge \overline{d})$

führt auf die Form mit fünf Gliedern

$(a \wedge b \wedge \overline{c} \wedge \overline{d}) \vee (a \wedge \overline{b} \wedge \overline{c} \wedge \overline{d}) \vee (\overline{a} \wedge \overline{b} \wedge c \wedge d) \vee (\overline{a} \wedge \overline{b} \wedge \overline{c} \wedge d) \vee (\overline{a} \wedge \overline{b} \wedge \overline{c} \wedge \overline{d})$,

aus der man die Lösungen für Meyers Party unmittelbar abliest.

Aufgabe 73: Zeige, daß (vgl. 7.2.4)

$\mathbf{D}(x, y, z) \models\!\!\!\dashv ((x \wedge z) \vee \neg y) \wedge (x \vee z)$ und

$\mathbf{D}(x, y, z) \models\!\!\!\dashv \mathbf{B}(x \nleftrightarrow y,\ x,\ z)$.

14.2 Das Normalformtheorem von Boole

In den Beispielen 14.1 (1) und (2) führen zwei gleichstarke (aber verschiedene) Aussageformen auf ein und dieselbe Boolesche Normalform. Daß dies grundsätzlich so ist, besagt das

Normalformtheorem von Boole:

Zu jeder Aussageform α gibt es genau eine (mit $\mathbf{abnf}(\alpha)$ bezeichnete) adjunktive Boolesche Normalform mit lexikographisch geordneten Elementarkonjunktionen („Min-Termen"). Man nennt deshalb eine adjunktive Boolesche Normalform auch **kanonisch**.

Zum Beweis zeigt man, daß die Boolesche Normalform die Äquivalenzklassen von Aussageformen separiert. Sind nämlich zwei lexikographisch geordnete Boolesche Normalformen verschieden, so enthält eine von ihnen einen Min-Term, den die andere nicht enthält, und es gelingt also stets, eine Belegung ξ anzugeben, derart, daß ξ die eine, aber nicht die andere Normalform erfüllt. Gäbe es nun zu einer Aussageform α zwei verschiedene Boolesche Normalformen, so wären diese untereinander nicht äquivalent, während doch jede zu α äquivalent wäre: Widerspruch. ⋈

Der Beweis ergibt nebenbei, daß jedes Verfahren zur Herstellung der lexikographisch geordneten adjunktiven Booleschen Normalform und somit auch das obige notwendig determiniert sein muß, der Reduktionsprozeß also eine *eindeutige* Normalform ergibt.

Zwecks späterer Verwendung konstatieren wir, daß zur Überführung in adjunktive Boolesche Normalform keine anderen als die in 5.5 aufgeführten Gesetze der Sprache **KAN** benötigt werden, und zwar sämtliche mit Ausnahme der Absorptionsgesetze und eines der beiden Fanggesetze.

14.3 Nochmals: Nachweis der Tautologieeigenschaft

14.3.1 Eine Aussageform α ist evidenterweise genau dann eine Tautologie, wenn ihre adjunktive Boolesche Normalform $\mathbf{abnf}(\alpha)$ *alle* Elementarkonjunktionen („Min-Terme") umfaßt.

Beispiel: (1) Die Aussageform

$((a \rightarrow b) \rightarrow c) \rightarrow (a \rightarrow (b \rightarrow c))$

mit der verneinungstechnischen Normalform (Beispiel 12.2 (1))

$((\overline{a} \vee b) \wedge \overline{c}) \vee \overline{a} \vee \overline{b} \vee c$

hat folgende adjunktive Normalform (Beispiel 13.1 (1))

$(\overline{a} \wedge \overline{c}) \vee (b \wedge \overline{c}) \vee \overline{a} \vee \overline{b} \vee c$.

Als adjunktive Boolesche Normalform ergibt sich zunächst direkt

$$(\overline{a} \wedge b \wedge \overline{c}) \vee (\overline{a} \wedge \overline{b} \wedge \overline{c})$$
$$\vee (a \wedge b \wedge \overline{c}) \vee (\overline{a} \wedge b \wedge \overline{c})$$
$$\vee (\overline{a} \wedge b \wedge c) \vee (\overline{a} \wedge b \wedge \overline{c}) \vee (\overline{a} \wedge \overline{b} \wedge c) \vee (\overline{a} \wedge \overline{b} \wedge \overline{c})$$
$$\vee (a \wedge \overline{b} \wedge c) \vee (\overline{a} \wedge \overline{b} \wedge c) \vee (a \wedge \overline{b} \wedge \overline{c}) \vee (\overline{a} \wedge \overline{b} \wedge \overline{c})$$
$$\vee (a \wedge b \wedge c) \vee (a \wedge \overline{b} \wedge c) \vee (\overline{a} \wedge b \wedge c) \vee (\overline{a} \wedge \overline{b} \wedge c) .$$

Offensichtlich sind alle acht Elementarkonjunktionen vertreten, davon einige mehrfach. Es handelt sich also um eine Tautologie.

Aufgabe 74: Zeige ausschließlich unter Verwendung der Formgesetze der **KAN**-Sprache (und des Ersetzbarkeitstheorems), daß die Aussageformen $a \vee (\neg a)$ und $b \vee (\neg b)$ gleichstark sind.

14.3.2 Ebenso ist eine Aussageform α genau dann eine Tautologie, wenn die adjunktive Boolesche Normalform ihres Negats, **abnf**$(\neg\alpha)$, nicht erfüllbar ist, also keinen einzigen Min-Term umfaßt (*leer* ist) und damit **O** ergibt.

Beispiel: (2) Die Aussageform des vorigen Beispiels hat das Negat $\neg(((a \to b) \to c) \to (a \to (b \to c)))$, die verneinungstechnische Normalform lautet (dual zur vorigen) $((a \wedge \overline{b}) \vee c) \wedge a \wedge b \wedge \overline{c}$. Die adjunktive Normalform ergibt sich zu $(a \wedge \overline{b} \wedge a \wedge b \wedge \overline{c}) \vee (c \wedge a \wedge b \wedge \overline{c})$, dual zu der in 13.5.2, (1).

Beim Versuch des Übergangs zur adjunktiven Booleschen Normalform führt für die erste wie für die zweite Literalkonjunktion schon die Bereinigung und Abschließung zu **O** ; die adjunktive Normalform ist leer: die fragliche Aussageform ist in der Tat eine Tautologie.

14.3.3 Vom Standpunkt der Effizienz ist es in der Regel vorteilhafter, über eine Tautologie auf dem pessimistischen Weg von 14.3.2 zu entscheiden, insbesondere da man manchmal eine bejahende Antwort bereits frühzeitig erhält. Im Falle einer verneinenden Antwort muß jedoch die Reduktion vollständig durchgeführt werden. Ein solches Ende ist stets erreichbar, Terminierung ist garantiert.

14.4 Konjunktive Boolesche Normalform

Dual zur adjunktiven Booleschen Normalform ist die konjunktive Boolesche Normalform als eine Vielfachkonjunktion von Elementaradjunktionen („Max-Termen") definiert.

Beispiel: (1) $(a \leftrightarrow b) \leftrightarrow c$ hat die konjunktive Boolesche Normalform

$(a \vee b \vee c) \wedge (a \vee \overline{b} \vee \overline{c}) \wedge (\overline{a} \vee b \vee \overline{c}) \wedge (\overline{a} \vee \overline{b} \vee c)$.

Auch die konjunktive Boolesche Normalform mit lexikographisch geordneten Max-Termen ist eindeutig bestimmt und heißt deshalb ebenfalls **kanonisch**. Die (mit **cbnf**(α) bezeichnete) konjunktive Boolesche Normalform einer Aussageform α ist dual zur adjunktiven Booleschen Normalform von $\neg\alpha$, d.h.

cbnf$(\alpha) \models\!\!\!\dashv \neg$**abnf**$(\neg\alpha)$.

Ob eine Aussageform eine Tautologie ist, ergibt sich daraus, ob ihre konjunktive Boolesche Normalform leer ist, also **L** ergibt. $\alpha \models \beta$ gilt genau dann, wenn jeder in **cbnf**(α) fehlende Max-Term auch in **cbnf**(β) fehlt.

Technisch verläuft die Herstellung der konjunktiven Booleschen Normalform genauso (aber mit dualen Ausdrücken) wie die Herstellung der adjunktiven Booleschen Normalform des Negats, und die Herstellung der adjunktiven Booleschen Normalform dual zur Herstellung der konjunktiven Booleschen Normalform des Negats. Es ist also auch vom Standpunkt der Effizienz unerheblich, ob man sich auf die adjunktive oder auf die konjunktive Boolesche Normalform stützt; maßgebend ist lediglich, ob man den pessimistischen oder den optimistischen Weg wählt. Zur Entscheidung über eine Tautologie mag intuitiv die Verwendung der konjunktiven Booleschen Normalform näherliegend erscheinen; die adjunktive Boolesche Normalform ergibt aber einen vertrauteren Zusammenhang mit der Wertetabelle (vgl. 8.1.1).

14.5 Übergang zwischen den kanonischen Normalformen

Es sei α eine adjunktive Boolesche Normalform mit k Min-Termen in den Unbestimmten $p_1, p_2, ..., p_m$. Mit α^c werde die zu α **komplementäre** adjunktive Boolesche Normalform bezeichnet, die genau diejenigen $2^m - k$ Min-Terme umfaßt, die α nicht enthält. Dann ist das Paar $\{\alpha, \alpha^c\}$ vollständig und disjunkt und somit gilt nach (5.5.5, Satz 3) $\alpha^c \mathrel{|\!\!=\!\!|} \neg\alpha$.

Man erhält die konjunktive Boolesche Normalform von α als Negat der adjunktiven Normalform von $\neg\alpha$ und umgekehrt: Neben

cbnf(α) $\mathrel{|\!\!=\!\!|}$ ¬**abnf**($\neg\alpha$) (vgl. 14.4) gilt auch **abnf**(α) $\mathrel{|\!\!=\!\!|}$ ¬**cbnf**($\neg\alpha$) .

Wegen $\alpha^c \mathrel{|\!\!=\!\!|}$ **abnf**($\neg\alpha$) entspricht jeder Min-Term $\delta_1 \wedge \ldots \wedge \delta_m$ von α^c (wobei die δ_i Literale sind) einem Max-Term $\neg\delta_1 \vee \ldots \vee \neg\delta_m$ von **cbnf**(α). Somit liest man auch aus der konjunktiven Booleschen Normalform von α die Couffignal-Codierung von α ab: Vorkommen eines Max-Terms bedeutet F für das negierte entsprechende Argument-Tupel.

14.6 Die kanonische Prämissen-Normalform

14.6.1 Eine **BOL**-Prämissen-Normalform mit $m > 0$ Unbestimmten heißt **kanonisch**, wenn der zugehörige Kantorovič-Baum bzw. Entscheidungsbaum vollständig von der Tiefe m ist derart, daß jede Unbestimmte p_i in der selben Baumtiefe auftritt – wenn er ein MacFarlane-Baum (8.1.2) ist. Die kanonische Prämissen-Normalform ist bei fester Reihenfolge der Unbestimmten eindeutig.

Abb. 52 zeigt den Entscheidungsbaum zu $\mathbf{B}(p_1, \mathbf{B}(p_2, \mathbf{L}, \mathbf{O}), \mathbf{B}(p_3, \mathbf{L}, \mathbf{O}))$ und seine schrittweise Überführung in kanonische Form, und zwar mit der Reihenfolge p_1, p_2, p_3 der Unbestimmten unter Benutzung von 9.4.3 (1). Kanonische Formen mit beliebig permutierter Numerierung der Unbestimmten erhält man aus einer kanonischen Normalform unter Benutzung von 9.4.3 (7).

Der Übergang von einer kanonischen Prämissen-Normalform zur adjunktiven oder konjunktiven Booleschen Normalform ist evident.

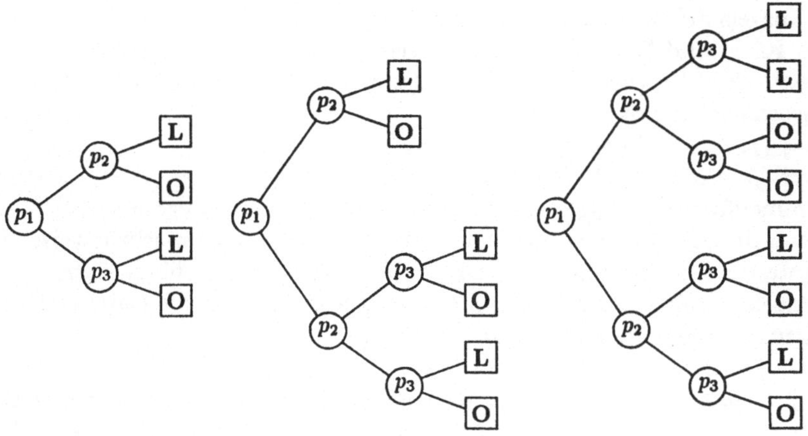

Abb. 52 Übergang von einem Entscheidungsbaum zu einem MacFarlane-Baum

14.6.2 McCarthy hat 1961 gezeigt, daß mit Hilfe der Gesetze (1) bis (8) von 9.4.3 jede Aussageform auf kanonische Prämissen-Normalform gebracht werden kann. Es genügt dazu, von einer Prämissen-Normalform γ auszugehen und zu zeigen, daß jede solche nach Wahl einer Unbestimmten p_i in die Form $\mathbf{B}(p_i, \alpha, \beta)$ gebracht werden kann, wo p_i weder in α noch in β vorkommt.

Wir zeigen dies durch Induktion über den Aufbau von γ. Der Induktionsanfang für $\gamma \doteq \mathbf{O}$ oder $\gamma \doteq \mathbf{L}$ ergibt sich sofort aus (4). Für den Induktionsschritt sei $\gamma \doteq \mathbf{B}(q, \delta, \epsilon)$. Nach Induktionsvoraussetzung gilt

$\delta \models\!\!\dashv \mathbf{B}(p_i, \delta', \delta''), \epsilon \models\!\!\dashv \mathbf{B}(p_i, \epsilon', \epsilon'')$, wobei p_i in $\delta', \delta'', \epsilon', \epsilon''$ nicht vorkommt. Dies ergibt mit dem Verträglichkeitssatz

$\gamma \models\!\!\dashv \mathbf{B}(q, \mathbf{B}(p_i, \delta', \delta''), \mathbf{B}(p_i, \epsilon', \epsilon''))$. Ist $q \doteqdot p_i$, so gibt (5) und (6)

$\gamma \models\!\!\dashv \mathbf{B}(p_i, \delta', \epsilon'')$. Andernfalls hat man mit (7)

$\gamma \models\!\!\dashv \mathbf{B}(p_i, \mathbf{B}(q, \delta', \epsilon'), \mathbf{B}(q, \delta'', \epsilon''))$, wobei p_i in $\mathbf{B}(q, \delta', \epsilon')$ und $\mathbf{B}(q, \delta'', \epsilon'')$ nicht vorkommt. Also ist der Induktionsschritt in beiden Fällen bewiesen.

14.7 Die kanonische Ring-Normalform

Im Booleschen Ring $\mathbf{K\overline{E}OL}$ (9.3) heißt eine Vielfach-Konjunktion irgendwelcher Unbestimmten p_i, $1 \leq i \leq m$, ein **Monom**; eine Vielfach-Bisubtraktion von Monomen ein **Žegalkinsches Polynom** (I. I. Žegalkin 1927).

Beispiel: (1) $(p_1 \wedge p_2 \wedge p_3) \nrightarrow\!\!\!\!\leftarrow (p_1 \wedge p_2) \nrightarrow\!\!\!\!\leftarrow \mathbf{L}$.

Žegalkinsche Polynome erhält man durch systematisches „Ausmultiplizieren", insbesondere durch systematische Anwendung des Ring-Distributivgesetzes, des Idempotenz- und des Charakteristik-2-Gesetzes, vgl. 9.3 .

In der Tat sind Žegalkinsche Polynome Normalformen im $\mathbf{K\overline{E}OL}$-Ring. Dies ergibt sich durch ihren eindeutigen Zusammenhang mit adjunktiven oder konjunktiven Booleschen Normalformen. Zunächst gilt der

Satz: $\alpha \models\mid (p_i \wedge (\alpha^{p_i:=\mathbf{L}} \nleftrightarrow \alpha^{p_i:=\mathbf{O}})) \nleftrightarrow \alpha^{p_i:=\mathbf{O}}$
Zum Beweis drückt man im Booleschen Fundamentaltheorem (5.4.2) **A** und **N** durch **K**, $\overline{\mathbf{E}}$ und **L** aus (8.5): Die Transkription von 9.3 ergibt:

$(p_i \wedge \alpha^{p_i:=\mathbf{L}}) \vee (\neg p_i \wedge \alpha^{p_i:=\mathbf{O}}) \models\mid (p_i \wedge \alpha^{p_i:=\mathbf{L}}) \nleftrightarrow (\neg p_i \wedge \alpha^{p_i:=\mathbf{O}})$,

„Ausrechnen" ergibt

$\models\mid (p_i \wedge \alpha^{p_i:=\mathbf{L}}) \nleftrightarrow ((p_i \nleftrightarrow \mathbf{L}) \wedge \alpha^{p_i:=\mathbf{O}})$

$\models\mid (p_i \wedge \alpha^{p_i:=\mathbf{L}}) \nleftrightarrow ((p_i \wedge \alpha^{p_i:=\mathbf{O}}) \nleftrightarrow \alpha^{p_i:=\mathbf{O}})$,

Zusammenfassung mittels des Assoziativ- und Distributivgesetzes. ⋈

Nach diesem Satz läßt sich eine Boolesche Normalform schrittweise, Unbestimmte für Unbestimmte, in ein Žegalkinsches Polynom übersetzen.

Umgekehrt liefert das Boolesche Normalformtheorem die (adjunktive) Normalform zu einem Žegalkinschen Polynom.

Ist nämlich β aufgespalten nach p_i:

$\beta \models\mid (p_i \wedge \delta) \nleftrightarrow \epsilon$, wobei p_i in δ und ϵ nicht vorkommt, so ergibt sich

$\beta^{p_i:=\mathbf{L}} \doteq (\mathbf{L} \wedge \delta) \nleftrightarrow \epsilon \models\mid \delta \nleftrightarrow \epsilon$ und $\beta^{p_i:=\mathbf{O}} \doteq (\mathbf{O} \wedge \epsilon) \models\mid \epsilon$, d.h.

$\beta \models\mid (p_i \wedge (\delta \nleftrightarrow \epsilon)) \vee (\neg p_i \wedge \epsilon)$.

Der Übergang ist also algorithmisch in beiden Richtungen gleich gebaut. Er kann beschrieben werden durch die 2^m-reihige involutorische Boolesche Matrix (ein n-faches direktes Produkt) $S \times S \times \ldots \times S$, wo

$$S \stackrel{\text{def}}{=} \begin{pmatrix} \mathbf{L} & \mathbf{O} \\ \mathbf{L} & \mathbf{L} \end{pmatrix} ,$$

die anzuwenden ist auf ein 2^m-elementiges „logisches Spektrum", das die Besetzung der Min-Terme (vgl. Couffignal-Codierung, 7.3) oder der lexikographisch nach der Länge geordneten Monome angibt.[16]

Beispiel: (1) Für $m = 3$ lauten die lexikographischen Anordnungen der Min-Terme und der Monome

$p_1p_2p_3$	$p_1p_2p_3$
$p_1p_2\overline{p_3}$	p_1p_2
$p_1\overline{p_2}p_3$	p_1p_3
$p_1\overline{p_2}\overline{p_3}$	p_1
$\overline{p_1}p_2p_3$	p_2p_3
$\overline{p_1}p_2\overline{p_3}$	p_2
$\overline{p_1}\overline{p_2}p_3$	p_3
$\overline{p_1}\overline{p_2}\overline{p_3}$	**L**

Die Transformationsmatrix hat die Gestalt

$$\begin{pmatrix} \mathbf{L} & \mathbf{O} & \mathbf{O} & \mathbf{O} & \mathbf{O} & \mathbf{O} & \mathbf{O} & \mathbf{O} \\ \mathbf{L} & \mathbf{L} & \mathbf{O} & \mathbf{O} & \mathbf{O} & \mathbf{O} & \mathbf{O} & \mathbf{O} \\ \mathbf{L} & \mathbf{O} & \mathbf{L} & \mathbf{O} & \mathbf{O} & \mathbf{O} & \mathbf{O} & \mathbf{O} \\ \mathbf{L} & \mathbf{L} & \mathbf{L} & \mathbf{L} & \mathbf{O} & \mathbf{O} & \mathbf{O} & \mathbf{O} \\ \mathbf{L} & \mathbf{O} & \mathbf{O} & \mathbf{O} & \mathbf{L} & \mathbf{O} & \mathbf{O} & \mathbf{O} \\ \mathbf{L} & \mathbf{L} & \mathbf{O} & \mathbf{O} & \mathbf{L} & \mathbf{L} & \mathbf{O} & \mathbf{O} \\ \mathbf{L} & \mathbf{O} & \mathbf{L} & \mathbf{O} & \mathbf{L} & \mathbf{O} & \mathbf{L} & \mathbf{O} \\ \mathbf{L} & \mathbf{L} & \mathbf{L} & \mathbf{L} & \mathbf{L} & \mathbf{L} & \mathbf{L} & \mathbf{L} \end{pmatrix}$$

[16] Die Transformation entspricht einer schnellen Fouriertransformation.

Zur adjunktiven Normalform

$(p_1 \wedge p_2 \wedge p_3) \vee (\overline{p_1} \wedge p_2 \wedge \overline{p_3}) \vee (\overline{p_1} \wedge \overline{p_2} \wedge p_3)$

gehört der Vektor (**L** **O** **O** **O** **O** **L** **L** **O**) ,
transformiert ergibt sich der Vektor (**L** **L** **L** **O** **O** **L** **L** **O**)
und das Polynom $(p_1 \wedge p_2 \wedge p_3) \nleftrightarrow (p_1 \wedge p_2) \nleftrightarrow (p_1 \wedge p_3) \nleftrightarrow p_2 \nleftrightarrow p_3$.

15. Die Resolventenmethode

15.1 Entscheidung einer Tautologie

Geht man zum Nachweis, daß eine Aussageform mit m Unbestimmten eine Tautologie ist, zu einer *adjunktiven* Normalform über, so kann dies zur Aufstellung von bis zu 2^m Termen, also für größere m zu einem unerträglich umfangreichen Ausdruck führen. Die nachfolgend beschriebene Resolventenmethode hält Anzahl und Umfang der Terme kleiner. Sie beruht auf dem adjunktiven Gesetz von der Resolution (7.1.6)

$$(p \wedge a) \vee (\neg p \wedge b) \models\!\dashv (p \wedge a) \vee (\neg p \wedge b) \vee (a \wedge b) \ .$$

Man darf also zu einer Adjunktion $(p \wedge \alpha_1) \vee (\neg p \wedge \alpha_2)$ der linksseitigen Form[17] mit dem Literal p den Ausdruck $(\alpha_1 \wedge \alpha_2)$ adjunktiv hinzufügen. $(\alpha_1 \wedge \alpha_2)$ heißt die **Resolvente** von $(p \wedge \alpha_1)$ und $(\neg p \wedge \alpha_2)$ bezüglich p .

Wenn aber $\models \alpha_1$ und $\models \alpha_2$ gilt, insbesondere wenn $\alpha_1 \doteq \alpha_2 \doteq \mathbf{L}$, so hat die rechte Seite den Wert **L** , somit ist auch die linksseitige Form eine Tautologie.

Die Resolventenmethode greift nun aus den einzelnen Literalkonjunktionen einer adjunktiven Normalform jeweils ein Paar β_1, β_2 heraus, derart, daß β_1 von der Bauart $p \wedge \alpha_1$, β_2 von der Bauart $\neg p \wedge \alpha_2$ ist, und fügt jeweils die *bereinigte* Resolvente $\alpha_1 \wedge \alpha_2$ adjunktiv hinzu. Sobald es dabei gelingt, α_1 als **L** und α_2 als **L** zu wählen, hat die Resolvente den Wert **L** und der Nachweis einer Tautologie ist geglückt.

Beispiel: (1) Die Aussageform (in adjunktiver Normalform)

$$(p_1 \wedge p_2 \wedge \neg p_3) \vee (p_1 \wedge \neg p_2) \vee \ \neg p_1 \ \vee \ p_3$$

soll als Tautologie nachgewiesen werden. Die ersten beiden Literalkonjunktionen erlauben (unter Verwendung der Assoziativ- und Kommutativgesetze) die Bildung der Resolventen bezüglich p_2 mit $\alpha_1 \doteq p_1 \wedge \neg p_3$, $\alpha_2 \doteq p_1$. Also kann adjunktiv hinzugefügt werden die (fünfte) Literalkonjunktion $p_1 \wedge \neg p_3 \wedge p_1$, die zu $p_1 \wedge \neg p_3$ bereinigt wird. Die dritte Literalkonjunktion und die gerade eben hinzugefügte fünfte erlauben wieder die Bildung einer Resolventen, nämlich bezüglich p_1 mit $\alpha_1 \doteq \mathbf{L}$ und $\alpha_2 \doteq \neg p_3$. Also kann adjunktiv hinzugefügt

[17] Es handelt sich um die schon in 7.2.4 diskutierte dreistellige Funktion [B]. Beachte, daß zum Beweis der Identität $(p \wedge a) \vee (\neg p \wedge b) \models\!\dashv (p \rightarrow a) \wedge (\neg p \rightarrow b)$ gerade obige Identität gebraucht wird.

werden die (sechste) Literalkonjunktion $\neg p_3$. Die vierte Literalkonjunktion und die oben hinzugefügte sechste erlauben nun die Bildung einer Resolventen bezüglich p_3 mit $\alpha_1 \doteq \alpha_2 \doteq \mathbf{L}$. Also hat die Resolvente den Wert **L** , wodurch die Aussageform als Tautologie nachgewiesen ist.

Es ist klar, daß die Methode zu einem Ende kommt, da nur eine endliche Anzahl neuer Resolventen gebildet werden kann. Liegt eine Tautologie vor, so endet der Prozeß, wie sich aufgrund der Existenz einer adjunktiven *Booleschen* Normalform ergibt, mit der Resolventen **L**. Die Resolventenmethode ist *vollständig*.

Liegt jedoch keine Tautologie vor, so läßt sich die Methode sicher nicht mit **L** beenden; sie ist abzubrechen, wenn keine neue Resolvente mehr gebildet werden kann, und liefert eine mit Literalkonjunktionen *größtmöglich angereicherte* adjunktive Normalform (siehe auch 15.4.1).

Die Methode ist auch dadurch von Bedeutung, daß sie, was die Bestätigung einer Tautologie anbelangt, in die Prädikatenlogik[18] verallgemeinert werden kann.

Selbstverständlich kann die Methode dual auch an einer konjunktiven Normalform durchgeführt werden; wobei man, um eine Aussageform als Tautologie nachzuweisen, ihr Negat in konjunktive Normalform bringt und zeigt, daß eine Kontradiktion gleichstark mit **O** ist. In der Literatur wird diese „kontradiktorische" Form bevorzugt (siehe auch 15.3).

15.2 Der Schichtenalgorithmus und der Eliminationsalgorithmus

15.2.1 Die Methode läßt sich zu einem terminierenden Algorithmus ausgestalten, der typischerweise nichtdeterministisch ist, da nämlich nicht gesagt ist, mit welchen Paaren von Literalkonjunktionen man zu beginnen hat. Im obigen Beispiel könnte man auch mit der ersten und der dritten Literalkonjunktion beginnen und die Resolvente bezüglich p_1 bilden, d.h. $p_2 \wedge \neg p_3$ adjunktiv hinzufügen, dann etwa mit der ersten und vierten Literalkonjunktion die Resolvente bezüglich p_3 bilden, also $p_1 \wedge p_2$ adjunktiv hinzufügen usw. Es gibt kürzere und längere Wege, um zum Ziel zu gelangen.

Im klassischen Resolventenalgorithmus engt man den Ablauf dadurch ein, daß man die paarweisen Bildungsmöglichkeiten in Schichten ausschöpft, wobei jeweils die Literalkonjunktionen der zuletzt bestimmten Schicht gegen die aller bereits bestimmten Schichten gepaart werden (**Schichtenalgorithmus**). Dabei hängt der Aufwand meist nur geringfügig von der Reihenfolge der Aufschreibung der Literalkonjunktionen ab. (In den nachfolgenden Beispielen werden nur erfolgreiche Paarungen notiert.) Der Algorithmus ist frühestens abzubrechen, wenn sich ein **L** ergibt, und spätestens, wenn sich in einer Schicht lauter **L** ergeben haben.

[18] Insbesondere für den Zusammenhang zwischen Logik und Programmspezifikation (für das 'logische Programmieren', für Programmiersprachen wie PROLOG und dessen Fortentwicklungen) ist das Werkzeug der Resolventenmethode von großer Bedeutung.

Beispiel: (1) $(\overline{a} \wedge \overline{b}) \vee (a \wedge \overline{c}) \vee (b \wedge \overline{c}) \vee c$

Ausgangsschicht		
1	$\overline{a} \wedge \overline{b}$	
2	$a \wedge \overline{c}$	
3	$b \wedge \overline{c}$	
4	c	
Erste Schicht		
5	b	$(4 \star 3)$
6	a	$(4 \star 2)$
7	$\overline{a} \wedge \overline{c}$	$(3 \star 1)$
8	$\overline{b} \wedge \overline{c}$	$(2 \star 1)$
Zweite Schicht		
9	$\overline{c}$	$(8 \star 5) \doteq ((2 \star 1) \star (4 \star 3))$
10	$\overline{b}$	$(8 \star 4) \doteq ((2 \star 1) \star 4)$
11	$\overline{c}$	$(8 \star 3) \doteq ((2 \star 1) \star 3)$
12	$\overline{c}$	$(7 \star 6) \doteq ((3 \star 1) \star (4 \star 2))$
13	$\overline{a}$	$(7 \star 4) \doteq ((3 \star 1) \star 4)$
14	$\overline{c}$	$(7 \star 2) \doteq ((3 \star 1) \star 2)$
15	$\overline{b}$	$(6 \star 1) \doteq ((4 \star 2) \star 1)$
16	$\overline{a}$	$(5 \star 1) \doteq ((4 \star 3) \star 1)$
Dritte Schicht		
17	**L**	$(16 \star 6) \doteq (((4 \star 3) \star 1) \star (4 \star 2))$
18	$\overline{c}$	$(16 \star 2) \doteq (((4 \star 3) \star 1) \star 2)$
19	**L**	$(15 \star 5) \doteq (((4 \star 2) \star 1) \star (4 \star 3))$
20	$\overline{c}$	$(15 \star 3) \doteq (((4 \star 2) \star 1) \star 3)$
21	**L**	$(14 \star 4) \doteq (((3 \star 1) \star 2) \star 4)$
22	**L**	$(13 \star 6) \doteq (((3 \star 1) \star 4) \star (4 \star 2))$
23	$\overline{c}$	$(13 \star 2) \doteq (((3 \star 1) \star 4) \star 2)$
24	**L**	$(12 \star 4) \doteq (((3 \star 1) \star (4 \star 2)) \star 4)$
25	**L**	$(11 \star 4) \doteq (((2 \star 1) \star 3) \star 4)$
26	**L**	$(10 \star 5) \doteq (((2 \star 1) \star 4) \star (4 \star 3))$
27	$\overline{c}$	$(10 \star 3) \doteq (((2 \star 1) \star 4) \star 3)$
28	**L**	$(9 \star 4) \doteq (((2 \star 1) \star (4 \star 3)) \star 4)$
Vierte Schicht		
29	**L**	$(27 \star 4) \doteq ((((2 \star 1) \star 4) \star 3) \star 4)$
30	**L**	$(23 \star 4) \doteq ((((3 \star 1) \star 4) \star 2) \star 4)$
31	**L**	$(20 \star 4) \doteq ((((4 \star 2) \star 1) \star 3) \star 4)$
32	**L**	$(18 \star 4) \doteq ((((4 \star 3) \star 1) \star 2) \star 4)$

Der Algorithmus kann beim Schritt 17 in der dritten Schicht frühestens abgebrochen werden.

Das Zusammenspiel der letztlich zum Nachweis der Tautologie herangezogenen Literalkonjunktionen kann in einem von der Wurzel her aufgebauten dyadischen Baum als *Beweis* dargestellt werden: beim Abbruch mit Schritt 17 ein Baum mit neun Knoten und fünf Blättern, der mit $(((4\star3)\star1)\star(4\star2))$ bezeichnet werden kann (Abb. 53 links.) Es gibt wesentlich andere Beweisbäume, z.B. den weniger umfänglichen (mit sieben Knoten und vier Blättern), aber von gleicher Tiefe $(((2 \star 1) \star 3) \star 4)$, der sich beim Abbruch mit Schritt 25 ergibt (Abb. 53 rechts).

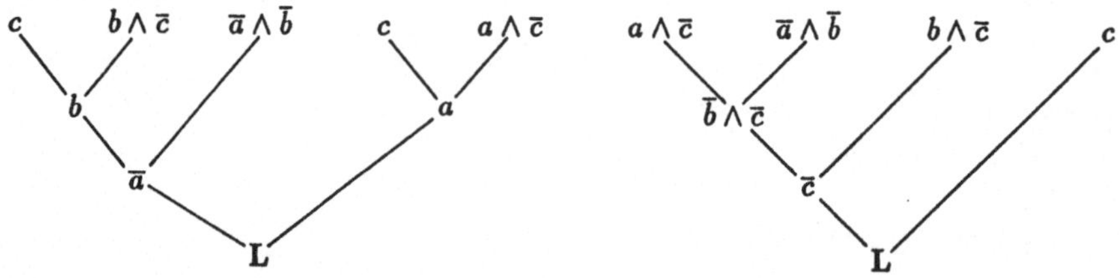

Abb. 53 Beweisbaum $17 \doteq (((4 \star 3) \star 1) \star (4 \star 2))$ und $25 \doteq (((2 \star 1) \star 3) \star 4)$

Von der Tiefe 3 ist auch der Beweisbaum von Schritt 28 (Abb. 54 links), während der von Schritt 32 von der Tiefe 4 ist (Abb. 54 rechts). Insgesamt treten in diesem Beispiel zwölf verschiedene Beweisbäume auf, zwei mit fünf Blättern und zehn mit vier Blättern.

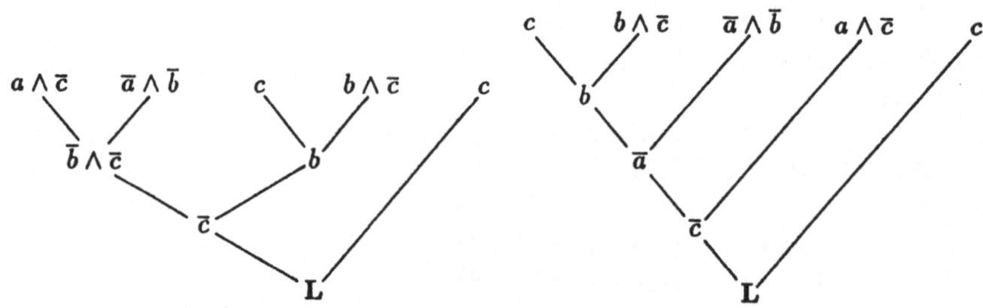

Abb. 54 Beweisbaum $28 \doteq (((2 \star 1) \star (4 \star 3)) \star 4)$ und $32 \doteq ((((4 \star 3) \star 1) \star 2) \star 4)$

Beispiel: (2) $(a \wedge \bar{c} \wedge \bar{d}) \vee (\bar{a} \wedge \bar{b} \wedge \bar{c}) \vee (\bar{a} \wedge \bar{b} \wedge d)$

Ausgangsschicht

1 $a \wedge \bar{c} \wedge \bar{d}$

2 $\bar{a} \wedge \bar{b} \wedge \bar{c}$

3 $\bar{a} \wedge \bar{b} \wedge d$

Erste Schicht

4 $\bar{b} \wedge \bar{c} \wedge \bar{d}$ $(1 \star 2)$

5 **O** $(1 \star 3)$

Zweite Schicht

6 $\bar{a} \wedge \bar{b} \wedge \bar{c}$ $(4 \star 3) \doteq ((1 \star 2) \star 3)$

Da 6 mit 2 übereinstimmt, ist der Algorithmus erschöpft. Es handelt sich um keine Tautologie.

15.2.2 Man kann versuchen, durch besondere Strategien in hinreichend vielen Fällen möglichst effizient zu arbeiten, also durch Einengung der Wahl *Abkömmlinge* des Algorithmus zu bilden, die weniger Resolventen ergeben (**Verfeinerungen**).

So kann man vorschreiben, daß zuallererst die Resolventen gebildet werden, bei denen eine der beteiligten Literalkonjunktionen einelementig ist. In unserem ersten Beispiel wären vorab bzgl. c die Resolventen b und a , dann bzgl. a und b die Resolventen $\overline{b}$ bzw. $\overline{a}$ zu bilden. Es werden also nur die Resolventen 5, 6, 15, 16, 17, 19 gebildet und man erhält nur die beiden Beweisbäume $17 \doteq (((4 \star 3) \star 1) \star (4 \star 2))$ und $19 \doteq (((4 \star 2) \star 1) \star (4 \star 3))$, die beide von der Tiefe 3 sind.

Allgemein gelten die 'one-literal rules', 'unit rules' der Abschließung und der Absorption

$$p_i \vee \overline{p_i} \models\!\dashv \mathbf{L}$$
$$p_i \vee (\overline{p_i} \wedge \alpha) \models\!\dashv p_i \vee \alpha$$
$$p_i \vee (p_i \wedge \alpha_1) \vee (\overline{p_i} \wedge \alpha_2) \models\!\dashv p_i \vee \alpha_2 \ .$$

Eine andere Möglichkeit (J. ALAN ROBINSON 1965) besteht darin, zuerst diejenigen Resolventen zu bilden, bei denen eine der beteiligten Literalkonjunktionen nur aus positiven Literalen besteht ('p-rule') oder eine der beteiligten Literalkonjunktionen nur aus negativen Literalen besteht ('m-rule')[19]. In unserem zweiten Beispiel wäre mit der m-Regel vorab bzgl. a die Resolvente $\overline{b} \wedge \overline{c} \wedge \overline{d}$ zu bilden, sodann bzgl. d die Resolvente $\overline{a} \wedge \overline{b} \wedge \overline{c}$, womit der Algorithmus erschöpft ist. Eine Fülle weiterer Verfeinerungen des Schichtenalgorithmus, die auch eine Auswahl der Paarungen nach „Kosten“ einbeziehen, werden in der Spezialliteratur diskutiert[20]. Es hat den Anschein, daß keine Verfeinerung gleichmäßig über alle Probleme hinweg optimal ist.

15.2.3 Um möglichst wenig Resolventen speichern und anschließend bilden zu müssen, kann sich der Mehraufwand lohnen, jede Resolvente daraufhin zu überprüfen, ob sie schon einmal aufgetreten ist. Dies erleichtert auch das Abbrechen, falls die Möglichkeit zur Bildung neuer Resolventen erschöpft ist.

Im Beispiel 15.2.1 (1) würden sich dabei folgende Abänderungen ergeben:

Zweite Schicht

9 $\overline{c}$ $(8 \star 5) \doteq (8 \star 3) \doteq (7 \star 6) \doteq (7 \star 2)$

10 $\overline{b}$ $(8 \star 4) \doteq (6 \star 1)$

11 $\overline{a}$ $(7 \star 4) \doteq (5 \star 1)$

Dritte Schicht

12 **L** $(11 \star 6) \doteq (10 \star 5) \doteq (9 \star 4)$.

Es ist offensichtlich, daß dadurch eine Reihe von Beweisbäumen zusammengeworfen werden. Die Durchführung der Resolution verläuft technisch analog zum Beispiel 15.2.1 (1).

15.2.4 Der Schichtenalgorithmus bildet Beweisbäume verschiedener Tiefe. Eine naheliegende „Variante“ ist es, alle s auftretenden Unbestimmten der Reihe nach zu eliminieren (**Eliminationsalgorithmus**). Der Beweisbaum ist

[19] Man kann zeigen, daß zum Nachweis von Tautologien die p-Regel allein oder die m-Regel allein ausreichen.

[20] Etwa: C.L. CHANG und R.C.T. LEE, Symbolic Logic and Mechanical Theorem Proving. New York, London, Academic Press 1973.

dann (höchstens) von der Tiefe s , er hängt nur noch von der gewählten Reihenfolge der Unbestimmten ab.

Beispiel: (1) $(\overline{a} \wedge \overline{b}) \vee (a \wedge \overline{c}) \vee (b \wedge \overline{c}) \vee c$ (vgl. 15.2.1 (1))

Ausgangsmenge

1	$\overline{a} \wedge \overline{b}$	
2	$a \wedge \overline{c}$	
3	$b \wedge \overline{c}$	
4	c	

Nach Elimination von a

8	$\overline{b} \wedge \overline{c}$	$(2 \star 1)$
3	$b \wedge \overline{c}$	
4	c	

Nach Elimination von b

11	$\overline{c}$	$(8 \star 3)$
4	c	

Nach Elimination von c

25	**L**	$(11 \star 4)$

Nach Elimination von c

5	b	$(4 \star 3)$
6	a	$(4 \star 2)$
1	$\overline{a} \wedge \overline{b}$	

Nach Elimination von b

16	$\overline{a}$	$(5 \star 1)$
6	a	

Nach Elimination von a

17	**L**	$(16 \star 6)$

Die weiteren Möglichkeiten der Eliminationsreihenfolge führen zu folgenden Beweisbäumen:

$a; c; b: \quad (((2 \star 1) \star 4) \star (4 \star 3)) \doteq 26$

$b; a; c: \quad (((3 \star 1) \star 2) \star 4) \doteq 21$

$b; c; a: \quad (((3 \star 1) \star 4) \star (4 \star 2)) \doteq 22$

$c; a; b: \quad (((4 \star 2) \star 1) \star (4 \star 3)) \doteq 19$

15.3 Die duale Methode: Pfeilgerüste

15.3.1 Die *duale*, *kontradiktorische* Resolventenmethode arbeitet mit dem konjunktiven Gesetz von der Resolution (7.1.6) an der konjunktiven Normalform, deren Literaladjunktionen in die Form von Subjunktionen gebracht werden können.

Beispiel: (1) Dual zu 15.2.1, (1) ist die Aussageform

$(\overline{a} \vee \overline{b}) \wedge (a \vee \overline{c}) \wedge (b \vee \overline{c}) \wedge c$

(vgl. auch 5.1.1, Gesetz vom Dilemma, und 13.4.3, (3)).

Wir entscheiden uns in diesem Abschnitt für die Deutung von Klauselmengen (13.4.2) als konjunktive Normalform, und drücken jede Literaladjunktion als Subjunktion aus, in der keine negierten Unbestimmten mehr vorkommen.

Zum obigen Beispiel (1) gehört somit die Klauselmenge

$\{\{\overline{a}, \overline{b}\}, \{a, \overline{c}\}, \{b, \overline{c}\}, \{c\}\}$

und die konjunktive Normalform kann in folgende Form (**Pfeilklauselform**) gebracht werden:

$((a \wedge b) \rightarrow \mathbf{O}) \wedge (c \rightarrow a) \wedge (c \rightarrow b) \wedge (\mathbf{L} \rightarrow c)$.

Eine Resolution bzgl. einer Unbestimmten p_i ist möglich, wenn p_i in einer Pfeilkausel links und in einer zweiten rechts auftritt; die Resolvente als Pfeilklausel enthält dann die Vereinigung der übrigen links bzw. rechts auftretenden Mengen von Unbestimmten.

15.3.2 Nun zeigt sich, daß die Beweisbäume von 15.2.1 redundant sind: Die einzelnen Resolutionsschritte können durch eine (nachfolgend durch Einrahmung bezeichnete) Verbindung zwischen einer rechtsseitig und einer linksseitig auftretenden Unbestimmten und kurz durch Identifizierung dieser Vorkommnisse ausgedrückt werden. Der Kontradiktionsbeweis kann damit kompakt als **Pfeilgerüst** notiert werden, das einen von **L** nach **O** führenden Weg enthält (Abb. 55); wobei zu jedem Literal einer Konjunktion ein von **L** kommender einmündender Weg führen muß, von jedem Literal einer Adjunktion ein auslaufender Weg nach **O** führen muß.

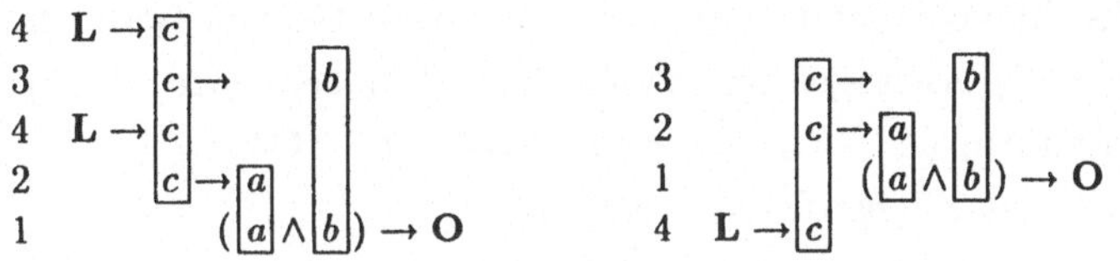

4 $\mathbf{L} \to \boxed{c}$
3 $\boxed{c} \to \quad \boxed{b}$
4 $\mathbf{L} \to \boxed{c}$
2 $\boxed{c} \to \boxed{a}$
1 $(\boxed{a} \land \boxed{b}) \to \mathbf{O}$

3 $\boxed{c} \to \quad \boxed{b}$
2 $\boxed{c} \to \boxed{a}$
1 $(\boxed{a} \land \boxed{b}) \to \mathbf{O}$
4 $\mathbf{L} \to \boxed{c}$

Abb. 55
Pfeilgerüste zu den fünfstufigen (links) und vierstufigen (rechts) Beweisbäumen

Auch die Abfolge der Eliminationen in 15.2.4 (1) läßt sich in den zugehörigen Pfeilgerüsten verfolgen (Abb. 56).

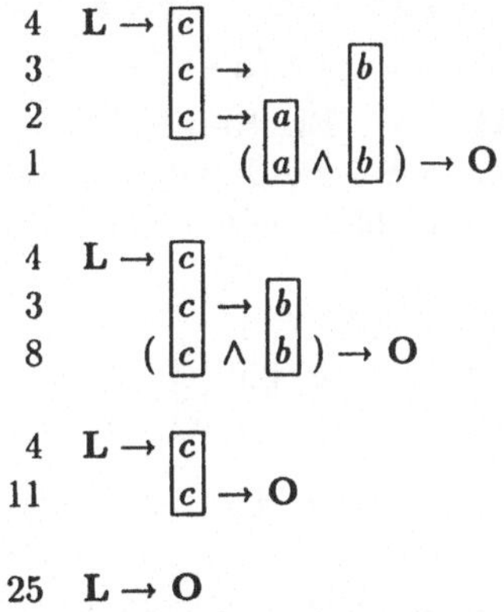

4 $\mathbf{L} \to \boxed{c}$
3 $\boxed{c} \to \quad \boxed{b}$
2 $\boxed{c} \to \boxed{a}$
1 $(\boxed{a} \land \boxed{b}) \to \mathbf{O}$

4 $\mathbf{L} \to \boxed{c}$
3 $\boxed{c} \to \boxed{b}$
8 $(\boxed{c} \land \boxed{b}) \to \mathbf{O}$

4 $\mathbf{L} \to \boxed{c}$
11 $\boxed{c} \to \mathbf{O}$

25 $\mathbf{L} \to \mathbf{O}$

Abb. 56 Eliminationsablauf

Pfeilgerüste verkürzen den Resolventenprozeß auf das Wesentliche: die jeweils resolvierten Unbestimmten zeigen je einen einmündenden und einen auslaufenden Pfeil. Der Beweis wird dadurch übersichtlich.

Beispiele: (1) Die Aussageform
$\alpha \doteq (a \to (b \to c)) \to ((a \to b) \to (a \to c))$ lautet negiert
$\neg\alpha \doteq (a \to (b \to c)) \land ((a \to b) \land \neg(a \to c))$ oder als Pfeilklauselform
$\neg\alpha \doteq ((a \land b) \to c) \land (a \to b) \land (\mathbf{L} \to a) \land (c \to \mathbf{O})$.
Dazu gehört das Pfeilgerüst von Abb. 57.

```
L → a
    a → b
  ( a ∧ b ) → c
              c → O
```

Abb. 57 Pfeilgerüst zu (1)

Damit ist $\neg\alpha$ als Kontradiktion, α als Tautologie nachgewiesen (vgl. 5.5.3 , Gesetz vom FREGEschen Kettenschluß).

15.3.3 Besonders einfach zu behandeln sind Pfeilgerüste, deren Pfeilklauseln sämtlich Hornklauseln sind — sie haben die Struktur von Bäumen.

Beispiele: (2) Aussageform $(a \vee b) \wedge \overline{a} \wedge \overline{b}$, Klauselmenge $\{\{a,b\},\{\overline{a}\},\{\overline{b}\}\}$, Pfeilklauselform $(\mathbf{L} \rightarrow (a \vee b)) \wedge (a \rightarrow \mathbf{O}) \wedge (b \rightarrow \mathbf{O})$.

Es ergibt sich das Pfeilgerüst von Abb. 58.

```
L → ( a      ∨   b )
      a → O      b → O
```

Abb. 58 Pfeilgerüst zu (2)

(3) Als Gegenstück zu 15.2.1, Beispiel (2) ergibt sich für die konjunktive Normalform $(\overline{a} \vee c \vee d) \wedge (a \vee b \vee c) \wedge (a \vee b \vee \overline{d})$ die Pfeilklauselform

$$(a \rightarrow (c \vee d)) \wedge (\mathbf{L} \rightarrow (a \vee b \vee c)) \wedge (d \rightarrow (a \vee b))$$

und das Pfeilgerüst von Abb. 59. Die Resolution bzgl. a mit dem ersten und zweiten Adjunkt ergibt $\mathbf{L} \rightarrow b \vee c \vee d$, vgl. 4 in 15.2.1, Beispiel (2). Eine Kontradiktion ist ersichtlich nicht erzielbar, da kein Pfeil auf $\mathbf{O}$ zeigt.

```
L → a ∨ b ∨ c
    a   →   c ∨ d
                d → a ∨ b
```

Abb. 59 Pfeilgerüst zu (3)

(4) Zum konjunktiven Resolutionsgesetz (7.1.6) gehört die Aussageform $((p_1 \vee p_2) \wedge (\overline{p}_1 \vee p_3)) \rightarrow (p_2 \vee p_3)$, ihr Negat hat die konjunktive Normalform $(p_1 \vee p_2) \wedge (\overline{p}_1 \vee p_3) \wedge \overline{p}_2 \wedge \overline{p}_3$. Aus der Fassung

$$(\mathbf{L} \rightarrow (p_1 \vee p_2)) \wedge (p_1 \rightarrow p_3) \wedge (p_2 \rightarrow \mathbf{O}) \wedge (p_3 \rightarrow \mathbf{O})$$

ergibt sich das Pfeilgerüst einer Kontradiktion (Abb. 60).

```
L → ( p1       ∨    p2 )
      p1 → p3       p2 → O
           p3 → O
```

Abb. 60 Pfeilgerüst zu (4)

(5) Das in der Literatur häufig herangezogene „Affe-Banane-Problem“ kann aussagenlogisch folgendermaßen eingeführt werden:

„Wenn ein Affe und eine Banane und ein Stuhl im Raum sind, und der Affe den Stuhl in die Nähe der Banane bewegt, dann ist die Banane nahe dem Boden oder der Stuhl ist unter der Banane. Wenn der Affe auf den Stuhl klettern kann, dann klettert er auf den Stuhl. Wenn der Affe auf den Stuhl klettert und der Stuhl unter der Banane ist und der Stuhl hoch ist, dann ist der Affe nahe der Banane. Wenn der Affe ein geschicktes Tier ist und wenn er nahe der Banane ist, dann erreicht er die Banane. Nun ist der Affe ein geschicktes Tier, der Stuhl ist hoch, der Affe kann auf den Stuhl klettern, der Stuhl und der Affe und die Banane sind im Raum; der Affe bewegt den Stuhl in die Nähe der Banane und die Banane ist nicht nahe dem Boden. Kann der Affe die Banane erreichen?“

Es seien

a ≙ „der Affe ist im Raum“
b ≙ „die Banane ist im Raum“
c ≙ „der Stuhl ist im Raum“
d ≙ „der Affe bewegt den Stuhl in die Nähe der Banane“
e_1 ≙ „die Banane ist nahe dem Boden“
e_2 ≙ „der Affe ist nahe der Banane“
f ≙ „der Stuhl ist unter der Banane“
g ≙ „der Stuhl ist hoch“
h ≙ „der Affe klettert auf den Stuhl“
m ≙ „der Affe ist ein geschicktes Tier“
n ≙ „der Affe kann auf den Stuhl klettern“
r ≙ „der Affe erreicht die Banane“.

Um die Antwort „Ja“ zu rechtfertigen, ist zu zeigen, daß

$$
\begin{aligned}
&((a \wedge b \wedge c \wedge d) \rightarrow (e_1 \vee f)) \\
&\wedge (n \rightarrow h) \\
&\wedge ((h \wedge f \wedge g) \rightarrow e_2) \\
&\wedge ((m \wedge e_2) \rightarrow r \\
&\wedge m \wedge g \wedge n \wedge a \wedge b \wedge c \wedge d \wedge \neg e_1 \\
&\wedge (r \rightarrow \mathbf{O})
\end{aligned}
$$

eine Kontradiktion ist. Das zugehörige Pfeilgerüst in Abb. 61 beweist das.

```
L → a   L → b   L → c   L → d
( a  ∧  b  ∧  c  ∧  d ) →   ( e1  ∨  f )
                L → n        e1 → O
                    n → h            L → g
                      ( h   ∧   f  ∧  g ) → e2
                                L → m
                                  ( m  ∧  e2 ) → r
                                                 r → O
```

Abb. 61 Pfeilgerüst zum „Affe-Banane-Problem“ der Aussagenlogik

15.3.4 Ein wichtiger Spezialfall ist der der **multiplen Syllogismen**, vgl. 13.4.4, nämlich konjunktiver Normalformen, deren sämtliche Pfeilklauseln genau zweigliedrig sind (Paarklauseln, Startklauseln, Zielklauseln). Das Pfeilgerüst dazu ist ein gerichteter Graph[21]. Die Resolventenmethode läuft sodann auf die Bildung der transitiven Hülle des Pfeilgerüsts hinaus. Im allgemeinen ergibt sich jedoch auch bei multiplen Syllogismen als Pfeilgerüst keine Kette.

Beispiel: (5) $a \wedge b \wedge (\neg b \vee c) \wedge \neg a$ lautet als Pfeilklauselform

$(\mathbf{L} \rightarrow a) \wedge (\mathbf{L} \rightarrow b) \wedge (b \rightarrow c) \wedge (a \rightarrow \mathbf{O})$

mit dem Pfeilgerüst von Abb. 62 und ist eine Kontradiktion.

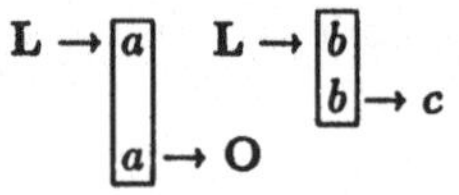

$\mathbf{L} \rightarrow a$ $\quad$ $\mathbf{L} \rightarrow b$

$b \rightarrow c$

$a \rightarrow \mathbf{O}$

Abb. 62 Pfeilgerüst zu (5)

Aufgabe 75: Stelle für die Negata der Aussageformen **C7**, **C7^**, **C3**, **C3^** die Pfeilgerüste auf.

15.4 Minimale Normalformen

15.4.1 Die adjunktive Normalform hat uns in 14.1 die fünf Lösungen für Meyers Party geliefert. Wie steht es aber mit den *'waltzing ducks'*? Wie gelangt man zu *'my poultry are not officers'*? Es scheint, daß Lewis Carroll in seinen interessanten „Scherzaufgaben" Folgerungen als Lösung erwartete, und das wirft das Problem auf, die Menge *aller* Folgerungen anzugeben: Eine konjunktive Normalform *durch Resolution* größtmöglich mit Literaladjunktionen anzureichern. Gerade dazu verhilft uns die Resolventenmethode. Der Schichtenalgorithmus ergibt für $(a \vee \neg b) \wedge (\neg a \vee \neg d) \wedge (\neg c \vee d)$:

Ausgangsschicht

1 $a \vee \neg b$

2 $\neg a \vee \neg d$

3 $\neg c \vee d$

Erste Schicht

4 $\neg b \vee \neg d$ $\quad (1 \star 2)$

5 $\neg a \vee \neg c$ $\quad (2 \star 3)$

Zweite Schicht

6 $\neg b \vee \neg c$ $\quad (1 \star 5) \doteq (3 \star 4)$

und endet damit. Insbesondere ist keine eingliedrige Literaladjunktion zu gewinnen. Eine größtmöglich angereicherte konjunktive Normalform lautet also

$$(a \vee \neg b) \wedge (\neg a \vee \neg d) \wedge (\neg c \vee d) \wedge (\neg b \vee \neg d) \wedge (\neg a \vee \neg c) \wedge (\neg b \vee \neg c) .$$

[21] Der Schichtenalgorithmus und der Eliminationsalgorithmus fallen in diesem Spezialfall mit geläufigen Methoden zur Bildung der transitiven Hülle einer binären Relation zusammen.

Die sechste Literaladjunktion liefert in der Fassung $b \rightarrow \neg c$ in der Tat *'my poultry are not officers'* (vgl. 7.1.3). Die vierte und die fünfte liefern $b \rightarrow \neg d$ und $a \rightarrow \neg c$, *'my poultry decline to waltz'* und *'ducks are not officers'*, was ebensosehr einleuchtet.

Lewis Carrolls Antwort ist trotzdem ausgezeichnet: Überführt man alle Literaladjunktionen seines multiplen Syllogismus in Pfeilform, so ist die Ausgangsform verkettet – allerdings über die *negierten* Unbestimmten $\neg d$ und $\neg c$:

$$(b \rightarrow a) \wedge (a \rightarrow \neg d) \wedge (\neg d \rightarrow \neg c) \ ,$$

wozu das Pfeilgerüst, zum Graph g vereinfacht, von Abb. 63 gehört; zur größtmöglich angereicherten Normalform gehört die in Abb. 64 wiedergegebene transitive Hülle g^* (das „Transit") des gerichteten Graphen g, und $b \longrightarrow \neg c$ verbindet die Endknoten des längsten Wegs im Graphen g. Umgekehrt ist g ein Hasse-Diagramm für g^*; die Ausgangsform ist bereits eine **minimale Pfeilklauselform**, in der keine Pfeilklausel entbehrt werden kann.

Abb. 63 Kette

Abb. 64 Transit der Kette

15.4.2 Lewis Carroll hat sich in seinen Scherzaufgaben auf multiple Syllogismen beschränkt, die Ketten ergeben. Die umfangreichste ist folgende:

(1) *'The only animals in this house are cats'*
(2) *'Every animal is suitable for a pet, that loves to gaze at the moon'*
(3) *'When I detest an animal, I avoid it'*
(4) *'No animals are carnivorous, unless they prowl at night'*
(5) *'No cat fails to kill mice'*
(6) *'No animals ever take to me, except what are in this house'*
(7) *'Kangaroos are not suitable for pets'*
(8) *'None but carnivora kill mice'*
(9) *'I detest animals that do not take to me'*
(10) *'Animals, that prowl at night, always love to gaze at the moon'*.

Unter den Besetzungen
$a \hat{=}$ *'avoided by me'*; $b \hat{=}$ *'carnivora'*; $c \hat{=}$ *'cats'*; $d \hat{=}$ *'detested by me'*; $e \hat{=}$ *'in this house'*; $h \hat{=}$ *'kangaroos'*; $k \hat{=}$ *'killing mice'*; $l \hat{=}$ *'loving to gaze at the moon'*; $m \hat{=}$ *'prowling at night'*; $n \hat{=}$ *'suitable for pets'*; $r \hat{=}$ *'taking to me'*

können die Pfeilbeziehungen folgendermaßen notiert werden:

(1) $e \rightarrow c$ (2) $l \rightarrow n$ (3) $d \rightarrow a$ (4) $b \rightarrow m$ (5) $c \rightarrow k$
(6) $r \rightarrow e$ (7) $h \rightarrow \overline{n}$ (8) $k \rightarrow b$ (9) $\overline{r} \rightarrow d$ (10) $m \rightarrow l$

Es ergeben sich zunächst drei Ketten, die zu einem Mäander zusammengefügt werden können (Abb. 65).

$$
\begin{array}{llllllll}
 & & & & & & h \longrightarrow & \overline{n} \\
r \longrightarrow & e \longrightarrow & c \longrightarrow & k \longrightarrow & b \longrightarrow & m \longrightarrow & l \longrightarrow & n \\
\overline{r} \longrightarrow & d \longrightarrow & a & & & & &
\end{array}
$$

Abb. 65 Mäander

Durch Kontraposition ergibt sich *eine* Kette (Abb. 66) und aus dem längsten Weg im Graphen als „Lösung“:

$h \longrightarrow a \;\hat{=}\;$ ***'Kangaroos are avoided by me'*** .

$$
\begin{array}{llllllll}
 & & & & & & h \longrightarrow & \boxed{\overline{n}} \\
\boxed{r} \longleftarrow & \overline{e} \longleftarrow & \overline{c} \longleftarrow & \overline{k} \longleftarrow & \overline{b} \longleftarrow & \overline{m} \longleftarrow & \overline{l} \longleftarrow & \boxed{n} \\
\boxed{\overline{r}} \longrightarrow & d \longrightarrow & a & & & & &
\end{array}
$$

Abb. 66 Zur Kette gewendeter Mäander

15.4.3 Erweiterungen des Pfeilgerüsts durch negierte Unbestimmte können auch sonst nützlich sein. Man beachte hierbei, daß

$\overline{p} \rightarrow p \;\models\!\!\dashv\; p \;\models\!\!\dashv\; \mathbf{L} \rightarrow p$ und $p \rightarrow \overline{p} \;\models\!\!\dashv\; \overline{p} \;\models\!\!\dashv\; p \rightarrow \mathbf{O}$.

Beispiel: (1) Die konjunktive Normalform

$(\overline{a} \vee \overline{c}) \wedge (a \vee b) \wedge (\overline{b} \vee \overline{c}) \wedge (a \vee c)$ führt auf die Pfeilklauselform

$(a \wedge c \rightarrow \mathbf{O}) \wedge (\mathbf{L} \rightarrow a \vee b) \wedge (b \wedge c \rightarrow \mathbf{O}) \wedge (\mathbf{L} \rightarrow a \vee c)$

und damit auf ein Pfeilgerüst, bei dem es schwer fällt, alle Resolutionen (es sind deren fünf) einzuzeichnen.

Abb. 67 zeigt (links) einen zugehörigen erweiterten Graphen mit $\overline{a}$, b und $\overline{c}$ als Zwischenknoten und (rechts) eine vollständig symmetrisierte Version.

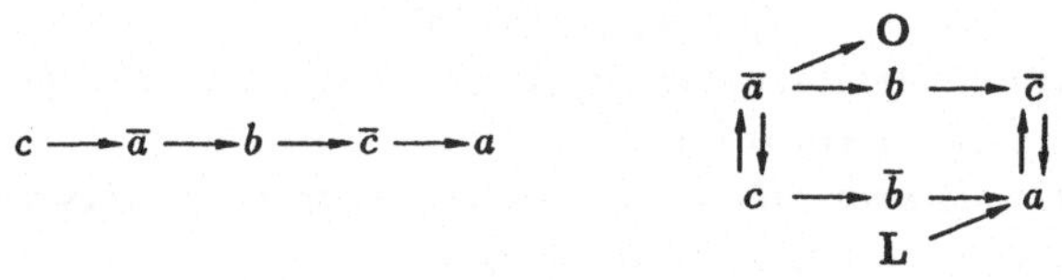

$$c \longrightarrow \overline{a} \longrightarrow b \longrightarrow \overline{c} \longrightarrow a$$

$$
\begin{array}{ccccc}
 & & \mathbf{O} & & \\
\overline{a} & \longrightarrow & b & \longrightarrow & \overline{c} \\
\uparrow\downarrow & & & & \uparrow\downarrow \\
c & \longrightarrow & \overline{b} & \longrightarrow & a \\
 & & \mathbf{L} & &
\end{array}
$$

Abb. 67 Erweitertes Pfeilgerüst

Die transitive Hülle ergibt Anreicherung der Pfeilklauselform durch

$(c \rightarrow b) \wedge (c \rightarrow a) \wedge (b \rightarrow a) \wedge (\mathbf{L} \rightarrow a) \wedge (c \rightarrow \mathbf{O})$.

Aufgabe 76: Welche Konsequenzen hat die Aussagenverbindung von Aufgabe 28?

15.4.4 Als weiteres Beispiel nehmen wir die duale zur adjunktiven Normalform des Beispiels von Meyers Party (13.3, Aufgabe 71):

$(\overline{a} \vee c \vee d) \wedge (a \vee b \vee c) \wedge (a \vee b \vee \overline{d}) \wedge (b \vee c \vee d)$.

Sie ist nach 15.2.1, Beispiel (2) oder 15.3.2, Beispiel (3) bereits größtmöglich angereichert. Offensichtlich reichte es dort, die ersten drei Literaladjunktionen zu nehmen, denn die vierte entsteht durch Resolution aus den beiden ersten.

Aber auch die zweite könnte man weglassen, denn sie entsteht durch Resolution aus den letzten beiden. Sind aber

$(\bar{a} \vee c \vee d) \wedge (a \vee b \vee c) \wedge (a \vee b \vee \bar{d})$ und
$(\bar{a} \vee c \vee d) \wedge (a \vee b \vee \bar{d}) \wedge (b \vee c \vee d)$

tatsächlich minimal, und sind es die einzigen minimalen Formen?

Nach 15.3.2, Beispiel (3) haben wir den kompletten Graphen von Abb. 68 und es ist offensichtlich, daß nur entweder $(a \vee b \vee c)$ oder $(b \vee c \vee d)$ weggelassen werden können.

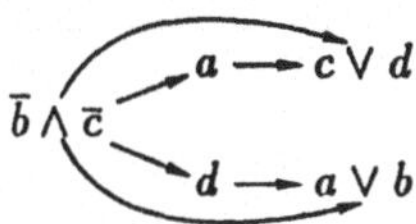

Abb. 68 Minimales Pfeilgerüst

15.5 Minimierung einer Kanonischen Normalform

In einer *Booleschen* adjunktiven (bzw. konjunktiven) Normalform können durch die Resolventenmethode gewisse Elementarkonjunktionen (bzw. Elementaradjunktionen) zusammengefaßt werden, wodurch man zu einer einfacheren, aber nicht mehr kanonischen adjunktiven (bzw. konjunktiven) Normalform zurückkommt. Normalerweise ist dies auf mehrere Weisen möglich.

Wir betrachten die beiden adjunktiven Normalformen

$(\bar{a} \wedge b) \vee (a \wedge d) \vee (c \wedge \bar{d})$ bzw. $(a \wedge \bar{c} \wedge \bar{d}) \vee (\bar{a} \wedge \bar{b} \wedge \bar{c}) \vee (\bar{a} \wedge \bar{b} \wedge d)$

die ein vollständiges und disjunktes Paar bilden. In der Tat gehören dazu die zueinander komplementären adjunktiven Booleschen Normalformen (mit lexikographisch geordneten Mintermen):

1	$(a \wedge b \wedge c \wedge d)$		
2	$(a \wedge b \wedge c \wedge \bar{d})$		
3	$(a \wedge b \wedge \bar{c} \wedge d)$		
		1	$(a \wedge b \wedge \bar{c} \wedge \bar{d})$
4	$(a \wedge \bar{b} \wedge c \wedge d)$		
5	$(a \wedge \bar{b} \wedge c \wedge \bar{d})$		
6	$(a \wedge \bar{b} \wedge \bar{c} \wedge d)$		
		2	$(a \wedge \bar{b} \wedge \bar{c} \wedge \bar{d})$
7	$(\bar{a} \wedge b \wedge c \wedge d)$		
8	$(\bar{a} \wedge b \wedge c \wedge \bar{d})$		
9	$(\bar{a} \wedge b \wedge \bar{c} \wedge d)$		
10	$(\bar{a} \wedge b \wedge \bar{c} \wedge \bar{d})$		
		3	$(\bar{a} \wedge \bar{b} \wedge c \wedge d)$
11	$(\bar{a} \wedge \bar{b} \wedge c \wedge \bar{d})$		
		4	$(\bar{a} \wedge \bar{b} \wedge \bar{c} \wedge d)$
		5	$(\bar{a} \wedge \bar{b} \wedge \bar{c} \wedge \bar{d})$

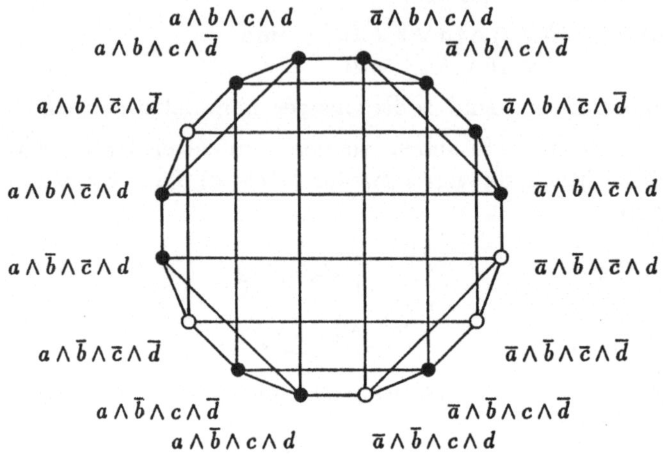

Abb. 69 Anordnung der Min-Terme im Händler-Diagramm
Schwarz: Min-Terme von $\alpha \doteq (\overline{a} \wedge b) \vee (a \wedge d) \vee (c \wedge \overline{d})$
Weiß: Min-Terme von $\alpha^c \doteq (a \wedge \overline{c} \wedge \overline{d}) \vee (\overline{a} \wedge \overline{b} \wedge \overline{c}) \vee (\overline{a} \wedge \overline{b} \wedge d)$

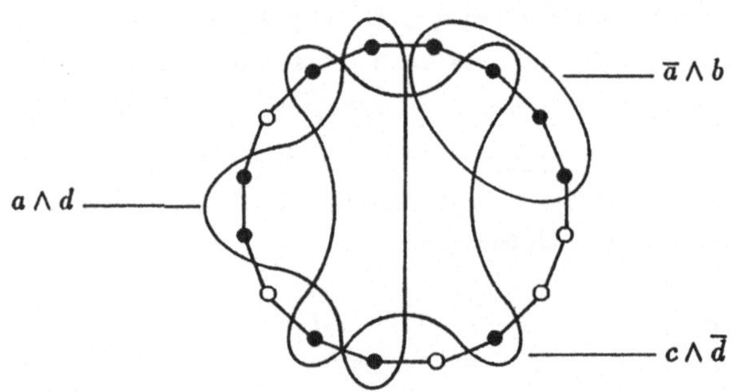

Abb. 70 Zusammenfassung der Min-Terme zur Ausgangsform

Der Wertverlauf ist im Händler-Diagramm Abb. 69 festgehalten.

Abb. 70 zeigt die Zusammenfassung der Elementarkonjunktionen zur ursprünglichen Normalform. Abb. 71 zeigt weitere Terme, die adjunktiv hinzugenommen werden können – allerdings nicht alle Fälle überdeckend. Offensichtlich sind die Zusammenfassungen in Abb. 70 minimal.

Die Durchführung solcher Minimierungen von Hand kann, sofern die Zahl der Unbestimmten fünf oder sechs nicht übersteigt, durch Gebrauch von Würfel- oder Karnaugh-Veitch-Diagrammen erleichtert werden.

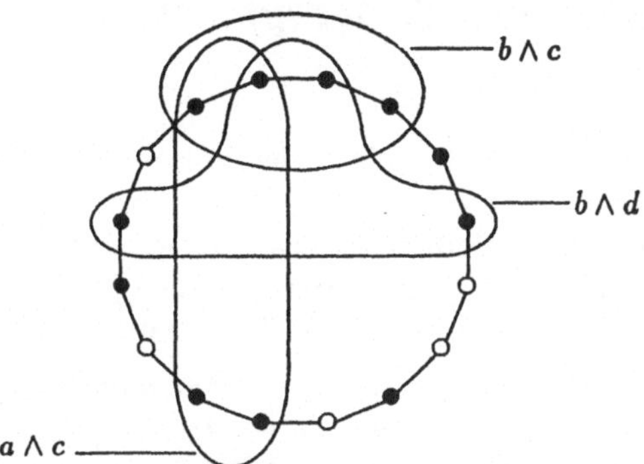

Abb. 71 Adjunktive Anreicherung durch weitere Terme

Algorithmen zur Gewinnung einer Aussageform α in minimierter adjunktiver Normalform haben zuerst QUINE und MCCLUSKEY studiert[22]. Sie benützen zunächst den Schichtenalgorithmus der Resolution, angewandt auf die kanonische Normalform $\mathbf{abnf}(\alpha)$. Dabei verwendet man in maschinennaher Programmierung zweckmäßigerweise, wie in 9.6.2, eine ternäre Erweiterung der Couffignalcodierung mittels $\{\mathcal{T}, \mathcal{F}, \mathcal{P}\}$. Aus den nach Beendigung des Schichtenalgorithmus verbleibenden, keine neuen Resolutionen zulassenden Vielfachkonjunktionen ('Primimplikanten') ist dann eine Teilmenge herauszugreifen, die $\mathbf{abnf}(\alpha)$ aufspannt. Hierfür gibt es in der Regel mehrere Lösungen, unter denen nach Gesichtspunkten der Schaltungstechnologie bestmöglich ausgewählt wird.

In dem Fall von Abb. 69 ergibt der Algorithmus für die „weißen" Minterme die vier Adjunkte

$$a \wedge \overline{c} \wedge \overline{d} \quad (1 \star 2) \quad \overline{b} \wedge \overline{c} \wedge \overline{d} \quad (2 \star 5) \quad \overline{a} \wedge \overline{b} \wedge d \quad (3 \star 4) \quad \overline{a} \wedge \overline{b} \wedge \overline{c} \quad (4 \star 5)$$

(vgl. 15.2.1, Beispiel (2)) als Primimplikanten – hier sind, vgl. 15.4.4, zwei minimale Lösungen möglich.

Für die „schwarzen" Minterme läßt sich der Algorithmus an der obigen „graphischen" Lösung verfolgen, er ergibt über 16 paarige Zusammenfassungen der Minterme die sechs Adjunkte

$a \wedge c \quad ((1 \star 2) \star (4 \star 5))$	$b \wedge c \quad ((1 \star 2) \star (7 \star 8))$
$a \wedge d \quad ((1 \star 3) \star (4 \star 6))$	$b \wedge d \quad ((1 \star 3) \star (7 \star 9))$
$c \wedge \overline{d} \quad ((2 \star 5) \star (8 \star 11))$	$\overline{a} \wedge b \quad ((7 \star 8) \star (9 \star 10))$

als Primimplikanten – hier ist, vgl. 15.4.1 und Abb. 70, nur *eine* minimale Lösung vorhanden.

Von den Primimplikanten ausgehend, entspricht das Suchen einer minimalen adjunktiven Normalform dem Suchen einer minimalen Pfeilklauselform g, deren Transit g^* (15.4.1) gleichstark zur Ausgangsform ist.

---

22 Ihr Wert ist heute wieder gestiegen im Hinblick auf hochintegrierte zweistufige Schaltungen (PLA) mit Transfer-Transistoren (13.8).

16. Die Methode des Widerspruchs

Um eine Aussageform als Tautologie nachzuweisen, kann man auch so vorgehen: man nimmt an, es gäbe eine Belegung ξ, die **O** ergibt, und führt diese Annahme zu einem Widerspruch, indem man von außen nach innen die Aussageform untersucht. Dabei verwendet man für zusammengesetzte Aussageformen (bei Beschränkung auf die Sprache **KACNOL**) unmittelbar die Regeln:

$Wenn\ (\alpha_1 \vee \alpha_2) \mathrel{|\!\!=\!\!|} \mathbf{O}\ ,\ dann\ \alpha_1 \mathrel{|\!\!=\!\!|} \mathbf{O}\ \ und\ \alpha_2 \mathrel{|\!\!=\!\!|} \mathbf{O}$
$Wenn\ (\alpha_1 \rightarrow \alpha_2) \mathrel{|\!\!=\!\!|} \mathbf{O}\ ,\ dann\ \alpha_1 \mathrel{|\!\!=\!\!|} \mathbf{L}\ \ und\ \alpha_2 \mathrel{|\!\!=\!\!|} \mathbf{O}$
$Wenn\ (\neg\alpha_1) \mathrel{|\!\!=\!\!|} \mathbf{O}\ ,\ dann\ \alpha_1 \mathrel{|\!\!=\!\!|} \mathbf{L}$
$Wenn\ (\neg\alpha_1) \mathrel{|\!\!=\!\!|} \mathbf{L}\ ,\ dann\ \alpha_1 \mathrel{|\!\!=\!\!|} \mathbf{O}$
$Wenn\ (\alpha_1 \wedge \alpha_2) \mathrel{|\!\!=\!\!|} \mathbf{L}\ ,\ dann\ \alpha_1 \mathrel{|\!\!=\!\!|} \mathbf{L}\ \ und\ \alpha_2 \mathrel{|\!\!=\!\!|} \mathbf{L}\ .$

Für die verbleibenden drei Fälle müssen *beide* Teilformen weiter betrachtet werden. Häufig ist aber aufgrund bereits gemachter Feststellungen eine Teilform bereits festgelegt. Dann lassen sich folgende Regeln anwenden:

$Wenn\ (\alpha_1 \vee \alpha_2) \mathrel{|\!\!=\!\!|} \mathbf{L}\ \ und\ \alpha_1 \mathrel{|\!\!=\!\!|} \mathbf{O}\ ,\ dann\ \alpha_2 \mathrel{|\!\!=\!\!|} \mathbf{L}$
$Wenn\ (\alpha_1 \rightarrow \alpha_2) \mathrel{|\!\!=\!\!|} \mathbf{L}\ \ und\ \alpha_1 \mathrel{|\!\!=\!\!|} \mathbf{L}\ ,\ dann\ \alpha_2 \mathrel{|\!\!=\!\!|} \mathbf{L}$
$Wenn\ (\alpha_1 \rightarrow \alpha_2) \mathrel{|\!\!=\!\!|} \mathbf{L}\ \ und\ \alpha_2 \mathrel{|\!\!=\!\!|} \mathbf{O}\ ,\ dann\ \alpha_1 \mathrel{|\!\!=\!\!|} \mathbf{O}$
$Wenn\ (\alpha_1 \wedge \alpha_2) \mathrel{|\!\!=\!\!|} \mathbf{O}\ \ und\ \alpha_1 \mathrel{|\!\!=\!\!|} \mathbf{L}\ ,\ dann\ \alpha_2 \mathrel{|\!\!=\!\!|} \mathbf{O}\ .$

Beispiele: (1) Die Aussageform
$((p \rightarrow q) \rightarrow p) \rightarrow p$
ergibt zunächst den unvollständigen Folgerungsbaum von Abb. 72.

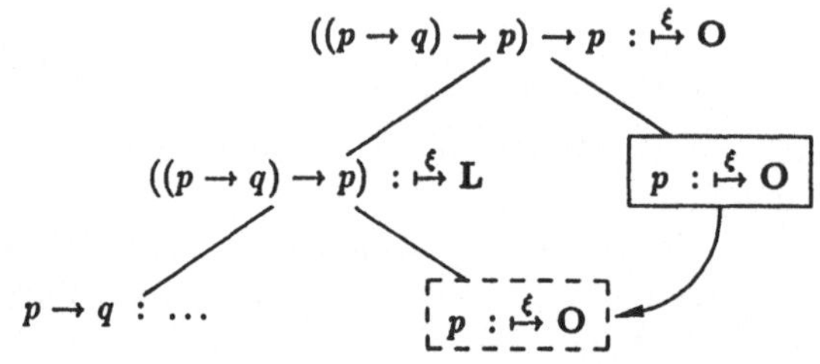

Abb. 72 Unvollständiger Folgerungsbaum zu (1)

An der gestrichelt umrahmten Stelle ist $p : \overset{\xi}{\mapsto} \mathbf{O}$ bereits festgelegt. Daraus ergibt sich weiterhin der restliche Folgerungsbaum von Abb. 73. Damit ist aber mit $p : \overset{\xi}{\mapsto} \mathbf{L}$ und $p : \overset{\xi}{\mapsto} \mathbf{O}$ ein Widerspruch aufgezeigt.

(2) Die Aussageform $(((p \wedge q) \rightarrow r) \wedge (p \rightarrow q)) \rightarrow (p \rightarrow r)$ ergibt den Folgerungsbaum von Abb. 74. Hier entsteht ein Widerspruch bezüglich q .

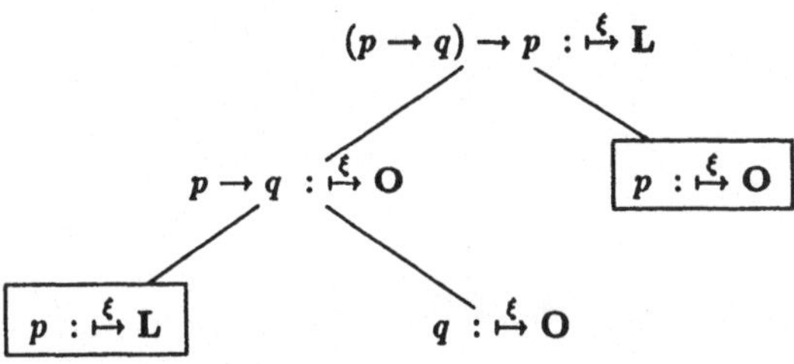

Abb. 73 Restlicher Folgerungsbaum zu (1)

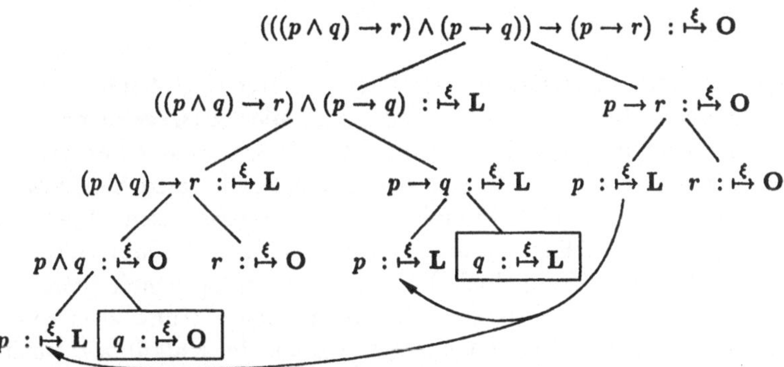

Abb. 74 Vollständiger Folgerungsbaum zu (2)

In den beiden gezeigten Beispielen ging alles glatt. Eine Parallelverfolgung kann aber notwendig werden in den drei Fällen, in denen beide Teilformen betrachtet werden müssen und keine Zusatzinformation bekannt ist:

(3) Für die Aussageform $(p \vee (\neg p)) \wedge (p \to p)$ muß sowohl $p \vee (\neg p)$ als auch $p \to p$ getrennt betrachtet und zum Widerspruch geführt werden. Dies zeigt Abb. 75.

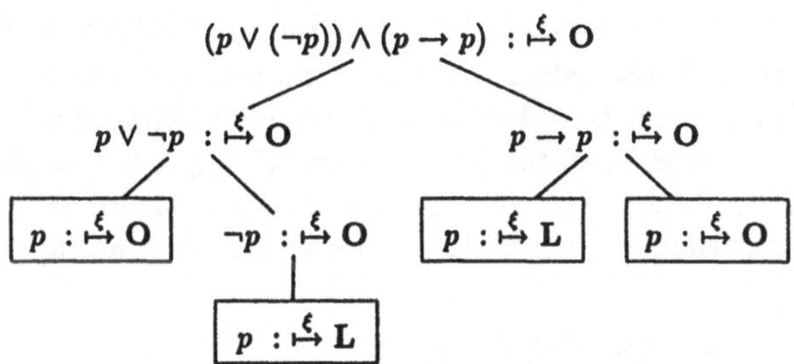

Abb. 75 Folgerungsbaum zu (3) mit paralleler Weiterverfolgung

Die Methode des Widerspruchs läßt sich zu einem Algorithmus ausbauen, der aber unhandlich ist.

KAPITEL V
FORMALE ABLEITUNGEN

Die Menge *aller* Aussageformen wurde in 3.1 durch eine kontextfreie Grammatik beschrieben. Leider kann die Teilmenge aller Aussageformen, die Tautologien sind, nicht mehr durch eine kontextfreie Grammatik beschrieben werden. Man muß eine kompliziertere Beschreibungsart heranziehen, etwa POSTsche Ableitungssysteme mit „Fremdvariablen", hierarchische Systeme nach LORENZEN, überlagerte Regelsysteme nach HERMES. Darauf werden wir in 18.4 eingehen. Vorher sollen jedoch die Begriffe Widerspruchsfreiheit und Vollständigkeit eines Ableitungssystems allgemein erläutert und zwei solcher Systeme, das klassische von HILBERT und POST sowie der Kalkül des „natürlichen Schließens" von GENTZEN, angegeben werden. Zum Schluß wird auf den Begriff der Kompaktheit und auf Fragen der Entscheidbarkeit, insbesondere im Ausblick auf den Prädikatenkalkül, eingegangen.

17. Gewinnung von Schlußregeln

Die Hauptregeln für Implikationen und für Biimplikationen (4.4) bekommen in diesem Kapitel besondere Bedeutung. Aufgrund der Stärker-Regel für Implikationen nehmen sie folgende Form an:

(*) *Es sei* $\alpha \models \beta$. *Dann gilt: Wenn* $\models \alpha$, *so* $\models \beta$.

(**) *Es sei* $\alpha \models\!\dashv \beta$. *Dann gilt* $\models \alpha$ *genau dann, wenn* $\models \beta$.

Damit sind sie zwei Metaregeln zur Gewinnung von Schlußregeln für Tautologien; man erhält aus jeder Implikation und aus jeder Biimplikation eine direkte Schlußregel (*rule of inference*) für Tautologien. Gelegentlich sind dabei weitere Hauptregeln anwendbar. Man verfügt damit über abzählbar unendlich viele Schlußregeln, von denen wir nachfolgend die wichtigsten aufführen.

17.1 Schlußregeln für Tautologien

Aus dem Formgesetz von der Prämissenbelastung (5.2)

$\alpha_1 \models (\alpha_2 \rightarrow \alpha_1)$ ergibt sich die

Schlußregel von der Prämissenbelastung

MQ : *Wenn* $\models \alpha_1$, *so* $\models (\alpha_2 \rightarrow \alpha_1)$.

Aus dem Formgesetz zum *modus ponens* (5.2)

$(\alpha_1 \wedge (\alpha_1 \rightarrow \alpha_2)) \models \alpha_2$ ergibt sich zunächst

Wenn $\models \alpha_1 \wedge (\alpha_1 \rightarrow \alpha_2)$, *so* $\models \alpha_2$

und sodann mittels der Hauptregel für allgemeingültige Konjunktionen die

Schlußregel von der Abtrennung (*modus ponens*)[1]

MP : *Wenn* $\models \alpha_1$ *und* $\models \alpha_1 \rightarrow \alpha_2$, *so* $\models \alpha_2$.

Biimplikationen führen zu umkehrbaren Schlußregeln: Aus dem zweiseitigen Formgesetz von PEIRCE (5.4.1)

$((\alpha_1 \rightarrow \alpha_2) \rightarrow \alpha_1) \models\!\!\dashv \alpha_1$ ergibt sich die

umkehrbare Schlußregel von PEIRCE

PE : $\models ((\alpha_1 \rightarrow \alpha_2) \rightarrow \alpha_1)$ *genau dann, wenn* $\models \alpha_1$.

Wir geben im Anhang eine Zusammenstellung geläufiger Gesetze (ohne Beweis) und die zugehörigen, gelegentlich auch die Hauptregel für allgemeingültige Konjunktionen involvierenden, zum Teil auch umkehrbaren Schlußregeln für Tautologien. Dort sind auch Kurzformen der Regeln angegeben (die Verwendung des Kommas als metasprachliches UND ist weit verbreitet).

Die Bezeichnungen der Schlußregeln verraten meist, wozu sie gebraucht werden. Die Prämissenbelastungsregel wie auch die Regel des DUNS SCOTUS sind Prototypen von Regeln, die nur $\models \alpha_1$ oder $\models \neg\alpha_1$ verlangen und für beliebiges α_2 Tautologien ergeben. So erhält man beispielsweise mittels der Schlußregel von der Prämissenbelastung aus der Tautologie $\models b \rightarrow b$ die Tautologie $\models a \rightarrow (b \rightarrow b)$ und auch das Formgesetz $\models \alpha \rightarrow (\beta \rightarrow \beta)$ für beliebige Aussageformen α, β, vgl. 4.3, Beispiel (4).

17.2 Schlußregeln für Folgerungen

17.2.1 Schlußregeln werden (hauptsächlich wegen Klammerersparnis) oft übersichtlicher, wenn man auch *in ihnen* Implikationen und Biimplikationen durch Stärker- und Gleichstark-Relationen ausdrückt. So erhält man aus dem zweiseitigen Gesetz von PEIRCE (5.4.1) eine Schlußregel zur Ableitung von Folgerungen:

umkehrbare Folgerungs-Schlußregel nach PEIRCE

$\alpha_1 \rightarrow \alpha_2 \models \alpha_1$ *genau dann, wenn* $\models \alpha_1$;

sie erlaubt sogar, eine gewisse Teilform einer Implikation als allgemeingültig nachzuweisen.

Aus dem zweiseitigen Gesetz von der Prämissenverbindung (5.3) kommt die

umkehrbare Folgerungs-Schlußregel der Deduktion (vgl. 19.3)

$\alpha_1 \wedge \alpha_2 \models \alpha_3$ *genau dann, wenn* $\alpha_1 \models \alpha_2 \rightarrow \alpha_3$.

---

[1] Die Bezeichnung deutet auf eine gewisse Verwandtschaft mit dem so bezeichneten Aristotelischen Syllogismus hin. In der Dialektik der Stoiker lautet (nach ŁUKASIEWICZ) die Sprechweise: „Wenn α_1 , so α_2 ; nun aber α_1 , also α_2“.

Die Schlußregel vom *modus ponens* erweist sich als Spezialfall der

Folgerungs-Schlußregel von der Transitivität der Stärker-Relation

Wenn $\alpha_1 \models \alpha_2$ *und* $\alpha_2 \models \alpha_3$, *so* $\alpha_1 \models \alpha_3$,

die aus dem Gesetz zum *modus barbara* entsteht (vgl. auch 5.1.2, Satz 2).

Gleichermaßen ergibt sich die

Folgerungs-Schlußregel von der Transitivität der Gleichstarkrelation

Wenn $\alpha_1 \models\!\dashv \alpha_2$ *und* $\alpha_2 \models\!\dashv \alpha_3$, *so* $\alpha_1 \models\!\dashv \alpha_3$

aus der Tautologie (vgl. auch 5.3, Satz 1)

$\models ((a \leftrightarrow b) \wedge (b \leftrightarrow c)) \rightarrow (a \leftrightarrow c)$.

Aus dem konjunktiven Gesetz von der Resolution (7.1.6) erhält man die

Folgerungs-Schnittregel (*cut rule*)

Wenn $\alpha_1 \models \alpha_2 \vee \beta$ *und* $\beta \wedge \alpha_3 \models \alpha_4$, *so* $\alpha_1 \wedge \alpha_3 \models \alpha_2 \vee \alpha_4$.

Auch die Verzahnungsgesetze (5.3) liefern Folgerungs-Schlußregeln. Die Kettenschlußgesetze (5.2, Aufgabe 18) und das Kontrapositionsgesetz (5.5.3) ergeben die verständlicheren Fassungen

Wenn $\alpha_1 \models \alpha_2$,
so $\beta \rightarrow \alpha_1 \models \beta \rightarrow \alpha_2$ *und* $\alpha_2 \rightarrow \beta \models \alpha_1 \rightarrow \beta$ *und* $\neg\alpha_2 \models \neg\alpha_1$.

Die Regeln vom Kettenschluß ergeben z.B. aus der Implikation (5.1, Satz (3)) $p \wedge q \models p$ die Implikation $p \rightarrow r \models (p \wedge q) \rightarrow r$ (man beachte die Rechts-Linksvertauschung von p und $p \wedge q$!) und weiter die Implikation

$((p \wedge q) \rightarrow r) \rightarrow s \models (p \rightarrow r) \rightarrow s$.

Sehr wichtig ist die

Folgerungs-Schlußregel für die Subjunktionseinführung

C-i *Wenn* $\alpha \wedge \alpha_1 \models \alpha_2$, *so* $\alpha \models \alpha_1 \rightarrow \alpha_2$,

die aus dem Gesetz von der Prämissenverbindung (5.3)

$(p \wedge q) \rightarrow r \models p \rightarrow (q \rightarrow r)$

entsteht.

17.2.2 Die Regeln in 17.1 sind Feststellungen über das *Bestehen* der Folgerungsrelation. Hingegen erlauben Schlußregeln für Folgerungen, wie die obigen, das *Schließen* auf der Menge der Folgerungen. Eine besonders einfache Klasse solcher Folgerungs-Schlußregeln bilden die, bei denen auf der linken Seite aller in ihnen vorkommender Relationen die selbe Aussageform steht (**linksstabile Folgerungs-Schlußregeln**). Beispiele sind:

umkehrbare Folgerungs-Schlußregel für Konjunktionseinführung und -beseitigung

K-i/e $\alpha \models \beta$ *und* $\alpha \models \gamma$ *genau dann, wenn* $\alpha \models \beta \wedge \gamma$,

Folgerungs-Schlußregel für die Adjunktionseinführung

A-i *Wenn* $\alpha \models \beta$ *oder* $\alpha \models \gamma$, *so* $\alpha \models \beta \vee \gamma$.

(Man vergleiche sie mit der Hauptregel für allgemeingültige Konjunktionen und der Hauptregel für allgemeingültige Adjunktionen in 4.4 .)

Der Beweis kann nach dem bisherigen Vorgehen folgendermaßen geführt werden: Man erhält aus den Biimplikationen

$(a \to b) \wedge (a \to c) \models\!\dashv (a \to (b \wedge c))$ (Aufgabe 27[a])
$(a \to b) \vee (a \to c) \models\!\dashv (a \to (b \vee c))$ (Aufgabe 27[b])

durch die Metaregel (**) in 17.

(i) $\models (\alpha \to \beta) \wedge (\alpha \to \gamma)$ *genau dann, wenn* $\models \alpha \to (\beta \wedge \gamma)$,
(ii) $\models (\alpha \to \beta) \vee (\alpha \to \gamma)$ *genau dann, wenn* $\models \alpha \to (\beta \vee \gamma)$.

Im Fall (i) ergibt die Hauptregel für allgemeingültige Konjunktionen

$\models (\alpha \to \beta) \wedge (\alpha \to \gamma)$ *genau dann, wenn* $\models (\alpha \to \beta)$ *und* $\models (\alpha \to \gamma)$.

Mit der Stärker-Regel entsteht daraus und aus der rechten Tautologie

$\alpha \models \beta$ *und* $\alpha \models \gamma$ *genau dann, wenn* $\alpha \models \beta \wedge \gamma$.

Im Fall (ii) ergibt zunächst die Hauptregel für Dilemmata

Wenn $\models \alpha \to \beta$ *oder* $\models \alpha \to \gamma$, *so* $\models (\alpha \to \beta) \vee (\alpha \to \gamma)$.

Zusammengenommen mit (ii) ergibt sich

Wenn $\models \alpha \to \beta$ *oder* $\models \alpha \to \gamma$, *so* $\models \alpha \to (\beta \vee \gamma)$.

Mit der Stärker-Regel entsteht daraus

Wenn $\alpha \models \beta$ *oder* $\alpha \models \gamma$, *so* $\alpha \models \beta \vee \gamma$. ⋈

Wichtig ist auch die

Folgerungs-Schlußregel von der Fallunterscheidung

Wenn $\alpha_1 \models \alpha_3$ *und* $\alpha_2 \models \alpha_3$, *so* $(\alpha_1 \vee \alpha_2) \models \alpha_3$

mit ihrem (linksstabilen) Korollar (vgl. Gesetz vom Dilemma, 5.1.1), der

Folgerungs-Schlußregel für die Adjunktionsbeseitigung

A-e *Wenn* $\alpha \models \alpha_1 \vee \alpha_2$ *und* $\alpha \models (\alpha_1 \to \alpha_3)$ *und* $\alpha \models (\alpha_2 \to \alpha_3)$,
so $\alpha \models \alpha_3$.

Beweis: Man erhält aus $(a \to c) \wedge (b \to c) \models\!\dashv (a \vee b) \to c$ (Aufgabe 27[e]) durch Anwendung der Hauptregel für Biimplikationen

$\models (\alpha \to \gamma) \wedge (\beta \to \gamma)$ *genau dann, wenn* $\models (\alpha \vee \beta) \to \gamma$.

Die Hauptregel für allgemeingültige Konjunktionen ergibt

$\models \alpha \to \gamma$ *und* $\models \beta \to \gamma$ *genau dann, wenn* $\models (\alpha \to \gamma) \wedge (\beta \to \gamma)$.

Zusammen gilt

$\models \alpha \to \gamma$ *und* $\models \beta \to \gamma$ *genau dann, wenn* $\models (\alpha \vee \beta) \to \gamma$.

Mit der Stärkerregel entsteht daraus

$\alpha \models \gamma$ *und* $\beta \models \gamma$ *genau dann, wenn* $\alpha \vee \beta \models \gamma$.

Das Korollar nimmt die Voraussetzung $\alpha \models \alpha_1 \vee \alpha_2$ hinzu und benutzt die Stärker-Regel sowie die Folgerungsschlußregel von der Transitivität. ⋈

17.2.3 Um solche längliche Beweise abzukürzen, kann man folgenden Satz über die Gewinnung „linksstabiler" Folgerungs-Schlußregeln benutzen:

Satz: Aus einer Stärker-Beziehung (einem „Skelett") $\beta_1 \wedge \beta_2 \models \beta_3$ erhält man nicht nur die Schlußregel für Tautologien

Wenn $\models \beta_1$ *und* $\models \beta_2$, *so* $\models \beta_3$,

sondern auch eine linksstabile Folgerungs-Schlußregel

Wenn $\alpha \models \beta_1$ *und* $\alpha \models \beta_2$, *so* $\alpha \models \beta_3$.

Beweis:
Aus $\alpha \models \beta_1$ und $\alpha \models \beta_2$ folgt nach **K**-i $\alpha \models \beta_1 \wedge \beta_2$.
Mit $\beta_1 \wedge \beta_2 \models \beta_3$ ergibt Transitivität $\alpha \models \beta_3$. ⋈

Beispiel: (1) Aus der Implikation $p \wedge (p \rightarrow q) \models q$, dem Gesetz zum *modus ponens*, ergibt sich die

Folgerungs-Schlußregel für die Subjunktionsbeseitigung

C-e *Wenn* $\alpha \models \alpha_1$ *und* $\alpha \models \alpha_1 \rightarrow \alpha_2$, *so* $\alpha \models \alpha_2$.

Im Anhang sind die so erhaltenen Folgerungs-Schlußregeln zusammengestellt.

17.3 Linksstabiler Beweis von Folgerungen

Wegen der Folgerungs-Schlußregel von der Transitivität (17.2.1) läßt sich zum Beweis einer Folgerung oft eine Anzahl verketteter Teilfolgerungen[2] heranziehen, wobei die einzelnen Teilfolgerungen „linksstabilen" Folgerungs-Schlußregeln entspringen.

Ein **linksstabiler** Beweis für die Folgerung $\psi \models \chi$ besteht darin, mit der trivialen Folgerung $\psi \models \psi$ beginnend, über Zwischenschritte $\psi \models \psi', \psi \models \psi'', \ldots$ zur Folgerung $\psi \models \chi$ zu gelangen, wobei Zeile für Zeile die benutzten Zeilen, die Regel und die erzielte Form angegeben werden.

Um etwa zur Folgerung
$\alpha \wedge (\alpha \rightarrow \beta) \models \alpha \wedge \beta$
zu gelangen, schreiben wir als Anfang die folgende triviale Folgerung an

1 $\alpha \wedge (\alpha \rightarrow \beta) \models \alpha \wedge (\alpha \rightarrow \beta)$ Anwendung von K-e (links) ergibt
2 $\alpha \wedge (\alpha \rightarrow \beta) \models \alpha$ Anwendung von K-e (rechts) ergibt
3 $\alpha \wedge (\alpha \rightarrow \beta) \models (\alpha \rightarrow \beta)$ Anwendung von C-e auf 2 und 3 ergibt
4 $\alpha \wedge (\alpha \rightarrow \beta) \models \beta$ Anwendung von K-i auf 2 und 4 ergibt
5 $\alpha \wedge (\alpha \rightarrow \beta) \models \alpha \wedge \beta$ ⋈

Da bei dieser Ableitung die linke Seite der intermediären Folgerungen stets die selbe ist, kann man sie weglassen und kürzer notieren

$\alpha \wedge (\alpha \rightarrow \beta) \models \alpha \wedge \beta$

1	$\alpha \wedge (\alpha \rightarrow \beta)$	(Prämisse)	
2	α	(K-e links 1)	
3	$\alpha \rightarrow \beta$	(K-e rechts 1)	
4	β	(C-e 2, 3)	
5	$\alpha \wedge \beta$	(K-i 2, 4)	⋈

wobei es zweckmäßig ist, die erzielte Folgerung

$\alpha \wedge (\alpha \rightarrow \beta) \models \alpha \wedge \beta$

in eine Kopfzeile einzutragen.

[2] Bei der Verkettung macht man auch häufig von Abschwächungen wie $\alpha \wedge \beta \models \alpha$ oder $\alpha \models \alpha \vee \beta$ Gebrauch.

Beispiel: Bei der Aufschreibung

1	$\alpha \wedge \beta$	(Prämisse)	
2	α	(K-e links 1)	
3	β	(K-e rechts 1)	
4	$\beta \wedge \alpha$	(K-i 3, 2)	$\bowtie$
5	$\beta \vee \gamma$	(A-i links 3)	
6	$\alpha \wedge (\beta \vee \gamma)$	(K-i 2, 5)	$\bowtie$

handelt es sich zunächst um eine Ableitung mit mehreren, durch $\bowtie$ hervorgehobenen Konklusionen. Aber dafür könnten wir unter Hinzufügung einer Zeile

7	$(\beta \wedge \alpha) \wedge (\alpha \wedge (\beta \vee \gamma))$	(K-i 4, 6)	$\bowtie$

mit einer einzigen Konklusion die Kopfzeile schreiben

$$\alpha \wedge \beta \models (\beta \wedge \alpha) \wedge (\alpha \wedge (\beta \vee \gamma))$$

Beispiel:

$$(\alpha \wedge (\beta \vee \gamma)) \wedge (\alpha \rightarrow \delta) \wedge ((\beta \vee \gamma) \rightarrow \delta) \models \delta$$

1	$(\alpha \wedge (\beta \vee \gamma)) \wedge ((\alpha \rightarrow \delta) \wedge ((\beta \vee \gamma) \rightarrow \delta))$	(Prämisse)	
2	$\alpha \vee (\beta \wedge \gamma)$	(K-e links 1)	
3	$(\alpha \rightarrow \delta) \wedge ((\beta \wedge \gamma) \rightarrow \delta)$	(K-e rechts 1)	
4	$\alpha \rightarrow \delta$	(K-e links 3)	
5	$(\beta \wedge \gamma) \rightarrow \delta$	(K-e rechts 3)	
6	δ	(A-e 2, 4, 5)	$\bowtie$

17.4 Ein formales relationentheoretisches System

In 6.3 wurden einer Präordnung weitere Eigenschaften einer Sprache **KAN** aufgeprägt. Nachfolgend wird die Reflexivität einer Relation $\leftharpoondown$ nicht herangezogen, sondern nur die Transitivität, dafür aber einige tiefergehende Eigenschaften in einer Subjunktion und Negation umfassenden Sprache **CNL**.

Satz 1: Eine Relation $\leftharpoondown$ auf **CNL**, die neben

(trans) *Wenn* $\alpha \leftharpoondown \beta$ *und* $\beta \leftharpoondown \gamma$, *dann* $\alpha \leftharpoondown \gamma$

auch die folgenden Eigenschaften bezüglich $\rightarrow, \neg, \mathbf{L}$ besitzt:

(sub)	$\mathbf{L} \leftharpoondown \alpha \rightarrow \beta$ *genau dann, wenn* $\alpha \leftharpoondown \beta$	
(PB)	$\alpha \leftharpoondown \beta \rightarrow \alpha$	(vgl. **C1**)
(FR)	$\alpha \rightarrow (\beta \rightarrow \gamma) \leftharpoondown (\alpha \rightarrow \beta) \rightarrow (\alpha \rightarrow \gamma)$	(vgl. **C14**)
(KK)	$(\neg\alpha) \rightarrow (\neg\beta) \leftharpoondown \beta \rightarrow \alpha$	(vgl. **N4**)
(eins)	$\alpha \leftharpoondown \mathbf{L}$	(vgl. 5.1.2, Satz 1),

erfüllt auch (wobei wieder $x \rightleftharpoons y$ kurz für $x \leftharpoondown y$ *und* $y \leftharpoondown x$ steht):

(refl)	$\alpha \leftharpoondown \alpha$	(vgl. **C5**)
(IK)	$(\beta \rightarrow \gamma) \leftharpoondown (\alpha \rightarrow \beta) \rightarrow (\alpha \rightarrow \gamma)$	(vgl. **C10**)
(DS)	$\neg\alpha \leftharpoondown \alpha \rightarrow \beta$	(vgl. **N6**)
(NN)	$\neg(\neg\alpha) \rightleftharpoons \alpha$	(vgl. **N2**, **N3**)
(KP)	$\alpha \rightarrow \beta \leftharpoondown (\neg\beta) \rightarrow (\neg\alpha)$	(vgl. **N1**) .

Beweis: (refl)

1	$\alpha \leftharpoondown (\beta \to \alpha) \to \alpha$	$\mathbf{PB}(\alpha, \beta \to \alpha)$
2	$\mathbf{L} \leftharpoondown \alpha \to ((\beta \to \alpha) \to \alpha)$	(sub 1)
3	$\alpha \to ((\beta \to \alpha) \to \alpha) \leftharpoondown (\alpha \to (\beta \to \alpha)) \to (\alpha \to \alpha)$	$\mathbf{FR}(\alpha, \beta \to \alpha, \alpha)$
4	$\mathbf{L} \leftharpoondown (\alpha \to (\beta \to \alpha)) \to (\alpha \to \alpha)$	(trans 2, 3)
5	$\alpha \to (\beta \to \alpha) \leftharpoondown \alpha \to \alpha$	(sub 4)
6	$\alpha \leftharpoondown (\beta \to \alpha)$	$\mathbf{PB}(\alpha, \beta)$
7	$\mathbf{L} \leftharpoondown \alpha \to (\beta \to \alpha)$	(sub 6)
8	$\mathbf{L} \leftharpoondown \alpha \to \alpha$	(trans 7, 5)
9	$\alpha \leftharpoondown \alpha$	(sub 8)

Die übrigen Beweise gehen ähnlich. ⋈

Erneut erfüllt die Stärker-Relation $\models$ die Voraussetzungen von Satz 1; die Reflexivität wie auch die weiteren angegebenen Gesetze sind daraus also formal ableitbar. Wiederum ist sichergesellt, daß alle formal aus den Voraussetzungen von Satz 1 herleitbaren Gesetze gültig sind; aber offen, ob alle Aussagen über Eigenschaften der Stärker-Relation mit diesen Voraussetzungen erzielbar sind.

17.5 Technik der formalen Ableitung

Das Hin- und Herspringen in den Beweisen von 17.4, Satz 1 zwischen einer Relation $\alpha \leftharpoondown \beta$ und einer Relation $\mathbf{L} \leftharpoondown (\alpha \to \beta)$, die (wegen (eins)) letztlich bedeutet, daß $(\alpha \to \beta)$ in der $\rightleftharpoons$-Klasse von $\mathbf{L}$ liegt, legt nahe, lediglich diese Klasse und damit eine Teilmenge $\mathcal{M}$ der Menge der Aussageformen durch geeignete Eigenschaften zu beschreiben. Man ersetzt dabei $\mathbf{L} \rightleftharpoons \alpha$ durch $\alpha \in \mathcal{M}$ (wofür wir später $\vdash \alpha$ schreiben werden). Zu Satz 1 von 17.4 entsteht, wenn man (trans), (sub) und (eins) zu (**MP**) zusammenfaßt, das Gegenstück:

Satz 2: Eine Teilmenge $\mathcal{M}$ der Aussageformen der Sprache **CN**, die die Eigenschaften

(**PB**) $\alpha \to (\beta \to \alpha) \in \mathcal{M}$
(**FR**) $(\alpha \to (\beta \to \gamma)) \to ((\alpha \to \beta) \to (\alpha \to \gamma)) \in \mathcal{M}$
(**KK**) $((\neg\alpha) \to (\neg\beta)) \to (\beta \to \alpha) \in \mathcal{M}$
(**MP**) *Wenn* $\alpha \in \mathcal{M}$ *und* $\alpha \to \beta \in \mathcal{M}$ *, so* $\beta \in \mathcal{M}$

besitzt, hat auch die folgenden Eigenschaften:

$\alpha \to \alpha \in \mathcal{M}$
$(\beta \to \gamma) \to ((\alpha \to \beta) \to (\alpha \to \gamma)) \in \mathcal{M}$
$(\neg\alpha) \to (\alpha \to \beta) \in \mathcal{M}$
$(\neg(\neg\alpha)) \to \alpha \in \mathcal{M}$
$\alpha \to (\neg(\neg\alpha)) \in \mathcal{M}$
$(\alpha \to \beta) \to (\neg\beta) \to (\neg\alpha) \in \mathcal{M}$.

Die aus (trans), (sub) und (eins) zusammengezogene Eigenschaft (**MP**) ist gerade die Schlußregel von der Abtrennung (*modus ponens*) von 17.1 .

Insbesondere erfüllt die Menge $\mathcal{T} \mathrel{\hat{=}} \mathcal{T}_{\mathcal{W}}(\mathbf{CN})$ der Tautologien der Sprache **CN** die Voraussetzungen: es gilt daher $\mathcal{T} \subseteq \mathcal{M}$.

Die in den Sätzen von 17.4 und 17.5 benutzte Beweistechnik stellt einen relationentheoretischen Kalkül dar, wie er in der Mathematik weit verbreitet ist.

Er wird hier auf die Aussagenlogik mit der Stärker-Relation angewandt. Die in 17.5 benutzte Technik der formalen Ableitung baut lediglich auf einer (durch die Voraussetzungen von Satz 2 umrissenen) formalen Sprache zur Charakterisierung der in $\mathcal{M}$ liegenden Aussageformen auf; die Beweise verlaufen ebenfalls nach einem (durch die Schlußregel vom ***modus ponens*** diktierten) Kalkül. Er wird hier auf die Logik mit $\mathcal{M} \subseteq \mathcal{L}$, wo $\mathcal{L}$ die Sprache **CN** der Aussageformen ist, angewandt.

Da bereits die Sprache **CN** durch eine kontextfreie Grammatik definiert ist (3.1), erhebt sich die Frage, ob man nicht auch die Tautologien der Sprache **CN** durch eine kontextfreie Grammatik charakterisieren kann. Zwar kann man gewisse Tautologien so beschreiben (vgl. Aufgabe 8), man kann aber zeigen, daß die Teilsprache *aller* Tautologien der Sprache **CN** durch keine kontextfreie Grammatik beschrieben werden kann. Man braucht zur Beschreibung stärkere Mittel (Post 1920), siehe 18.4 .

Sicher könnte man Satz 1 und Satz 2 um einige weitere Folgerungen ergänzen und auch dafür geeignete Beweise angeben. Das eigentlich interessante an diesen Sätzen ist der Beweisapparat. Ein solcher soll im folgenden abstrakt als Ableitungssystem für Tautologien untersucht werden.

18. Ableitungssysteme für Tautologien

Um die Allgemeingültigkeit einer Aussageform zu beweisen, kann man nicht nur

1) wertverlaufsmäßig alle ihre Belegungen durchspielen (Kap. II),

2) sie auf Normalform bringen und überprüfen (Kap. IV),

sondern man kann auch

3) versuchen, sie aus anderen, schon als allgemeingültig nachgewiesenen Aussageformen herzuleiten.

Möglichkeiten hierzu haben sich wiederholt ergeben: durch Identifizieren von Unbestimmten (4.3), durch Einsetzung von Aussageformen für Unbestimmte einer Tautologie (4.5), durch Anwendung des Ersetzbarkeitstheorems (7.1) und nicht zuletzt durch zielstrebigen Gebrauch von Schlußregeln (17.1). Insbesondere suggeriert 17.5 eine Ableitungstechnik.

Die Fülle von natürlich verfügbaren Schlußregeln gestattet häufig, eine Tautologie auf vielerlei Weisen herzuleiten. Aus theoretischen Gründen ist man zunächst an einem systematischen Vorgehen interessiert, bei dem eine Sprache $\mathcal{L}$ vorgeschrieben ist und darin eine feste endliche Menge $\mathcal{K}$ (möglichst kleinen Umfangs) von Regeln, sowie eine feste endliche Menge $\mathcal{A}$ von Formgesetzen, von denen man ausgeht (und die man dann 'Axiome' nennt), – etwa wie in 17.5: Schlußregel ist **MP**, Axiome sind **PB, FR, KK**.

Ein solches **Ableitungssystem** oder **Deduktionssystem** $(\mathcal{K}, \mathcal{A})$ kann als ungesteuerter, als nichtdeterministischer Algorithmus aufgefaßt werden, die Regeln $\mathcal{K}$ können als **Ableitungsregeln** oder **Deduktionsregeln** bezeichnet werden; es ergibt sich ein Kalkül, genannt **$\mathcal{L}$-Kalkül** mit $(\mathcal{K}, \mathcal{A})$.

Aus Tautologien möchte man in einem solchen Kalkül natürlich nur Tautologien formal ableiten können: das Ableitungssystem soll **korrekt** (*sound*) sein; insbesondere soll nicht mit α auch $\neg\alpha$ ableitbar sein: es soll **widerspruchsfrei** sein. Man möchte auch, daß *alle* Tautologien in geeigneter Weise ableitbar sind: das Ableitungssystem soll **vollständig** (*complete*) sein (man vergleiche hierzu die Bemerkung am Ende von 17.4). Für 'korrekt und vollständig' sagt man auch **adäquat**.

Schreibt man bei festem $\mathcal{L}$ und gegebenen $(\mathcal{K}, \mathcal{A})$

$$\vdash^{\mathcal{K}}_{\mathcal{A}} \alpha$$

um auszudrücken, daß die (bzgl. $\mathcal{L}$ syntaktisch korrekte) Aussageform $\alpha \in \mathcal{L}$ in dem angesprochenen $(\mathcal{K}, \mathcal{A})$-Kalkül ableitbar ist, so bedeutet

Wenn $\vdash^{\mathcal{K}}_{\mathcal{A}} \alpha$, dann $\models \alpha$ Korrektheit und
Wenn $\models \alpha$, dann $\vdash^{\mathcal{K}}_{\mathcal{A}} \alpha$ Vollständigkeit des $(\mathcal{K}, \mathcal{A})$-Kalküls in $\mathcal{L}$.

18.1 Das klassische Ableitungssystem

18.1.1 Das klassische Ableitungssystem *Lk* der Aussagenlogik läßt als Menge $\mathcal{K}$ von Ableitungsregeln lediglich die Einsetzungsregel **SUBST** und die Schlußregel von der Abtrennung **MP** zu: $\mathcal{K} \stackrel{\text{def}}{=} \{\textbf{SUBST}, \textbf{MP}\}$.

Oft werden diese Regeln notiert, indem man die Prämissen über, die Konklusion unter einen Strich schreibt: Aus **MP** von 17.5 entsteht solchermaßen

$$\textbf{MP}: \quad \frac{\vdash \alpha, \vdash \alpha \rightarrow \beta}{\vdash \beta}$$

(lies: „*Wenn ableitbar* α *und*[3] *wenn ableitbar* $\alpha \rightarrow \beta$, *so ableitbar* β"). Gleichermaßen schreibt man die Einsetzungsregel

$$\textbf{SUBST}: \quad \frac{\vdash \alpha}{\vdash \alpha^{p_i := \rho}}$$

(lies: „*Wenn ableitbar* α , *so ableitbar* $\alpha^{p_i := \rho}$ ").

Zusammen mit geeigneten allgemeingültigen Aussageformen als 'Axiomen' erhält man damit Ableitungskalküle. Die Korrektheit des klassischen Ableitungssystems ist durch den Beweis der Gültigkeit der Schlußregel vom *modus ponens* und der Einsetzungsregel, sowie der Allgemeingültigkeit der als Axiome gewählten Aussageformen gewährleistet. Entsprechend dem Vorkommen des Junktors $\rightarrow$ in der Abtrennungsregel werden dabei immer solche Sprachen betrachtet, die diesen Junktor enthalten. Von welchen Tautologien man ausgeht, d.h. welches Axiomensystem man nimmt, hängt davon ab, welche weiteren Junktoren in der Sprache vorkommen. Nur geeignete Axiomensysteme ergeben Vollständigkeit.

---

[3] Verwendung des Kommas als metasprachliches UND ist weit verbreitet.

18.1.2 Für die Tautologien in der (funktional nicht vollständigen) Sprache **C** ist als ein vollständiges Axiomensystem eines 'C-Kalküls' nachgewiesen[4]

C1 : $p \to (q \to p)$ (Tautologie von der Prämissenbelastung)
C2 : $((p \to q) \to p) \to p$ (Tautologie von PEIRCE)
C3 : $(p \to q) \to ((q \to r) \to (p \to r))$ (Tautologie vom Kettenschluß)

Keines der drei Axiome kann weggelassen werden, ohne die Vollständigkeit zu verlieren[5].

Für die Tautologien der Sprache **CN** erhält man ein vollständiges Axiomensystem eines 'CN-Kalküls' (THIELE 1956), wenn man hinzunimmt[6]

N1 : $(p \to q) \to (\neg q \to \neg p)$ (schwache Tautologie von der Kontraposition)
N2 : $p \to \neg(\neg p)$ (schwache Tautologie von der Doppelverneinung)
N3 : $\neg(\neg p) \to p$ (starke Tautologie von der Doppelverneinung)

Man kann nachweisen (ASSER 1959, ŁUKASIEWICZ 1930), daß aus der Menge {**C1**, **C2**, **C3**, **N1**, **N2**, **N3**} keines der Axiome entbehrt werden kann, ohne die Vollständigkeit zu verlieren.

Für einen 'CO-Kalkül' ist {**C1**, **C2**, **C3**, **O1**}, wo

O1 : $\mathbf{O} \to p$ (*'ex falso sequitur quodlibet'*)

ein vollständiges Axiomensystem (WAJSBERG 1937).

Jeweils drei weitere Axiome kann man hinzunehmen, wenn man die Sprachen um die Konjunktion, die Adjunktion oder die Äquivalenz erweitert, um für die Tautologien in den betreffenden Sprachen ein vollständiges Axiomensystem zu erhalten (THIELE 1956):

K1 : $(p \wedge q) \to p$
K2 : $(p \wedge q) \to q$
K3 : $(p \to q) \to ((p \to r) \to (p \to (q \wedge r)))$

A1 : $p \to (p \vee q)$
A2 : $q \to (p \vee q)$
A3 : $(p \to r) \to ((q \to r) \to ((p \vee q) \to r))$

E1 : $(p \leftrightarrow q) \to (p \to q)$
E2 : $(p \leftrightarrow q) \to (q \to p)$
E3 : $(p \to q) \to ((q \to p) \to (p \leftrightarrow q))$

Insbesondere erhält man so für **KACEN** ein vollständiges System mit 15 Axiomen. Wechselt man in diesem System das Axiom von PEIRCE C2 gegen

C4 : $(p \to (p \to q)) \to (p \to q)$
(Tautologie von der Prämissenverschmelzung)

aus, so ergibt sich ein weithin verbreitetes vollständiges Axiomensystem für einen '**KACEN**-Kalkül' (POST 1921), das HILBERT bevorzugte.

---

[4] BERNAYS, TARSKI, um 1930 .

[5] ŁUKASIEWICZ hat 1948 für einen C-Kalkül ein vollständiges Axiomensystem angegeben, das aus einem einzigen, recht kurzen Axiom besteht, nämlich aus
$p \to (q \to (r \to ((r \to p) \to (s \to p))))$ (vgl. Aufgabe 69[a] und Aufgabe 8).

[6] Bezüglich der Verwendung der Benennungen „schwach", „stark" siehe 18.6.

Für einen bloßen 'C-Kalkül' ist jedoch {**C1**, **C4**, **C3**} kein vollständiges Axiomensystem (GÖDEL 1932)[7].

Aufgabe 77: Zeige, daß in der Sprache **C** mittels **MP** und **SUBST** aus {**C1**, **C4**, **C3**} die Tautologie von PEIRCE nicht hergeleitet werden kann.

18.1.3 Für einen CN-Kalkül hat FREGE bereits 1879 ein Axiomensystem angegeben, bestehend aus {**C1**, **C9**, **C14**, **N1**, **N2**, **N3**} , wobei

C9 : $(p \to (q \to r)) \to (q \to (p \to r))$
(Tautologie von der Prämissenvertauschung)

C14 : $(p \to (q \to r)) \to ((p \to q) \to (p \to r))$
(Tautologie von FREGEs Kettenschluß)

das sich als vollständig erwies. Es zeigte sich jedoch, daß **C9** redundant ist.

Aber es gibt andere, weniger umfängliche[8] vollständige Axiomensysteme, die **C1** und **C14** enthalten[9], z.B. für einen CN-Kalkül ein aus {**C1**, **C14**, **N4**} bestehendes (ŁUKASIEWICZ 1930), wobei

N4 : $(\neg p \to \neg q) \to (q \to p)$
(starke Tautologie von der konversen Kontraposition)

(wir haben es in 17.4 mit **PB, FR, KK** bereits kennengelernt) und für einen CO-Kalkül ein aus {**C1**, **C14**, **O3**} bestehendes (CHURCH, um 1944), wobei

O3 : $((p \to \mathrm{O}) \to \mathrm{O}) \to p$.

Von erheblichem theoretischen Interesse ist ein aus {**C1**, **C14**, **N3**, **N6**, **N7**} bestehendes vollständiges Axiomensystem (RAUTENBERG 1979)[10], wo

N6: $\neg p \to (p \to q)$ (vgl. Tautologie von DUNS SCOTUS)

N7: $(p \to \neg q) \to (q \to \neg p)$

18.1.4 Neben (s.o.) {**K1**, **K2**, **K3**, **A1**, **A2**, **A3**, **C1**, **C2**, **C3**, **N1**, **N2**, **N3**} ist auch das ŁUKASIEWICZsche {**K1**, **K2**, **K3**, **A1**, **A2**, **A3**, **C1**, **C14**, **N4**} ein häufig benutztes vollständiges Axiomensystem für die Sprache **KACN**. Das ebenfalls vollständige System {**K1**, **K2**, **K3**, **A1**, **A2**, **A3**, **C1**, **C14**, **N3**, **N6**, **N7**} (RAUTENBERG 1979) hat Vorläufer bei HEYTING und GÖDEL.

Aufgabe 78: Zeige, daß in der Sprache **CN** mittels **MP** und **SUBST** aus {**C1**, **C14**, **N6**, **N7**} die Tautologie von PEIRCE und die starke Tautologie von der Doppelverneinung nicht hergeleitet werden können.

---

[7] Das Axiomensystem {**C1**, **C4**, **C3**} charakterisiert gerade die Subjunktion in der „effektiven" Aussagenlogik (HEYTING 1930), die sonach bereits hinsichtlich der in der Subjunktion ausdrückbaren Tautologien ärmer ist als die klassische Logik. Das in der „effektiven" Logik nicht gültige Gesetz von PEIRCE ergänzt diese zur klassischen Logik, siehe 18.6 .

[8] Auch hierfür wurde ein aus einem einzigen Axiom bestehendes Axiomensystem angegeben (ŁUKASIEWICZ und TARSKI 1930, MONK 1976).

[9] Das bloße System {**C1**, **C14**} charakterisiert die Subjunktion in der Aussagenlogik der „positiv-identischen" Formen von HILBERT und BERNAYS. Siehe auch 18.6 .

[10] Weglassen von **N3** charakterisiert dann Subjunktion und Negation in der intuitionistischen Aussagenlogik, siehe 18.6 .

18.1.5 Für die (funktional vollständige) Sprache **AN** haben zuerst WHITEHEAD und RUSSELL 1910 ein vollständiges Axiomensystem angegeben, in dem allerdings die Subjunktion als Hilfsfunktion vorkommt (siehe 18.5).

SOBOCIŃSKI hat 1939 ein reines Axiomensystem für einen **AN**-Kalkül (bzw. für einen dualen **KN**-Kalkül) angegeben.

18.2 Durchführung von Ableitungen

Für die Notierung von Ableitungen im klassischen Ableitungssystem bedienen wir uns syntaktischer Identitäten, wie sie bereits in 3.6 diskutiert wurden.

Es gilt zum Beispiel die syntaktische Identität 3.6 (5)

$\mathbf{C3}(p \to (p \to q), ((p \to q) \to q) \to (p \to q), p \to q)$
$\doteq \mathbf{C3}(p, p \to q, q) \to (\mathbf{C2}(p \to q, q) \to \mathbf{C4}(p, q))$.

Mit der Einsetzungsregel ist die linke Seite aus dem Axiom **C3** ableitbar. Also ist auch die rechterhand stehende Subjunktion ableitbar. Mit der Einsetzungsregel ist deren Antezedens aus **C3** ableitbar. Nach der Abtrennungsregel ist damit das Konsequens $\mathbf{C2}(p \to q, q) \to \mathbf{C4}(p, q)$ aus **C3** ableitbar. Wiederum ist mit der Einsetzungsregel dessen Antezedens aus **C2** ableitbar. Nach der Abtrennungsregel ist damit das Konsequens $\mathbf{C4}(p, q)$ aus **C2** ableitbar. Auf diese Weise ist die Tautologie **C4** von der Prämissenverschmelzung im Axiomensystem $\{\mathbf{C2}, \mathbf{C3}\}$ ableitbar.

Offensichtlich ist der ganze Beweisschritt aus der syntaktischen Identität, von der man ausgeht, konstruierbar. Die Angabe einer solchen Identität ist also als kurzschriftliche Fassung einer Ableitung ausreichend. Die Gültigkeit einer syntaktischen Identität kann überdies mechanisch und damit auch rechnergestützt überprüft werden, ebenso die baumartige Abstützung einer fortgesetzten Ableitung. Es genügt also, die syntaktische Identität 3.6 (7) aufzuweisen, um die Ableitbarkeit der Aussageform $\mathbf{C6}(p, q)$, also der Tautologie **C6** im Axiomensystem $\{\mathbf{C2}, \mathbf{C3}\}$ nachzuweisen, oder die syntaktische Identität 3.6 (0), um die Ableitbarkeit der Tautologie **C5** von der Selbstsubjunktion im klassischen Axiomensystem $\{\mathbf{C1}, \mathbf{C2}, \mathbf{C3}\}$ nachzuweisen. Des weiteren genügt Aufweisung von 3.6 (8), um die Ableitbarkeit von **C7** zu zeigen. Siehe dafür nachfolgende Aufgabe 79.

Das Auffinden geeigneter Identitäten und ihrer baumartigen Abstützung ist allerdings ein intellektuelles Problem, wobei es gerade ein Nachteil des klassischen Ableitungssystems ist, daß man eine abzuleitende Aussageform nicht direkt intuitiv angehen kann.

Aufgabe 79*: Das Diagramm von Abb. 76, ein zyklenfreier gerichteter Graph, gibt eine Stützbeziehung an, um **C14** , die Tautologie von FREGEs Kettenschluß, in $\{\mathbf{C1}, \mathbf{C2}, \mathbf{C3}\}$ abzuleiten. Dabei bedeuten

$\mathbf{C8} \doteq (\lambda p_1, \lambda p_2, \lambda p_3)((((p_1 \to p_2) \to p_2) \to p_3) \to (p_1 \to p_3))$
$\mathbf{C10} \doteq (\lambda p_1, \lambda p_2, \lambda p_3)((p_2 \to p_3) \to ((p_1 \to p_2) \to (p_1 \to p_3)))$
(invertierter Kettenschluß)
$\mathbf{C11} \doteq (\lambda p_1, \lambda p_2, \lambda p_3, \lambda p_4)((p_4 \to p_2) \to (p_1 \to (p_2 \to p_3)) \to (p_1 \to (p_4 \to p_3)))$

C12 $\doteq (\lambda p_1, \lambda p_2, \lambda p_3, \lambda p_4)((p_1 \to (p_2 \to p_3)) \to ((p_4 \to p_2) \to (p_1 \to (p_4 \to p_3))))$ (verallgemeinerter Kettenschluß)

C13 $\doteq (\lambda p_1, \lambda p_2, \lambda p_3, \lambda p_4)((p_3 \to p_4) \to (p_1 \to (p_2 \to p_3)) \to (p_1 \to (p_2 \to p_4)))$.

Suche geeignete syntaktische Identitäten, um eine Ableitung durchzuführen.

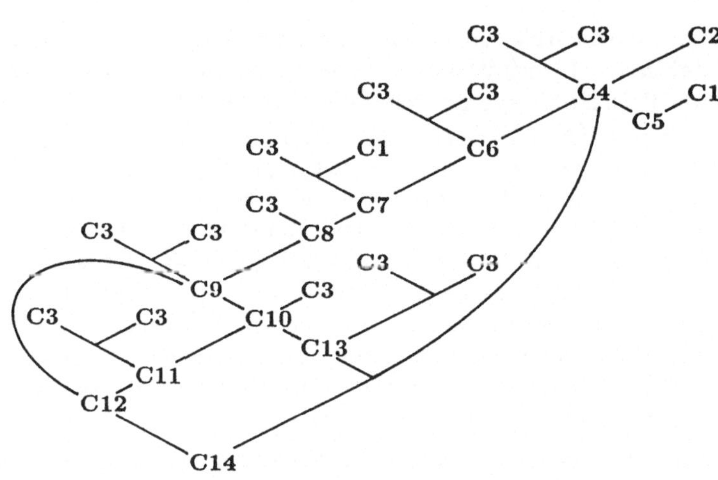

Abb. 76 Stützbeziehung zur Ableitung von **C14** nach ASSER

Aufgabe 80*: Leite in der Sprache **CO** aus {**C1**, **C4**, **C3**, **O3**} mittels **SUBST** und **MP** die (von **O** freie) Tautologie von PEIRCE her.

Aufgabe 81*: Leite in der Sprache **CN** mittels **SUBST** und **MP** aus {**C1**, **C14**, **N4**} her {**C1**, **C14**, **N3**, **N6**, **N7**} und umgekehrt.

Aufgabe 82: Leite in der Sprache **KACN** mittels **SUBST** und **MP** aus dem Axiomensystem {**K1**, **K2**, **K3**, **A1**, **A2**, **A3**, **C1**, **C14**, **N3**, **N6**, **N7**} her

[a] $\neg(a \wedge \neg a)$ (**K7**)

[b] $(\neg a \vee \neg b) \to \neg(a \wedge b)$

[c] $(b \wedge \neg b) \to a$ (**N6^**)

[d] $(a \wedge (a \to b)) \to b$ (**C7^**)

[e] $(a \to b) \to ((a \to \neg b) \to \neg a)$ (**N8**)

Versuche dabei, ohne **N3** und womöglich auch ohne **N6** auszukommen.

Aufgabe 83*: Leite in der Sprache **CN** mittels **SUBST** und **MP** aus {**C1**, **C14**, **N6**, **N7**} her **N1** und **N2**. ⋈

Man kann im übrigen zeigen, daß im klassischen Ableitungssystem jede Ableitung auch dadurch gewonnen werden kann, daß man zuerst nur Einsetzungen und dann nur Abtrennungen durchführt (ASSER 1959). Ohnehin schon reichlich komplizierte Ableitungen werden jedoch dadurch noch umfangreicher.

18.3 Vollständigkeit

Die Vollständigkeit des klassischen Ableitungssystems für die beiden Sprachen **KACEN** und **KACENOL** wurde 1918 von BERNAYS (publiziert 1926) und 1921 von E.L. POST bewiesen ('Axiomatisierungstheorem'). Der Beweis ist konstruktiv und in seinem Grundgedanken leicht zu verstehen, er ist jedoch sehr umfangreich. Man zeigt dazu, daß sämtliche der in 5.5.1 angegebenen Gesetze der Sprache **KAN** bzw. **KANOL** ableitbar sind, indem man die Ableitungen angibt. Die ersten Schritte eines solchen Unternehmens (zunächst auf **CN** beschränkt) wurden in 18.2, insbesondere Aufgabe 79, angegeben. Mit Hilfe dieser Gesetze kann jedoch jede Aussageform α der Sprache **KANOL** (Subjunktion und Bisubjunktion kann, vgl. 8.2, eliminiert werden) auf adjunktive Normalform $\mathbf{abnf}(\alpha)$ gebracht werden. Man benützt nun den auf den Methoden von 13. und 14. beruhenden

Hilfssatz: Für alle Aussageformen α gilt nicht nur
$\alpha \models\!\!\dashv \mathbf{abnf}(\alpha)$, d.h. $\models \alpha \leftrightarrow \mathbf{abnf}(\alpha)$, sondern auch
$\vdash \alpha \leftrightarrow \mathbf{abnf}(\alpha)$ und damit $\vdash \mathbf{abnf}(\alpha) \rightarrow \alpha$. ⋈

Gilt nun also $\models \alpha$, so ist $\mathbf{abnf}(\alpha) \doteq \mathbf{L}$, es gilt also $\vdash \mathbf{L} \rightarrow \alpha$. Da $\vdash \mathbf{L}$ ohnehin gelten muß, liefert die Abtrennungsregel $\vdash \alpha$.

Es gibt weniger umfangreiche Beweise der Vollständigkeit des klassischen Ableitungssystems der Aussageformen. Sie erfordern aber tiefer liegende Hilfsmittel, die besonders auch bei der Ausdehnung auf die Prädikatenlogik erster Stufe erforderlich werden[11].

18.4 Formalsprachlicher Aspekt

Das klassische Ableitungssystem für den **C**-Kalkül läßt sich nach HERMES auch stärker formalsprachlich deuten als ein POSTsches Produktionensystem, das der nach der kontextfreien Grammatik $\langle$*propos form*$\rangle$ von 3.1.1.1 gebildeten Sprache **C** „überlagert“ ist und aus folgenden POSTschen Produktionen für $\langle$*taut form*$\rangle$ besteht, die alle den Rahmen der kontextfreien Produktionen überschreiten.

1) *Wenn* $\alpha \in \langle$*propos form*$\rangle$ *und* $\beta \in \langle$*propos form*$\rangle$,
so $(\alpha \rightarrow (\beta \rightarrow \alpha)) \in \langle$*taut form*$\rangle$
2) *Wenn* $\alpha \in \langle$*propos form*$\rangle$ *und* $\beta \in \langle$*propos form*$\rangle$,
so $(((\alpha \rightarrow \beta) \rightarrow \alpha) \rightarrow \alpha) \in \langle$*taut form*$\rangle$
3) *Wenn* $\alpha \in \langle$*propos form*$\rangle$ *und* $\beta \in \langle$*propos form*$\rangle$
und $\gamma \in \langle$*propos form*$\rangle$,
so $((\alpha \rightarrow \beta) \rightarrow ((\beta \rightarrow \gamma) \rightarrow (\alpha \rightarrow \gamma))) \in \langle$*taut form*$\rangle$
4) *Wenn* $(\alpha \rightarrow \beta) \in \langle$*taut form*$\rangle$ *und* $\alpha \in \langle$*taut form*$\rangle$,
so $\beta \in \langle$*taut form*$\rangle$.

[11] Der heute übliche Beweis, der auch die Vollständigkeit der Prädikatenlogik 1. Stufe umfaßt, stammt von LEON HENKIN (1949), aufbauend auf Ideen von LÁSZLÓ KALMÁR (1935).

Entsprechend kann man für einen **CN**-Kalkül vorgehen und für andere Kalküle des klassischen Ableitungssytems.

In der Deutung als Produktionensystem zeigt sich, daß der Unterschied zwischen Axiomen und Ableitungsregeln ziemlich gering ist – die ersteren dienen den Induktionsanfängen, die letzteren den Induktionsschritten.

Beachte auch, daß obiges POSTsches Produktionensystem nur die Tautologien beschreibt. Die Menge der Nicht-Tautologien läßt sich durch kein POSTsches *Produktionen*system in ähnlich einfacher Weise beschreiben.

18.5 Varianten des klassischen Ableitungssystems

Das Ableitungssystem, das WHITEHEAD und RUSSELL (18.1.5) benutzten, unterscheidet sich vom klassischen Ableitungssystem dadurch, daß die Einführung der Subjunktion als Hilfsfunktion neben **A** und **N** darauf hinausläuft, zwei weitere Schlußregeln einzuführen, nämlich

$$\mathbf{C/AN}: \quad \frac{\vdash \alpha \rightarrow \beta}{\vdash \neg\alpha \vee \beta}$$

$$\mathbf{AN/C}: \quad \frac{\vdash \neg\alpha \vee \beta}{\vdash \alpha \rightarrow \beta}$$

Ein Axiomensystem des hierfür grundlegenden **AN**-Kalküls ist nach RUSSELL (1908), vereinfacht von BERNAYS (1926) die Menge $\{\mathbf{A2}, \mathbf{A4}, \mathbf{A5}, \mathbf{A6}\}$, wobei

$\mathbf{A2} \doteq (\lambda p_1, \lambda p_2)(p_2 \rightarrow (p_1 \vee p_2))$

$\mathbf{A4} \doteq (\lambda p_1)((p_1 \vee p_1) \rightarrow p_1)$

(Tautologie vom halbseitigen Idempotenzgesetz)

$\mathbf{A5} \doteq (\lambda p_1, \lambda p_2)((p_1 \vee p_2) \rightarrow (p_2 \vee p_1))$

(Tautologie vom halbseitigen Kommutativgesetz)

$\mathbf{A6} \doteq (\lambda p_1, \lambda p_2, \lambda p_3)((p_1 \rightarrow p_2) \rightarrow ((p_3 \vee p_1) \rightarrow (p_3 \vee p_2)))$

(Tautologie vom halbseitigen Verzahnungsgesetz).

Es gilt dann beispielsweise folgende syntaktische Identität

$$\mathbf{A6}(p \vee p, p, \neg p) \doteq \mathbf{A4}(p) \rightarrow ((\neg p \vee (p \vee p)) \rightarrow (\neg p \vee p)) \ .$$

Durch die Abtrennungsregel ist ableitbar $(\neg p \vee (p \vee p)) \rightarrow (\neg p \vee p)$.

Ferner gilt

$$\mathbf{C/AN}: \quad \frac{\vdash \mathbf{A2}(p,p)}{\vdash \neg p \vee (p \vee p)}$$

Also ist ableitbar $\neg p \vee (p \vee p)$.

Durch die Abtrennungsregel ist somit ableitbar

$\mathbf{A7} \doteq (\lambda p_1)(\neg p_1 \vee p_1)$ (Tautologie vom ausgeschlossenen Dritten).

Auch diese Variante des klassischen Ableitungssystems läßt sich deuten als ein der **ACN**-Sprache überlagertes System von POSTschen Produktionen.

18.6 Intuitionistische Aussagenlogik

„Ich bin ein Anti-Anti-Bolschewist, aber ich bin kein Bolschewist"
KURT TUCHOLSKY

18.6.1 In 18.1 wurden für die Sprache **CN** verschiedene vollständige Axiomensysteme wie

{**C1**, **C2**, **C3**, **N1**, **N2**, **N3**} (THIELE 1956)
{**C1**, **C4**, **C3**, **N1**, **N2**, **N3**} (POST 1921)
{**C1**, **C14**, **N4**} (ŁUKASIEWICZ 1930)
{**C1**, **C14**, **N3**, **N6**, **N7**} (RAUTENBERG 1979)

aufgeführt. Es wurde auch erwähnt, daß man im System von THIELE die Vollständigkeit bereits verliert, wenn man davon *ein* Axiom wegläßt. Aber auch die anderen Axiomensysteme sind in diesem Sinne minimal.

Von dem von ŁUKASIEWICZ überrascht sicher nicht, daß man **N4** nicht weglassen kann. Läßt man dagegen in dem System {**C1**, **C14**, **N3**, **N6**, **N7**} lediglich N3 weg, so kann man noch überraschend viele klassische Tautologien herleiten. Es entfallen jedoch gewisse wie zum Beispiel die Tautologie (C2) von PEIRCE $((p \to q) \to p) \to p$ oder die starke Tautologie (N3) von der Doppelverneinung $\neg(\neg p) \to p$ (vgl. Aufgabe 78).

Die im System {**C1**, **C14**, **N6**, **N7**} ableitbaren Tautologien charakterisieren gerade, was man die **intuitionistische Aussagenlogik** *Li* der Sprache **CN** nennt. Ihr entspricht in der Sprache **CO** die Abschwächung von {**C1**, **C14**, **O3**} auf das von SCHWICHTENBERG bevorzugte Axiomensystem {**C1**, **C14**, **O1**}.

Die intuitionistische Aussagenlogik ist, wie sich unten zeigen wird, bereits bezüglich der Subjunktion ärmer als die klassische Logik, insbesondere aber bezüglich der Negation: Die Tautologie von PEIRCE (**C2**) bzw. die starke Tautologie von der Doppelverneinung (**N3**) ergänzen die intuitionistische Logik zur klassischen Logik.

Umgangssprachlich dient die doppelte Verneinung oft zur bewußten Abschwächung einer Aussage; in diesem Fall akzeptiert der Sprecher die starke Tautologie von der Doppelverneinung nicht.

Läßt man darüber hinaus auch noch **N6** weg, beschränkt man sich also auf {**C1**, **C14**, **N7**}, so hat man eine noch schwächere Logik, die 'Minimallogik' *Lj* von INGEBRIGT JOHANSSON (1936), mit A. N. KOLMOGOROV (1924) als Vorläufer. Ihr entspricht in **CO** das Weglassen von **O1**, Axiome sind {**C1**, **C14**}.

Aufgabe 84: Zeige, daß in der Minimallogik von **CO** das Gesetz **N7** abgeleitet werden kann, wenn die Negation $\neg p$ durch $p \to \mathbf{O}$ definiert wird, und in der intuitionistischen Logik von **CO** zudem das Gesetz **N6**. ⋈

Entsprechendes gilt für die (fragmentarische) Sprache **C**, wenn man (vgl. Aufgabe 77) das System {**C1**, **C4**, **C3**} (GÖDEL 1932) oder das schwächere System {**C1**, **C14**} wählt: sie charakterisieren (vgl. 18.1.2, 18.1.3) gerade die „effektive Aussagenlogik" von HEYTING bzw. die Logik der „positiv identischen" Formen von HILBERT-BERNAYS.

Für **KACN** erhält man die intuitionistische Logik, wenn man im System {**K1**, **K2**, **K3**, **A1**, **A2**, **A3**, **C1**, **C14**, **N3**, **N6**, **N7**} das Axiom **N3** wegläßt.

Jede intuitionistisch ableitbare Tautologie ist selbstverständlich auch klassisch ableitbar.

18.6.2 In **KACN** sind intuitionistisch *nicht* ableitbar, wie aus dem untenstehenden Adjunktionssatz sofort folgt,

$p \vee \neg p$ (Tautologie vom ausgeschlossenen Dritten, **A7**)
$(p \rightarrow q) \vee p$ (Tautologie von ASSER, **C2**$^{\vee}$) .

Auch die folgenden klassischen „starken" Tautologien

$\neg(p \wedge q) \rightarrow (\neg p \vee \neg q)$ (starke Tautologie von DE MORGAN)
$(\neg p \rightarrow q) \rightarrow (\neg q \rightarrow p)$
$(\neg p \rightarrow \neg q) \rightarrow (q \rightarrow p)$ (starke Kontrapositionstautologie, **N4**)

und definitionsgemäß

$\neg\neg p \rightarrow p$ (starke Tautologie von der Doppelverneinung, **N3**)

sind intuitionistisch nicht ableitbar.

Jedoch gelten weiter (die ersten beiden sogar in Lj !)

$\neg(p \wedge \neg p)$ (Tautologie vom ausgeschlossenen Widerspruch, Aufg. 82 [a])
$(\neg p \vee \neg q) \rightarrow \neg(p \wedge q)$ (schwache DE MORGAN-Tautologie, Aufg. 82 [b])
$p \rightarrow \neg\neg p$ (schwache Tautologie **N2** von der Doppelverneinung, Aufg. 83)
$(p \rightarrow q) \rightarrow (\neg q \rightarrow \neg p)$ (schwache Kontrapositionstautologie **N1**, Aufg. 83)
$p \rightarrow p$ (Tautologie von der Selbstsubjunktion, **C5**)
$\neg\neg\neg p \leftrightarrow \neg p$ (Tautologie von der dreifachen Verneinung, vgl. Aufgabe 27)

und definitionsgemäß

$(p \rightarrow \neg q) \rightarrow (q \rightarrow \neg p)$ (schwache Kontrapositionstautologie, **N7**)
$\neg p \rightarrow (p \rightarrow q)$ (Tautologie von DUNS SCOTUS, **N6**) .

18.6.3 Von manchen klassisch ableitbaren Tautologien kann man sofort zeigen, daß sie auch intuitionistisch ableitbar sind aufgrund des

Satzes von GLIVENKO (1928):

Eine Aussageform der Bauart $\neg\alpha$ ist genau dann intuitionistisch als Tautologie ableitbar, wenn sie klassisch als Tautologie ableitbar ist.

Insbesondere gilt (KOLMOGOROV 1924): Eine Aussageform der Bauart $\neg\neg\alpha$ ist genau dann intuitionistisch als Tautologie ableitbar, wenn α klassisch als Tautologie ableitbar ist.

Nach einem weiteren Ergebnis (GÖDEL 1932) sind in **KN** alle klassischen Tautologien auch intuitionistisch ableitbar. Deshalb ist z.B. $\neg(p \wedge \neg p)$ in der intuitionistischen Logik weiter ableitbar.

Die intuitionistische Logik ist aber nicht allein durch das Wegfallen von Tautologien und damit durch Einschränkungen der Folgerungsrelation bestimmt. Es gelten in ihr auch Sätze, die in der klassischen Logik nicht gelten. Ohne Beweis sei angeführt der

Adjunktionssatz: Ist eine intuitionistisch ableitbare Tautologie von der Bauart $\alpha \vee \beta$, so ist α eine intuitionistisch ableitbare Tautologie oder es ist β eine solche.

Beispielsweise sind weder $\alpha \doteq p$ noch $\beta \doteq \neg p$ Tautologien, also kann $p \vee \neg p$ keine intuitionistisch ableitbare Tautologie sein. Ähnlich schließt man aus $(p \rightarrow q) \vee p$ sowie $(p \rightarrow q) \vee (q \rightarrow p)$. Der Adjunktionssatz drückt aus, daß die intuitionistische Adjunktion *konstruktiven Charakter* besitzt: eines der beiden Adjunktionsglieder *muß* (intuitionistisch) ableitbar sein.

Intuitionistisch gibt es mehr Äquivalenzklassen als klassisch:

Aufgabe 85*: Zeige, daß die Klassen intuitionistisch gleichstarker **ACN**-Aussageformen in *einer* Unbestimmten dem Ordnungsdiagramm von Abb. 77 folgen. ⋈

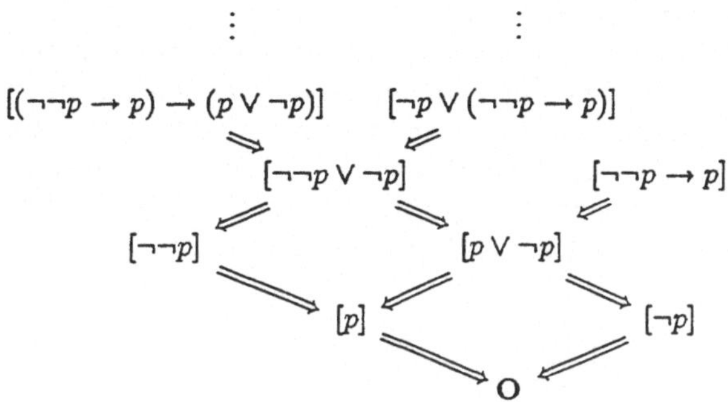

Abb. 77 Intuitionistisches Ordnungsdiagramm für einstellige Funktionen

Durch die Definition

$\alpha \models^i \beta$ *genau dann, wenn* $\alpha \to \beta$ *intuitionistisch als Tautologie ableitbar ist*

wird die klassische Folgerungsrelation $\models$ zu einer intuitionistischen Folgerungsrelation $\models^i$ ausgedünnt.

Aufgabe 86*: Wird die intuitionistische Logik durch das Axiom $(p \to q) \vee (q \to p)$ zur klassischen Logik ergänzt? ⋈

Die Lindenbaum-Tarski-Algebra der Klassen aller intuitionistisch gleichstarken **KACENOL**-Aussageformen ist kein Boolescher Verband mehr.

Die eingeschränkte Ableitbarkeit in der intuitionistischen Logik zieht auch nach sich, daß einige zweistellige Funktionen nicht mehr durch die in 8.9, Tab. 4 angegebenen Basen ausgedrückt werden können. Beispielsweise kann in der intuitionistischen Logik $p \vee q$ nicht mehr mit Hilfe von Konjunktion, Negation und Subjunktion ausgedrückt werden: insbesondere ist

$$(p \vee q) \leftrightarrow ((p \to q) \to q)$$

intuitionistisch nicht mehr ableitbar.

Ohne Beweis sei angeführt, daß intuitionistisch **KACN** und **KACO** minimale Sprachbasen für die Sprache **KACENOL** sind (McKinsey 1939).

Die auf **KAC** basierende „positive Logik" von Hilbert ist ein Fragment.

Ein Modell für die intuitionistische Aussagenlogik bieten die offenen Mengen eines topologischen Raumes (Stone, Tarski 1937), wenn die Negation durch das Innere des Komplements, die Subjunktion durch das Innere des Komplements der Mengendifferenz dargestellt wird:

$$\neg a \stackrel{\text{def}}{=} \mathcal{I}(\backslash a)$$

$$a \to b \stackrel{\text{def}}{=} \mathcal{I}(\backslash(a \backslash b)) \ .$$

19. Ableitungssysteme für Folgerungen

19.1 Das Gentzensche Ableitungssystem

Die klassischen Ableitungssysteme versuchen, mit möglichst wenigen, nämlich nur zwei Regeln auszukommen.

Der Informatiker arbeitet jedoch in der Praxis anders, er verwendet „möglichst viele [verschiedene] Schlußregeln, insbesondere solche, die es gestatten, eine abzuleitende Aussageform direkt anzugehen". Solche „Ableitungsgerüste" haben G. GENTZEN[12] (1934, „Kalkül des natürlichen Schließens") und S. JAŚKOWSKI (1926, 1934) sowie W.V. QUINE (1950), H. HERMES 1963 („Annahmekalkül") und H. SCHOLZ 1950 („Konsequenzenlogik") angegeben[13].

K-intro: $$\frac{\alpha \vdash \alpha_1,\ \alpha \vdash \alpha_2}{\alpha \vdash \alpha_1 \wedge \alpha_2}$$

K-elim: $$\frac{\alpha \vdash \alpha_1 \wedge \alpha_2}{\alpha \vdash \alpha_1,\ \alpha \vdash \alpha_2}$$

A-intro: $$\frac{\alpha \vdash \alpha_1 \mid \alpha \vdash \alpha_2}{\alpha \vdash \alpha_1 \vee \alpha_2}$$

A-elim: $$\frac{\alpha \vdash \alpha_1 \vee \alpha_2,\ \alpha \wedge \alpha_1 \vdash \alpha_3,\ \alpha \wedge \alpha_2 \vdash \alpha_3}{\alpha \vdash \alpha_3}$$

E-intro: $$\frac{\alpha \vdash \alpha_1 \rightarrow \alpha_2,\ \alpha \vdash \alpha_2 \rightarrow \alpha_1}{\alpha \vdash \alpha_1 \leftrightarrow \alpha_2}$$

E-elim: $$\frac{\alpha \vdash \alpha_1 \leftrightarrow \alpha_2}{\alpha \vdash \alpha_1 \rightarrow \alpha_2,\ \alpha \vdash \alpha_2 \rightarrow \alpha_1}$$

C-intro: $$\frac{\alpha \wedge \alpha_1 \vdash \alpha_2}{\alpha \vdash \alpha_1 \rightarrow \alpha_2}$$

C-elim: $$\frac{\alpha \vdash \alpha_1,\ \alpha \vdash \alpha_1 \rightarrow \alpha_2}{\alpha \vdash \alpha_2}$$

N-elim: $$\frac{\alpha \wedge \neg\alpha_1 \vdash \alpha_2,\ \alpha \wedge \neg\alpha_1 \vdash \neg\alpha_2}{\alpha \vdash \alpha_1}$$

Tabelle 5 Grundableitungsregeln eines Gentzenschen Ableitungssystems. Das Komma bezeichnet ein metasprachliches UND, der senkrechte Strich ein metasprachliches ODER

[12] GERHARD GENTZEN, 1909-1945, Mathematiker und Logiker.

[13] vgl. WFF'N PROOF, ein amerikanisches Unterhaltungsspiel.

Im Gegensatz zum klassischen Ableitungssystem für Tautologien geht es nun um Ableitungssysteme für Folgerungen. Das rührt zunächst davon her, daß man nicht mehr von (zwei) Ableitungsregeln für Tautologien ausgeht, sondern bereits von Ableitungsregeln für Folgerungen.

Um die abzuleitende Aussageform „direkt angehen“ zu können, braucht man Regeln zur Einführung und zur Beseitigung der Junktoren.

In einem heute weitverbreiteten System benützt man dazu Ableitungsregeln, die den Folgerungs-Schlußregeln **K**-i, **K**-e, **A**-i, **A**-e, **C**-i, **C**-e von 17.2 entsprechen. Sie sind in Kurzform in Tab. 5 zusammengestellt (**A**-elim, **C**-intro und **N**-elim sind nicht linksstabil). Bezeichnenderweise wird in diesen Ableitungssystemen die Einsetzungsregel (die auf Tautologien beschränkt ist) nicht benutzt. Im übrigen umfassen sie so viele Regeln, daß sie ohne *besondere* Axiome auskommen: Jede triviale Ableitung $\alpha \vdash \alpha$ kann als Ausgangspunkt dienen.

Die Korrektheit dieses Systems ist durch den Beweis der Folgerungsregeln gewährleistet, vgl. dafür etwa **K**-i, **K**-e, **A**-i, **A**-e, **C**-i, **C**-e in 17.2. Die Regeln für die Bisubjunktion haben rein definitorischen Charakter.

Aufgabe 87: Zeige die Korrektheit der Ableitungsregel **N**-elim .

19.2 Monotoniesatz

Um Regeln wie **A**-elim und **C**-intro benutzen zu können, muß man gelegentlich in der Prämisse „eine zusätzliche Annahme (‘assumption’) einführen“. Daß dies erlaubt ist, besagt der (für die Regeln von 19.1 unmittelbar einleuchtende)

Monotoniesatz:

Wenn $\alpha \vdash \alpha_1$, *so* $\alpha \wedge \alpha_2 \vdash \alpha_1$ *und* $\alpha_2 \wedge \alpha \vdash \alpha_1$.

Der Beweis erfolgt durch Induktion über den Aufbau von α_2.

Der Monotoniesatz wird gelegentlich mittels **C**-intro ausgedrückt durch die linksstabile

Regel von der Annnahmeeinführung

ass-intro: $\dfrac{\alpha \vdash \alpha_1}{\alpha \vdash \alpha_2 \rightarrow \alpha_1}$.

Ebenfalls durch Induktion beweist man die

Abschlußregel:

close: $\dfrac{\alpha \vdash \alpha_1, \alpha \wedge \alpha_1 \vdash \alpha_2}{\alpha \vdash \alpha_2}$.

Sie ist allerdings auch aus den Grundregeln herleitbar:

1	$\alpha \wedge \alpha_1 \vdash \alpha_2$	(zweite Prämisse)
2	$\alpha \vdash \alpha_1 \rightarrow \alpha_2$	(**C**-intro 1)
3	$\alpha \vdash \alpha_1$	(erste Prämisse)
4	$\alpha \vdash \alpha_2$	(**C**-elim 2,3)

⋈

Ein Ableitungssystem, für das Monotoniesatz und Abschlußregel gelten, wird auch **Konsequenzsystem** genannt.

Aus den Grundregeln kann man nun weitere Regeln ableiten. Wir zeigen dies für eine Gruppe von Regeln, die von der Negation Gebrauch machen[14].

N-elim′ : $\dfrac{\alpha \vdash \neg\neg\alpha_1}{\alpha \vdash \alpha_1}$

ex contradictione quodlibet: $\dfrac{\alpha \vdash \alpha_2,\ \alpha \vdash \neg\alpha_2}{\alpha \vdash \alpha_1}$

N-intro: $\dfrac{\alpha \wedge \alpha_1 \vdash \alpha_2, \alpha \wedge \alpha_1 \vdash \neg\alpha_2}{\alpha \vdash \neg\alpha_1}$

Beweis:

ex contradictione quodlibet:

1 $\alpha \vdash \alpha_2$	erste Prämisse
2 $\alpha \vdash \neg\alpha_2$	zweite Prämisse
3 $\alpha \wedge \neg\alpha_1 \vdash \alpha_2$	Monotoniesatz 1
4 $\alpha \wedge \neg\alpha_1 \vdash \neg\alpha_2$	Monotoniesatz 2
5 $\alpha \vdash \alpha_1$	N-elim 3,4 ⋈

N-elim′:

1 $\alpha \vdash \neg\neg\alpha_1$	Prämisse
2 $\alpha \wedge \neg\alpha_1 \vdash \neg\neg\alpha_1$	Monotoniesatz 1
3 $\neg\alpha_1 \vdash \neg\alpha_1$	trivial
4 $\alpha \wedge \neg\alpha_1 \vdash \neg\alpha_1$	Monotoniesatz 3
5 $\alpha \vdash \alpha_1$	N-elim 4,2 ⋈

N-intro:

1 $\alpha \wedge \alpha_1 \vdash \alpha_2$	Prämisse 1
2 $\alpha \wedge \alpha_1 \vdash \neg\alpha_2$	Prämisse 2
3 $\alpha \wedge \alpha_1 \wedge \neg\neg\alpha_1 \vdash \alpha_2$	Monotoniesatz 1
4 $\alpha \wedge \alpha_1 \wedge \neg\neg\alpha_1 \vdash \neg\alpha_2$	Monotoniesatz 2
5 $\neg\neg\alpha_1 \vdash \alpha_1$	Hilfssatz
6 $\alpha \wedge \neg\neg\alpha_1 \vdash \alpha_1$	Monotoniesatz 5
7 $\alpha \wedge \neg\neg\alpha_1 \vdash \alpha_2$	Abschlußregel 6,3
8 $\alpha \wedge \neg\neg\alpha_1 \vdash \neg\alpha_2$	Abschlußregel 6,4
9 $\alpha \vdash \neg\alpha_1$	N-elim 7,8 ⋈

Hilfssatz

1 $\neg\alpha_1 \vdash \neg\alpha_1$	trivial
2 $\neg\neg\alpha_1 \vdash \neg\neg\alpha_1$	trivial
3 $\neg\neg\alpha_1 \wedge \neg\alpha_1 \vdash \neg\alpha_1$	Monotoniesatz 1
4 $\neg\neg\alpha_1 \wedge \neg\alpha_1 \vdash \neg\neg\alpha_1$	Monotoniesatz 2
5 $\neg\neg\alpha_1 \vdash \alpha_1$	N-elim 3,4 ⋈

[14] Ersetzt man N-elim lediglich durch die beiden Regeln *ex contradictione quodlibet* und N-intro′, so ist das Ableitungssystem nicht mehr vollständig, z.B. ist N-elim′ nicht mehr ableitbar. Ohne Beweis sei angeführt: Ableitbar sind dann genau alle Schlußregeln des intuitionistischen Aussagenkalküls.

19.3 Deduktionssatz

Herleitbar ist nun auch (HERBRAND 1930 für die Prädikatenlogik) der **Deduktionssatz** (*deduction theorem*)
$\alpha \wedge \alpha_1 \vdash \alpha_2$ *genau dann, wenn* $\alpha \vdash \alpha_1 \rightarrow \alpha_2$,
der (vgl. 17.2.1, Schlußregel der Deduktion) oft zur Vereinfachung von Ableitungen dienen kann (vgl. auch 5.2, Stärker-Regel).

Beweis: **C**-intro besagt, daß die eine Richtung gilt.
Sei nun $\alpha \vdash \alpha_1 \rightarrow \alpha_2$. Dann liefert der Monotoniesatz
$\alpha \wedge \alpha_1 \vdash \alpha_1 \rightarrow \alpha_2$. Ferner gilt trivialerweise
$\alpha \wedge \alpha_1 \vdash \alpha \wedge \alpha_1$, also wegen **K**-elim
$\alpha \wedge \alpha_1 \vdash \alpha_1$. Mit **C**-elim ergibt sich
$\alpha \wedge \alpha_1 \vdash \alpha_2$, also die andere Richtung („Ableitbarkeitssatz"). ⋈

Nunmehr kann auch **A**-elim umgeschrieben werden zu

$$\textbf{A}\text{-elim}': \quad \frac{\alpha \vdash \alpha_1 \vee \alpha_2,\ \alpha \vdash \alpha_1 \rightarrow \alpha_3,\ \alpha \vdash \alpha_2 \rightarrow \alpha_3}{\alpha \vdash \alpha_3} .$$

A-elim′ kann in linksstabilen Beweisen gebraucht werden. Analog erhält man

$$\textbf{N}\text{-intro}': \quad \frac{\alpha \vdash \alpha_1 \rightarrow \alpha_2,\ \alpha \vdash \alpha_1 \rightarrow \neg\alpha_2}{\alpha \vdash \neg\alpha_1} .$$

Ein Ableitungssystem, für das ein Deduktionssatz gilt, wird auch **deduktionstheoretisches System** genannt.

Aufgabe 88: Gib eine Ableitung der Regel (vgl. **PE**, 17.1)

$$\text{peirce}: \quad \frac{\alpha \wedge (\alpha_1 \rightarrow \alpha_2) \vdash \alpha_1}{\alpha \vdash \alpha_1}$$

19.4 Vollständigkeit

Zum Beweis der Vollständigkeit des Gentzenschen Ableitungssystems für die Sprache **KACEN** genügt es, die Ableitbarkeit der 15 Gesetze {**C**1,...,**E3**} aus einem trivialen Axiom wie $p \vdash p$ zu zeigen, da *modus ponens* aus **C**-elim folgt.

Beispiel:
C1: $\vdash p \rightarrow (q \rightarrow p)$

1	p	$\vdash$	p	trivial
2	$p \wedge q$	$\vdash$	p	Monotoniesatz 1
3	p	$\vdash$	$q \rightarrow p$	**C**-intro 2
4		$\vdash$	$p \rightarrow (q \rightarrow p)$	**C**-intro 3 ⋈

Für den **CN**-Kalkül kann man auch sogleich die Ableitbarkeit von **C1**, **C14**, **N3**, **N6**, **N7** zeigen, wobei man außer für **N3** mit *ex contradictione quodlibet* und **N**-intro′ auskommt.

Für den **C**-Kalkül ist {**C**-intro, **C**-elim, peirce} ein vollständiges Ableitungssystem.

Ein anderer Vollständigkeitsbeweis stützt sich in relativ einfacher Weise direkt auf den Bethschen Entscheidungsalgorithmus. Auf die Vollständigkeit des Gentzenschen Ableitungssystems stützt sich in ebenfalls relativ einfacher Weise ein Beweis des klassischen Ableitungssystems mit den ŁUKASIEWICZschen Axiomen {**K1, K2, K3, A1, A2, A3, C1, C14, N4**} .

20. Kompaktheit

Es sei $\mathcal{M}$ eine Menge von Aussageformen. $\mathcal{M}$ heißt **erfüllbar**, wenn es eine (gemeinsame) Bewertung gibt, die für alle Aussageformen aus $\mathcal{M}$ den Wert T ergibt.

Ist $\mathcal{M} = \{\alpha_1, \alpha_2, ..., \alpha_n\}$ eine *endliche* Menge von Aussageformen[15], so ist $\mathcal{M}$ genau dann erfüllbar, wenn $\bigwedge_{i=1}^{n} \alpha_i$ erfüllbar ist.

20.1 Kompaktheitssatz für die Erfüllbarkeit

Nachfolgender Satz ist für unendliche[16] Mengen von Aussageformen wichtig.

Satz: Ist $\mathcal{M}$ eine Menge von Aussageformen mit der Eigenschaft, daß jede endliche Teilmenge von $\mathcal{M}$ erfüllbar ist, so ist auch $\mathcal{M}$ erfüllbar.

Beweis: Sei $p_1, p_2, \ldots$ eine Abzählung aller Aussagevariablen. Wir definieren induktiv für jedes $n \geq 0$ eine Teilbelegung

$$v_n : \quad (p_1, p_2, \ldots, p_n) := (v_1(p_1), v_2(p_2), \ldots, v_n(p_n)),$$

so daß jede endliche Teilmenge von $\mathcal{M}$ für eine gewisse Bewertung v erfüllbar ist, die die Menge der v_i 'erweitert', nämlich dem Satz von Unbestimmten $p_1, ..., p_n$ die Werte $v_1(p_1), v_2(p_2), \ldots, v_n(p_n)$ zuordnet.

Für $n = 0$ wählt man für jede endliche Teilmenge $\mathcal{M}'$ von $\mathcal{M}$ eine (nach Voraussetzung existierende) Bewertung v_0, die $\mathcal{M}'$ erfüllt.

Für den Induktionsschluß von n auf $n+1$ muß die Belegung v_n zu einer Belegung v_{n+1} mit der gleichen Eigenschaft erweitert werden. Falls

$$v_{n+1}(p_{n+1}) := F \text{ , d.h. } v_{n+1} : (p_1, \ldots, p_n, p_{n+1}) := (v_1(p_1), \ldots, v_n(p_n), F)$$

die gewünschte Eigenschaft hat, ist der Beweis erbracht.

Andernfalls gibt es eine endliche Teilmenge $\mathcal{M}_0$ von $\mathcal{M}$, die unter der Belegung v_{n+1} nicht erfüllbar ist. In diesem Fall wählen wir

$$v_{n+1}(p_{n+1}) := T \text{ , d.h. } v_{n+1} : (p_1, \ldots, p_n, p_{n+1}) := (v_1(p_1), \ldots, v_n(p_n), T) \ .$$

Sei $\mathcal{U}$ eine beliebige endliche Teilmenge von $\mathcal{M}$; aufgrund der Induktionsvoraussetzung ist $\mathcal{U} \cup \mathcal{M}_0$ unter einer Erweiterung von v_n erfüllbar. In dieser Erweiterung erhält v_{n+1} den Wert T. Also ist jede Teilmenge $\mathcal{U}$ von $\mathcal{M}$ unter einer Erweiterung von v_{n+1} mit $v_{n+1}(p_{n+1}) := T$ erfüllbar.

---

[15] Dabei ist $\alpha_i \not\equiv \alpha_j$ für $i \neq j$ (syntaktische Verschiedenheit).

[16] Unendliche Mengen von Aussageformen treten besonders in der Prädikatenlogik auf. Die Beweistechnik ist auch für überabzählbare Sprachen interessant.

Damit ist jede endliche Teilmenge von $\mathcal{M}$ unter der Bewertung v^* mit

$v(p_n) := v_n(p_n)$ für $n \geq 1$

erfüllbar. Insbesondere gilt für jedes $\alpha \in \mathcal{M}$ (vgl. 4.1.1):

$v^*(\alpha) = T$. ⋈

20.2 Kompaktheitssatz für Folgerungen

Wird (vgl. 5.1, Fußnote 12) $\models_{\mathcal{M}} \alpha$ geschrieben[17], um anzugeben, daß jede Bewertung, die alle Aussageformen von $\mathcal{M}$ erfüllt, auch α erfüllt, so gilt der

Kompaktheitssatz für Folgerungen

$\models_{\mathcal{M}} \alpha$ gilt genau dann, wenn es eine endliche Teilmenge $\{\alpha_1, \alpha_2, ..., \alpha_n\}$ von $\mathcal{M}$ gibt derart, daß $\bigwedge_{i=1}^{n} \alpha_i \models \alpha$ gilt.

Der Beweis kann indirekt mit Hilfe des Kompaktheitssatzes für Erfüllbarkeit erfolgen.[18]

20.3 Dualer Kompaktheitssatz

Der Kompaktheitssatz hat eine duale Formulierung, die in der Prädikatenlogik wichtig ist.

Satz: Sei $\mathcal{M}$ eine Menge von Aussageformen. Wenn für jede Belegung mindestens eine Aussageform aus $\mathcal{M}$ den Wert T erhält, so gibt es *endlich viele* $\alpha_1, \ldots, \alpha_n \in \mathcal{M}$ so, daß $\alpha_1 \vee \ldots \vee \alpha_n$ eine Tautologie ist.

Beweis (durch Widerspruch): Angenommen, für keine endliche Teilmenge $\{\alpha_1, \ldots, \alpha_n\}$ von $\mathcal{M}$ wäre $\alpha_1 \vee \ldots \vee \alpha_n$ eine Tautologie; dann ist für jede solche Teilmenge $\neg\alpha_1 \wedge \ldots \wedge \neg\alpha_n$ erfüllbar, also wäre auch die Menge $\{\neg\alpha_1, \ldots, \neg\alpha_n\}$ erfüllbar. Sei $\mathcal{M}'$ die Menge aller Negationen $\neg\alpha$ von Aussageformen α, $\alpha \in \mathcal{M}$. Nach dem Kompaktheitssatz ist $\mathcal{M}'$ erfüllbar, im Gegensatz zur Voraussetzung. ⋈

---

[17] In der Prädikatenlogik wird folgende notationelle Verabredung benutzt werden:
$\alpha_1 \models_{\mathcal{M}} \alpha_2$ soll bedeuten: „Für alle Bewertungen gilt: wenn alle $\beta \in \mathcal{M}$ gültig sind, und wenn α_1 gültig ist, dann ist α_2 gültig".

Lemma:

$\alpha_1 \models_{\mathcal{M}} \alpha_2$ gilt genau dann, wenn $\models_{\mathcal{M} \cup \{\alpha_1\}} \alpha_2$.

Zum Beweis ist das Gesetz von der Prämissenverbindung heranzuziehen. Ferner gilt

$\models_{\mathcal{M}} \alpha$ genau dann, wenn $\mathbf{L} \models_{\mathcal{M}} \alpha$;

$\alpha_1 \models_{\emptyset} \alpha_2$ genau dann, wenn $\alpha_1 \models \alpha_2$.

[18] Ein anderer Beweis stellt zunächst mit syntaktischen Mitteln fest den analogen Endlichkeitsssatz für Ableitungen:

„α ist aus $\mathcal{M}$ ableitbar genau dann, wenn es eine endliche Teilmenge $\{\alpha_1, \alpha_2, ..., \alpha_n\}$ von $\mathcal{M}$ gibt derart, daß $\bigwedge_{i=1}^{n} \alpha_i \vdash \alpha$ gilt"

und benutzt die Adäquatheit.

KAPITEL VI
MODALE AUSSAGENLOGIKEN

Die intuitionistische Aussagenlogik (18.6) läßt sich im natürlichen Begriffsfeld von *wahr* und *falsch* nicht durch klassische Wertverlaufsbetrachtungen umreißen: gewisse intuitionistisch nicht als Tautologien nachweisbare Aussageformen wie $p \vee \neg p$ oder $\neg\neg p \rightarrow p$ sind über $\{T, F\}$ stets erfüllt. Die Gegenbeispiele in Aufgabe 77 und 78 benutzten schon ein nichtklassisches Begriffsfeld mit mehr als zwei Werten; das der intuitionistischen Aussagenlogik adäquate Begriffsfeld von STANISŁAW JAŚKOWSKI benutzt abzählbar unendlich viele Werte. Solche nichtklassischen Aussagenlogiken wurden seit den dreißiger Jahren untersucht. Intuitionistische Logiken genossen dabei zunächst den Vorzug, Gegenstand besonderer philosophischer Auseinandersetzungen zu sein. Nicht ganz so heftig, aber sehr ausgedehnt waren die Diskussionen um die nachfolgend betrachteten „modalen" Logiken, deren schillernde Geschichte ins Altertum (ARISTOTELES, *De interpretatione*) und Mittelalter (BOETHIUS, WILLIAM OCKHAM) zurückreicht. Sie haben sich nach einer ersten Klärung durch M.A.E. DUMMETT und E.J. LEMMON (1959) insbesondere in einer auf ARTHUR N. PRIOR (1967) zurückgehenden „temporalen" Deutung inzwischen für die Informatik als sehr wichtig erwiesen. Dabei brachte um 1963 SAUL A. KRIPKE die Auffassung zum Durchbruch (Vorläufer waren STIG KANGER (1957) und JAAKKO HINTIKKA (1957), sowie ARTHUR N. PRIOR (1962)), daß die verschiedenen modalen Logiken sich nur durch die Graphen-Strukturen („Kripke-Strukturen") unterscheiden, die die einzelnen Situationen klassischer Logik – „Welten" in der Sprechweise der Logik, „Zustände" in der Sprechweise der Informatik – untereinander in Verbindung setzen.

Wir werden speziell eine semantische Grundlage angeben für das „Omega-Modell", ein Modell einer Modallogik mit einer linear geordneten, fundierten, diskreten Kripke-Struktur, die der ins Auge gefaßten temporalen Deutung gerecht werden soll.

Analog zur Einführung der intuitionistischen Logik besteht die Möglichkeit, auch modale Logiken lediglich durch Axiome und Ableitungsregeln zu charakterisieren. Ob das Ableitungssystem vernünftig ist, wird dann darauf hinauslaufen, ob es „adäquat" ist, d.h. ob in einem solchen Modell temporaler Situationen die ableitbaren modalen Aussageformen und nur diese gültig sind. Von vornherein akzeptieren wir sämtliche Tautologien der klassischen Logik; wir nehmen eine „konservative Erweiterung" der klassischen Logik vor. Das modale Ableitungssystem umfaßt also ein klassisches Ableitungssystem, etwa die Axiome {**C1**, **C14**}, **N4** und die Ableitungsregeln **MP** und **SUBST** . Der Deduktionssatz von 19.3 wird jedoch modal nicht mehr gelten.

Anwendungen der modalen Aussagenlogik, insbesondere auf die Theorie der Programmierung, ergeben sich in der Prädikatenlogik.

21. Die Sprache der Modallogiken

Wir nehmen zur Sprache **KACENOL** und ihren Teilsprachen hinzu ein duales Paar einstelliger Junktoren $\Box$ und $\Diamond$, die wir **modale Junktoren** oder auch **Modaloperatoren** nennen. Die entsprechende Erweiterung zur Syntax der **modalen Aussageformen** ⟨*modal propos form*⟩ über dem Alphabet V_{MAF} ist evident. Da **KACENOL** auf **CN** zurückgeführt werden kann, reicht es in theoretischen Untersuchungen aus, vereinfachend die Sprache **CN**$\Diamond$ zu betrachten. Für $\Box$ und $\Diamond$ erlauben wir, wie für $\neg$, die Einsparung von Klammern – wir verwenden also hierfür klammerfreie Präfixschreibweise.

Die klassischen Junktoren behalten in jeder einzelnen Situation ihren klassischen Sinn. Insbesondere **L** und **O** sollen somit in jeder Situation, d.h. „konstant“ T bzw. F liefern. Die modalen Junktoren $\Box$ und $\Diamond$ greifen jedoch über die Situationen hinweg. Eine Unbestimmte hat in jeder Situation einen gewissen Wert, der Ausdruck „Aussagevariable“ bekommt einen an die „abhängige Variable“ der Analysis erinnernden Klang.

Eine Bewertung einer Unbestimmten p besteht nunmehr aus der Gesamtheit der Wahrheitswerte aus $\{T, F\}$, die p in den einzelnen Situationen zukommt.

21.1 Dualität der modalen Junktoren, minimale Modallogiken K

21.1.1 Die Junktoren $\Box$ und $\Diamond$ werden häufig **temporal** mit IMMER und IRGENDWANN gedeutet. Umgangssprachlich wird NICHT IMMER mit IRGENDWANN NICHT , NICHT IRGENDWANN mit IMMER NICHT gleichgesetzt. Dementsprechend werden **Dualitätsaxiome** gefordert:

DUAL: $\neg\Box p \leftrightarrow \Diamond\neg p$, $\neg\Diamond p \leftrightarrow \Box\neg p$.

Für $\Box\neg p$ (NIE) wird manchmal $\mid p$ geschrieben.

21.1.2 Es gibt eine Reihe anderer, der Dualität genügender Deutungen der Modaloperatoren, die Tab. 6 zeigt[1].

Die temporale Deutung unterscheidet nicht zwischen Vergangenheit und Zukunft. Sie erlaubt daher auch eine Verfeinerung durch Betrachtung der Vergangenheit allein und der Zukunft allein (WAR IMMER, WAR IRGENDWANN bzw. WIRD IMMER SEIN, WIRD IRGENDWANN SEIN). Das Zusammenspiel dieser beiden Modalitätspaare wird in 23. untersucht werden.

---

[1] Die Spalte Bemerkungen mag zunächst außer acht bleiben.

Aspekt	$\Box$	$\Diamond$	$\mid$	Bemerkungen
deontisch VON WRIGHT	geboten O	erlaubt P	verboten	definale Struktur *D* (DUMMETT)
alethisch ARISTOTELES	notwendig N	möglich M	unmöglich	Präordnung *S4* (LEWIS)
temporal PRIOR	immer	irgendwann	nie	lokalkonvexe Präordnung *S4.2*
existential HALMOS	alle $\forall$	einige $\exists$	keine	Äquivalenz *S5*
epistemisch HINTIKKA	bekannt	glaubhaft	unglaubhaft	Äquivalenz *S5*
intuitionistisch GÖDEL	beweisbar	unwiderlegbar	widerlegbar	Stationäre Ordnung *Grz*

Tabelle 6 Modale Logiken

21.1.3 Auch für die modalen Aussageformen findet man Gesetze. Eine Redewendung wie die folgende temporale: „wenn immer p gilt und irgendwann q gilt, dann gilt irgendwann p und q“ leuchtet ein. Sie wird durch die folgende modale Aussageform (**Axiom von** LEMMON und ABADI-MANNA)

LEMMON-K : $(\Box p \wedge \Diamond q) \rightarrow \Diamond(p \wedge q)$

ausgedrückt, die auch gedeutet werden kann

deontisch: „wenn p geboten ist und q erlaubt ist, dann ist p und q erlaubt“,

alethisch: „wenn p notwendig ist und q möglich ist, dann ist p und q möglich“,

vergangen: „Wenn immer p war und irgendwann q war, dann war irgendwann p und q“,

zukünftig: „Wenn immer p sein wird und irgendwann q sein wird, dann wird irgendwann p und q sein“,

existential: „wenn p für alle und q für einige, dann p und q für einige“,

epistemisch: „wenn p bekannt ist und q glaubhaft ist, dann ist p und q glaubhaft“,

intuitionistisch: „wenn p beweisbar ist und q unwiderlegbar ist, dann ist p und q unwiderlegbar“ .

21.1.4 Bereits die klassische Logik erlaubt Umformungen der Dualitätsaxiome. Die Negationsgesetze ergeben für sie

$\Diamond p \leftrightarrow \neg\Box\neg p$

(IRGENDWANN und NICHT IMMER NICHT fallen zusammen),

$\Box p \leftrightarrow \neg\Diamond\neg p$

(IMMER und NICHT IRGENDWANN NICHT fallen zusammen).

Auch Umformungen von LEMMON-K sind möglich. Zur **Dualisierung** ersetzt man p durch $\neg p$, q durch $\neg q$. Kontraposition und das Gesetz von DE MORGAN ergeben $\neg\Diamond\neg(p \vee q) \rightarrow \neg\Box\neg p \vee \neg\Diamond\neg q$, mit den Dualitätsaxiomen DUAL entsteht dual zu LEMMON-K

LEMMON-K′ : $\Box(p \vee q) \rightarrow (\Diamond p \vee \Box q)$.

Ersetzt man hierin p durch $\neg p$, so erhält man in der Sprache CN□ das **Distributivgesetz der Modalität □ über C**:

K: $\Box(p \rightarrow q) \rightarrow (\Box p \rightarrow \Box q)$.

Da das Gesetz LEMMON-K , zusammen mit seiner dualen Fassung, auch in der klassisch gleichwertigen Fassung K eines Distributivgesetzes in den verschiedensten modalen Redewendungen „vernünftig“ klingt, also eine unumstößliche Allgemeingültigkeit ausdrückt, nehmen wir K als Axiom in einer **minimalen Modallogik**[2] K.

Aufgabe 89: Klingt die Abschwächung $(p \rightarrow q) \rightarrow (\Box p \rightarrow \Box q)$ vernünftig?

21.1.5 Um aber erfolgreich Ableitungen durchführen zu können, benötigen wir auch eine modale Schlußregel.

Eine Schlußweise wie „wenn α in K gilt, so gilt in K immer α“ wird durch die **Ableitungsregel der Modalisierung** (*necessitation*) wiedergegeben

MN : *Wenn* $K \vdash \alpha$, *so* $K \vdash \Box\alpha$;

die auch deontisch, alethisch, temporal, existential, epistemisch und intuitionistisch gelesen werden kann. Ob diese Ableitungsregel gut ist, wird sich zeigen, wenn wir mit ihrer Hilfe neue Gesetze herleiten und daraufhin überprüfen, ob sie ebenfalls so vernünftig klingen wie K .

Mit der Regel **MN** erhält man, da trivialerweise $K \vdash p \vee \neg p$, auch

$K \vdash \Box(p \vee \neg p)$ (deontisch „geboten p oder nicht-p“), dual

$K \vdash \neg\Diamond(p \wedge \neg p)$ (deontisch „verboten p und nicht-p“).

Anders gesagt, $K \vdash \Box\mathbf{L}$ oder $K \vdash \Box\mathbf{L} \leftrightarrow \mathbf{L}$

(temporal „immer wahr genau dann wenn konstant wahr“),

dual $K \vdash \neg\Diamond\mathbf{O}$ oder $K \vdash \Diamond\mathbf{O} \leftrightarrow \mathbf{O}$

(temporal „manchmal falsch genau dann wenn konstant falsch“).

Über $\Box\mathbf{O}$ (IMMER FALSCH) und $\Diamond\mathbf{L}$ (MANCHMAL WAHR) läßt sich jedoch (noch) nichts aussagen – es handelt sich bei der minimalen Modallogik K um eine modale Logik, die auch Trug und Täuschung zuläßt: $\Box\mathbf{O}$ und $\Diamond\mathbf{L}$, $\Box\Box\mathbf{O}$ und $\Diamond\Diamond\mathbf{O}$, $\Box\Box\Box\mathbf{O}$ und $\Diamond\Diamond\Diamond\mathbf{O}$ usw. könnten zusätzliche Paare „modaler Wahrheitswerte“ sein, wobei $\neg\Box\mathbf{O} \leftrightarrow \Diamond\mathbf{L}$, usw.

21.1.6 Die Ableitungsregel **MN** wird häufig in einem gewissen Zusammenspiel mit der klassischen Ableitungsregel **MP** verwendet. Ein typisches Beispiel ist das folgende: Ist $K \vdash \alpha \rightarrow \beta$, so ist nach **MN** auch $K \vdash \Box(\alpha \rightarrow \beta)$,

[2] K zu Ehren von SAUL A. KRIPKE.

ferner ist wegen der Distributivität $K \vdash \Box(\alpha \to \beta) \to (\Box\alpha \to \Box\beta)$. Damit liefert **MP** $K \vdash \Box\alpha \to \Box\beta$. Es gilt also in kompakter Form die

Ableitungsregel der Monotonie:

MM : *Wenn* $K \vdash \alpha \to \beta$ *, so* $K \vdash \Box\alpha \to \Box\beta$.

Dazu gehört dual (man ersetze α durch $\neg\beta$ und β durch $\neg\alpha$) die

Ableitungsregel von BECKER[3]

MB : *Wenn* $K \vdash \alpha \to \beta$ *, so* $K \vdash \Diamond\alpha \to \Diamond\beta$.

Aufgabe 90: $\Box^n$ soll das n-mal iterierte $\Box$, $\Diamond^n$ das n-mal iterierte $\Diamond$ bedeuten. Leite ab: $\Diamond^{(m+1)}\mathbf{O} \to \Diamond^m\mathbf{O}$, $\Box^m\mathbf{L} \to \Box^{(m+1)}\mathbf{L}$ – als Pfeilgerüste

$\mathbf{O} \longrightarrow \Box\mathbf{O} \longrightarrow \Box\Box\mathbf{O} \longrightarrow \ldots$ und $\ldots \longrightarrow \Diamond\Diamond\mathbf{L} \longrightarrow \Diamond\mathbf{L} \longrightarrow \mathbf{L}$.

21.1.7 Ableiten läßt sich jetzt das

Distributivgesetz der Modalität $\Diamond$ über K

$K \vdash \Diamond(p \wedge q) \to (\Diamond p \wedge \Diamond q)$ und dual das

konverse Distributivgesetz der Modalität $\Box$ über A

$K \vdash (\Box p \vee \Box q) \to \Box(p \vee q)$

Beweis: Aus $p \to (p \vee q)$ und $q \to (p \vee q)$ ergibt MM $\Box p \to \Box(p \vee q)$ und $\Box q \to \Box(p \vee q)$, somit $(\Box p \vee \Box q) \to \Box(p \vee q)$. Ebenso dual. ⋈

Speziell ergibt Einsetzen von **O** für q in LEMMON-K′ bzw. **L** für q in LEMMON-K

(*) $K \vdash \Box p \to (\Diamond p \vee \Box\mathbf{O})$, dual $K \vdash (\Box p \wedge \Diamond\mathbf{L}) \to \Diamond p$;

was die trügerische Rolle von $\Box\mathbf{O}$ und $\Diamond\mathbf{L}$ in der minimalen Modallogik gut kennzeichnet.

Die Umkehrung der beiden obigen Distributivgesetze – sie würde „unvernünftig“ klingen – läßt sich nicht ableiten, siehe auch Aufgabe 100 in 22.1.2 .

Hingegen lassen sich folgende Bisubjunktionen ableiten:

Zweiseitiges Distributivgesetz der Modalität $\Box$ über K

$K \vdash (\Box p \wedge \Box q) \leftrightarrow \Box(p \wedge q)$ und dual

Zweiseitiges Distributivgesetz der Modalität $\Diamond$ über A

$K \vdash \Diamond(p \vee q) \leftrightarrow (\Diamond p \vee \Diamond q)$ (deontisch: „Prinzip der Distribution“)

Beweis: Die Richtung von rechts nach links ergibt sich wie oben. Die Gegenrichtung erhält man folgendermaßen (HEINLE): Klassisch gilt nach dem Gesetz von der Prämissenverbindung $K \vdash p \to (q \to (p \wedge q))$. **MM** liefert

$K \vdash \Box p \to \Box(q \to (p \wedge q))$, Distributivgesetz für **C** liefert

$K \vdash \Box(q \to (p \wedge q)) \to (\Box q \to \Box(p \wedge q))$, Transitivität ergibt

$K \vdash \Box p \to (\Box q \to \Box(p \wedge q))$, rückübersetzt $K \vdash (\Box p \wedge \Box q) \to \Box(p \wedge q)$. Ebenso dual. ⋈

Aufgabe 91: Mit **MN** erhält man sofort $K \vdash \mathbf{O} \leftrightarrow \Diamond^n\mathbf{O}$. Kann man das mit **MM, MB** allein zeigen ?

---

[3] OSKAR BECKER, 1889–1964.

21.1.8 Eine gewisse historische Rolle (DIODORUS CHRONOS, 4. Jh. v. Chr., LEWIS 1918) spielte die **strikte Subjunktion** $\twoheadrightarrow$, definiert durch

$$p \twoheadrightarrow q \overset{\text{def}}{=} \Box(p \rightarrow q) \ .$$

Klassische Umformung ergibt $p \twoheadrightarrow q = \neg\Diamond(p \land \neg q)$ mit der deontischen Deutung „verboten ist p und nicht-q".

Aufgabe 92: Zeige: [a] $K \vdash \Box q \rightarrow (p \twoheadrightarrow q)$ (OCKHAM: 'The necessary follows from anything whatsoever'), [b] $K \vdash \neg\Diamond p \rightarrow (p \twoheadrightarrow q)$ (KILWARDBY: 'Anything whatsoever follows from the impossible').

Aufgabe 93: Zeige: Auf der Basis der strikten Subjunktion erhält man

$$\Box p \overset{\text{def}}{=} ((p \twoheadrightarrow p) \twoheadrightarrow p), \quad \Diamond p \overset{\text{def}}{=} (\neg(p \twoheadrightarrow \neg p)) \ .$$

Was bedeutet $\neg p \twoheadrightarrow p$? (TARSKI, um 1930).

21.2 Deontische und alethische Modallogiken

21.2.1 GEORGE BENTHAM (1800–1884) untersuchte schon die deontische Redewendung „Was geboten ist, ist erlaubt" . In der Fassung „Wenn p geboten ist, dann ist p erlaubt" wird sie durch

$$\mathrm{D} : \Box p \rightarrow \Diamond p$$

ausgedrückt. Ihr entspricht

alethisch; „Wenn p notwendig ist, dann ist p möglich",
vergangen: „Wenn immer p war, dann war irgendwann p",
zukünftig: „Wenn immer p sein wird, dann wird irgendwann p sein",
existential: „Wenn p für alle, dann p für einige",
epistemisch: „Wenn p bekannt ist, dann ist p glaubhaft",
intuitionistisch: „Wenn beweisbar p, dann unwiderlegbar p".

D ist selbstdual: Es gilt klassisch $(\Box\neg p \rightarrow \Diamond\neg p) \leftrightarrow (\Box p \rightarrow \Diamond p)$.

Eine andere deontische Redewendung („Prinzip der Erlaubtheit") „p ist erlaubt oder nicht-p ist erlaubt" mit entsprechenden Übersetzungen klingt ebenfalls vernünftig; sie wird durch $\Diamond p \lor \Diamond\neg p$, dual $\neg(\Box p \land \Box\neg p)$ beschrieben, diese Aussageform ist aber bereits klassisch mit D gleichstark. Mit dem zweiseitigen Distributivgesetz ergibt sich daraus $K \vdash \Diamond p \lor \Diamond\neg p \leftrightarrow \Diamond\mathbf{L}$.

Sonach ist D gleichwertig mit

$$\mathrm{D0} : \quad \Diamond\mathbf{L} \ , \quad \text{dual}$$
$$\mathrm{D0}' : \neg\Box\mathbf{O} \ .$$

Anders gesagt, ist D gleichwertig mit $\Diamond\mathbf{L} \leftrightarrow \mathbf{L}$ (temporal „manchmal wahr genau dann wenn konstant wahr"), dual mit $\Box\mathbf{O} \leftrightarrow \mathbf{O}$ (temporal „immer falsch genau dann wenn konstant falsch". D schließt zusätzliche „modale Wahrheitswerte" wie $\Box\mathbf{O}$ oder $\Diamond\mathbf{L}$ aus. Mit D0 wie mit D0′ reduziert sich (∗) von 21.1.7 sofort zu D.

Die deontische Modallogik[4] D, die „Logik des Sollens", nimmt zu den Gesetzen von K hinzu das Gesetz D oder das Gesetz D0 :

[4] D zu Ehren von M. DUMMETT.

$D = K[\mathrm{D}] = K[\mathrm{D0}]$.
Darüber hinaus wird in D kein Gesetz gefordert.

21.2.2 In der deontischen Logik besteht keine Möglichkeit, zwischen einstelligen modalen Aussageformen mit iterierten Modalitäten $\Box^n p$, $\Diamond^n p$ Beziehungen herzustellen. Gewisse solche Beziehungen bestehen aber in anderen Modallogiken. So klingt vernünftig

alethisch: „Wenn p notwendig ist, dann ist p“,
(‘*a necesse esse ad esse valet consequentia*’)
temporal: „Wenn immer p ist, dann ist p“,
existential: „Wenn p für alle, dann p“,
epistemisch: „Wenn p bekannt ist, so ist p“,
intuitionistisch: „Wenn p beweisbar ist, so gilt p“.

Dies wird beschrieben durch

T : $\Box p \to p$, dual
T′ : $p \to \Diamond p$ (‘*ab esse ad posse valet consequentia*’)

Hierzu gehört eine Modallogik[5] $M = K[\mathrm{T}]$.

In der deontischen Logik gilt T nicht : „wenn geboten p , dann p“ widerspricht nach den Erfahrungen der Justiz der Logik des Sollens.

21.2.3 T erlaubt es, Beziehungen zwischen iterierten Modalitäten herzustellen. Ausgehend von T , nämlich

(0) $\Box p \to p$ erhält man durch **MB**
(1) $\Diamond\Box p \to \Diamond p$ und durch **MM**
(2) $\Box\Diamond\Box p \to \Box\Diamond p$.

Aus T erhält man andererseits durch geeignete Substitutionen für p

(3a) $\Box\Diamond p \to \Diamond p$, dual (3a)′ $\Box p \to \Diamond\Box p$ und weiterhin
(3b) $\Box\Diamond\Box p \to \Diamond\Box p$, dual (3b)′ $\Box\Diamond p \to \Diamond\Box\Diamond p$.

Aus T und T′ folgt durch Transitivität D , also $D \vdash \alpha$ impliziert $M \vdash \alpha$.
Aus T ergibt sich mittels **MM**

X: $\Box\Box p \to \Box p$, dual
X′: $\Diamond p \to \Diamond\Diamond p$.

Zusammen mit den Dualisierungen ergibt dies das Pfeilgerüst von Abb. 78.

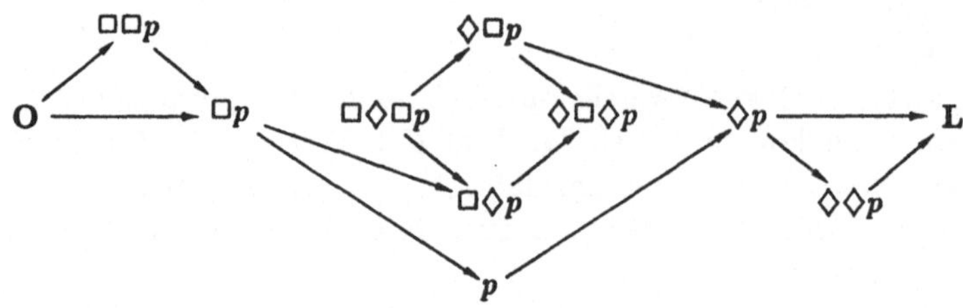

Abb. 78 Pfeilgerüst einiger einstelliger iterierter Modalitäten in M

[5] T nach ROBERT FEYS (1937), M nach GEORG HENRIK VON WRIGHT (1951).

21.2.4 In der alethischen Redewendung „Wenn p notwendig ist, dann ist notwendig, daß p notwendig ist“ und in entsprechenden Redeweisen in den weiteren Modallogiken kommt das Gesetz zum Ausdruck

4 : $\Box p \rightarrow \Box\Box p$, dual

4′ : $\Diamond\Diamond p \rightarrow \Diamond p$.

Aufgabe 94: Zeige: Wenn 4 gilt, so gilt

MANNA-4 : $(\Box p \wedge \Diamond q) \rightarrow \Diamond(\Box p \wedge q)$. Deutung! ⋈

Die alethische Modallogik[6] *S4*, die „Logik des Müssens“, nimmt zu den Gesetzen von K hinzu die Gesetze T und 4 :

$S4 = K[\mathrm{T}\ 4] = D[\mathrm{T}\ 4]$.

Darüber hinaus wird in *S4* kein Gesetz gefordert. T hat zusammen mit 4 weitreichende Konsequenzen. Es gilt wegen X

(**) $S4 \vdash \Box\Box p \leftrightarrow \Box p$, dual $S4 \vdash \Diamond p \leftrightarrow \Diamond\Diamond p$.

Wir sagen, in *S4* fallen $\Box\Box p$ und $\Box p$ sowie $\Diamond\Diamond p$ und $\Diamond p$ zusammen, ebenso alle iterierten reinen $\Box$- sowie alle iterierten reinen $\Diamond$-Modalitäten.

Substitution von $\Diamond p$ für p in (1) ergibt $\Diamond\Box\Diamond p \rightarrow \Diamond\Diamond p$, vereinfacht mit 4 erhält man

(4) $S4 \vdash \Diamond\Box\Diamond p \rightarrow \Diamond p$, dual (4)′ $S4 \vdash \Box p \rightarrow \Box\Diamond\Box p$.

All dies schlägt sich im Pfeilgerüst von Abb. 79 nieder.

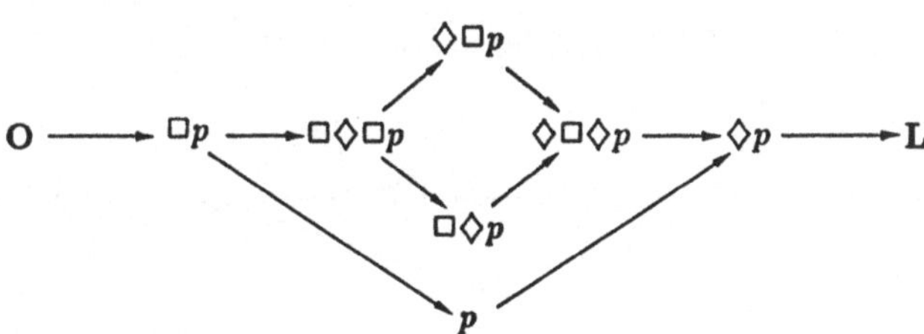

Abb. 79 Pfeilgerüst der einstelligen iterierten Modalitäten in *S4*

Weitere Klassen iterierter Modalitäten gibt es nicht mehr, denn aus (4) ergibt sich durch MM $\Box\Diamond\Box\Diamond p \rightarrow \Box\Diamond p$, dual $\Diamond\Box p \rightarrow \Diamond\Box\Diamond\Box p$, und durch Substitution $\Diamond\Box\Diamond\Box p \rightarrow \Diamond\Box p$, dual $\Box\Diamond p \rightarrow \Box\Diamond\Box\Diamond p$; somit

$S4 \vdash \Box\Diamond\Box\Diamond p \leftrightarrow \Box\Diamond p$, dual $S4 \vdash \Diamond\Box p \leftrightarrow \Diamond\Box\Diamond\Box p$.

In *S4* fallen also $\Box\Diamond\Box\Diamond p$ und $\Box\Diamond p$ sowie $\Diamond\Box\Diamond\Box p$ und $\Diamond\Box p$ zusammen. Es verbleiben genau sechs Klassen iterierter Modalitäten, dazu p selbst und deren Negate („Theorem der vierzehn Fälle“, BECKER 1930).

21.3 Temporale und existentiale Modallogiken

21.3.1 In der temporalen Logik gibt es die Redensart „Wenn irgendwann immer p , dann immer irgendwann p“, die besonders einleuchtet, wenn ein

[6] *S4* nach CLARENCE IRVING LEWIS (1932).

zukünftiger Aspekt vorliegt: „Wenn von irgendwann an immer (wenn schließlich immer) p sein wird, dann wird immer irgendwann danach (dann wird immer wieder) p sein". Dies führt zu einem (selbstdualen) Gesetz[7]

G : $\Diamond\Box p \rightarrow \Box\Diamond p$.

Klassische Umformung macht G zu $\Box\Diamond p \vee \Box\Diamond\neg p$ („immer wieder p oder immer wieder nicht-p").

Die temporale Modallogik *S4.2*, die „Logik der Abläufe", nimmt zu den Gesetzen von *K* hinzu die Gesetze T, 4 und G :

S4.2 = *K*[T 4 G] = *S4*[G] .

Darüber hinaus wird in *S4.2* kein Gesetz gefordert – wobei allerdings noch offenbleiben muß, ob für die Logik der realen *Zeit*abläufe nicht weitere Gesetze vorliegen (siehe 22.2)

In der alethischen Logik gilt G nicht: „Wenn möglich ist, daß p notwendig ist, dann ist notwendig, daß p möglich ist" widerspricht der sprachlichen Erfahrung mit der Logik des Müssens.

21.3.2 Substitution von $\Diamond p$ für p in G ergibt nach Vereinfachung mit 4′

(5) $\Diamond\Box\Diamond p \rightarrow \Box\Diamond p$, dual (5') $\Diamond\Box p \rightarrow \Box\Diamond\Box p$.

Zusammen mit (3)′ entsteht

S4.2 $\vdash \Diamond\Box\Diamond p \leftrightarrow \Box\Diamond p$, dual *S4.2* $\vdash \Diamond\Box p \leftrightarrow \Box\Diamond\Box p$.

Das für *S4* abgeleitete Pfeilgerüst der iterierten Modalitäten vereinfacht sich beträchtlich (Abb. 80).

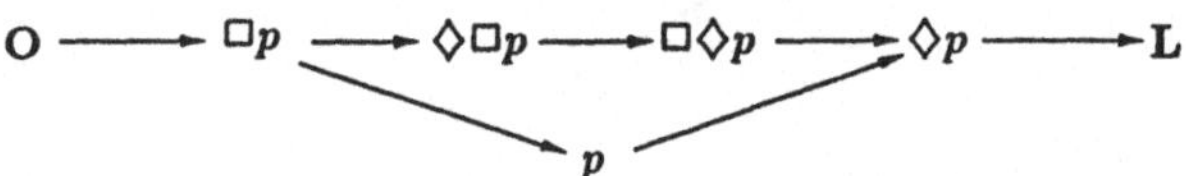

Abb. 80 Pfeilgerüst der einstelligen iterierten Modalitäten in *S4.2*

Es verbleiben in *S4.2* nur vier Klassen einstelliger Modalitäten, temporal gedeutet

$\Box p$	„immer p"	$\Diamond\Box p$	„schließlich immer p"
$\Box\Diamond p$	„immer wieder p"	$\Diamond p$	„irgendwann p",

dazu p selbst und deren Negate („Theorem der zehn Fälle").

Aufgabe 95: Zeige : *S4.2* = *S4*[(5)] .

21.3.3 G kann umgeformt werden zu $\neg(\Diamond\Box p \wedge \Diamond\Box\neg p)$. Damit gilt der

Satz: In *S4.2* sind die drei Aussageformen $\{\Diamond\Box p, \Diamond\Box\neg p, \Box\Diamond p \wedge \Box\Diamond\neg p\}$ disjunkt und vollständig (vgl. 4.2.5).

Die Adjunktion der ersten beiden „stationären" Fälle („schließlich immer p oder schließlich immer nicht-p") ist gleichwertig zu $\Box\Diamond p \rightarrow \Diamond\Box p$. Mit[8]

M : $\Box\Diamond p \rightarrow \Diamond\Box p$ definieren wir *S4.1* = *K*[T 4 M] = *S4*[M] .

---

[7] G zu Ehren von PETER T. GEACH.

[8] M zu Ehren von J. MCKINSEY (1941).

M und G zusammen führen zu einer harten Einschränkung:

$S4.2[\mathrm{M}] = S4.1[\mathrm{G}] \vdash \Box\Diamond p \leftrightarrow \Diamond\Box p$,

d.h. die iterierten Modalitäten $\Box\Diamond p$ und $\Diamond\Box p$ fallen zusammen.

$\overline{\mathrm{M}} : \Box\Diamond p \wedge \Box\Diamond\neg p$ charakterisiert den dritten, den „instationären“ Fall („immer wieder p und immer wieder nicht-p“); $\overline{\mathrm{M}}$ zieht G nach sich.

Aufgabe 96: Zeige: $\overline{\mathrm{M}}$ ist gleichwertig $\Box(\Diamond p \wedge \Diamond\neg p)$. Temporale Deutung!

21.3.4 In der existentialen Logik kann man hören: „Wenn für einige gilt, daß p für alle gilt, so gilt p für alle“, in der epistemischen Logik „wenn glaubhaft ist, daß p bekannt ist, dann ist p bekannt“. Die Schärfe der sprachlichen Ausdrucksfähigkeit läßt hier bereits zu wünschen übrig. Zugrunde liegt jedenfalls das Gesetz

E : $\Diamond\Box p \rightarrow \Box p$, dual

E′ : $\Diamond p \rightarrow \Box\Diamond p$.

E gibt zusammen mit T durch Transitivität[9]

B : $\Diamond\Box p \rightarrow p$, dual

B′ : $p \rightarrow \Box\Diamond p$.

Aufgabe 97: Zeige:

[a] Aus E und D folgt bereits G.

[b] Aus E und T folgt bereits 4.

[c] Aus B und 4 folgt bereits E. ⋈

Die existentiale Modallogik *S5* , die „Logik der bloßen Existenz“, und die epistemische Modallogik *S5* , die „Logik der Erkenntnis“, nehmen zu den Gesetzen von K hinzu die Gesetze T, 4 und E :

$S5 = K[\mathrm{T}\ 4\ \mathrm{E}] = S4[\mathrm{E}]$.

Darüber hinaus wird in *S5* kein Gesetz gefordert.

Wegen Aufgabe 97 [b] und [c] ist $S5 = K[\mathrm{T\ E}] = S4[\mathrm{B}]$.

In der temporalen Logik gilt E nicht: „Wenn schließlich immer p ist, dann ist immer p“ widerspricht der sprachlichen Erfahrung mit der Logik der Abläufe.

Aufgabe 98*: Zeige:

[a] Hal : $S5 \vdash \Diamond(p \wedge \Diamond q) \leftrightarrow (\Diamond p \wedge \Diamond q)$

[b] $S5 = K[\mathrm{T\ Hal}]$ (HALMOS) .

21.3.5 E zusammen mit (4)′ und (3) ergibt

$S5 \vdash \Diamond\Box p \leftrightarrow \Box p$, dual

$S5 \vdash \Diamond p \leftrightarrow \Box\Diamond p$.

In *S5* fallen also $\Box\Diamond p$ und $\Diamond p$ sowie $\Diamond\Box p$ und $\Box p$ zusammen. In *S5* kollabiert das Pfeilgerüst (Abb. 81): es gibt nur noch die Klasse der einfachen Modalitäten, dazu p selbst; zusammen mit deren Negaten („Theorem der sechs Fälle“).

---

[9] B zu Ehren von L.E.J. BROUWER.

$\mathrm{O} \longrightarrow \Box p \longrightarrow p \longrightarrow \Diamond p \longrightarrow \mathrm{L}$

Abb. 81 Pfeilgerüst der einstelligen iterierten Modalitäten in *S5*

Aufgabe 99: Zeige: Gilt in *S5* M, so gilt $\Box p \leftrightarrow p$ und $p \leftrightarrow \Diamond p$. Es fallen also $\Box p$, p und $\Diamond p$ zusammen.

21.4 Zusammenhang der modalen Logiken

Es bestehen offensichtlich Inklusionsbeziehungen zwischen den diskutierten modalen Logiken. Sie sind in Abb. 82 zusammengestellt.

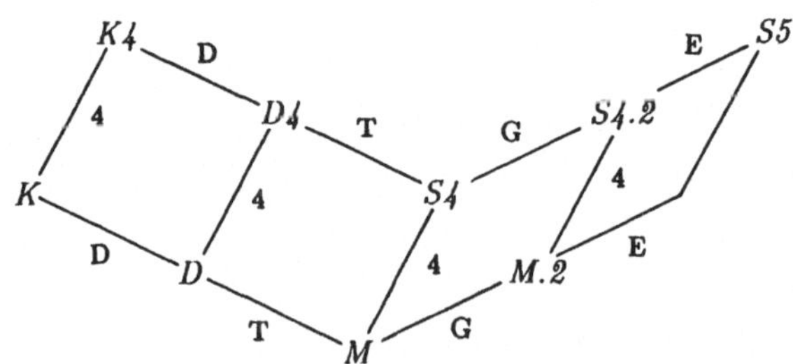

Abb. 82 Inklusionsdiagramm einiger modaler Logiken

22. Semantik modaler Logiken

Im vorigen Abschnitt standen die syntaktischen und formalen Fragen modaler Logiken im Vordergrund. In diesem Abschnitt stehen nun modelltheoretische Methoden im Vordergrund. Modelle werden zunächst abstrakt eingeführt. Erst gegen Ende argumentieren wir, um elementar bleiben zu können, mit und an einem konkreten, allerdings sehr naheliegenden Modell.

22.1 Kripke-Strukturen

22.1.1 Als semantische Modelle von modalen Aussagelogiken führt man generell **Kripke-Strukturen** ein, d.h. endliche oder unendliche gerichtete Graphen $\mathcal{G}$, wobei die **Kantenrelation** $a \triangleright b$ bedeutet, daß es vom Knoten a zum Knoten b eine Kante gibt. Wir sagen dann auch, b ist ein Nachfolgeknoten von a. Jeder einzelne Knoten z ist mit einer Wertbelegung v_z der abzählbar vielen Unbestimmten $p, p', p'', p''', \ldots$ versehen. Die Knoten zusammen mit ihren Wertbelegungen werden als **Situationen** („Welten" in der Sprechweise der Logik, „Zustände" in der Sprechweise der Informatik) bezeichnet. Die

Belegungen einer einzelnen Unbestimmten sollen als **Zustände** dieser Unbestimmten bezeichnet werden[10].

In jeder Situation gilt für **KACENOL** die Semantik von 4.1.1 . Die Semantik von $\Box$ und $\Diamond$ in einem Knoten wird jedoch durch die Gesamtheit der Nachfolgeknoten dieses Knotens mitbestimmt, und zwar in folgender Weise:

Sei α eine modale Aussageform. Dann soll

im Knoten z $v_z^*(\Box\alpha) = T$ genau dann gelten, wenn $v_y^*(\alpha) = T$ in *allen* Nachfolgeknoten von z gilt, d.h. in allen Knoten y mit $z \triangleright y$,

im Knoten z $v_z^*(\Diamond\alpha) = T$ genau dann gelten, wenn $v_y^*(\alpha) = T$ in *irgendeinem* Nachfolgeknoten von z gilt, d.h. in einem Knoten y mit $z \triangleright y$.

Es ist klar, daß für diese Semantik die Dualitätsaxiome und das Axiom von LEMMON und ABADI-MANNA erfüllt sind. Auch die Schlußregel **MN** gilt offensichtlich.

22.1.2 Als Beispiele von Kripke-Strukturen nehmen wir im folgenden die beiden Graphen $\mathcal{G}$f (Abb. 83) und $\mathcal{G}3^\bullet$ (Abb. 84) mit je drei Knoten A , B , C .

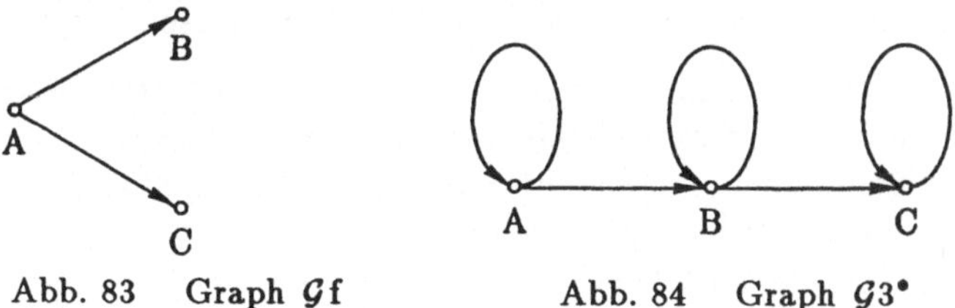

Abb. 83 Graph $\mathcal{G}$f

Abb. 84 Graph $\mathcal{G}3^\bullet$

Damit kommen für die Belegungen $v(p) \stackrel{\text{def}}{=} (v_A(p), v_B(p), v_C(p))$ einer Unbestimmten p nur $2^3 = 8$ Fälle in Betracht, jeweils zwei in jeder der drei Situationen. Für einige dieser Fälle wird nachfolgend die Bewertung modaler Ausdrücke durchgerechnet:

	$\mathcal{G}$f				$\mathcal{G}3^\bullet$		
	A	B	C		A	B	C
$v^*(p) = v(p)$	F	T	F		T	T	F
$v^*(\Box p)$	F	T	T	(= $\Box$**O**)	T	F	F
$v^*(\Box\Box p)$	T	T	T	(= **L**)	F	F	F
$v^*(\Box p \to p)$	T	T	F		T	T	T
$v^*(\Diamond p)$	T	F	F	(= $\Diamond$**L**)	T	T	F
$v^*(\Diamond\Box p)$	T	F	F	(= $\Diamond$**L**)	T	F	F
$v^*(\Box\Diamond p)$	F	T	T	(= $\Box$**O**)	T	F	F

Für die Kripke-Struktur $\mathcal{G}$f (links) sind D , T und G verletzt. Für die Kripke-Struktur $\mathcal{G}3^\bullet$ (rechts) ist 4 verletzt. Im Prinzip könnten jeweils die acht Fälle durchgerechnet werden. Es würde sich dann ergeben, daß in $\mathcal{G}$f 4 gilt; $\mathcal{G}$f zwar ein Modell für *K4* ist, dagegen nicht einmal ein Modell

[10] Wertbelegungen sind, vgl. 4.1 Fußnote 1, Elemente von **Env** . Die Knoten der Kripke-Struktur sind also mit Elementen aus **Env** versehen.

für eine deontische Modallogik liefert (beachte das Vorkommen der trügerischen Elemente $\Box$ **O** und $\Diamond$ **L**). Ebenso würde sich ergeben, daß in $\mathcal{G}3^{\bullet}$ D , T und G gelten, $\mathcal{G}3^{\bullet}$ also ein Modell ist für *M.2* (Abb. 82). Ferner gilt M .

Bereits für endliche Graphen mit höherer Knotenzahl ist aber dieses Verfahren unpraktikabel; für unendliche Graphen ist es nicht durchführbar. Es eignet sich jedoch zur Gewinnung von Gegenmodellen.

Die klassische Logik ist durch den Spezialfall der Einpunktstruktur, d.h. des Graphen mit genau einem Knoten (oder des in einelementige Graphen zerfallenden Graphen) mit eingeschlossen: Falls dieser Graph (oder alle diese Graphen) eine Schlinge besitzt, so fallen $\Box p$ und p sowie $\Diamond p$ und p zusammen. Es handelt sich also um die klassische Logik *Lk* . Im Fall der schlingenlosen, irreflexiven Einpunktstruktur fällt $\Box p$ mit **L**, $\Diamond p$ mit **O** zusammen.

Der Ausartungsfall des Graphen mit leerer Knotenmenge würde zu einer ausgearteten Logik führen, in der wahr und falsch zusammenfallen und somit alle Aussageformen, d.h. ganz ⟨*propos form*⟩ Tautologien sind, vergl. den einelementigen Verband in 6.3.1.2 .

Aufgabe 100: Konstruiere Gegenmodelle zum „Gesetz“ von Aufgabe 89.

22.1.3 Es läßt sich einiges über Eigenschaften einer Kripke-Struktur und Gesetze der zugehörigen Modallogik auch analytisch sagen.
Ist die Kantenrelation $\triangleright$ der Kripke-Struktur **total** („definal“), d.h.

(d) es gibt zu jedem Knoten a einen Knoten b mit $a \triangleright b$, so gilt
D : $\Box p \rightarrow \Diamond p$, und umgekehrt .

Beweis: Wenn $v_b^*(\alpha) = T$ in allen Nachfolgeknoten b eines Knotens a gilt, so gilt es auch in irgendeinem Nachfolgeknoten von a , da es wegen (d) mindestens einen solchen gibt. Ist umgekehrt a ein Knoten ohne Nachfolgeknoten (ein **Endknoten**), so gilt in diesem trivialerweise $\Box p$, aber nicht $\Diamond p$. ⋈

Ist die Kantenrelation $\triangleright$ der Kripke-Struktur **reflexiv**, d.h.

(r) es gilt stets $a \triangleright a$, so gilt
T : $\Box p \rightarrow p$, und umgekehrt.

Beweis: Wenn $v_b^*(\alpha) = T$ in allen Nachfolgeknoten b eines Knotens a gilt, so gilt es wegen (r) in a selbst. Ist umgekehrt a ein Knoten, für den a nicht Nachfolgeknoten ist (ein **schlingenfreier Knoten**), so belege man p in a mit F, in allen Nachfolgeknoten mit T. Dann gilt $\Box p$, aber nicht p in a . ⋈

Ist die Kantenrelation $\triangleright$ der Kripke-Struktur **transitiv**, d.h.

(t) es gilt stets, wenn $a \triangleright b$ und $b \triangleright c$, auch $a \triangleright c$, so gilt
4 : $\Box p \rightarrow \Box \Box p$, und umgekehrt.

Beweis: Die Menge aller Nachfolgeknoten der Nachfolgeknoten von a liegt wegen (t) in der Menge der Nachfolgeknoten von a. Umgekehrt gelte $a \triangleright b$ und $b \triangleright c$, aber nicht $a \triangleright c$. Man belege p in b und allen anderen Nachfolgeknoten von a mit T, in c mit F. Dann gilt $\Box p$, aber nicht $\Box \Box p$ in a. ⋈

Ohne Beweis (siehe jedoch 23.2.1) geben wir noch folgende Ergebnisse:

Ist die Kantenrelation $\triangleright$ der Kripke-Struktur **lokalkonvex**[11], d.h.

---

[11] In der Relationentheorie und in der Literatur über Termersetzung auch 'strikt konfluent' oder '(rautenförmig) konfluent'.

(lv) Wenn gilt $a \rhd b$ und $a \rhd c$, so gibt es einen Knoten d derart, daß $b \rhd d$ und $c \rhd d$, so gilt
G : $\Diamond \Box p \rightarrow \Box \Diamond p$, und umgekehrt.

Ist die Kantenrelation $\rhd$ der Kripke-Struktur **lokalsymmetrisch**, d.h.
(ls) Wenn gilt $a \rhd b$ und $a \rhd c$, so gilt $b \rhd c$ und damit $c \rhd b$, so gilt
E : $\Diamond \Box p \rightarrow \Box p$, und umgekehrt.

Ist die Kantenrelation $\rhd$ der Kripke-Struktur **lokal-dicht**, d.h.
(ld) Wenn gilt $a \rhd c$, so gibt es einen Knoten b derart, daß $a \rhd b$ und $b \rhd c$, so gilt
X : $\Box \Box p \rightarrow \Box p$, und umgekehrt.

Zu deontischen Modallogiken D gehören also definale Kripke-Strukturen; zu alethischen *S4* Kripke-Strukturen, die reflexiv und transitiv, also Präordnungen sind. Zu *S5* gehören Kripke-Strukturen, die Äquivalenzrelationen sind.

Aufgabe 101: Zeige direkt: (ls) und (r) ziehen [a] (lv), [b] (t) nach sich.

22.1.4 Manche Eigenschaften von Kripke-Strukturen führen zu besonders einfachen Modalitäten. Dazu zeigen wir

Ist die Kantenrelation $\rhd$ der Kripke-Struktur **eindeutig**, d.h.
(u) Wenn $a \rhd b$ und $a \rhd c$, so ist $b = c$, so gilt
U : $\Diamond p \rightarrow \Box p$, und umgekehrt.

Beweis: Irgendein Nachfolgeknoten schöpft bereits alle solchen aus. ⋈

Zu einer totalen und eindeutigen Kripke-Struktur gehören also Modallogiken mit D und U ; es gilt somit $\Box p \leftrightarrow \Diamond p$. Für diese Modallogiken fallen, ohne daß sie zur klassischen Logik ausarten, $\Box$ und $\Diamond$ zusammen; $\Box$ ist selbstdual. Ein Modell $\mathcal{G}z_\infty$ mit unendlicher Knotenmenge liefert die Menge der natürlichen Zahlen mit der Kantenrelation $n \rhd succ(n)$; diese Kripke-Struktur ist irreflexiv und intransitiv. In gleicher Weise liefern die ganzen Zahlen modulo n, $n \geq 1$ ein Modell $\mathcal{G}z_n$, einen Zyklus mit n Knoten. Auch $\mathcal{G}z_\infty$ und $\mathcal{G}z_n$ mit beliebig vielen 'aufsitzenden Bäumen' sind Modelle.

Die natürlichen Zahlen mit einer Kantenrelation „$a \rhd b$ genau dann, wenn $a \leq b$" (das Gebilde $\mathbb{N} \stackrel{\text{def}}{=} (\omega, \leq)$, das 'Omega-Modell') bilden dagegen eine reflexive, transitive, lokalkonvexe (aber nicht lokalsymmetrische) Kripke-Struktur, die überdies linear geordnet, fundiert und diskret ist. Zu diesen Eigenschaften gehört eine spezielle temporale Modallogik aus *S4.2* , die wir in 22.2.3 als *S4.4* einführen werden. Aber auch $\mathcal{G}3^*$ (Abb. 85), die transitive Hülle von $\mathcal{G}3^\bullet$, hat diese Eigenschaften – die drei Situationen können als Vergangenheit, Gegenwart und Zukunft gedeutet werden.

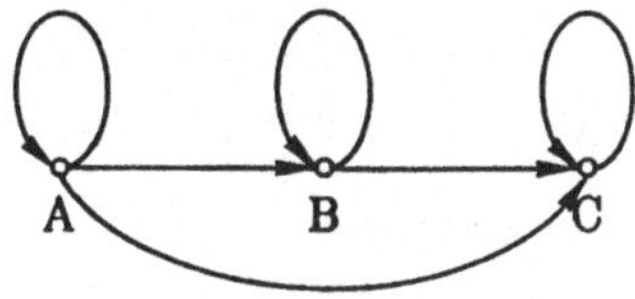

Abb. 85 Graph $\mathcal{G}3^*$

22.2 Omega-Modell, temporale Modallogiken *S4.4* und *Grz*

22.2.1 Je spezieller eine Kripke-Struktur, desto komplizierter sind die relationentheoretischen Gesetze, die sie charakterisieren, und desto komplexer fallen auch die modalen Gesetze aus, die für die zugehörige Modallogik gelten. Um im Rahmen einer elementaren Behandlung zu bleiben, wollen wir daher die Semantik der speziellen Modallogik *S4.4* an dem konkreten Modell $(\omega, \leq)$ für *S4.2* explizit behandeln. Die Situationen sind also durch die natürlichen Zahlen durchnumeriert; zu jeder Belegung $(v_i)_{i\in\mathbf{N}}$ einer Unbestimmten p gehört eine unendliche Folge $u = (v_i(p))_{i\in\mathbf{N}}$ von Wahrheitswerten. Wir werden sie als unendliches Wort über $\{T, F\}$ auffassen, und erweitern die logischen Operationen **KACENOL** knotenweise auf diese Worte; ferner $\square$ und $\diamond$ folgendermaßen:

Ist u ein Wort, das eine Belegung bezeichnet, so ist

— die i-te Komponente des Wortes $\square u$ genau dann T, wenn alle k-ten Komponenten, $k \geq i$, von u aus lauter T bestehen;

— die i-te Komponente des Wortes $\diamond u$ genau dann T, wenn unter den k-ten Komponenten, $k \geq i$, von u irgendeine aus T besteht.

Nunmehr können wir in *S4.2* (vgl. 21.3.2) die drei Fälle unterscheiden:

(A): In u kommt T „schließlich immer“,
(B): In u kommt F „schließlich immer“,
(C): In u kommt T „immer wieder“ und F „immer wieder“.

Andere Fälle gibt es nicht. Im Einklang mit 21.3.3 ist erfüllt

im Fall (A): $\diamond\square u$, somit wegen G $\square\diamond u$ und wegen T $\diamond u$,
im Fall (B): $\neg\square\diamond u$, somit wegen G $\neg\diamond\square u$ und wegen T′ $\neg\square u$,
im Fall (C): $\square\diamond u \wedge \neg\diamond\square u$, somit wegen T $\diamond u$ und $\neg\square u$.

22.2.2 Wir suchen nun zuerst eine modale Aussageform, die in den stationären Fällen (A) und (B) , in denen trivialerweise M gilt, konstant T ergibt.

Im Fall (A) ist u von der Form aTF^mT^∞ , wo $a \in \{T, F\}^*$ von einer Länge n ist. Im Fall (B) ist u von der Form aFT^mF^∞, wo $a \in \{T, F\}^*$ von einer Länge n ist. Elementare Rechnung ergibt

	Fall A	Fall B
u	$a\ T F^m T^\infty$	$a\ F T^m F^\infty$
$\square u$	$F^n F F^m T^\infty$	$F^n F F^m F^\infty$ $(= \mathbf{O})$
$u \to \square u$	$\bar{a}\ F T^m T^\infty$	$\bar{a}\ T F^m T^\infty$ $(= \neg u)$
$\square(u \to \square u)$	$F^n F T^m T^\infty$	$F^n F F^m T^\infty$
$\square(u \to \square u) \to u$	$T^n T F^m T^\infty$	$T^n T T^m F^\infty$
$\square(\square(u \to \square u) \to u)$	$F^n F F^m T^\infty$ $(= \square u)$	$F^n F F^m F^\infty$ $(= \mathbf{O})$
$\square(\square(u \to \square u) \to u) \to \square u$	$T^n T T^m T^\infty$ $(= \mathbf{L})$	$T^n T T^m T^\infty$ $(= \mathbf{L})$

Zur Deutung sei abkürzend eingeführt

$$\sigma(p) \overset{\text{def}}{=} \neg\square(p \to \square p) \;\models\!\!\!\dashv\; \diamond(p \wedge \diamond\neg p)$$

(temporal „irgendwann (p und irgendwann nicht-p)“) und

$$\gamma(p) \stackrel{\text{def}}{=} \Box(\sigma(p) \vee p) \models\!\!\dashv \Box(\Box(p \to \Box p) \to p) \models\!\!\dashv \Box(\Diamond(p \wedge \Diamond\neg p) \vee p) \ ,$$

wobei wegen **MM** offensichtlich $K \vdash \Box p \to \gamma(p)$.

Die modale Aussageform (auch als Grzegorczyk-Formel bezeichnet[12])

Grz : $\gamma(p) \to \Box p$

ist in beiden Fällen erfüllt; es gilt sogar Gr: $\gamma(p) \to p$.

Aufgabe 102: Zeige: Das zu $\mathcal{G}3^*$ gehörige Modell einer Modallogik erfüllt neben T, 4 sowie G *und* M bereits die Grzegorczyk-Formel. ⋈

Für den instationären Fall (C), in dem $\overline{\mathrm{M}}$ erfüllt ist, nützt

Satz: *S4* $\vdash$ $(\Box\Diamond p \wedge \Box\Diamond\neg p) \to \gamma(p)$.

Beweis: (HEINLE, M4 bedeutet Anwendung von MANNA-4)

$$\Box\Diamond p \wedge \Box\Diamond\neg p \models \Box(\Diamond p \wedge \Diamond\neg p) \stackrel{4}{\models} \Box\Box(\Diamond p \wedge \Diamond\neg p) \models \Box(\Box\Diamond p \wedge \Box\Diamond\neg p) \stackrel{T}{\models}$$
$$\Box(\Diamond p \wedge \Box\Diamond\neg p) \stackrel{M4}{\models} \Box\Diamond(p \wedge \Box\Diamond\neg p) \stackrel{T}{\models} \Box\Diamond(p \wedge \Diamond\neg p) \models \Box(\Diamond(p \wedge \Diamond\neg p) \vee p)$$

(Übrigens gilt sogar $\Box\Diamond p \wedge \Box\Diamond\neg p \leftrightarrow \Box\sigma(p)$.) ⋈

Es ist also im Fall (C) neben $\Box\sigma(u)$ auch $\gamma(u)$ erfüllt und es gilt auch $\gamma(u) \to \Box u \models\!\!\dashv \mathbf{L} \to \mathbf{O} \models\!\!\dashv \mathbf{O}$. Die Grzegorczyk-Formel unterscheidet die stationären Fälle (A) und (B) von dem instationären Fall (C). Der Ausdruck $(\Box\Diamond p \to \Diamond\Box p) \to (\gamma(p) \to \Box p)$ ist jedoch in allen drei Fällen erfüllt, ja sogar $\neg\Box\Diamond p \to (\gamma(p) \to \Box p)$, wie auch $\Diamond\Box p \to (\gamma(p) \to \Box p)$.

Aus letzterem ergibt sich durch Prämissenvertauschung die modale Aussageform (auch als Dummett-Formel bezeichnet, DUMMETT und LEMMON 1959)

Dum: $\gamma(p) \to (\Diamond\Box p \to \Box p)$.

22.2.3 Grz ist das charakteristische Axiom der Logik *Grz* = *S4*[Grz], der Logik der „schließlich stationären Entscheidung“, mit einer prägeordneten Kripke-Struktur, in der jeder Weg zu einem Endknoten mit Schlinge führt.

Dum ist ein charakteristisches Axiom der Logik *S4.4* = *S4.3*[Dum] (siehe 23.2.2) mit einer *speziellen* prägeordneten, lokal-konvexen, lokal-konnexen Kripke-Struktur (KRIPKE 1963), für die das (diskrete) Omega-Modell ein – aber auch nur ein – Modell ist.

Weitere Einsicht gewinnt man durch den folgenden

Satz: *S4* $\vdash \gamma(p) \to \Box\Diamond p$

Beweis: (HEINLE)

$$\gamma(p) \models\!\!\dashv \Box(\Diamond(p \wedge \Diamond\neg p) \vee p) \stackrel{K}{\models} \Box((\Diamond p \wedge \Diamond\Diamond\neg p) \vee p) \stackrel{4}{\models}$$
$$\Box((\Diamond p \wedge \Diamond\neg p) \vee p) \stackrel{T}{\models} \Box((\Diamond p \wedge \Diamond\neg p) \vee \Diamond p) \models\!\!\dashv \Box\Diamond p$$ ⋈

Korollar: *S4* $\vdash \neg\Box\Diamond p \to \neg\gamma(p)$. Dies illustriert den Fall (B) oben. Ferner *S4* $\vdash \Diamond\Box p \to \neg\gamma(\neg p)$. Dies illustriert den Fall (A) oben.

Aufgabe 103: Zeige:

S4[M] $\vdash \gamma(p) \to \Diamond\Box p$; *S4*[$\boxed{\mathrm{M}}$] $\vdash \gamma(p)$;
S4[M Dum] $\vdash \gamma(p) \to \Box p$; *S4*[$\overline{\mathrm{M}}$ Dum] $\vdash \Diamond\Box p \to \Box p$.

---

12 nach ANDRZEI GRZEGORCZYK, *1922, polnischer Mathematiker und Logiker.

Aufgabe 104*: Zeige:
[a] $K[\mathrm{Gr}] \vdash$ T und $K[\mathrm{Gr}] \vdash$ Grz
[b] $K[\mathrm{Gr}] \vdash$ 4 (SAMBIN, DE JONGH um 1975)
[c] $K[\mathrm{Gr}] \vdash$ M (SOBOCIŃSKI 1964)
[d] $K[\mathrm{Gr}] \vdash$ Dum .

Aufgabe 105: Folgen aus $K[\mathrm{Dum}]$ schon T und 4 ?

22.3 Präordnung und Äquivalenz von modalen Aussageformen

22.3.1 Wie im klassischen Fall führen wir eine Stärker-Relation unter den modalen Aussageformen ein. Wir sagen nun aber (für eine bestimmte Kripke-Struktur $\mathcal{G}$) $\alpha \models \beta$ („α ist stärker als β") genau dann, wenn $\Box\alpha \to \beta$ gilt.

Im klassischen Fall war $\alpha \models \beta$ genau dann, wenn $\mathbf{L} \models \alpha \to \beta$ galt. Nunmehr ist ein subtiler Unterschied zu beachten: Wenn wir wie bisher abkürzend definieren $\models \alpha$ für $\mathbf{L} \models \alpha$, so bedeutet das $\Box\,\mathbf{L} \to \alpha$, was allerdings in K wegen $\Box\mathbf{L} \leftrightarrow \mathbf{L}$ mit der alten Definition übereinstimmt.

Was diese Stärker-Relation für die Kripke-Struktur bedeutet, sagt folgender, unmittelbar auf die Definitionen zurückgehender

Satz: $\alpha \models \beta$ genau dann, wenn für alle Wertbelegungen in jeder Situation z $v_z^*(\beta) = T$ in z oder $v_y^*(\alpha) = F$ in irgendeiner Nachfolgesituation y von z .

Hat also in $\mathcal{G}$ ein Knoten z keinen Nachfolgeknoten, so gilt $\alpha \models \beta$ genau dann, wenn $\beta = \mathbf{L}$.

Die Frage ist, ob die Definition vernünftig ist. Dazu zeigen wir, daß sie in $S4$ brauchbar ist:

Satz: Wenn die Kripke-Struktur $\mathcal{G}$ reflexiv bzw. transitiv bzw. eine Präordnung ist, so ist die zu $\mathcal{G}$ gehörige Stärker-Relation reflexiv bzw. transitiv bzw. eine Präordnung.

Beweis: Wenn $\mathcal{G}$ reflexiv, so $\Box p \to p$ und damit $p \models p$. Wenn $\mathcal{G}$ transitiv, so $\Box p \to \Box\Box p$. $p \models q$ bedeutet $\Box p \to q$, **MM** gibt $\Box\Box p \to \Box q$. $q \models r$ bedeutet $\Box q \to r$, also mittels Transitivität $\Box p \to r$, rückübersetzt $p \models r$. ⋈

Satz: Die Kripke-Struktur $\mathcal{G}$ sei reflexiv. Dann zieht $\alpha \to \beta$ nach sich $\alpha \models \beta$ – aber nicht umgekehrt.

Beweis: Wenn $\mathcal{G}$ reflexiv, so $\Box\alpha \to \alpha$, zusammen mit $\alpha \to \beta$ ergibt Transitivität $\Box\alpha \to \beta$, d.h. $\alpha \models \beta$. Die Umkehrung gilt nicht: Ist $\mathcal{G}$ nicht transitiv, so gilt zwar $\Box p \to p$, aber nicht $\Box\Box p \to p$. ⋈

Mit $\models^{S}4$ bezeichnen wir die Stärker-Präordnung in $S4$.

Aufgabe 106: Zeige : Für Kripke-Strukturen, die Präordnungen sind, gilt $p \models^{S4} \Diamond p$, $p \models^{S4} \Diamond\Box p$ und $\Diamond\Box p \models^{S4} \Diamond p$, $\Diamond\Box p \models^{S4} \Box\Diamond p$.

22.3.2 Wiederum liegt es nahe, eine Äquivalenzrelation einzuführen. Wir sagen in *S4*

$\alpha \models\!\dashv^{S}4\ \beta$ („α ist *S4*-gleichstark β") genau dann,
wenn $\Box\,\alpha \rightarrow \beta$ und $\Box\,\beta \rightarrow \alpha$ gelten.

Mit $[\alpha]^{S}4$ bezeichnen wir wieder die Klasse aller zu α *S4*-gleichstarken und damit in ihrer Funktion zusammenfallenden Aussageformen. Die Restklassen modaler Aussageformen nach dieser Äquivalenz bilden wieder eine Ordnung.

22.4 Entscheidungsalgorithmen für modale Aussageformen

Wichtiger noch als in der klassischen ist es in der modalen Aussagelogik, die Gültigkeit von Aussageformen durch einen Kalkül nachweisen zu können. Dieser hängt selbstverständlich von der zugrundeliegenden Kripke-Struktur ab. Von Belang ist auch, in welcher Sprache die vorgelegte Aussageform abgefaßt ist. Es gibt Ableitungssysteme für eine magere Sprache wie **CN◇** und für eine volle wie **KACENOL□◇** . Wir werden uns auf eine modale Erweiterung von **KAN** beschränken.

In diesem Entscheidungsalgorithmus soll zunächst Verneinungstechnik angewendet werden wie in 12.1 , ergänzt durch die Ersetzungsregeln

<∗> $\neg\Box\, a$ ≻— $\Diamond\neg a$,
<∗∗> $\neg\Diamond\, a$ ≻— $\Box\neg a$.

Sodann sollen, wie in 13.1, durch gerichtete Anwendung des Distributivgesetzes die $\wedge$-Zeichen „nach innen getrieben" werden.

Auf die so erhaltenen modalen Aussageformen – auch in Zwischenstadien – werden jetzt **modale Reduktionsregeln** angewendet, die den *jeweils geforderten* Gesetzen entsprechen, und zwar

zu K :	<k-lemmon>	$\Box\, a \wedge \Diamond b$	≻—	$\Diamond(a \wedge b)$
	<o>	$\Diamond$**O**	≻—	**O**
zu D :	<d>	$\Box$**O**	≻—	**O**
zu T :	<t>	$\Box\, a$	≻—	a
zu 4 :	<4-manna>	$\Box\, a \wedge \Diamond b$	≻—	$\Diamond(\Box\, a \wedge b)$
zu Hal :	<hal>	$\Diamond a \wedge \Diamond b$	≻—	$\Diamond(\Diamond a \wedge b)$.

Beispiel: Entschieden werden soll $\neg(\Box\, p \rightarrow \Box\,\Box\, p)$. Überführung in **KAN** ergibt $\Box\, p \wedge \neg\Box\,\Box\, p$. Anwendung von <∗> ergibt $\Box\, p \wedge \Diamond\neg\Box\, p$. Reduktion mittels <k-lemmon> führt zu $\Diamond(p \wedge \neg\Box\, p)$ und damit in eine Sackgasse. Reduktion mittels <4-manna> dagegen führt zunächst zu $\Diamond(\Box\, p \wedge \neg\Box\, p)$ und damit über $\Diamond$**O** zu **O** .

Auch wenn man statt <4-manna> zunächst nochmals <∗> anwendet und dadurch $\Box\, p \wedge \Diamond\Diamond\neg p$ erhält, kommt man mit <4-manna> über $\Diamond(\Box\, p \wedge \Diamond\neg p)$ in eine Sackgasse.

Abadi und Manna haben 1988 gezeigt, daß diese Entscheidungsalgorithmen vollständig sind, d.h. jeweils für jede gültige Formel **L** und für jede Kontradiktion **O** ergeben. Die Algorithmen sind allerdings nicht-deterministisch, insofern als der Weg, der zur Reduktion auf **L** führt, nicht festgelegt ist. Im allgemeinen müssen also alle Wege verfolgt werden (exhaustiver Nichtdeterminismus). Diesen Mangel zeigen jedoch auch andere für diesen Zweck vorgeschlagene Verfahren, darunter auch die Erweiterung des Entscheidungsalgorithmus von BETH (13.6) auf modale Aussageformen.

22.5 Ableitungssysteme für Modallogiken

Man bekommt definitionsgemäß ein adäquates Ableitungssystem für modale Aussageformen der Logiken *K*, *D*, *S4*, *S4.2* und *S5*, wenn man zu einem klassischen Ableitungssystem wie dem mit den Axiomen $\{\mathbf{C1}, \mathbf{C14}, \mathbf{N4}\}$ und Ableitungsregeln **MP** und **SUBST** hinzunimmt als Ableitungsregel **MN** und als Axiome neben DUAL gegebenenfalls {K}, {K,D}, {K,T,4}, {K,T,4,G}, {K,T,4,E} . Für das Modell $\mathbb{N}$ „natürliche Zahlen" gelten jedoch Gesetze, die in *S4.2* nicht allgemein gelten, etwa die Dummett-Formel. Für eine zu diesem Modell gehörige Logik liefert also {K,T,4,G} wohl ein korrektes, aber kein vollständiges Ableitungssystem. Die derzeit bekannten vollständigen Ableitungssysteme für *S4.4* zeichnen sich (noch) durch unhandliche Gesetze aus; auch ist es schwierig nachzuweisen, daß sie neben dem Modell $\mathbb{N}$ keine wesentlich anderen Modelle erlauben.

Aufgabe 107: Man gebe eine (endliche) Struktur an, die den Gesetzen von *S4.2* genügt, aber die Dummett-Formel verletzt.

23. Dimodale Logiken

23.1 Die Axiome von McTaggart und Prior

23.1.1 Die temporalen Logiken mit den Aspekten „zukünftig" und „vergangen" hängen eng zusammen. Die schon 1908, dann wieder 1923 von J. E. McTAGGART untersuchten Sprechweisen

„wenn *p* ist, dann wird immer sein, daß irgendwann *p* war" und
„wenn *p* ist, dann war immer, daß irgendwann *p* sein wird"

zeigen eine Verschränkung des zukünftigen und des vergangenen Aspekts.

Bezeichnet man die Modaloperatoren des zukünftigen Aspekts mit $\Box\!\!-$ und $\Diamond\!\!-$ und die des vergangenen Aspekts mit $-\!\!\Box$ und $-\!\!\Diamond$, so lauten die Axiome von McTAGGART und PRIOR

McTP : $p \to \Box\!\!- -\!\!\Diamond p$, $p \to -\!\!\Box \Diamond\!\!- p$; dual
McTP′ : $\Diamond\!\!- -\!\!\Box p \to p$, $-\!\!\Diamond \Box\!\!- p \to p$.

Zur Deutung dieser Beziehungen ist zu beachten: Ist im zukünftigen Aspekt die Situation B eine Nachfolgesituation der Situation A, so ist es im vergangenen Aspekt gerade umgekehrt: A ist „bei der Reise in die Vergangenheit" eine Nachfolgesituation von B . Die zugehörigen Relationen der Kripke-Strukturen sind also konvers ('mirror-images'), wir sprechen von **dimodaler Logik**.

23.1.2 Es zeigt sich nun, daß diese Axiome nicht spezifisch für die temporale Deutung sind, sondern generell gelten, wenn $\Box\!\!-$ und $\Diamond\!\!-$ zu einer Kripke-Struktur mit dem Strukturgraph $\mathcal{G}$ („vorwärtsgerichteter" Aspekt) und $-\!\!\Box$ und $-\!\!\Diamond$ zu einer Kripke-Struktur mit dem Strukturgraph $\mathcal{G}^T$ gehört, der zu $\mathcal{G}$ konvers ist, d.h. der die gleiche Knotenmenge wie $\mathcal{G}$ hat, in dem aber alle Kanten umgekehrt gerichtet sind („rückwärtsgerichteter" Aspekt).

Der Beweis ist fast evident: Ist z ein Knoten, so ist für jeden Nachfolgeknoten von z der Knoten z selbst ein Vorgänger. ⋈

Konvers zu den Strukturen $\mathcal{G}$f und $\mathcal{G}3^{\bullet}$ von 22. sind die Strukturen $\mathcal{G}\mathrm{f}^T$ und $\mathcal{G}3^{\bullet T}$ (Abb. 86, Abb. 87).

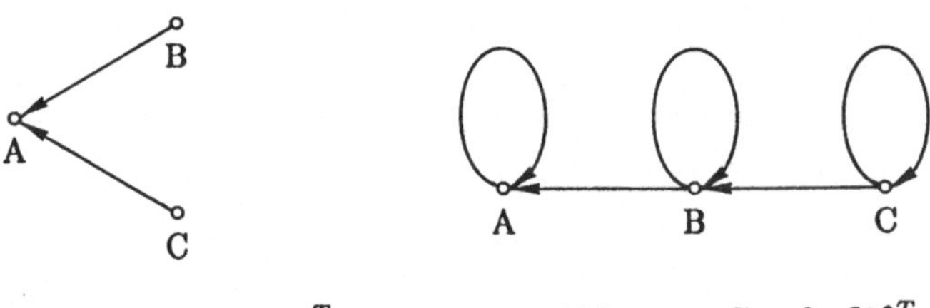

Abb. 86 Graph $\mathcal{G}\mathrm{f}^T$ Abb. 87 Graph $\mathcal{G}3^{\bullet T}$

Aus den McTaggart-Prior-Axiomen folgen mit den Mitteln der gewöhnlichen Modallogik K noch zwei weitere Eigenschaften, die die Modalitäten $\Box\!\!-$ und $-\!\!\Box$ verschränken:

Konj: $\Diamond\!\!-p \rightarrow q$ *genau dann, wenn* $p \rightarrow -\!\!\Box q$, sowie
Konj′: $-\!\!\Diamond p \rightarrow q$ *genau dann, wenn* $p \rightarrow \Box\!\!- q$.

Beweis: Wenn $\Diamond\!\!-p \rightarrow q$ gilt, so liefert **MM**, daß $-\!\!\Box\Diamond\!\!-p \rightarrow -\!\!\Box q$ gilt. Transitivität liefert mit $p \rightarrow -\!\!\Box\Diamond\!\!-p$, daß auch $p \rightarrow -\!\!\Box q$ gilt. Die Umkehrung verläuft entsprechend. ⋈

Zwei modale Operatoren, die in der Beziehung Konj stehen, werden zueinander **konjugiert** genannt. Es gilt auch

$p \vee -\!\!\Box q$ *genau dann, wenn* $\Box\!\!-p \vee q$.

23.2 Spezielle dimodale Logiken

23.2.1 Solche Eigenschaften der Kantenrelation $\rhd$ von Kripke-Strukturen, in denen die konverse Struktur $\lhd$ eine Rolle spielt, lassen sich in dimodaler Weise unmittelbarer ausdrücken.

23.2.1.1 Die Eigenschaft (lv) von 22.1.3 kann so gefaßt werden: Gegeben zwei Knoten c und b. Wenn es einen Knoten a gibt derart, daß gilt $c \lhd a$ und $a \rhd b$, so gibt es einen Knoten d derart, daß $c \rhd d$ und $d \lhd b$. Dazu gehört nach der gegebenen semantischen Definition die dimodale Aussageform

$-\!\Diamond \Diamond\!\!- p \to \Diamond\!\!- -\!\Diamond p$. Substitution von $\Box\!\!- p$ für p liefert
$-\!\Diamond \Diamond\!\!- \Box\!\!- p \to \Diamond\!\!- -\!\Diamond \Box\!\!- p$. Anwendung von McTP′ ergibt
$-\!\Diamond \Diamond\!\!- \Box\!\!- p \to \Diamond\!\!- p$.
Anwendung von Konj′ bringt
$\Diamond\!\!- \Box\!\!- p \to \Box\!\!- \Diamond\!\!- p$.
Das ist aber gerade (vorwärtsgerichtet) das Gesetz G von 22.1.3 .

23.2.1.2 Die Eigenschaft (ls) von 22.1.3 kann so gefaßt werden:
Gegeben zwei Knoten c und b. Wenn es einen Knoten a gibt derart, daß gilt $c \lhd a$ und $a \rhd b$, so gilt $c \rhd b$.
Dazu gehört nach der gegebenen semantischen Definition die dimodale Aussageform $-\!\Diamond \Diamond\!\!- p \to \Diamond\!\!- p$.
Anwendung von Konj′ bringt
$\Diamond\!\!- p \to \Box\!\!- \Diamond\!\!- p$.
Das ist aber gerade (vorwärtsgerichtet) das Gesetz E′ von 22.1.3 .

23.2.1.3 Ähnlich läßt sich (u) in $-\!\Diamond \Diamond\!\!- p \to p$ übersetzen.

23.2.1.4 Geradezu ein Musterbeispiel für die Vorteile dimodaler Arbeitsweise bietet die Eigenschaft (s) der Symmetrie der Kripke-Struktur: Wenn gilt $a \rhd b$, so gilt $b \rhd a$. Gibt man dem die Fassung
Wenn gilt $b \lhd a$, so gilt $b \rhd a$,
so gehört dazu nach der gegebenen Semantik die modale Aussageform
$-\!\Diamond p \to \Diamond\!\!- p$.
Daraus ergibt sich mit **MM**
$\Box\!\!- -\!\Diamond p \to \Box\!\!- \Diamond\!\!- p$.
Anwendung von McTP bringt
$p \to \Box\!\!- \Diamond\!\!- p$.
Das ist aber gerade (vorwärtsgerichtet) das Gesetz B′ von 21.3.4 . ⋈

Kripke-Strukturen für *S5* = *S4*[B] sind also die symmetrischen Präordnungen, d. h. die Äquivalenzrelationen.

23.2.2 Nicht immer gelingt es so einfach, die Modaloperatoren des rückwärtsgerichteten Aspekts zu eliminieren:

Ist die Kantenrelation $\rhd$ der Kripkestruktur **lokalkonnex**, d.h.
(lx) Wenn gilt $a \rhd b$ und $a \rhd c$, so gilt $c \rhd b$ oder es gilt $b \rhd c$
so lautet die zugehörige dimodale Aussageform (Heinle 1989)

$-\!\Diamond \Diamond\!\!- p \to (\Diamond\!\!- p \lor -\!\Diamond p)$. Klassische Umformung ergibt
$(\Box\!\!- p \land -\!\Box p) \to -\!\Box \Box\!\!- p$, mit Hilfe von **MB** und McTP′ erhält man
$\Diamond\!\!-(\Box\!\!- p \land -\!\Box p) \to \Box\!\!- p$.
Um weiterzukommen, benützt man die trickreiche Substitution von $\Diamond\!\!- \neg q \lor p$ für p und erhält
$\Diamond\!\!-(\Box\!\!-(\Diamond\!\!- \neg q \lor p) \land -\!\Box(\Diamond\!\!- \neg q \lor p)) \to \Box\!\!-(\Diamond\!\!- \neg q \lor p)$.
Klassische Abschwächung ergibt
$\Diamond\!\!-(\Box\!\!- p \land -\!\Box \Diamond\!\!- \neg q) \to \Box\!\!-(\Diamond\!\!- \neg q \lor p)$.
Mit McTP vereinfacht sich dies zu
$\Diamond\!\!-(\Box\!\!- p \land \neg q) \to \Box\!\!-(\Diamond\!\!- \neg q \lor p)$.

Damit sind alle Modaloperatoren des rückwärtsgerichteten Aspekts eliminiert. Klassische Umformung ergibt (vorwärtsgerichtet) die Lemmon-Formel[13]

Lem : $\Box(\Box p \to q) \vee \Box(\Box q \to p)$. ⋈

Die so charakterisierte Modallogik *S4*[Lem] wird als *S4.3* bezeichnet, und *S4.3*[Dum] als *S4.4*, wofür $(\omega, \leq)$ Modell ist.

Aufgabe 108: Zeige direkt: (ls) zieht (lx); (lx) und (r) ziehen (lv) nach sich.

Aufgabe 109: Gewinne durch die Substitution von $\Diamond\neg p$ für q aus der Lemmon-Formel die „anschauliche" dimodale Aussageform zurück.

23.2.3 Gewisse Eigenschaften der Kantenrelation von Kripke-Strukturen bleiben beim Übergang zur konversen Struktur ('mirror-image') erhalten. Es sind dies unter anderem

die Eigenschaft (r) der Reflexivität
die Eigenschaft (t) der Transitivität und trivialerweise
die Eigenschaft (s) der Symmetrie.

Andere Eigenschaften, wie (d), (lv), (ls), (lx) tun es nicht. Damit sich der vorwärtsgerichtete und der rückwärtsgerichtete Aspekt diesbezüglich nicht unterscheiden, fordert man in dimodalen Logiken oft, daß mit jeder Eigenschaft (x) auch die Eigenschaft (x^T) für die konverse Kripke-Struktur erfüllt ist.

(d) und (d^T) zusammen ergeben eine totale und surjektive Struktur, (u) und (u^T) zusammen ergeben eine eindeutige und injektive Struktur.

(lv) und (lv^T) zusammen ergeben eine beidseitig lokalkonvexe Struktur. (lx) und (lx^T) zusammen verbieten ein Verzweigen des Graphen in Vorwärts- und in Rückwärtsrichtung, der Graph ist „linear" oder zerfällt in lineare Graphen. Die zugehörige Modallogik *S4.3t* hat neben der Lemmon-Formel auch das dazu konverse Gesetz. Eine Eliminierung der Modaloperatoren des rückwärtsgerichteten Aspekts scheint bisher nicht gelungen zu sein. Auch *S4.4* kann eingeengt werden zu *S4.4t* unter Hinzunahme des zur Dummett-Formel konversen Gesetzes. Die Einschränkung führt zu Kripke-Strukturen, die beidseitig fundiert sind. Als diskretes Modell hat man endliche Ketten, wie etwa $\mathcal{G}3^*$.

Aufgabe 110: Die Gödel-Übersetzung μ einer Aussageform der Sprache **KACN** in eine modale Aussageform (GÖDEL 1933) ist definiert durch

$\langle atom\rangle^\mu = \Box\langle atom\rangle$, $(\neg\alpha)^\mu = \Box\neg\alpha^\mu$,
$(\alpha \vee \beta)^\mu = \alpha^\mu \vee \beta^\mu$, $(\alpha \wedge \beta)^\mu = \alpha^\mu \wedge \beta^\mu$,
$(\alpha \to \beta)^\mu = \Box(\alpha^\mu \to \beta^\mu)$ ('strikte Subjunktion').

Gib Modallogiken an, in denen die Übersetzungen der folgenden klassischen Tautologien (die letzten drei gelten intuitionistisch nicht!)

[a] $\neg(p \wedge \neg p)$,
[b] $\neg p \vee \neg\neg p$,
[c] $(p \to q) \vee (q \to p)$,
[d] $\neg p \vee p$

gelten, und solche, in denen sie nicht gelten.

[13] DUMMETT und LEMMON 1959. Das Axiom wurde auch von GEACH angegeben.

24. Multimodale Logiken

24.1 Modale Schritt-Logiken

In temporalen Logiken kommt neben IMMER und IRGENDWANN gelegentlich auch die Redewendung NÄCHSTES MAL vor. Umgangssprachlich klingt vernünftig,

NÄCHSTES MAL NICHT mit NICHT NÄCHSTES MAL

gleichzusetzen, und

IMMER mit JETZT UND NÄCHSTES MAL IMMER .

Auch daß

IMMER (WENN Q , DANN NÄCHSTES MAL Q)

nach sich zieht

WENN Q, DANN IMMER Q ,

muß auf keinen Protest stoßen; der Kenner akzeptiert es als Induktionsprinzip.

24.1.1 Man führt (erste Ansätze SEGERBERG 1967, KRÖGER 1976) für NÄCHSTES MAL ('after one time unit') einen einstelligen Junktor $\circ$ ein und bezeichnet als **Schrittlogik** mit der Sprache **KACENOL**$\Box\Diamond\circ$ eine Logik $K_\circ$, die zu den bisherigen Gesetzen DUAL und K von K hinzunimmt die Gesetze

Sd : $K_\circ \vdash \neg \circ p \leftrightarrow \circ\neg p$

Step$_\rightarrow$: $K_\circ \vdash \Box p \rightarrow (p \wedge \circ \Box p)$ Step$'_\rightarrow$: $K_\circ \vdash (p \vee \circ \Diamond p) \rightarrow \Diamond p$

Ind : $K_\circ \vdash (p \wedge \Box(p \rightarrow \circ p)) \rightarrow \Box p$ Ind$'$: $K_\circ \vdash \Diamond p \rightarrow (p \vee \Diamond\neg(\circ p \rightarrow p))$

sowie in Analogie zu K

K$\circ$: $K_\circ \vdash \circ(p \rightarrow q) \rightarrow (\circ p \rightarrow \circ q)$.

Ferner wird als Ableitungsregel hinzugenommen

MN$\circ$: *Wenn* $K_\circ \vdash \alpha$, *so* $K_\circ \vdash \circ\alpha$,

die ebenfalls vernünftig klingt.

Wie in 21.1.6 zeigt man

MM$\circ$: *Wenn* $K_\circ \vdash \alpha \rightarrow \beta$, *so* $K_\circ \vdash \circ\alpha \rightarrow \circ\beta$.

Eine weitere, viel gebrauchte Ableitungsregel (KRÖGER 1984, GOLDBLATT 1987) entsteht durch Kombination von **MN** und **MP** unter Rückgriff auf Ind :

M$\circ$: *Wenn* $K_\circ \vdash \alpha \rightarrow \circ\alpha$, *so* $K_\circ \vdash \alpha \rightarrow \Box\alpha$, dual
Wenn $K_\circ \vdash \circ\alpha \rightarrow \alpha$, *so* $K_\circ \vdash \Diamond\alpha \rightarrow \alpha$.

Beweis: Wenn $K_\circ \vdash \alpha \rightarrow \circ\alpha$, so ist nach **MN** $K_\circ \vdash \Box(\alpha \rightarrow \circ\alpha)$; nach Ind ist $K_\circ \vdash \Box(\alpha \rightarrow \circ\alpha) \rightarrow (\alpha \rightarrow \Box\alpha)$, **MP** ergibt $K_\circ \vdash \alpha \rightarrow \Box\alpha$. Entsprechend dual. ⋈

Das Gesetz Sd besagt, daß der Junktor $\circ$ selbstdual ist. Der in der umgangssprachlichen Fassung von Step vorhandenen Gleichsetzung ist Rechnung getragen, denn die umgekehrte Richtung läßt sich herleiten:

Satz 1: Es ist ableitbar

Step : $K_0 \vdash \Box p \leftrightarrow (p \wedge \circ \Box p)$ Step′ : $K_0 \vdash \Diamond p \leftrightarrow (p \vee \circ \Diamond p)$.

Beweis: Zu zeigen ist die umgekehrte Richtung.

Aus Step$_{\rightarrow}$:	$\Box p \rightarrow (p \wedge \circ \Box p)$
mit **MM**$\circ$:	$\circ \Box p \rightarrow \circ(p \wedge \circ \Box p)$
abgeschwächt zu:	$(p \wedge \circ \Box p) \rightarrow \circ(p \wedge \circ \Box p)$
mittels **M**$\circ$:	$(p \wedge \circ \Box p) \rightarrow \Box(p \wedge \circ \Box p)$.
Aus K :	$\Box(p \wedge \circ \Box p) \rightarrow (\Box p \wedge \Box \circ \Box p)$.
Transitivität gibt:	$(p \wedge \circ \Box p) \rightarrow (\Box p \wedge \Box \circ \Box p)$
abgeschwächt zu:	$(p \wedge \circ \Box p) \rightarrow \Box p$. Entsprechend dual. ⋈

Beachte, daß diese Umkehrung Step$_{\leftarrow}$ auch geschrieben werden kann

(∗) $\circ \Box p \rightarrow (p \rightarrow \Box p)$ sowie $p \rightarrow (\circ \Box p \rightarrow \Box p)$.

Auch Ind schreibt sich solcherart (wie schon im Beweis von **M**$\circ$ verwendet)

(∗∗) $\Box(p \rightarrow \circ p) \rightarrow (p \rightarrow \Box p)$ sowie $p \rightarrow (\Box(p \rightarrow \circ p) \rightarrow \Box p)$.

Aufgabe 111: Zeige als Korollar zu K$\circ$:

$K_0 \vdash \circ(p \wedge q) \leftrightarrow (\circ p \wedge \circ q)$ $K_0 \vdash \circ(p \vee q) \leftrightarrow (\circ p \vee \circ q)$.

24.1.2 Aus Step$_{\rightarrow}$ folgt durch Abschwächung sofort

T : $\Box p \rightarrow p$.

Die andere Abschwächung $\Box p \rightarrow \circ \Box p$ liefert mit **M**$\circ$

4 : $\Box p \rightarrow \Box \Box p$.

In K_0 ist also (bezüglich $\Box, \Diamond$) *S4* enthalten.

24.1.3 Für das Zusammenspiel der Junktoren gelten folgende Gesetze :

(1)	$\circ \Box p \rightarrow \circ p$	$\circ p \rightarrow \circ \Diamond p$
(2)	$\Box p \rightarrow \circ p$	$\circ p \rightarrow \Diamond p$
(3)	$\circ \Box p \leftrightarrow \Box \circ \Box p$	$\Diamond \circ \Diamond p \leftrightarrow \circ \Diamond p$
(4)	$\circ \Box p \leftrightarrow \Box \circ p$	$\Diamond \circ p \leftrightarrow \circ \Diamond p$

Beweis:

(1)	Aus T :	$\Box p \rightarrow p$
	mit **MM**$\circ$:	$\circ \Box p \rightarrow \circ p$. Entsprechend dual.
(2)	Aus Step$_{\rightarrow}$:	$\Box p \rightarrow \circ \Box p$ (abgeschwächt) .
	Aus (1) :	$\circ \Box p \rightarrow \circ p$.
	Transitivität gibt:	$\Box p \rightarrow \circ p$. Entsprechend dual.
(3)	Aus Step$_{\rightarrow}$:	$\Box p \rightarrow \circ \Box p$ (abgeschwächt)
	mit **MM**$\circ$:	$\circ \Box p \rightarrow \circ \circ \Box p$
	mit **M**$\circ$:	$\circ \Box p \rightarrow \Box \circ \Box p$.
	Umgekehrt	
	Aus T :	$\Box \circ \Box p \rightarrow \circ \Box p$.
(4)	Aus (3) :	$\circ \Box p \rightarrow \Box \circ \Box p$.
	Aus T mit **MM**$\circ$:	$\circ \Box p \rightarrow \circ p$,
	daraus mit **MM** :	$\Box \circ \Box p \rightarrow \Box \circ p$.
	Transitivität gibt:	$\circ \Box p \rightarrow \Box \circ p$. Entsprechend dual.

Umgekehrt

Aus Step$_\rightarrow$:	$\Box \circ p \rightarrow (\circ p \wedge \circ \Box \circ p)$
abgeschwächt:	$\Box \circ p \rightarrow (\circ p \wedge \circ \Box (p \rightarrow \circ p))$
mit Aufgabe 111 :	$\Box \circ p \rightarrow \circ (p \wedge \Box (p \rightarrow \circ p))$.
Aus Ind mit **MM**$\circ$:	$\circ (p \wedge \Box (p \rightarrow \circ p)) \rightarrow \circ \Box p$.
Transitivität gibt:	$\Box \circ p \rightarrow \circ \Box p$. Entsprechend dual. ⋈

Man beachte, daß in den bisherigen Beweisen das Gesetz Sd nicht herangezogen werden mußte.

24.1.4 Unter Verwendung des Gesetzes Sd lassen sich aus den Gesetzen für $K_\circ$ noch einschneidendere $\circ$-freie Gesetze herleiten.

Satz 3: $K_\circ \vdash$ Dum , Lem .

Beweis:

(Dum)

Aus ($*$) mit **MM** :	$\Box \circ \Box p \rightarrow \Box (p \rightarrow \Box p)$.
Mit (3), Transitivität:	$\circ \Box p \rightarrow \Box (p \rightarrow \Box p)$
durch Kettenschluß:	$(\Box (p \rightarrow \Box p) \rightarrow p) \rightarrow (\circ \Box p \rightarrow p)$.
Mit ($*$), Transitivität:	$(\Box (p \rightarrow \Box p) \rightarrow p) \rightarrow (\circ \Box p \rightarrow (\circ \Box p \rightarrow \Box p))$
vereinfacht:	$(\Box (p \rightarrow \Box p) \rightarrow p) \rightarrow (\circ \Box p \rightarrow \Box p)$
durch Kontraposition:	$(\Box (p \rightarrow \Box p) \rightarrow p) \rightarrow (\neg \Box p \rightarrow \neg \circ \Box p)$
mit Sd$_\rightarrow$:	$(\Box (p \rightarrow \Box p) \rightarrow p) \rightarrow (\neg \Box p \rightarrow \circ \neg \Box p)$
mit **MM** :	$\Box (\Box (p \rightarrow \Box p) \rightarrow p) \rightarrow \Box (\neg \Box p \rightarrow \circ \neg \Box p)$.
Aus ($**$) :	$\Box (\neg \Box p \rightarrow \circ \neg \Box p) \rightarrow (\neg \Box p \rightarrow \Box \neg \Box p)$.
Transitivität gibt:	$\Box (\Box (p \rightarrow \Box p) \rightarrow p) \rightarrow (\neg \Box p \rightarrow \Box \neg \Box p)$
durch Kontraposition:	$\Box (\Box (p \rightarrow \Box p) \rightarrow p) \rightarrow (\Diamond \Box p \rightarrow \Box p)$. ⋈

Beachte, daß nur die eine Richtung Sd$_\rightarrow$: $K_\circ \vdash \neg \circ p \rightarrow \circ \neg p$ des Gesetzes Sd zum Beweis gebraucht wurde.

(Lem) Ein Beweis wird sich in 24.3.1 ergeben.

24.1.5 Satz 3 zeigt, daß Modelle für die Schrittlogik eingeschränkt sind auf Modelle für *S4.3*[Dum] = *S4.4*. Sie müssen insbesondere (in Vorwärtsrichtung) unverzweigt sein. Das diskrete Omega-Modell $(\omega, \leq)$ ist offensichtlich *ein* Modell. Wieweit diskrete, (in Vorwärtsrichtung) unverzweigte Präordnungen als Modelle einer Schrittlogik geeignet sind, wird in 24.3 untersucht werden.

Nicht alle diskreten unverzweigten Strukturen sind jedenfalls ohne weiteres geeignet. Ein Gegenbeispiel liefert auf der Menge aller Worte über einem endlichen Zeichenvorrat von n Zeichen die Relation

$a \triangleright b$ genau dann, wenn b echtes Anfangswort ist von a

mit der Struktur eines zusammenlaufenden n-ärbaums. Für einen einelementigen Zeichenvorrat entarten die Worte zu Strichzahlen und die Struktur zu $(\omega, >)$. Die Struktur ist zwar (in Vorwärtsrichtung) unverzweigt, hat aber einen Endknoten. Es wird zu klären sein, was NÄCHSTES MAL in einem solchen Fall bedeuten soll.

24.2 Kripke-Strukturen mit Hüllen

In gewöhnlichen Modallogiken wird $\Diamond$ als duales zu $\Box$ (oder umgekehrt) eingeführt, beiden liegt ein und die selbe Kripke-Struktur mit dem Strukturgraph $\mathcal{G}$ zugrunde. In dimodalen Logiken wird zusammen mit $\mathcal{G}$ auch der *konverse* Strukturgraph $\mathcal{G}^T$ betrachtet, wodurch neben das Paar $\{\Diamond\!\!-, \Box\!\!-\}$ das Paar $\{-\!\!\Diamond, -\!\!\Box\}$ tritt.

24.2.1 In echt multimodalen Logiken werden jedoch mehrere Relationen $Q, R, S, \ldots$ nebeneinander betrachtet. Sie sollen sämtlich ein und die selbe Knotenmenge besitzen, müssen aber sonst miteinander nichts zu tun haben. Die zu ihnen gehörenden, wie in 22.1.1 definierten Modaloperatoren werden wir mit $\Diamond_Q, \Diamond_R, \Diamond_S, \ldots$ bzw. mit $\Box_Q, \Box_R, \Box_S, \ldots$ bezeichnen. $\mathcal{G}_Q, \mathcal{G}_R, \mathcal{G}_S, \ldots$ bezeichne die einzelnen Graphen. Mit $a \triangleright_R b$ soll bezeichnet werden, daß in der Struktur R eine Kante vom Knoten a zum Knoten b führt. Als (multiple) Kripke-Struktur sehen wir nun die Menge $\{Q, R, S, \ldots\}$ von Relationen mit gemeinsamer Knotenmenge an. $K_{Q,R,S,\ldots}$ sei die zugehörige Modallogik.

Ein Beispiel für solche multiple Kripke-Strukturen liefert die Theorie der (endlichen) Automaten, bei der zu jedem Zeichen aus einem Alphabet eine (Übergangs-)Relation gehört (siehe Bauer-Goos II, 3. Aufl., 7.4.2.1).

In der Relationenalgebra werden Zusammenhänge zwischen verschiedenen Relationen auf *einer* Knotenmenge betrachtet. Es wird zu untersuchen sein, ob und wie solche Zusammenhänge auf multimodale Gesetze führen, und umgekehrt, wie sich gewisse multimodale Gesetze als Zusammenhänge zwischen den einzelnen Relationen einer Kripke-Struktur auffassen lassen.

24.2.2 Im weiteren soll die Knotenmenge jeweils festgehalten werden.

Mit O soll die Null-Struktur, in der es keine Kanten gibt, bezeichnet werden.

Mit I soll die identische Struktur, die reflexiv ist und außer Kanten von einem Knoten zu diesem selbst (**Schlingen**) keine Kanten besitzt, bezeichnet werden.

Mit L soll die Eins-Struktur, in der es von jedem Knoten zu jedem Knoten eine Kante gibt, bezeichnet werden.

Nach Definition (22.1.1) sind nachfolgende Sätze unmittelbar einsichtig:

Satz 1: $\Diamond_O p$ fällt mit **O** , $\Box_O p$ fällt mit **L** zusammen.

Ein Spezialfall dieser zu O gehörigen Logik wurde schon in 22.1.2 erwähnt.

Satz 2: $\Diamond_I p$ fällt mit p zusammen, ebenso fällt $\Box_I p$ mit p zusammen.

Zu I gehört, vgl. 22.1.2, die klassische Logik. Der Junktor $\Diamond_I$ ist trivialerweise selbstdual.

Für $\Diamond_L p$ und $\Box_L p$ fehlen solche Kennzeichnungen.

Mit $R \subseteq S$ soll ausgedrückt werden, daß jede Kante von R auch Kante von S ist.

Satz 3: $R \subseteq S$ genau dann, wenn $\Diamond_R p \rightarrow \Diamond_S p$ (dual: wenn $\Box_S p \rightarrow \Box_R p$).

24.2.3 Wichtige zweistellige Operationen der Relationenalgebra (für weitere Einzelheiten siehe Bauer-Goos II, 3. Aufl., Abschnitt 7.1) sind die Vereinigung zweier Strukturen und das Produkt zweier Strukturen auf ein und der selben Knotenmenge:

Die **Vereinigung** $R \cup S$ hat als Kante jede Kante, die Kante ist von R oder Kante ist von S :

$a \rhd_{R \cup S} b$ genau dann, wenn $a \rhd_R b$ oder $a \rhd_S b$.

Satz 4: $\Diamond_{R \cup S}\, p$ fällt zusammen mit $\Diamond_R\, p \vee \Diamond_S\, p$
(dual: $\Box_{R \cup S}\, p$ fällt zusammen mit $\Box_R\, p \wedge \Box_S\, p$) .

Das **Produkt** $R \cdot S$ hat als Kante jede Kante, die über einen Zwischenknoten mittels einer Kante von R und einer Kante von S entsteht:

$a \rhd_{R \cdot S} b$ genau dann, wenn ein Knoten c existiert derart,
daß $a \rhd_R c$ und $c \rhd_S b$.

Satz 5: $\Diamond_{R \cdot S}\, p$ fällt zusammen mit $\Diamond_R \Diamond_S\, p$
(dual: $\Box_{R \cdot S}\, p$ fällt zusammen mit $\Box_R \Box_S\, p$) .

Für den Durchschnitt zweier Strukturen fehlen solche Kennzeichnungen.

Aufgabe 112: Überprüfe, daß $\Diamond_{R \cup O}\, p$ mit $\Diamond_R\, p \vee \Diamond_O\, p$ zusammenfällt und $\Diamond_{R \cdot I}\, p$ mit $\Diamond_R \Diamond_I\, p$. ⋈

Wie in 22.1.1 ist es offensichtlich, daß für jedes R folgende Schlußregel gilt

$\mathbf{MN}_R$: *Wenn* $K_R \vdash \alpha$, *so* $K_R \vdash \Box_R \alpha$.

24.2.4 In manchen Fällen ist die relationenmäßige Charakterisierung von Modallogiken sehr praktisch, wenn sie nämlich eine direkte **Übersetzung** in modallogische Gesetze erlaubt. So ist

die Reflexivität von R charakterisiert durch $I \subseteq R$,
das zugehörige Modalgesetz ist T'_R : $p \to \Diamond_R\, p$,

die Transitivität von R charakterisiert durch $R \cdot R \subseteq R$,
das zugehörige Modalgesetz ist $4'_R$: $\Diamond_R \Diamond_R\, p \to \Diamond_R\, p$,

die Lokaldichtheit von R charakterisiert durch $R \subseteq R \cdot R$,
das zugehörige Modalgesetz ist X'_R : $\Diamond_R\, p \to \Diamond_R \Diamond_R\, p$.

24.2.5 Als **reflexive Hülle** $R^\bullet$ einer Relation R definiert man die kleinste R umfassende reflexive Relation. Es ergibt sich

$$R^\bullet = R \cup I ,$$

denn $R^\bullet$ ist reflexiv (da $I \subseteq R \cup I$), umfaßt R und ist offenbar die kleinste R umfassende reflexive Relation. Man erhält sofort, daß $\Diamond_{R^\bullet} p$ zusammenfällt mit $\Diamond_R\, p \vee p$. Somit

Satz 6: Für die bimodale Logik mit der Kripke-Struktur $\{R, R^\bullet\}$ gilt das einfache bimodale Gesetz

$$\Diamond_{R^\bullet}\, p \leftrightarrow \Diamond_R\, p \vee p .$$

Als **transitive Hülle** R^+ einer Relation R definiert man die kleinste R umfassende transitive Relation, als **reflexiv-transitive Hülle** R^* einer Relation R die kleinste R umfassende reflexive und transitive Relation.

Wir begnügen uns damit, die reflexiv-transitive Hülle zu betrachten.

Satz 7: Die bimodale Logik K_{R,R^*} mit der Kripke-Struktur $\{R, R^*\}$ wird durch die folgenden bimodalen Gesetze[14] charakterisiert:

Incl' : $\Diamond_R\, p \rightarrow \Diamond_{R^*}\, p$	Incl : $\Box_{R^*}\, p \rightarrow \Box_R\, p$
Step' : $(p \vee \Diamond_R \Diamond_{R^*}\, p) \leftrightarrow \Diamond_{R^*}\, p$	Step : $\Box_{R^*}\, p \leftrightarrow (p \wedge \Box_R \Box_{R^*}\, p)$
Ind' : $\Diamond_{R^*}\, p \rightarrow (p \vee \Diamond_{R^*}(\neg p \wedge \Diamond_R\, p))$	Ind : $(p \wedge \Box_{R^*}(p \rightarrow \Box_R\, p)) \rightarrow \Box_{R^*}\, p$.

Daneben gelten für R^* allein die Gesetze

T' : $p \rightarrow \Diamond_{R^*} p$	T : $\Box_{R^*} p \rightarrow p$
4' : $\Diamond_{R^*} \Diamond_{R^*} p \rightarrow \Diamond_{R^*} p$	4 : $\Box_{R^*} p \rightarrow \Box_{R^*} \Box_{R^*} p$.

In K_{R,R^*} ist also (bezüglich R^*) *S4* enthalten.

Beweis: Wir zeigen zuerst, daß Incl', Step' und Ind' gelten:
Daß R^* R umfaßt, bedeutet $R \subseteq R^*$; übersetzt ergibt sich das Gesetz Incl'.

Daß R^* reflexiv ist, bedeutet $I \subseteq R^*$ (übersetzt T'). Daß R^* transitiv ist, zieht $R \cdot R^* \subseteq R^*$ nach sich, denn jeder Weg, der sich durch Aneinandersetzen eines Wegs aus R und eines Wegs aus R^* ergibt, ist schon in R^* enthalten (außerdem gilt $R^* \cdot R^* \subseteq R^*$, übersetzt 4'). Somit gilt sogar $(I \cup R \cdot R^*) \subseteq R^*$. Umgekehrt ist $I \cup (R \cdot R^*)$ reflexiv, denn $I \subseteq I \cup (R \cdot R^*)$; es ist auch transitiv, denn $R \cdot R^*$ enthält alle Wege mit mindestens einem Zwischenknoten, I enthält alle Wege ohne Zwischenknoten, nämlich alle Schlingen. Also umfaßt es R^*, $R^* \subseteq I \cup (R \cdot R^*)$. Zusammengenommen gilt also $I \cup (R \cdot R^*) = R^*$, übersetzt ergibt sich das Gesetz Step'. ⋈

Übrigens gilt auch $R \cdot R^* = R^* \cdot R$, übersetzt $\Diamond_R \Diamond_{R^*} p \leftrightarrow \Diamond_{R^*} \Diamond_R\, p$ (der Beweis erfordert Induktion!). Oft gebraucht wird die Abschwächung von Step'

(†) $\Diamond_R \Diamond_{R^*}\, p \rightarrow \Diamond_{R^*}\, p$.

Bezeichnenderweise gibt es für das Gesetz Ind' keine Übersetzung aus einer relationentheoretischen Beziehung. Es wird statt dessen zum Nachweis von Ind' die **Heinlesche Ableitungsregel** (HEINLE 1990)

$\mathbf{M}_{R,S}$: Es sei $R \subseteq S$.
Wenn $K_{R,S} \vdash \Diamond_R \alpha \rightarrow \alpha$, *so* $K_{R,S} \vdash \Diamond_S \alpha \rightarrow \alpha$

herangezogen, die unmittelbar einsichtig ist. Wir zeigen, daß aus dem Gesetz Step' mit der Heinleschen Ableitungsregel Ind' ableitbar ist (HEINLE):

Aus	$\Diamond_R p \leftrightarrow ((p \wedge \Diamond_R p) \vee (\neg p \wedge \Diamond_R p))$
abgeschwächt:	$\Diamond_R p \rightarrow (p \vee (\neg p \wedge \Diamond_R p))$
mit T' :	$\Diamond_R p \rightarrow (p \vee \Diamond_{R^*}(\neg p \wedge \Diamond_R p))$ (1) .
Aus	$\Diamond_R(p \vee \Diamond_{R^*}(\neg p \wedge \Diamond_R p)) \leftrightarrow (\Diamond_R p \vee \Diamond_R \Diamond_{R^*}(\neg p \wedge \Diamond_R p))$
mit (†):	$\Diamond_R(p \vee \Diamond_{R^*}(\neg p \wedge \Diamond_R p)) \rightarrow (\Diamond_R p \vee \Diamond_{R^*}(\neg p \wedge \Diamond_R p))$
transitiv mit (1):	$\Diamond_R(p \vee \Diamond_{R^*}(\neg p \wedge \Diamond_R p)) \rightarrow (p \vee \Diamond_{R^*}(\neg p \wedge \Diamond_R p))$
mit $\mathbf{M}_{R,R^*}$:	$\Diamond_{R^*}(p \vee \Diamond_{R^*}(\neg p \wedge \Diamond_R p)) \rightarrow (p \vee \Diamond_{R^*}(\neg p \wedge \Diamond_R p))$ (2) .
Aus	$p \rightarrow (p \vee \Diamond_{R^*}(\neg p \wedge \Diamond_R p)$
mit **MB**:	$\Diamond_{R^*} p \rightarrow \Diamond_{R^*}(p \vee \Diamond_{R^*}(\neg p \wedge \Diamond_R p)$
transitiv mit (2):	$\Diamond_{R^*} p \rightarrow (p \vee \Diamond_{R^*}(\neg p \wedge \Diamond_R p)$. ⋈

[14] SEGERBERG, um 1971 (in leicht verschiedener Form für K_{R,R^+}).

Umgekehrt ist zu zeigen (HEINLE 1990), daß durch die Gesetze von Satz 7 R^* als kleinste Relation S charakterisiert ist, die reflexiv, transitiv und R umfassend ist, für die also gilt:

$\mathrm{Incl}'_{R,S}$: $\Diamond_R\, p \rightarrow \Diamond_S\, p$,
T'_S : $p \rightarrow \Diamond_S\, p$,
$4'_S$: $\Diamond_S \Diamond_S\, p \rightarrow \Diamond_S\, p$.

Eine Ableitung verläuft folgendermaßen:

Aus T_S	$p \rightarrow \Diamond_S\, p$
mit **MB**:	$\Diamond_{R^*} p \rightarrow \Diamond_{R^*} \Diamond_S\, p$
mit Ind′, wo $\Diamond_S\, p$ für p :	$\Diamond_{R^*} p \rightarrow \Diamond_S\, p \vee \Diamond_{R^*}(\neg \Diamond_S\, p \wedge \Diamond_R \Diamond_S\, p)$
mit $\mathrm{Incl}'_{R,S}$:	$\Diamond_{R^*} p \rightarrow \Diamond_S\, p \vee \Diamond_{R^*}(\neg \Diamond_S\, p \wedge \Diamond_S \Diamond_S\, p)$
umgeformt:	$\Diamond_{R^*} p \rightarrow \Diamond_S\, p \vee \Diamond_{R^*} \neg(\Diamond_S \Diamond_S\, p \rightarrow \Diamond_S\, p)$
mit $4'_S$:	$\Diamond_{R^*} p \rightarrow \Diamond_S\, p \vee \Diamond_{R^*} \neg \mathbf{L}$
vereinfacht:	$\Diamond_{R^*} p \rightarrow \Diamond_S\, p$.

Damit ergibt sich übersetzt $R^* \subseteq S$. ⋈

24.2.6 Das Induktionsgesetz Ind in der Fassung

$p \wedge \Box_{R^*} (p \rightarrow \Box_R\, p) \rightarrow \Box_{R^*}\, p$

spiegelt den gebräuchlichen Induktionsmechanismus wieder:

$$p \wedge \Box_{R^*} (p \rightarrow \Box_R\, p) \rightarrow \Box_{R^*}\, p$$

↑ Anfang ↑ Schritt ↑ Ergebnis

Das Gesetz $\mathrm{Step}_{\rightarrow}$ hingegen drückt die Rekursion, die Zurückführung auf den nächst einfacheren Fall, aus.

24.2.7 Es muß noch darauf hingewiesen werden, daß zu einer gegebenen reflexiven und transitiven Relation, also zu einer Präordnung S , ein R derart daß $R^* = S$ ist, zwar stets existiert — man kann S selbst nehmen —, aber im allgemeinen nicht eindeutig bestimmt ist. Verlangt man zusätzlich, daß in R keine Kante auch Weg der Länge Zwei ist, d.h. daß $R \cdot R \cap R = O$ ist, so heiße R ein **Hasse-Diagramm** für S.

Ein Hasse-Diagramm braucht jedoch nicht zu existieren — beispielsweise gibt es auf den reellen Zahlen wegen ihrer Dichtigkeitseigenschaften kein Hasse-Diagramm für die gewöhnliche Präordnung $\leq$. Wenn es aber existiert, braucht es nicht eindeutig bestimmt zu sein. Im übrigen ist es irreflexiv (s. Aufg. 113).

Es erscheint deshalb vernünftig, statt einer Präordnung S ein Paar (R,S) zu betrachten, wo R Hasse-Diagramm ist zu S, sofern es ein solches gibt. Man schränkt sich dadurch in natürlicher Weise auf Strukturen ein, die intuitiv das Prädikat 'diskret' verdienen.

24.2.8 Für die transitive und die reflexiv-transitive Hülle der zu R konversen Relation R^T gilt offensichtlich Vertauschbarkeit

$$(R^T)^+ = (R^+)^T , \qquad (R^T)^* = (R^*)^T .$$

Damit lassen sich also Kripke-Strukturen mit Hüllen auch dimodal behandeln. Die Gesetze von MCTAGGART und PRIOR erhalten die Fassung

$$\Diamond_{R^{T*}} \Box_{R^*} p \rightarrow p \quad \text{und} \quad p \rightarrow \Box_{R^{T*}} \Diamond_{R^*} p .$$

24.3 Kripke-Strukturen der Schritt-Logiken

Ersetzt man in Satz 7 $\Diamond_{R^*}$ durch $\Diamond$ und $\Diamond_R$ durch $\circ$, so erhält man offensichtlich die Gesetze Step und Ind sowie (2) der Schrittlogik von 24.1 . Aus der Heinleschen Ableitungsregel wird die Ableitungsregel **M**$\circ$ von GOLDBLATT.

Die Relation R braucht jedoch weder eindeutig (22.1.4) noch total (22.1.3) zu sein. Definiert man

$next(a)$ = irgendein b: $a \triangleright b$,

so gibt der allgemeine Fall mit einer nichtdeterminierten und partiell definierten Funktion *next* eine nichtdeterministische und partiell definierte Schrittlogik. Ein Beispiel hierfür liefert die verzweigte Dreipunktstruktur $\mathcal{G}$f von 22.1.2 für R bzw. $\mathcal{G}\text{f}^*$ für R^* ; G und damit Lem ist verletzt.

Temporal gedeutet, hat man einen diskreten zukünftigen Aspekt.

24.3.1 Fordert man für R Eindeutigkeit, so gilt

(u) $R^T \cdot R \subseteq I$, übersetzt

U : $\Diamond_{R^T} \Diamond_R p \rightarrow p$ oder mit McTP $\Diamond_R p \rightarrow \Box_R p$, d.h.

$\Diamond_R \neg p \rightarrow \neg \Diamond_R p$, dual $\neg \Box_R p \rightarrow \Box_R \neg p$.

Letzteres ist die Richtung $\text{Sd}_{\rightarrow}$ des Gesetzes Sd der Selbstdualität von 24.1.4 , mit $\Box_R$ für $\circ$. Analog zu Satz 3 von 24.1.4 hat man ferner

Satz 8 : Gilt das Gesetz U für R, so gelten Lem und Dum für R^* .

In K_{R,R^*} mit eindeutigem R ist also (bezüglich R^*) *S4.4* enthalten.

Beweis (HEINLE): Der (nachzuholende, vgl. 24.1.4) Beweis für das Gesetz Lem erfordert typischerweise dimodales Vorgehen:

Aus U : $\Diamond_{R^T}\Diamond_R(p \vee \Diamond_{R^*}\Diamond_R p) \rightarrow (p \vee \Diamond_{R^*}\Diamond_R p)$ (1) .
Aus Step′ : $\Diamond_{R^*}\Diamond_R p \rightarrow (\Diamond_R p \vee \Diamond_R \Diamond_{R^*}\Diamond_R p)$
distributiv : $\Diamond_{R^*}\Diamond_R p \rightarrow \Diamond_R(p \vee \Diamond_{R^*}\Diamond_R p)$
MB für $\Diamond_{R^T}$: $\Diamond_{R^T}\Diamond_{R^*}\Diamond_R p \rightarrow \Diamond_{R^T}\Diamond_R(p \vee \Diamond_{R^*}\Diamond_R p)$
transitiv mit (1) : $\Diamond_{R^T}\Diamond_{R^*}\Diamond_R p \rightarrow (p \vee \Diamond_{R^*}\Diamond_R p)$
damit konjunktiv : $(\neg\Diamond_{R^*}\Diamond_R p \wedge \Diamond_{R^T}\Diamond_{R^*}\Diamond_R p) \rightarrow (\neg\Diamond_{R^*}\Diamond_R p \wedge (p \vee \Diamond_{R^*}\Diamond_R p))$
abgeschwächt : $(\neg\Diamond_{R^*}\Diamond_R p \wedge \Diamond_{R^T}\Diamond_{R^*}\Diamond_R p) \rightarrow p$
MB für $\Diamond_{R^{*T}}$: $\Diamond_{R^{*T}}(\neg\Diamond_{R^*}\Diamond_R p \wedge \Diamond_{R^T}\Diamond_{R^*}\Diamond_R p) \rightarrow \Diamond_{R^{*T}} p$ (2) .
Aus (†) : $\Diamond_{R^*}\Diamond_R p \rightarrow \Diamond_{R^*} p$
mit (2) adjunktiv : $(\Diamond_{R^*}\Diamond_R p \vee \Diamond_{R^{*T}}(\neg\Diamond_{R^*}\Diamond_R p \wedge \Diamond_{R^T}\Diamond_{R^*}\Diamond_R p)) \rightarrow$
$(\Diamond_{R^*} p \vee \Diamond_{R^{*T}} p)$ (3) .
Aus Ind′^{T} : $\Diamond_{R^{*T}}\Diamond_{R^*}\Diamond_R p \rightarrow$
$(\Diamond_{R^*}\Diamond_R p \vee \Diamond_{R^{*T}}(\neg\Diamond_{R^*}\Diamond_R p \wedge \Diamond_{R^T}\Diamond_{R^*}\Diamond_R p))$
transitiv mit (3) : $\Diamond_{R^{*T}}\Diamond_{R^*}\Diamond_R p \rightarrow (\Diamond_{R^*} p \vee \Diamond_{R^{*T}} p)$ (4) .
Aus Step′ : $\Diamond_{R^*} p \rightarrow (p \vee \Diamond_{R^*}\Diamond_R p)$
MB für $\Diamond_{R^{*T}}$: $\Diamond_{R^{*T}}\Diamond_{R^*} p \rightarrow \Diamond_{R^{*T}}(p \vee \Diamond_{R^*}\Diamond_R p)$
distributiv : $\Diamond_{R^{*T}}\Diamond_{R^*} p \rightarrow (\Diamond_{R^{*T}} p \vee \Diamond_{R^{*T}}\Diamond_{R^*}\Diamond_R p)$
transitiv mit (4) : $\Diamond_{R^{*T}}\Diamond_{R^*} p \rightarrow (\Diamond_{R^*} p \vee \Diamond_{R^{*T}} p)$.

Dies bedeutet übersetzt (lx) für R^*. Der weitere Weg geht wie in 23.2.2 .

Einen Beweis für das Gesetz Dum erhält man durch Umschreiben des Beweises in Satz 3, wobei $\Box$ durch $\Box_{R^*}$, $\circ$ durch $\Box_R$ zu ersetzen ist. ⋈

Als Modell für diese deterministische, aber partielle Schritt-Logik mag die endliche Struktur R des Graphen $\mathcal{G}f^T$ von 23.1.2 dienen, oder die Struktur des zusammenlaufenden n-ärbaums von 24.1.5, speziell die Struktur $(\omega, >)$. Wo sie definiert ist, liefert die Funktion *next* den nächsten Knoten, der Modaloperator $\circ$ hat also den Aspekt NÄCHSTES MAL, FALLS ÜBERHAUPT .

24.3.2 Schließlich kann man für die Struktur R auch Totalität fordern. Man hat dann

(d) $I \subseteq R \cdot R^T$, übersetzt

D : $p \to \Diamond_R \Diamond_{R^T} p$ oder mit McTP′ $\Box_R p \to \Diamond_R p$, d.h.

$\neg\Diamond_R p \to \Diamond_R \neg p$, dual $\Box_R \neg p \to \neg\Box_R p$.

Letzteres ergibt die „andere Richtung“ $\mathrm{Sd}_{\leftarrow}$. Zusammen mit $\mathrm{Sd}_{\rightarrow}$ erhält man das Gesetz Sd von 24.1.1 , $\Diamond_R$ wird selbstdual. Der Fall der gewöhnlichen Schrittlogik (24.1) ist also durch eine **Abbildung** R charakterisiert, relationentheoretisch durch

$R^T \cdot R \subseteq I \subseteq R \cdot R^T$.

($R^T \cdot R \subseteq R \cdot R^T$ bedeutet gerade, daß R lokalkonvex ist.)

Die in 22.1.4 diskutierten Modelle $\mathcal{G}z_\infty$ und $\mathcal{G}z_n$ sind beide Hasse-Diagramme, verhalten sich jedoch ganz verschieden, wenn sie für R gewählt werden: Während zu $R \doteq \mathcal{G}z_\infty$ gehört $R^* \doteq (\omega, \leq)$, gehört zu $R \doteq \mathcal{G}z_n$ $R^* \doteq L$, die Eins-Struktur. $\mathcal{G}z_n$ sind also insofern uninteressante Hasse-Diagramme.

Fordert man zu (u) auch noch (u^T) , so ist die Funktion *next* injektiv, die zusammenlaufenden n-ärbäume scheiden als Modelle aus. Endliche Ketten, wie etwa die Kripke-Struktur $\{\mathcal{G}3, \mathcal{G}3^*\}$ verbleiben. Nimmt man nun (d) hinzu, so scheiden auch sie aus, aber $(\omega, \leq)$ verbleibt immer noch als Modell. Fordert man überdies (d^T), so ist *next* surjektiv; es scheiden weiterhin die natürlichen Zahlen aus, lediglich die ganzen Zahlen verbleiben noch als interessante Hasse-Diagramme. Relationentheoretisch ist dieser Fall durch

$R^T \cdot R = I = R \cdot R^T$

charakterisiert; nach BOLZANO sind es gerade die unendlichen Knotenmengen, für die allein er interessant ist.

Aufgabe 113: Eine Struktur R soll **schwach diskret** heißen, wenn zu jedem Knoten a ein Knoten b mit $a \rhd_R b$ existiert derart, daß aus $c \rhd_R b$ folgt $\neg(a \rhd_R c)$. Zeige:

[a] Eine definale Struktur R , die Hasse-Diagramm ist, ist schwach diskret.

[b] Eine schwach diskrete Struktur R ist **irreflexiv**: es gilt $\neg(a \rhd_R a)$ und **asymmetrisch**: aus $(a \rhd_R b)$ folgt $\neg(b \rhd_R a)$.

[c] Welche weiteren Eigenschaften muß eine schwach diskrete Struktur R haben, damit die dimodalen Gesetze von HAMBLIN 1965

$(p \wedge \Box_{R^T} p) \to \Diamond_R \Box_{R^T} p$, $(p \wedge \Box_R p) \to \Diamond_{R^T} \Box_R p$

erfüllt sind?

Hinweise zur Lösung der Aufgaben

Aufgabe 1: Unter der Besetzung $a \hat{=}\ x \leq y$, $b \hat{=}\ x \geq y$, $c \hat{=}\ x > y$, $d \hat{=}\ y < z$, $e \hat{=}\ x < z$ sind folgende Aussageformen geeignet:

[a] $a \vee b$;

[b] $\neg(a \leftrightarrow c)$;

[c] $(a \wedge d) \rightarrow e$;

[d] $(a \wedge d) \wedge \neg e$;

[e] $((\neg a) \wedge (\neg d)) \wedge (\neg(\neg e))$;

[f] $(\neg(a \wedge d) \wedge (\neg(d \wedge (\neg e)))) \ \wedge\ (\neg((\neg e) \wedge a))$;

[g] $\neg((a \wedge d) \wedge (\neg e))$;

[h] $(a \rightarrow d) \wedge (c \rightarrow e)$;

[i] $((a \rightarrow (d \rightarrow e)) \wedge (c \rightarrow (\neg e))) \ \wedge (e \rightarrow a)$.

Aufgabe 2: Symmetrie der Matrix bezüglich der Hauptdiagonalen.

Aufgabe 3: Abbildung, da Grammatik eindeutig! Deutung: „Tiefe“ (für Realisierungen binärer Schaltlogik: „Laufzeittiefe“) der Aussageform.

Aufgabe 4: [a]: $b(\langle prime\ form\rangle) =_{def} 0$, $b(\ (\langle unary\ op\rangle\alpha)\ ) =_{def} 2 + b(\alpha)$, $b(\ (\alpha\langle binary\ op\rangle\beta)\ ) =_{def} b(\alpha) + b(\beta))$. [b]: Man unterscheide $g(\langle propos\ var\rangle)$ und $g(\langle nullary\ op\rangle)$.

Aufgabe 5: $l(\langle prime\ form\rangle) =_{def} 1$, $l(\ (\langle unary\ op\rangle\alpha)\ ) =_{def} 3 + l(\alpha)$, $l(\ (\alpha\langle binary\ op\rangle\beta)\ ) =_{def} 3 + l(\alpha) + l(\beta))$. Aus $l(\gamma) = 6$ folgt die Existenz von α mit $l(\alpha) = 3$ oder von α und β mit $l(\alpha) + l(\beta)) = 3$. Das eine wie das andere führt zu einem Widerspruch.

Aufgabe 6: [a] bis [d] sowie [h]: (T, F). [e], [g]: (F, T). [f], [i]: (T, T).

Aufgabe 7: Resultat: **L** bzw. T.

Aufgabe 8: Stehen unmittelbar links des (in polnischer Notation) ganz rechts stehenden **L** genau k ($k \geq 1$) Unbestimmte oder logische Konstanten, so entfallen diese und die anschließenden k Symbole **C** : $\mathbf{C}^k\pi^k\mathbf{L} \succ\!\!- \mathbf{L}$. Es verbleibt ganz rechts ein **L**, der Prozeß wiederholt sich.

Aufgabe 9: [a], [b], [c]: $(FTTF)$. [d], [e], [f]: $(TFFT)$. [g]: (FF).

Aufgabe 10: Bei lexikographischer Auflistung der Argumenttupel: $(TTTTTTTF)$ bzw. $(TFFFFFFF)$.

Aufgabe 11: [a], [b]: $(TTTTTFFF)$. [c], [d]: $(TTTFTFFF)$.
[e]: $(TTTTTTTF)$ (vgl. Aufgabe 10).
[f]: $(FFFTTTTF)$. [g], [h]: $(TFFTFTTF)$.

Aufgabe 12: Beim Aufstellen der Wertetafel kann man ausnützen, daß [c] und [d] sowie [e] und [f] gemeinsame Teilformen besitzen. Anwendung von Aufgabe 8 lohnt sich etwa bei [e] und [g]. Auch bei [i] ist es besser, zuerst das Konsequens zu berechnen.

Aufgabe 13: Belegung $(a, b, c) := (\mathbf{O}, \mathbf{O}, \mathbf{O})$

Aufgabe 14: Nach Aufgabe 8 erhält man ein Gegenbeispiel, wenn man die am weitesten rechts stehende Unbestimmte mit **L** belegt.

Aufgabe 15: [a]: 4.2.2, Beispiel (1) und (2). [b], [c]: Wertetabellen ansehen! [d]: $\{\mathbf{L}\}$ ist einelementig, enthält also gar keine zwei Aussageformen; die Vielfachkonjunktion ist **L**.

Aufgabe 16: Identifizierung von a und c in Aufgabe 11 [a] und [f].

Aufgabe 17: Die die linke Seite erfüllenden Belegungen haben $a = b = \mathbf{L}$ oder $c = d = \mathbf{L}$. Im einen wie im anderen Fall ist die rechte Seite erfüllt.

Aufgabe 18: Aus Aufgabe 12[d], bzw. durch Vergleich von $b \to c$ in 4.1.5 (3) und $(a \to b) \to (a \to c)$ in 4.1.5 (4).

Aufgabe 19: [a]: Vertauschen der Zeilen und der Spalten der Wertetafel für **E**. [b]: Vertauschen der Zeilen der Wertetafel für **A**, Vertauschen der Zeilen und der Spalten der Wertetafel für **C** mit anschließendem Spiegeln an der Hauptdiagonalen. [c] Vergleich der Wertetafeln von **A** und **K**.

Aufgabe 21: Unter der Besetzung
$a \triangleq$ „A hat ein größtes Element" ; $b \triangleq$ „B hat ein kleinstes Element" sind folgende Aussageformen geeignet:
(1) $a \wedge b$, (2) $\neg a \wedge \neg b$, (3) $(a \wedge \neg b) \vee (b \wedge \neg a)$. Es gilt
$\neg(2) \models\!\!\!\!\!= (1), (1) \models \neg(3), (3) \models (2)$.

Aufgabe 22: [a] aus Aufgabe 12[b]. Der Beweis der zu [b] passenden Tautologie $\models ((\neg a \to b) \to b) \leftrightarrow (a \to b)$ fällt als Korollar zu 12 [b] an. (Einfacher mit dem Ersetzbarkeitsstheorem von 7.1.1) .

Aufgabe 23: Boolesches Fundamentaltheorem für den linksstehenden Ausdruck.

Aufgabe 24: Der Wertverlaufsvergleich erfordert aus Symmetriegründen nur 6 Belegungen. $a \wedge (b \leftrightarrow c)$ ist nicht gleichstark $(a \wedge b) \leftrightarrow (a \wedge c)$: Belegung $(a, b, c) := (\mathbf{O}, \mathbf{O}, \mathbf{O})$ liefert Gegenbeispiel.

Aufgabe 25: $a \wedge (b \to c)$ ist nicht gleichstark $(a \wedge b) \to (a \wedge c)$: Belegung $(a, b, c) := (\mathbf{O}, \mathbf{O}, \mathbf{O})$ liefert Gegenbeispiel.

Aufgabe 26: [a]: Aufgabe 22[a]. [b]: Für die Teilbelegung $e := \mathbf{L}$: Aufgabe 8. Für die Teilbelegung $e := \mathbf{O}$: Wegen $a \to \mathbf{O} \models\!\!\!\!\!= \neg a$ steht im Effekt links dreifache, rechts einfache Verneinung. Elementarer Nachweis der Wertverlaufsgleichheit. (Einfacher in Aufgabe 36 mit dem Ersetzbarkeitstheorem von 7.1.1).

Mit einem hinlänglich absurden e ist $(\lambda p)(p \to e)$ eine euphemistische Pseudonegation, für die doppelte Verneinung mit abgeschwächter Bejahung und dreifache Verneinung mit einfacher Verneinung zusammenfällt.

Aufgabe 27: Elementar. [a] bis [d]: Für linksseitige Distributivität sind $(a, b, c) := (\mathbf{L}, \mathbf{O}, \mathbf{O})$ (zweimal) und $(a, b, c) := (\mathbf{O}, \mathbf{O}, \mathbf{O})$ (zweimal) Gegenbeispiele. Für [g] siehe auch 4.1.5, Beispiele (3) und (7) .

Aufgabe 28: $\neg(a \leftrightarrow c) \wedge (b \to \neg c) \wedge (a \vee b)$. (Gleichstark ist $\neg(a \to c)$, vgl. auch Aufgabe 76).

Aufgabe 29: Unter der Besetzung
$cd \triangleq$ 'It's raining cats and dogs'; $e \triangleq$ 'I'll eat my hat'; $h \triangleq$ 'I stay at home'; $p \triangleq$ 'the picnic is cancelled'; $r \triangleq$ 'It rains'; $s \triangleq$ 'I'm going swimming'; $w \triangleq$ 'I'll be wet' sind folgende Aussageformen geeignet:

[a] $(r \wedge h) \to \neg w$

[b] $r \to w$

[c] $\begin{cases} (r \wedge \neg p) \vee (\neg h \to w) \\ (r \wedge (\neg p \vee \neg h) \to w) \end{cases}$

(linguistisch zweideutig; die zweite Version hat *semantisch* mehr für sich).

[d] $(p \vee \neg p) \to (r \to h)$ (emphatisch für $(r \to h)$).

[e] $\neg r \vee h$ (emphatisch für $(r \to h)$).

[f] $(r \vee \neg r) \to s$ (emphatisch für s).

[g] $r \to \neg s$

[h] cd (Redensart, logisch nicht zerlegbar)

[i] $(cd \wedge s) \to e$ (gleichstark $cd \to (s \to e)$)

[j] $cd \to (e \wedge \neg s)$

Wird e euphemistisch für $\mathbf{O}$ gebraucht, sind [i] und [j] gleichstark mit $\neg(cd \wedge s)$ bzw. $\neg cd$.

Aufgabe 30: $((a \vee b) \wedge \neg a) \to b$ ist eine Tautologie. Man braucht nicht zu wissen, was „schnrzlt" oder „rscht" bedeutet, um der Aussage zustimmen zu können.

Aufgabe 31: „Es ist genug" wäre verständlich, ist aber nicht korrekt. „Ich bin enttäuscht" wäre auch denkbar, ist aber ebenfalls nicht korrekt. „Ja" ist korrekt, dürfte aber das Informationsbedürfnis des Verlegers nicht stillen.

Aufgabe 32: $a \models c$ und $b \models d$ bedeuten $a \wedge c \mathrel{\models\!\!\!\dashv} c$ bzw. $b \wedge d \mathrel{\models\!\!\!\dashv} d$. Anwendung der Verzahnungsgesetze von 5.3 und des Assoziativgesetzes.

Aufgabe 33: Nein. Für $\alpha \doteq p$, $\beta \doteq q$ wäre $p \to q \mathrel{\models\!\!\!\dashv} (p \to \pi) \wedge (\pi \to q)$, wobei in π keine Unbestimmte vorkommen darf. Aber sowohl $\pi \doteq \mathbf{O}$ wie auch $\pi \doteq \mathbf{L}$ führen zu einem Widerspruch.

Aufgabe 34: Substitution $(a, b, c) := (\neg b, \neg c, \neg a)$ in [e] bzw. [f], Gesetz von De Morgan und Kontrapositionsgesetz. Gegenstück zu [h] unter der selben Substitution ist $a \to (c \to b) \mathrel{\models\!\!\!\dashv} (a \wedge c) \to b$ (Gesetz von der Prämissenverbindung).

Aufgabe 36: Sukzessive Verwendung von

[a] Gesetz von der Prämissenverschmelzung (5.3),

[b] Gesetz von Peirce (5.4.1),

[c] Gesetz von RUSSELL (5.4.1), sowie jedes zweite Mal $(a \rightarrow b) \vee b \models\!\!\!\dashv a \rightarrow b$ (oder auch $(a \vee b) \rightarrow b \models\!\!\!\dashv a \rightarrow b$).

Aufgabe 37: [a] Elimination von $\rightarrow$ in 5.4.2 [b] Auf rechte Seite von [a] Distributiv-,Assoziativ-, Kommutativ- und Neutralitätsgesetz [c] Rechte Seite von [b] liefert mit De Morgan-Gesetz $(a \vee b) \rightarrow (a \wedge b)$; 5.1.2, Beispiel (3) gibt $(a \wedge b) \rightarrow (a \vee b) \models\!\!\!\dashv \mathbf{L}$.

Aufgabe 38: Neben Assoziativ- und Kommutativgesetz [a] Distributivgesetz [b] Idempozenzgesetz [c] De Morgan- und Idempotenzgesetz [d] De Morgan- und Distributivgesetz [e] kein weiteres Gesetz.

Aufgabe 39: Zeige zuerst $a \backslash b \models\!\!\!\dashv \neg(\neg b \rightarrow \neg a)$ (Kontraposition!).

Aufgabe 40: Assoziativ sind $\mathbf{K}, \mathbf{A}, \mathbf{E}, \overline{\mathbf{E}}$ und trivialerweise $\mathbf{I}_1, \mathbf{I}_2, \mathbf{L}, \mathbf{O}$. Damit sind die Wertetafel-Muster

$$\begin{pmatrix} T & * \\ * & F \end{pmatrix} \text{ und } \begin{pmatrix} T & x \\ x & T \end{pmatrix}, \begin{pmatrix} F & x \\ x & F \end{pmatrix} \text{ erfaßt. Für die Muster}$$

$$\begin{pmatrix} F & * \\ * & T \end{pmatrix} \text{ und } \begin{pmatrix} T & x \\ \neg x & T \end{pmatrix}, \begin{pmatrix} F & x \\ \neg x & F \end{pmatrix} \text{ zeigt man Widerspruch.}$$

Aufgabe 41: Gemäß Definition von $\mathbf{B}$ soll gelten $(\pi(a,b) \wedge a) \vee (\neg\pi(a,b) \wedge b) \models\!\!\!\dashv a \wedge b$. Von den vier möglichen Belegungen für π führen nur zwei zu Einschränkungen: $\pi(\mathbf{L},\mathbf{O}) \models\!\!\!\dashv \mathbf{O}$ und $\neg\pi(\mathbf{O},\mathbf{L}) \models\!\!\!\dashv \mathbf{O}$. Damit sind nach Tab. 2 die vier Funktionen $\mathbf{C}$, $\mathbf{I}_2$, $\overline{\mathbf{I}}_1$, $\overline{\mathbf{C}}$ geeignet. Alle mit $a \rightarrow b$, b, $\neg a$ und $a \not\leftarrow b$ gleichstarken Aussageformen kommen also in Frage.

Aufgabe 42: Benutze $a \not\leftrightarrow b \models\!\!\!\dashv \neg a \leftrightarrow b \models\!\!\!\dashv \neg(a \leftrightarrow b)$.

Aufgabe 43: Man beachte die spiegelbildlichen Symmetrien:

$$\begin{array}{ll}
a & TTTTFFFF \\
b & TTFFTTFF \\
c & TFTFTFTF \\
s_1 = \mathbf{M}(a,b,\neg c) & TTFTFTFF \\
s_2 = \mathbf{M}(a,\neg b,c) & TFTTFFTF \\
s_3 = \mathbf{M}(\neg a,b,c) & TFFFTTTF \\
\mathbf{M}(s_1,s_2,s_3) & TFFTFTTF
\end{array}$$

Aufgabe 44: $[\mathbf{D}] \equiv Y^3_{178} \hat{=} TFTTFFTF$.

Aufgabe 45: Die Frage läuft auf die Primfaktorzerlegung der Zahlen $2^{2^m} - 1$ $(m \geq 1)$ hinaus. Nun ist $2^{2^m} - 1 = (2^{2^{(m-1)}} + 1)(2^{2^{(m-1)}} - 1)$, also $2^{2^m} - 1 = F_{m-1} \cdot F_{m-2} \cdot F_{m-3} \cdot \ldots \cdot F_2 \cdot F_1 \cdot F_0$, wo $F_i = 2^{2^i} + 1$ die i-te Fermatzahl ist. Es ist kaum zu erwarten, daß jede Primzahl als Faktor einer Fermatzahl auftritt.

Aufgabe 46: [a]: $\mathbf{C}/\mathbf{AN}$-Elimination ergibt $a \vee \neg b \vee \neg c \vee d$. Es gibt vier Möglichkeiten der Identifizierung, die eine Tautologie ergeben. [b]: Ebenso $\neg a_1 \vee \neg a_2 \vee \neg a_i \vee \ldots \vee \neg a_i \vee a_{i+1}$. Identifizierung irgendeines $a_\mu (\mu = 1, 2, \ldots, i)$ mit a_{i+1} ergibt eine Tautologie.

Aufgabe 47: $a \vee b \models\!\!\!\dashv (a \leftrightarrow b) \leftrightarrow (a \wedge b)$.

Aufgabe 48:
[a]: $\mathbf{B}''(a,b,\neg a) \mathrel{\models\!\!\!\dashv} (a \to b) \wedge \mathbf{L}$
[b]: $\mathbf{B}'(a,b,\neg b) \mathrel{\models\!\!\!\dashv} (a \to \neg b) \wedge (\neg a \to b)$
[c]: $\mathbf{B}(a,\neg a,b) \mathrel{\models\!\!\!\dashv} \mathbf{O} \vee (b \wedge \neg a)$
[d]: $\mathbf{B}(a,\neg b,b) \mathrel{\models\!\!\!\dashv} (a \wedge \neg b) \vee (\neg a \wedge b)$.

Aufgabe 49: Ja. Etwa $\mathbf{B}(a,b,\mathbf{B}(b,a,\mathbf{L}))$.

Aufgabe 50: $a \wedge b \mathrel{\models\!\!\!\dashv} \mathbf{M}(a,\mathbf{O},b)$; **KN** ist funktional vollständig.
$a \uparrow b \mathrel{\models\!\!\!\dashv} \overline{\mathbf{M}}(a,\mathbf{O},b)$; $\overline{\mathbf{K}}$ ist funktional vollständig.

Aufgabe 51: $\mathbf{B}(a,b,c) \mathrel{\models\!\!\!\dashv} (a \to b) \wedge (\neg a \to c) \mathrel{\models\!\!\!\dashv} \neg((a \to b) \to \neg(\neg a \to c))$ nach Tabelle 1, Basis **CN**. Beachte: $\neg p \mathrel{\models\!\!\!\dashv} p \nleftrightarrow (p \to p)$.

Aufgabe 52: Selbstduale Funktionen sind gerade durch die in Aufgabe 43 zutagegetretene spiegelbildliche Symmetrie charakterisiert. Es gibt genau zwei wesentlich einstellige, nämlich die Identität und **N**; vier zweistellige und somit keine wesentlich zweistellige; sechzehn dreistellige und somit zehn wesentlich dreistellige.

Aufgabe 53: Durch Induktion kann gezeigt werden:
[a]: Die Anzahl der Belegungen, die **L** ergeben,und die Anzahl der Belegungen, die **O** ergeben, stimmen überein. Damit ist etwa **K** nicht ausdrückbar.
[b]: (i) Nach 8.8.3 erzeugt **MEEN** selbstduale Aussageformen. Wenn $\xi : (p_1, p_2, \ldots p_n) := (a_1, a_2, \ldots a_n)$ **L** ergibt, so ergibt sich **O** durch $\xi' : (p_1, p_2, \ldots p_n) := (\neg a_1, \neg a_2, \ldots \neg a_n)$. Damit ist etwa **C** nicht ausdrückbar. (ii) Nach 7.2 erzeugt **B** identitive Aussageformen. Damit ist **N** nicht ausdrückbar.

Aufgabe 54: Die Aussageformen der Sprache **C** in zwei Unbestimmten haben nach Aufgabe 8 die Wertetafel-Muster

$$\begin{pmatrix} * & * \\ T & T \end{pmatrix} \text{ oder } \begin{pmatrix} * & T \\ * & T \end{pmatrix} .$$

Unter diese Gestalt fallen an echten zweistelligen Funktionen nur **A**,**C** und konvers $\overleftarrow{\mathbf{C}}$.

Aufgabe 55: Es gibt 3 einstellige $(\mathbf{I},\mathbf{O},\mathbf{L})$, 6 zweistellige $(\mathbf{K},\mathbf{A},\mathbf{I}_1,\mathbf{I}_2,\mathbf{O},\mathbf{L})$ und 20 dreistellige monotone Funktionen. Eine Formel für die Anzahl monotoner Funktionen in n Unbestimmten ist nicht bekannt.

Aufgabe 57: Der Beweis erfordert Induktion über den Aufbau von α unter Heranziehung der Gleichungsgesetze des Booleschen Verbands.

Aufgabe 58: [a] Da $(a+b)\cdot(a+b) \equiv (a+b)$ und $a \cdot a \equiv a$, $b \cdot b \equiv b$, ist $a{\cdot}a{+}a{\cdot}b{+}b{\cdot}a{+}b{\cdot}b \equiv a{+}b$, also $a{\cdot}b{+}b{\cdot}a \equiv 0$. Speziell gilt $a{\cdot}a{+}a{\cdot}a \equiv 0$, also $a + a \equiv 0$; ferner $a \cdot a + a \equiv 0$, $a \cdot (a+1) \equiv 0$. (Damit gilt aber auch $a \cdot b \equiv b \cdot a$, der Boolesche Ring ist also notwendigerweise ein kommutativer Ring).
[b] Es ist $x \oplus y = 1 - ((1-x) + (1-y))$, $x \odot y = 1 - ((1-x)\cdot(1-y))$. Invarianz unter der Abbildung $a \mapsto 1 - a$!

Aufgabe 59: Man zeige zuerst (III) und anschließend (komm). (IV) und (V) sind dann trivial. Siehe B.A. Bernstein, Bull. Amer. Math, Soc. **39**, 783-787 (1939).

Aufgabe 60: (9) $\mathbf{B}(p,p,b) \equiv \mathbf{B}(p,\mathbf{B}(p,\mathbf{L},\mathbf{O}),b) \equiv \mathbf{B}(p,\mathbf{L},b)$ nach (4) und (5); (10) $\mathbf{B}(p,a,p) \equiv \mathbf{B}(p,a,\mathbf{B}(p,\mathbf{L},\mathbf{O})) \equiv \mathbf{B}(p,a,\mathbf{O})$ nach (4) und (6).

Aufgabe 61: [a]: $\mathbf{B}(p,a,\mathbf{B}(p,b,c)) \equiv \mathbf{B}(p,\mathbf{B}(p,a,c),\mathbf{B}(p,b,c))$ nach (5), rechts vereinfachen mit (7), (1), (5) (C. Düppe).
[b]: *Hilfssatz*: $(4')\mathbf{B}(p,\mathbf{L},q) \equiv \mathbf{B}(q,\mathbf{L},p)$.
Beweis: $\mathbf{B}(p,\mathbf{B}(q,\mathbf{L},\mathbf{L}),\mathbf{B}(q,\mathbf{L},\mathbf{O})) \equiv \mathbf{B}(q,\mathbf{B}(p,\mathbf{L},\mathbf{L}),\mathbf{B}(p,\mathbf{L},\mathbf{O}))$ nach (7), beidseitig vereinfachen mit (1), (4). ⋈
Nun $\mathbf{B}(\mathbf{O},a,b) \equiv \mathbf{B}(\mathbf{O},\mathbf{B}(a,\mathbf{L},\mathbf{O},b) \equiv \mathbf{B}(\mathbf{O},\mathbf{B}(\mathbf{O},\mathbf{L},\mathbf{a},b) \equiv \mathbf{B}(\mathbf{O},\mathbf{L},b) \equiv \mathbf{B}(b,\mathbf{L},\mathbf{O}) \equiv b$ mit $(4),(4'),(5),(4'),(4)$.
Ähnlich *Hilfssatz*: $(4'')\mathbf{B}(p,q,\mathbf{O}) \equiv \mathbf{B}(q,\mathbf{O},p)$
Nun $\mathbf{B}(\mathbf{L},a,b) \equiv a$ mit $(4),(4''),(6),(4''),(4)$. (A. Schumacher).

Aufgabe 62: Für $a \wedge b =_{def} \mathbf{B}(a,b,\mathbf{O})$, $a \vee b =_{def} \mathbf{B}(a,\mathbf{L},b)$ ergibt sich Kommutativität: Aufgabe 61, $(4'),(4'')$; Idempotenz: mit (9), (4) bzw. (10, (4) (ohne (8))! Absorption: mit (5), (4) bzw. (6), (4); Assoziativität: mit (8), (3). Die Distributivität ist etwas mühsamer zu beweisen.

Für $\neg a =_{def} \mathbf{B}(a,\mathbf{O},\mathbf{L})$ ergibt sich
Involution: mit (8), (2), (3), (4) ; Neutralität: mit (5), (1) ; de Morgan: mit (8), (3), (0) .

Aufgabe 63: Ausrechnen mittels 10.2.1 $(*),(**)$.

Aufgabe 64: Anreicherung nach 5.6.1 .

Aufgabe 65: [a]: $(\mathbf{N}_\wedge)$ oder $(\mathbf{F}_\wedge)$ [b]: $(\mathbf{N}_\vee);(\mathbf{F}_\wedge)$ [c]: $(\mathbf{F}_\vee)$ [d], [e]: $(\mathbf{F}_\vee)$ [f]: $(\mathbf{N}_\leftrightarrow)$.

Aufgabe 66:
[a]: $\neg(\mathbf{O} \wedge \mathbf{L}); \neg\mathbf{O}; \mathbf{L}$
[b]: $\neg(\mathbf{O} \wedge \mathbf{L}) \leftrightarrow \mathbf{O}; \neg\neg(\mathbf{O} \wedge \mathbf{L}); (\mathbf{O} \wedge \mathbf{L}); \mathbf{O}$
[c]: $\neg\mathbf{O}; \mathbf{L}$
[d]: Auswahl links gibt $\mathbf{O} \vee (\neg(\mathbf{L} \vee \mathbf{O}))$; $\neg(\mathbf{L} \vee \mathbf{O}))$; $\neg\mathbf{L}$; $\mathbf{O}$.
Auswahl rechts gibt $(\mathbf{L} \wedge \mathbf{O}) \vee \neg\mathbf{L}$; $(\mathbf{L} \wedge \mathbf{O}) \vee \mathbf{O}$; $\mathbf{L} \wedge \mathbf{O}$; $\mathbf{O}$.

Aufgabe 67: Wenn man nach der Belegungsmethode vorgeht, kann man sich aus Symmetriegründen auf 4×4 Belegungen beschränken:

(1) $(p_1,p_2,p_3) := (\mathbf{L},\mathbf{L},\mathbf{L})$; (2) $(p_1,p_2,p_3) := (\mathbf{L},\mathbf{L},\mathbf{O})$;
(3) $(p_1,p_2,p_3) := (\mathbf{L},\mathbf{O},\mathbf{O})$; (4) $(p_1,p_2,p_3) := (\mathbf{O},\mathbf{O},\mathbf{O})$;
(1′) $(q_1,q_2,q_3) := (\mathbf{L},\mathbf{L},\mathbf{L})$; (2′) $(q_1,q_2,q_3) := (\mathbf{L},\mathbf{L},\mathbf{O})$;
(3′) $(q_1,q_2,q_3) := (\mathbf{L},\mathbf{O},\mathbf{O})$; (4′) $(q_1,q_2,q_3) := (\mathbf{O},\mathbf{O},\mathbf{O})$.

Für (1) und für (4) ergibt Teilauswertung rechts sofort Bestätigung, für (4) und für (1′) desgleichen Teilauswertung links. Es verbleibt, vier weitere Belegungen nachzuprüfen.

Aufgabe 68: Boolesches Fundamentaltheorem, 5.5.2 .

Aufgabe 69: [a]: **L**. [b],[c]: **L**. Bei der tatsächlichen Durchführung ist der Mensch versucht, klüger zu sein als der Algorithmus, wenn etwa zwischendurch $(b \vee c) \leftrightarrow (b \vee c)$ vorkommt. [d]: Algorithmusschema: Teilauswertung liefert **L**: für $p_1 := \mathbf{L}$ nach Aufgabe 8, für $p_1 := \mathbf{O}$ mit dem Fanggesetz $(\mathbf{F}_\rightarrow)$.

Aufgabe 70: $(p \wedge q \wedge r) \vee (p \wedge q \wedge \neg r) \vee (\neg p \wedge q \wedge \neg r)$.

Aufgabe 71: Als verneinungstechnische Normalform erhält man $(a \vee \overline{b}) \wedge (\overline{a} \vee \overline{d}) \wedge (\overline{c} \vee d)$. Direktes Ausrechnen ergibt acht Glieder, von denen vier der Bereinigung zum Opfer fallen.

Aufgabe 72: [a]: $\{\{a\} \to \{b\}, \{b\} \to \{c\}\}$;
[b]: $\{\{a\} \to \{b\}, \{b\} \to \{\}, \{\} \to \{c\}\}$.

Aufgabe 73: Bilde die kanonischen Normalformen.

Aufgabe 74: Ausgehend von $(a \wedge b) \vee (a \wedge \neg b) \vee (\neg a \wedge b) \vee (\neg a \wedge \neg b)$ (in adjunktiver Normalform) erhält man mittels der Kommutativ- und Assoziativgesetze sowie des Distributivgesetzes $(a \wedge (b \vee \neg b) \vee (\neg a \wedge (b \vee \neg b)$, mittels des Neutralitätsgesetzes $a \vee \neg a$. Vertauschung von a und b in der Normalform liefert das gleichstarke $b \vee \neg b$.

Aufgabe 75: $\mathbf{C7}, \mathbf{C7'} : \mathbf{L} \to p_1 \to p_2 \to \mathbf{O}$;
$\mathbf{C3}, \mathbf{C3'} : \mathbf{L} \to p_1 \to p_2 \to p_3 \to \mathbf{O}$.

Aufgabe 76: Zur Aussageform von Aufgabe 28 $\neg(a \leftrightarrow c) \wedge (b \to \neg c) \wedge (a \vee b)$ gehört gerade die konjunktive Normalform von Beispiel (1).
Als „Lösung“ wird man wohl hauptsächlich betrachten $(\mathbf{L} \to a) \wedge (c \to \mathbf{O})$, d.h. $\neg(a \to c)$ ('I wear a hat in August does not imply I go bareheaded in August') – wenn man nicht vorzieht a und $\overline{c}$ zu identifizieren.

Aufgabe 77, 78: In einem dreiwertigen Logik-Modell mit den Wertetafeln

$\to$	T	F	U
T	F	F	U
F	T	T	T
U	T	T	T

$\neg$	T	F	U
	F	T	F

ist **C2** keine Tautologie: $\mathbf{C2}(U,F) = U$. Hingegen ergeben $\{\mathbf{C1}, \mathbf{C4}, \mathbf{C3}\}$ wie auch $\{\mathbf{C1}, \mathbf{C14}, \mathbf{N6}, \mathbf{N7}\}$ für jede Belegung T . Auch **N3** ist keine Tautologie: $\mathbf{N3}(U) = U$.

Aufgabe 79: Asser I, Seite 84-85 .

Aufgabe 80: Die Herleitung von **C5**, **C9** und **C10** kann nach dem Diagramm in Aufgabe 79 aus $\{\mathbf{C1}, \mathbf{C4}, \mathbf{C3}\}$ erfolgen. **N6** und **N2** (mit $\neg p$ als Abkürzung für $p \to \mathbf{O}$) sind aus $\{\mathbf{C1}, \tilde{\mathbf{N}}\mathbf{3}, \mathbf{C10}\}$ bzw. aus $\{\mathbf{C5}, \mathbf{C9}\}$ zu erhalten.
Das weitere Vorgehen kann so geschehen, daß man aus
$\mathbf{C9}((p \to q) \to p, \neg p \to (p \to q), \neg p \to p))$
der Reihe nach ableitet
$((p \to q) \to p) \to (\neg p \to p)$,
$((p \to q) \to p) \to (\neg p \to \neg\neg p)$,
$((p \to q) \to p) \to \neg\neg p$,
$((p \to q) \to p) \to p$.

Aufgabe 82: Zur Herleitung von [a] und [b] kommt man ohne **N6** aus.

Aufgabe 84:
$\mathbf{C9}(p, q, \mathbf{O})$ (Prämissenvertauschung): $(p \to (q \to \mathbf{O})) \to (q \to (p \to \mathbf{O}))$, d.h. **N7**: $(p \to \neg q) \to (q \to \neg p)$.

C10$(p, \mathbf{O}, q)$ (invertierter Kettenschluß): $(\mathbf{O} \rightarrow q) \rightarrow ((p \rightarrow \mathbf{O}) \rightarrow (p \rightarrow q))$. Wegen **O1** (*ex falso sequitur quodlibet*): $\mathbf{O} \rightarrow q$. Somit mittels **MP** $(p \rightarrow \mathbf{O}) \rightarrow (p \rightarrow q)$, d.h. **N6**: $\neg p \rightarrow (p \rightarrow q)$.

Aufgabe 85: Beachte, daß $[p \vee \neg p]$ stärkste unter den „Quasi-Einsen" ist, aber erst $[\neg\neg p \vee \neg p]$ schwächer ist als die „Nicht-Einsen" $[\mathbf{O}]$, $[p]$ und $[\neg p]$.

Aufgabe 86: Rautenberg, Seite 259.

Aufgabe 87: Benutze Aufgabe 27 [a].

Aufgabe 88: Man beginne parallel mit dem trivialen Axiom $\alpha \vdash \alpha$ und der Prämisse.

Aufgabe 89: Nein (etwa temporal gedeutet). Siehe 22.1.2, Aufgabe 100 .

Aufgabe 90: $\mathbf{O} \rightarrow \Box\mathbf{O}$, $\Diamond\mathbf{L} \rightarrow \mathbf{L}$ gelten klassisch. Benutze **MM**, **MB**.

Aufgabe 91: Lemmonsche Logik, vgl. Rautenberg, Seite 243.

Aufgabe 92: Prämissenbelastung !

Aufgabe 93: Beachte $p \twoheadrightarrow p \stackrel{\text{def}}{=} \mathbf{L}$, $p \twoheadrightarrow \neg p \stackrel{\text{def}}{=} \ \mid p$, $\neg p \twoheadrightarrow p \stackrel{\text{def}}{=} \Box p$.

Aufgabe 94: Aus 4 kommt $(\Box p \wedge \Diamond q) \rightarrow (\Box\Box p \wedge \Diamond q)$, aus K $(\Box\Box p \wedge \Diamond q) \rightarrow \Diamond(\Box p \wedge q)$. Transitivität! Temporale Deutung: „Wenn sein wird immer p und irgendwann q , so wird irgendwann hinfort immer p und jetzt q sein".

Aufgabe 96: 21.1.7 , Distributivgesetz („Immer: irgendwann p und irgendwann nicht-p").

Aufgabe 97: [a] Transitivität für E, D, E′ . [b] Aus E und T folgt B, aus B′ durch Substitution $\Box p \rightarrow \Box\Diamond\Box p$; aus E durch MM $\Box\Diamond\Box p \rightarrow \Box\Box p$. Transitivität! [c] Aus 4 $\Diamond\Box p \rightarrow \Diamond\Diamond\Box p$, aus B $\Diamond\Diamond\Box p \rightarrow \Box$. Transitivität!

Aufgabe 98: Benutze Aufgabe 97 [b].

Aufgabe 99: Transitivität für B′, M, E liefert $p \rightarrow \Box p$; T $\Box p \leftrightarrow p$.

Aufgabe 100: Eine Dreipunktstruktur reicht aus.

Aufgabe 101: [a] c kann als d dienen. [b] $a \doteqdot c$.

Aufgabe 105: Gegenbeispiel mit Zweipunktstruktur.

Aufgabe 106: Suche geeignete Beziehungen im Pfeilgerüst von *S.4* in 21.2.3.

Aufgabe 107: Vierpunktstruktur „Raute".

Aufgabe 108: Vgl. Aufgabe 101 [a].

Aufgabe 110: *S4*, nicht *M*; *S4.2*, nicht *S4*; *S4.3*, nicht *S4*; *S5*, nicht *S4* .

Aufgabe 113: [c]: Die Gesetze von HAMBLIN lauten übersetzt: Zu jedem Knoten a existiert ein Knoten b mit $a \triangleright_R b$ derart daß aus $c \triangleright_R b$ folgt $c = a$ oder $c \triangleright_R a$. Dies legt nahe, zu fordern, daß $\neg(a \triangleright_R c)$ nach sich zieht $c = a$ oder $c \triangleright_R a$. Es reicht aus, daß R **schwach semikonnex** ist : $R^T \cdot R \subseteq R \cup I \cup R^T$.

Für schwach diskrete Strukturen ist keine monomodale oder dimodale Kennzeichnung bekannt (für irreflexive oder asymmetrische Strukturen ist bewiesen, daß keine existiert).

Aussagenlogische Operationen

NULLSTELLIGE OPERATIONEN

$\mathbf{O}$

$\mathbf{L}$

EINSTELLIGE OPERATIONEN

$\mathbf{I}_1^1 \doteq_{def} (\lambda p_1)p_1$

$\mathbf{N} \doteq_{def} (\lambda p_1)\neg p_1$

ZWEISTELLIGE OPERATIONEN

$\mathbf{A} \doteq_{def} (\lambda p_1, \lambda p_2)(p_1 \vee p_2)$
$\mathbf{C} \doteq_{def} (\lambda p_1, \lambda p_2)(p_1 \rightarrow p_2)$
$\mathbf{I}_2 \doteq_{def} (\lambda p_1, \lambda p_2)p_2$
$\overleftarrow{\mathbf{C}} \doteq_{def} (\lambda p_1, \lambda p_2)(p_2 \rightarrow p_1)$
$\mathbf{E} \doteq_{def} (\lambda p_1, \lambda p_2)(p_1 \leftrightarrow p_2)$
$\mathbf{K} \doteq_{def} (\lambda p_1, \lambda p_2)(p_1 \wedge p_2)$

$\overline{\mathbf{A}} \doteq_{def} (\lambda p_1, \lambda p_2)(\neg(p_1 \vee p_2))$
$\overline{\mathbf{C}} \doteq_{def} (\lambda p_1, \lambda p_2)(\neg(p_1 \rightarrow p_2))$
$\overline{\mathbf{I}_2} \doteq_{def} (\lambda p_1, \lambda p_2)(\neg p_2)$
$\overline{\overleftarrow{\mathbf{C}}} \doteq_{def} (\lambda p_1, \lambda p_2)(\neg(p_2 \rightarrow p_1))$
$\overline{\mathbf{E}} \doteq_{def} (\lambda p_1, \lambda p_2)(\neg(p_1 \leftrightarrow p_2))$
$\overline{\mathbf{K}} \doteq_{def} (\lambda p_1, \lambda p_2)(\neg(p_1 \wedge p_2))$

DREISTELLIGE OPERATIONEN

$\mathbf{B} \doteq_{def} (\lambda p_1, \lambda p_2, \lambda p_3)((p_1 \rightarrow p_2) \wedge ((\neg p_1) \rightarrow p_3))$
$\mathbf{B}' \doteq_{def} (\lambda p_1, \lambda p_2, \lambda p_3)((\neg p_1 \vee p_2) \wedge ((p_1) \vee p_3))$
$\mathbf{B}'' \doteq_{def} (\lambda p_1, \lambda p_2, \lambda p_3)((p_1 \wedge p_2) \vee ((\neg p_1) \wedge p_3))$
$\mathbf{M} \doteq_{def} (\lambda p_1, \lambda p_2, \lambda p_3)(((p_1 \wedge p_2) \vee (p_2 \wedge p_3)) \vee (p_3 \wedge p_1))$
$\mathbf{M}' \doteq_{def} (\lambda p_1, \lambda p_2, \lambda p_3)(((p_1 \vee p_2) \wedge (p_2 \vee p_3)) \wedge (p_3 \vee p_1))$
$\mathbf{D} \doteq_{def} (\lambda p_1, \lambda p_2, \lambda p_3)((p_1 \wedge p_3) \vee \neg p_2) \wedge (p_1 \vee p_3)$
$\mathbf{S} \doteq_{def} (\lambda p_1, \lambda p_2, \lambda p_3)((p_1 \wedge p_2)$
$\mathbf{I}_3 \doteq_{def} (\lambda p_1, \lambda p_2, \lambda p_3)p_3$
$\mathbf{KK} \doteq_{def} (\lambda p_1, \lambda p_2, \lambda p_3)((p_1 \wedge p_2) \wedge p_3)$
$\mathbf{KK}' \doteq_{def} (\lambda p_1, \lambda p_2, \lambda p_3)(p_1 \wedge (p_2 \wedge p_3))$
$\mathbf{AA} \doteq_{def} (\lambda p_1, \lambda p_2, \lambda p_3)((p_1 \vee p_2) \vee p_3)$
$\mathbf{AA}' \doteq_{def} (\lambda p_1, \lambda p_2, \lambda p_3)(p_1 \vee (p_2 \vee p_3))$
$\mathbf{EE} \doteq_{def} (\lambda p_1, \lambda p_2, \lambda p_3)((p_1 \leftrightarrow p_2) \leftrightarrow p_3)$
$\mathbf{CC} \doteq_{def} (\lambda p_1, \lambda p_2, \lambda p_3)((p_1 \rightarrow p_2) \rightarrow p_3)$

Tautologien

O1 :	$O \to p$	(*'ex falso sequitur quodlibet'*)
O3 :	$((p \to O) \to O) \to p$	

N1 :	$(p \to q) \to (\neg q \to \neg p)$	(schwache Tautologie von der Kontraposition)
N2 :	$p \to \neg(\neg p)$	(schwache Tautologie von der Doppelverneinung)
N3 :	$\neg(\neg p) \to p$	(starke Tautologie von der Doppelverneinung)
N4 :	$((\neg p) \to (\neg q)) \to (q \to p)$	(starke Tautologie von der konversen Kontraposition)
N5 :	$(\neg p \to p) \to p$	(Tautologie des CLAVIUS)
N5′ :	$(p \to \neg p) \to \neg p)$	
N6 :	$\neg p \to (p \to q)$	
N6′ :	$p \to (\neg p \to q)$	(Tautologie des DUNS SCOTUS)
N7 :	$(p \to \neg q) \to (q \to \neg p)$	
N8^ :	$((p \to q) \wedge (p \to \neg q)) \to \neg p$	(Tautologie des ORIGENES)
N8′^ :	$((\neg p \to q) \wedge (\neg p \to \neg q)) \to p$	(Tautologie vom indirekten Schluß)
N9^ :	$((p \to q) \wedge (\neg p \to q)) \to q$	(Tautologie von der Exhaustion)

C1 :	$p \to (q \to p)$	(Tautologie von der Prämissenbelastung)
C2 :	$((p \to q) \to p) \to p$	(Tautologie von PEIRCE)
C2ᵛ :	$(p \to q) \vee p$	(Tautologie von ASSER)
C3 :	$(p \to q) \to ((q \to r) \to (p \to r))$	(Tautologie vom Kettenschluß)
C3^ :	$((p \to q) \wedge (q \to r)) \to (p \to r)$	(Tautologie vom *modus barbara*)
C3^^ :	$(((p \to q) \wedge (q \to r)) \wedge p) \to r$	
C4 :	$(p \to (p \to q)) \to (p \to q)$	(Tautologie von der Prämissenverschmelzung)
C5 :	$p \to p$	(Tautologie von der Selbstsubjunktion)
C6 :	$((p \to q) \to p) \to ((p \to q) \to q)$	
C7 :	$p \to ((p \to q) \to q)$	(Tautologie von der Abtrennung)
C7^ :	$(p \wedge (p \to q)) \to q$	(Tautologie vom *modus ponens*)

C8 : $(((p \to q) \to q) \to r) \to (p \to r)$

C9 : $(p \to (q \to r)) \to (q \to (p \to r))$ (Tautologie von der Prämissenvertauschung)

C10 : $(q \to r) \to ((p \to q) \to (p \to r))$ (Tautologie vom invertierten Kettenschluß)

C11 : $(s \to q) \to (p \to (q \to r)) \to (p \to (s \to r))$

C12 : $(p \to (q \to r)) \to ((s \to q) \to (p \to (s \to r)))$ (Tautologie vom verallgemeinerten Kettenschluß)

C13 : $(r \to s) \to (p \to (q \to r)) \to (p \to (q \to s))$

C14 : $(p \to (q \to r)) \to ((p \to q) \to (p \to r))$ (Tautologie von FREGES Kettenschluß)

K1 : $(p \wedge q) \to p$

K2 : $(p \wedge q) \to q$

K3 : $(p \to q) \to ((p \to r) \to (p \to (q \wedge r)))$

K4 : $p \to (p \wedge p)$ (Tautologie vom halbseitigen Idempotenzgesetz)

K5 : $(p \wedge q) \to (q \wedge p)$ (Tautologie vom halbseitigen Kommutativgesetz)

K6 : $(p \to q) \to ((r \wedge p) \to (r \wedge q))$ (Tautologie vom halbseitigen Verzahnungsgesetz)

K7 : $\neg(p \wedge \neg p)$ (Tautologie vom ausgeschlossenen Widerspruch)

K$^{\to}$: $(p \to (q \to r)) \leftrightarrow ((p \wedge q) \to r)$ (Tautologie von der Importation und Exportation)

A1 : $p \to (p \vee q)$

A2 : $q \to (p \vee q)$

A3 : $(p \to r) \to ((q \to r) \to ((p \vee q) \to r))$

A4 : $(p \vee p) \to p$ (Tautologie vom halbseitigen Idempotenzgesetz)

A5 : $(p \vee q) \to (q \vee p)$ (Tautologie vom halbseitigen Kommutativgesetz)

A6 : $(p \to q) \to ((r \vee p) \to (r \vee q))$ (Tautologie vom halbseitigen Verzahnungsgesetz)

A7 : $p \vee \neg p$ (Tautologie vom ausgeschlossenen Dritten)

A$^{\to}$: $((p \to q) \to q) \leftrightarrow (p \vee q)$ (Tautologie von RUSSELL)

E1 : $(p \leftrightarrow q) \to (p \to q)$

E2 : $(p \leftrightarrow q) \to (q \to p)$

E3 : $(p \to q) \to ((q \to p) \to (p \leftrightarrow q))$

E3$^{\wedge}$: $((p \to q) \wedge (q \to p)) \to (p \leftrightarrow q)$

E5 : $p \leftrightarrow p$ (Tautologie von der Selbstbisubjunktion)

Schlußregeln für Tautologien

	GESETZ	BENENNUNG	SCHLUSSREGEL	
C5	$p \models p$		$\frac{\alpha_1}{\alpha_1}$	
N6^	$p \wedge \neg p \models q$	*ex contradictione quodlibet*	$\frac{\alpha_1,\ \neg\alpha_1}{\alpha_2}$	**MI**
C1	$p \models q \rightarrow p$	Prämissenbelastung	$\frac{\alpha_1}{\alpha_2 \rightarrow \alpha_1}$	**MQ**
N5	$\neg p \rightarrow p \models p$	Clavius	$\frac{\neg\alpha_1 \rightarrow \alpha_1}{\alpha_1}$	**CL**
N6	$\neg p \models p \rightarrow q$	Duns Scotus	$\frac{\neg\alpha_1}{\alpha_1 \rightarrow \alpha_2}$	**DU**
C7^	$p \wedge (p \rightarrow q) \models q$	*modus ponens*	$\frac{\alpha_1,\ \alpha_1 \rightarrow \alpha_2}{\alpha_2}$	**MP**
N1^	$(p \rightarrow q) \wedge \neg q \models \neg p$	*modus tollens*	$\frac{\alpha_1 \rightarrow \alpha_2,\ \neg\alpha_2}{\neg\alpha_1}$	**MT**
C7	$p \models (p \rightarrow q) \rightarrow q$	Asser	$\frac{\alpha_1}{(\alpha_1 \rightarrow \alpha_2) \rightarrow \alpha_2}$	**AS**
C2	$(p \rightarrow q) \rightarrow p \models p$	Peirce*	$\frac{(\alpha_1 \rightarrow \alpha_2) \rightarrow \alpha_1}{\alpha_1}$	**PE**
	$p \models (p \rightarrow q) \rightarrow p$	*Umkehrung*	$\frac{\alpha_1}{(\alpha_1 \rightarrow \alpha_2) \rightarrow \alpha_1}$	
C3^	$(p \rightarrow q) \wedge (q \rightarrow r) \models p \rightarrow r$	*modus barbara*	$\frac{\alpha_1 \rightarrow \alpha_2,\ \alpha_2 \rightarrow \alpha_3}{\alpha_1 \rightarrow \alpha_3}$	**MB**
C3^^	$p \wedge (p \rightarrow q) \wedge (q \rightarrow r) \models r$		$\frac{\alpha_1,\ \alpha_1 \rightarrow \alpha_2,\ \alpha_2 \rightarrow \alpha_3}{\alpha_3}$	
N9^	$(p \rightarrow q) \wedge (\neg p \rightarrow q) \models q$	Exhaustion	$\frac{\alpha_1 \rightarrow \alpha_2,\ \neg\alpha_1 \rightarrow \alpha_2}{\alpha_2}$	

N8^∧	$(p \to q) \land (p \to \neg q) \models \neg p$	ORIGENES	$\frac{\alpha_1 \to \alpha_2,\ \alpha_1 \to \neg\alpha_2}{\neg\alpha_1}$	**OR**
N8'^∧	$(\neg p \to q) \land (\neg p \to \neg q) \models p$	indirekter Schluß	$\frac{\neg\alpha_1 \to \alpha_2,\ \neg\alpha_1 \to \neg\alpha_2}{\alpha_1}$	
C3	$(p \to q) \models (q \to r) \to (p \to r)$	Kettenschluß	$\frac{\alpha_1 \to \alpha_2}{(\alpha_2 \to \alpha_3) \to (\alpha_1 \to \alpha_3)}$	**ML**
C10	$(p \to q) \models (r \to p) \to (r \to q)$	inverser Kettenschluß	$\frac{\alpha_1 \to \alpha_2}{(\alpha_3 \to \alpha_1) \to (\alpha_3 \to \alpha_2)}$	**MR**
C14	$r \to (p \to q) \models (r \to p) \to (r \to q)$	FREGEs Kettenschluß	$\frac{\alpha_3 \to (\alpha_1 \to \alpha_2)}{(\alpha_3 \to \alpha_1) \to (\alpha_3 \to \alpha_2)}$	**FR**
	$(r \to p) \to (r \to q) \models r \to (p \to q)$	*Umkehrung*	$\frac{(\alpha_3 \to \alpha_1) \to (\alpha_3 \to \alpha_2)}{\alpha_3 \to (\alpha_1 \to \alpha_2)}$	
N3	$\neg\neg p \models p$	Doppelverneinung*	$\frac{\neg\neg\alpha}{\alpha}$	
N2	$p \models \neg\neg p$	*Umkehrung*	$\frac{\alpha}{\neg\neg\alpha}$	
N4	$\neg q \to \neg p \models p \to q$	Kontraposition*	$\frac{\neg\alpha_2 \to \neg\alpha_1}{\alpha_1 \to \alpha_2}$	**CP4**
N1	$p \to q \models \neg q \to \neg p$	*Umkehrung*	$\frac{\alpha_1 \to \alpha_2}{\neg\alpha_2 \to \neg\alpha_1}$	**CP1**
N7	$p \to \neg q \models q \to \neg p$		$\frac{\alpha_1 \to \neg\alpha_2}{\alpha_2 \to \neg\alpha_1}$	**CP2**
	$\neg p \to q \models \neg q \to p$	*	$\frac{\neg\alpha_1 \to \alpha_2}{\neg\alpha_2 \to \alpha_1}$	**CP3**
C9	$p \to (q \to r) \models q \to (p \to r)$	Prämissenvertauschung	$\frac{\alpha_1 \to (\alpha_2 \to \alpha_3)}{\alpha_2 \to (\alpha_1 \to \alpha_3)}$	
C4	$p \to (p \to q) \models p \to q)$	Prämissenverschmelzung	$\frac{\alpha_1 \to (\alpha_1 \to \alpha_2)}{\alpha_1 \to \alpha_2}$	
	$p \to q \models p \to (p \to q)$	*Umkehrung*	$\frac{\alpha_1 \to \alpha_2}{\alpha_1 \to (\alpha_1 \to \alpha_2)}$	
K^→	$p \to (q \to r) \models (p \land q) \to r$	Prämissenverbindung	$\frac{\alpha_1 \to (\alpha_2 \to \alpha_3)}{(\alpha_1 \land \alpha_2) \to \alpha_3}$	
	$(p \land q) \to r \models p \to (q \to r)$	*Umkehrung*	$\frac{(\alpha_1 \land \alpha_2) \to \alpha_3}{\alpha_1 \to (\alpha_2 \to \alpha_3)}$	

* Nicht gültig im intuitionistischen Kalkül, vgl. 18.6 .

Schlußregeln für Folgerungen

Folgerungs-Schlußregel nach PEIRCE

$\alpha_1 \rightarrow \alpha_2 \models \alpha_1$ *genau dann, wenn* $\models \alpha_1$

Folgerungs-Schlußregel der Deduktion

$\alpha_1 \wedge \alpha_2 \models \alpha_3$ *genau dann, wenn* $\alpha_1 \models \alpha_2 \rightarrow \alpha_3$

Folgerungs-Schlußregel von der Transitivität der Stärker-Relation

Wenn $\alpha_1 \models \alpha_2$ *und* $\alpha_2 \models \alpha_3$ *, so* $\alpha_1 \models \alpha_3$

Folgerungs-Schlußregel von der Transitivität der Gleichstarkrelation

Wenn $\alpha_1 \models\!\dashv \alpha_2$ *und* $\alpha_2 \models\!\dashv \alpha_3$ *, so* $\alpha_1 \models\!\dashv \alpha_3$

Folgerungs-Schnittregel (*cut rule*)

Wenn $\alpha_1 \models \alpha_2 \vee \beta$ *und* $\beta \wedge \alpha_3 \models \alpha_4$ *, so* $\alpha_1 \wedge \alpha_3 \models \alpha_2 \vee \alpha_4$

Folgerungs-Schlußregel von der Fallunterscheidung

Wenn $\alpha_1 \models \alpha_3$ *und* $\alpha_2 \models \alpha_3$ *, so* $(\alpha_1 \vee \alpha_2) \models \alpha_3$

Folgerungs-Schlußregel für die Subjunktionseinführung

C-i *Wenn* $\alpha \wedge \alpha_1 \models \alpha_2$ *, so* $\alpha \models \alpha_1 \rightarrow \alpha_2$

Folgerungs-Schlußregel für die Subjunktionsbeseitigung

C-e *Wenn* $\alpha \models \alpha_1$ *und* $\alpha \models \alpha_1 \rightarrow \alpha_2$ *, so* $\alpha \models \alpha_2$

Folgerungs-Schlußregel für Konjunktionseinführung und -beseitigung

K-i/e $\alpha \models \beta$ *und* $\alpha \models \gamma$ *genau dann, wenn* $\alpha \models \beta \wedge \gamma$

Folgerungs-Schlußregel für die Adjunktionseinführung

A-i *Wenn* $\alpha \models \beta$ *oder* $\alpha \models \gamma$ *, so* $\alpha \models \beta \vee \gamma$

Folgerungs-Schlußregel für die Adjunktionsbeseitigung

A-e *Wenn* $\alpha \models \alpha_1 \vee \alpha_2$ *und* $\alpha \models (\alpha_1 \rightarrow \alpha_3)$ *und* $\alpha \models (\alpha_2 \rightarrow \alpha_3)$ *, so* $\alpha \models \alpha_3$

Modallogische Regeln und Gesetze

Ableitungsregel der Modalisierung

MN : *Wenn* $K \vdash \alpha$, *so* $K \vdash \Box\alpha$

Ableitungsregel der Monotonie

MM : *Wenn* $K \vdash \alpha \rightarrow \beta$, *so* $K \vdash \Box\alpha \rightarrow \Box\beta$

Ableitungsregel von BECKER

MB : *Wenn* $K \vdash \alpha \rightarrow \beta$, *so* $K \vdash \Diamond\alpha \rightarrow \Diamond\beta$

Ableitungsregeln der Schrittlogik

MN$\circ$: *Wenn* $K_0 \vdash \alpha$, *so* $K_0 \vdash \circ\alpha$

MM$\circ$: *Wenn* $K_0 \vdash \alpha \rightarrow \beta$, *so* $K_0 \vdash \circ\alpha \rightarrow \circ\beta$

M$\circ$: *Wenn* $K_0 \vdash \alpha \rightarrow \circ\alpha$, *so* $K_0 \vdash \alpha \rightarrow \Box\alpha$

M$\circ'$: *Wenn* $K_0 \vdash \circ\alpha \rightarrow \alpha$, *so* $K_0 \vdash \Diamond\alpha \rightarrow \alpha$

Gesetze

DUAL:	K	$\vdash \neg\Box p \leftrightarrow \Diamond\neg p$
	K	$\vdash \neg\Diamond p \leftrightarrow \Box\neg p$
LEMMON-K :	K	$\vdash (\Box p \wedge \Diamond q) \rightarrow \Diamond(p \wedge q)$
LEMMON-K$'$:	K	$\vdash \Box(p \vee q) \rightarrow (\Diamond p \vee \Box q)$
K :	K	$\vdash \Box(p \rightarrow q) \rightarrow (\Box p \rightarrow \Box q)$
$\Diamond$ über **K**:	K	$\vdash \Diamond(p \wedge q) \rightarrow (\Diamond p \wedge \Diamond q)$
$\Diamond$ über **A**:	K	$\vdash \Diamond(p \vee q) \leftrightarrow (\Diamond p \vee \Diamond q)$
$\Box$ über **K**:	K	$\vdash (\Box p \wedge \Box q) \leftrightarrow \Box(p \wedge q)$
$\Box$ über **A**:	K	$\vdash (\Box p \vee \Box q) \rightarrow \Box(p \vee q)$
(*)	K	$\vdash \Box p \rightarrow (\Diamond p \vee \Box \mathbf{O})$
(*)$'$	K	$\vdash (\Box p \wedge \Diamond \mathbf{L}) \rightarrow \Diamond p$

D :	D	$\vdash \Box p \to \Diamond p$
D0 :	D	$\vdash \Diamond \mathbf{L}$
D0′ :	D	$\vdash \neg\Box \mathbf{O}$
T :	M	$\vdash \Box p \to p$
T′ :	M	$\vdash p \to \Diamond p$
X :	M	$\vdash \Box\Box p \to \Box p$
X′ :	M	$\vdash \Diamond p \to \Diamond\Diamond p$
MANNA-4 :	$K4$	$\vdash (\Box p \wedge \Diamond q) \to \Diamond(\Box p \wedge q)$
4 :	$K4$	$\vdash \Box p \to \Box\Box p$
4′ :	$K4$	$\vdash \Diamond\Diamond p \to \Diamond p$
(**)	$S4$	$\vdash \Box\Box p \leftrightarrow \Box p$
(**)′	$S4$	$\vdash \Diamond p \leftrightarrow \Diamond\Diamond p$
G :	$S4.2$	$\vdash \Diamond\Box p \to \Box\Diamond p$
(5) :	$S4.2$	$\vdash \Diamond\Box\Diamond p \to \Box\Diamond p$
(5)′ :	$S4.2$	$\vdash \Diamond\Box p \to \Box\Diamond\Box p$
E :	$S5$	$\vdash \Diamond\Box p \to \Box p$
E′ :	$S5$	$\vdash \Diamond p \to \Box\Diamond p$
MANNA-E :	$S5$	$\vdash \Diamond p \wedge \Diamond q \to \Diamond(\Diamond p \wedge q)$
B :	$S5$	$\vdash \Diamond\Box p \to p$
B′ :	$S5$	$\vdash p \to \Box\Diamond p$
Hal :	$S5$	$\vdash \Diamond(p \wedge \Diamond q) \leftrightarrow (\Diamond p \wedge \Diamond q)$
U :		$\vdash \Diamond p \to \Box p$
Lem :	$S4.3$	$\vdash \Box(\Box p \to q) \vee \Box(\Box q \to p)$
Grz :	Grz	$\vdash \gamma(p) \to \Box p$, wo $\gamma \stackrel{\text{def}}{=} (\lambda p)(\Box(\Box(p \to \Box p) \to p))$
Dum :	Grz	$\vdash \gamma(p) \to (\Diamond\Box p \to \Box p)$
M :	Grz	$\vdash \Box\Diamond p \to \Diamond\Box p$
McTP :		$p \to \Box\!- -\!\Diamond p$, $p \to -\!\Box \Diamond\!- p$
McTP′ :		$\Diamond\!- -\!\Box p \to p$, $-\!\Diamond \Box\!- p \to p$
Konj :		$\Diamond\!- p \to q$ *genau dann, wenn* $p \to -\!\Box q$
Konj′ :		$-\!\Diamond p \to q$ *genau dann, wenn* $p \to \Box\!- q$
K∘ :	$K_\circ$	$\vdash \circ(p \to q) \to (\circ p \to \circ q)$
Sd :	$K_\circ$	$\vdash \neg \circ p \leftrightarrow \circ\neg p$
Step :	$K_\circ$	$\vdash \Box p \leftrightarrow (p \wedge \circ\Box p)$
Step′ :	$K_\circ$	$\vdash (p \vee \circ\Diamond p) \leftrightarrow \Diamond p$
Ind :	$K_\circ$	$\vdash (p \wedge \Box(p \to \circ p)) \to \Box p$
Ind′ :	$K_\circ$	$\vdash \Diamond p \to (p \vee \Diamond\neg(\circ p \to p))$

Literatur und Quellen

Im Text zitierte Literatur:

Asser I :
Günter Asser: Einführung in die mathematische Logik.
Teil I, Teubner, Leipzig 1959 — Harri Deutsch, Frankfurt/M 1972

Bauer-Goos I, 4. Aufl. :
Friedrich L. Bauer, Gerhard Goos: Informatik. Eine einführende Übersicht.
Erster Teil, Springer-Verlag, Berlin Heidelberg New York Tokyo1991

Bauer-Goos II, 3. Aufl. :
Friedrich L. Bauer, Gerhard Goos: Informatik. Eine einführende Übersicht.
Zweiter Teil, Springer-Verlag, Berlin Heidelberg New York Tokyo 1984

Birkhoff, 3. Aufl. :
Garrett Birkhoff: Lattice Theory.
Third Edition, American Mathematical Society, Providence 1967

Church I :
Alonzo Church: Introduction to Mathematical Logic.
Volume I, Princeton 1956

Enderton :
Herbert B. Enderton: A Mathematical Introduction to Logic.
Academic Press, New York 1972

Post 1941 :
Emil L. Post: The Two-Valued Iterative Systems of Mathematical Logic.
Princeton University Press 1941

Rautenberg :
Wolfgang Rautenberg: Klassische und nichtklassische Aussagenlogik.
Vieweg, Braunschweig 1979

Schmidt-Ströhlein :
Gunther Schmidt, Thomas Ströhlein: Relationen und Graphen (Mathematik für Informatiker). Springer-Verlag, Berlin Heidelberg New York 1989

Weiterführende Literatur über Aussagenlogik:

J. Barwise: Handbook of Mathematical Logic. North-Holland, Amsterdam 1977

D. van Dalen: Logic and Structure. Second Edition, Springer-Verlag, Berlin Heidelberg New York Tokyo 1983

S. C. Kleene: Introduction to Metamathematics. North-Holland, Amsterdam 1952

S. C. Kleene: Mathematical Logic. Wiley, New York 1967

P. Lorenzen: Formale Logik. Sammlung Göschen, de Gruyter, Berlin 1970

J. R. Shoenfield: Mathematical Logic. Addison-Wesley, Reading, MA 1967

K. Schütte: Vollständige Systeme modaler und intuitionistischer Logik. Ergebnisse der Mathematik Bd. 42, Springer-Verlag, Berlin Heidelberg New York 1968

Quellen:

Abb. 0: Enderton, p. 2

Abb. 22: IBM Perspectives **4**, p. 49 (1984)

Abb. 34 (c): GIRA Katalog 1985, S. 82

Abb. 50, Abb. 51: E. Hörbst u.a., VLSI-Auswirkungen auf konventionelle Rechnerstrukturen, Informatik-Spektrum **8**, 7-19 (1985)

Namen- und Sachverzeichnis